★本书获陕西省计算机教育学会优秀教材二等奖

新工科应用型人才培养计算机类系列教材
国信蓝桥教育科技(北京)股份有限公司推荐教材

U0169677

Hadoop 大数据原理与应用实验教程

Experiment Tutorial for Principles and Applications of Hadoop Big Data Technology

主　编　徐鲁辉
副主编　周湘贞　李月军
主　审　唐友刚

西安电子科技大学出版社

内 容 简 介

本书作为《Hadoop 大数据原理与应用》(本书作者编写,西安电子科技大学出版社出版)的配套实验教程,系统介绍了 Hadoop 生态系统中各个开源组件的相关知识和实践技能。全书分为"基础实验篇"和"拓展实验篇"两篇,共 10 章,涉及数据采集、数据存储与管理、数据处理与分析等大数据应用生命周期中各阶段典型组件的部署、使用和基础编程方法。"基础实验篇"内容包括部署全分布模式 Hadoop 集群、实战 HDFS、MapReduce 编程、部署 ZooKeeper 集群和实战 ZooKeeper、部署全分布模式 HBase 集群和实战 HBase、部署本地模式 Hive 和实战 Hive;"拓展实验篇"内容包括部署 Spark 集群和 Spark 编程、实战 Sqoop、实战 Flume、实战 Kafka。

本书内容翔实,案例丰富,操作过程详尽,并配有完整的立体化资源,既可作为高等院校研究生、本科生的大数据技术原理与应用课程的实验指导书,也可作为教师参考书,同时也可供相关技术人员参考。(相关资源可在西安电子科技大学出版社网站下载。)

图书在版编目(CIP)数据

Hadoop 大数据原理与应用实验教程 / 徐鲁辉主编. —西安:西安电子科技大学出版社,2020.1(2024.11 重印)
ISBN 978-7-5606-5543-7

Ⅰ. ①H…   Ⅱ. ①徐…   Ⅲ. ①数据处理软件—教材   Ⅳ. ①TP274

中国版本图书馆 CIP 数据核字(2019)第 289448 号

策　　划　李惠萍
责任编辑　唐小玉
出版发行　西安电子科技大学出版社(西安市太白南路 2 号)
电　　话　(029)88202421　88201467　　　　邮　编　710071
网　　址　www.xduph.com　　　　电子邮箱　xdupfxb001@163.com
经　　销　新华书店
印刷单位　咸阳华盛印务有限责任公司
版　　次　2020 年 1 月第 1 版　　2024 年 11 月第 3 次印刷
开　　本　787 毫米×1092 毫米　1/16　印张 21.5
字　　数　508 千字
定　　价　49.00 元
ISBN　978-7-5606-5543-7
XDUP 5845001-3

前　　言

大数据时代的到来，带来了信息技术发展的巨大变革，并深刻影响着社会生产和人民生活的方方面面。全球范围内，世界各国政府均高度重视大数据技术的研究与产业发展，纷纷把大数据上升为国家战略加以重点推进。大数据已经成为企业和社会关注的重要战略资源，越来越多的行业面临着海量数据存储和分析的挑战。

Hadoop 由道格·卡丁(Doug Cutting)创建，起源于开源项目网络搜索引擎 Apache Nutch，于 2008 年 1 月成为 Apache 顶级项目。Hadoop 是一个开源的、可运行于大规模集群上的分布式存储和计算的软件框架，它具有高可靠、弹性可扩展等特点，非常适合处理海量数据。Hadoop 实现了分布式文件系统 HDFS 和分布式计算框架 MapReduce 等功能，允许用户可以在不了解分布式系统底层细节的情况下，使用简单的编程模型轻松编写出分布式程序，将其运行于计算机集群上，完成对大规模数据集的存储和分析。目前，Hadoop 在业内得到了广泛应用，已经是公认的大数据通用存储和分析平台，许多厂商都围绕 Hadoop 提供开发工具、开源软件、商业化工具和技术服务，例如谷歌、雅虎、微软、淘宝等都支持 Hadoop。另外，还有一些专注于 Hadoop 的公司，例如 Cloudera、Hortonworks 和 MapR 都可以提供商业化的 Hadoop 支持。

未来 5～10 年，我国大数据产业将会处于高速发展时期，社会亟需高校培养一大批大数据相关专业人才。自 2016 年以来，我国新增的大数据类专业包括"数据科学与大数据技术"本科专业(080910T)、"大数据管理与应用"本科专业(120108T)、"大数据技术与应用"专科专业(610215)，以适应地方产业发展对战略性新兴产业的人才需求。因此，学会使用大数据通用存储和分析平台 Hadoop 及其生态系统对于未来适应新一代信息技术产业的发展具有重要的意义。

实践教学是高等院校知识创新和人才培养的重要环节，因此，实验实训类教材建设在学生能力培养中发挥着不可或缺的重要作用。本书面向 Hadoop 生态系统，以企业需求为导向，紧紧围绕大数据应用的闭环流程展开讲述，引导学生进行大数据技术的初级实践，旨在使读者掌握 Hadoop 的架构设计和 Hadoop 的运用能力。

本书分为上篇"基础实验篇"和下篇"拓展实验篇"，共 10 章，涉及数据采集、数据存储与管理、数据处理与分析等大数据应用生命周期中各阶段典型组件的部署、使用和基础编程方法。在"基础实验篇"中，实验 1 介绍了 Linux 基本命令、vim 编辑器、Java 基本命令、SSH 安全通信协议、Hadoop 基础知识等先修技能，然后详细讲述了部署全分布模式 Hadoop 集群的全过程，并附加了伪分布模式 Hadoop 集群的部署过程；实验 2 介绍了分布式文件系统 HDFS 的体系架构、文件存储原理、接口等基础知识，详细演示了如何通过 HDFS Web UI 和 HDFS Shell 命令使用 HDFS 以及 HDFS Java API 编程，并附加了如何搭建 HDFS NameNode HA 环境；实验 3 在介绍了分布式计算框架 MapReduce 编程思想、作业执行流程的基础上，讲述了如何编写 MapReduce 程序，并附加了在 Windows 平台上开发 MapReduce 程序和使用 MapReduce 统计对象中某些属性的案例；实验 4 介绍了分布式协调框架 ZooKeeper 的系统模型、工作原理等基本知识，详细演示了如何部署 ZooKeeper 集群以及通过 ZooKeeper Shell 命令使用 ZooKeeper，并附加了 ZooKeeper 编程实践；实验 5 介绍了分布式数据库 HBase 的数据模型、体系架构、接口等基础知识，详细演示了如何部署全分布模式 HBase 集群以及通过 HBase Web UI 和 HBase Shell 使用 HBase，并附加了 HBase 编程实践；实验 6 介绍了数据仓库 Hive 的体系架构、数据类型、文件格式、数据模型、函数、接口等基础知识，详细演示了如何部署本地模式 Hive 以及通过 Hive Shell 使用 Hive，并附加了 Hive 编程实践。在"拓展实验篇"中，实验 7 介绍了内存型计算框架 Spark 的生态系统、体系架构、计算模型、RDD 原理等基础知识，详细演示了如何部署 Spark-Standalone 集群以及 Spark 简单编程；实验 8 介绍了数据迁移工具 Sqoop 的功能、体系架构、接口等基础知识，详细演示了如何安装 Sqoop 和使用 Sqoop Shell 完成数据的导入导出操作；实验 9 介绍了日志采集工具 Flume 的功能、体系架构、接口等基础知识，详细演示了如何安装、配置 Flume 以及使用 Flume 高效进行海量日志的收集、聚合和移动；实验 10 介绍了分布式流平台 Kafka 的功能、体系架构、Kafka Shell、Kafka API，详细演示了如何部署 Kafka 集群以及通过 Kafka Shell 使用 Kafka 进行生产和消费消息。

为了方便读者整体把握各个实验，本书在每个实验的一开始先给出该实验的知识地图。根据我们近几年的教学实践，建议根据本书为大数据技术原理与应用课程增加 16 学时的上机实践课，可根据具体情况灵活安排本书实验项目。

本书面向高等院校计算机、大数据、人工智能等相关专业的研究生、本科生，可以作为专业核心课程大数据技术原理与应用的辅助实验教材。本书是《Hadoop 大数据原理与应用》教材的配套实验教程，两本书配套使用，可以达到更好的学习效果。此外，本书也可以作为现有其他大数据教材的实验教材或辅助教材。

本书由校企联合完成，实验 1 由安徽信息工程学院李月军编写，实验 2 由郑州升达经贸管理学院周湘贞编写，实验 3 由国信蓝桥教育科技(北京)股份有限公司颜群工程师编写，实验 4～10 由西京学院徐鲁辉编写。此外，李月军和周湘贞还参与了本书全部架构设计和部分审阅工作。全书由国信蓝桥教育科技(北京)股份有限公司大数据专家唐友刚主审，由西京学院徐鲁辉负责策划、审校和定稿。

本书与配套教材《Hadoop 大数据原理与应用》拥有完整的立体化资源，包括教学大纲、授课计划、教案、PPT、源代码、在线题库、实验大纲、实验指导书、实验视频、项目案例库等教学资源，提供全方位的免费服务。读者可通过以下两种方式免费在线浏览或下载全部配套资源：教材官方云班课"Hadoop 大数据原理与应用教材云班课"(邀请码 5962412)，教材官方 GitHub 网站 https://github.com/xuluhuixijing/pabigdata。

本书中关于图形界面元素代替符号的约定如表 1 所示。

表 1　本书图形界面元素代替符号约定

文字描述	代替符号	举　例
按钮	边框+阴影+底纹	"确定"按钮可简化为 确定
菜单项	『 』	菜单项"文件"可简化为『File』
连续选择菜单项及子菜单项	→	选择『File』→『New』→『Java Project』
下拉框、单选框、复选框选项	[ ]	复选框选项"启用用户"可简化为[启用用户]
窗口名	【 】	例如，进入窗口【Properties for HDFSExample】
提示信息	" "	例如，否则会出现错误信息"bash: ****: command not found..."

本书中各实验所使用软件的名称、版本、发布日期及下载地址如表 2 所示。

表 2　本书使用软件的名称、版本、发布日期及下载地址

序号	软件名称	软件版本	发布日期	下载地址	安装文件名
1	VMware Workstation Pro	VMware Workstation 12.5.7 Pro for Windows	2017.6.22	https://www.vmware.com/products/workstation-pro.html	VMware-workstation-full-12.5.7-5813279.exe
2	CentOS	CentOS 7.6.1810	2018.11.26	https://www.centos.org/download/	CentOS-7-x86_64-DVD-1810.iso
3	Java	Oracle JDK 8u191	2018.10.16	http://www.oracle.com/technetwork/java/javase/downloads/index.html	jdk-8u191-linux-x64.tar.gz
4	Hadoop	Hadoop 2.9.2	2018.11.19	http://hadoop.apache.org/releases.html	hadoop-2.9.2.tar.gz
5	Eclipse	Eclipse IDE 2018-09 for Java evelopers	2018.9	https://www.eclipse.org/downloads/packages	eclipse-java-2018-09-linux-gtk-x86_64.tar.gz
6	ZooKeeper	ZooKeeper 3.4.13	2018.7.15	http://zookeeper.apache.org/releases.html	zookeeper-3.4.13.tar.gz
7	HBase	HBase 1.4.10	2019.6.10	https://hbase.apache.org/downloads.html	hbase-1.4.10-bin.tar.gz
8	MySQL Connector/J	MySQL Connector/J 5.1.48	2019.7.29	https://dev.mysql.com/downloads/connector/j/	mysql-connector-java-5.1.48.tar.gz

序号	软件名称	软件版本	发布日期	下载地址	安装文件名
9	MySQL Community Server	MySQL Community 5.7.27	2019.7.22	http://dev.mysql.com/get/mysql57-community-release-el7-11.noarch.rpm	mysql57-community -release-el7-11.noarch. rpm(Yum Repository)
10	Hive	Hive 2.3.4	2018.11.7	https://hive.apache.org/downloads.html	apache-hive-2.3.4-bin.tar.gz
11	Spark	Spark 2.3.3	2019.2.15	https://spark.apache.org/downloads.html	spark-2.3.3-bin-haoop 2.7.tgz
12	Sqoop	Sqoop 1.4.7	2017.12	http://www.apache.org/dyn/closer.lua/sqoop/	sqoop-1.4.7.bin_hadoop-2.6.0.tar.gz
13	Flume	Flume 1.9.0	2019.1.8	http://flume.apache.org/download.html	apache-flume-1.9.0-bin.tar.gz
14	Kafka	Kafka 2.1.1	2019.2.15	http://kafka.apache.org/downloads	kafka_2.12-2.1.1.tgz

本书在编写过程中得到了很多人的帮助。国信蓝桥教育科技(北京)股份有限公司高校合作部项目经理单宝军在教材编写方面提供了帮助，西京学院校长黄文准、西京学院信息工程学院院长郭建新、副院长乌伟在学院政策方面提供了支持，西安电子科技大学出版社李惠萍编辑对本书的出版提出了很多意见和建议，在此一并表示衷心感谢。

本书在撰写的过程中参考了部分国内外教材、专著、论文和开源社区资源，在此也向这些文献作者一并致谢。由于作者水平和能力有限，书中难免有疏漏与不足之处，衷心希望广大同行和读者批评指正。

徐鲁辉

2019 年 10 月于西安

目　　录

上篇　基础实验篇

下篇　拓展实验篇

上篇　基础实验篇

实验 1　部署全分布模式 Hadoop 集群

本实验的知识结构图如图 1-1 所示(★表示重点，▶表示难点)。

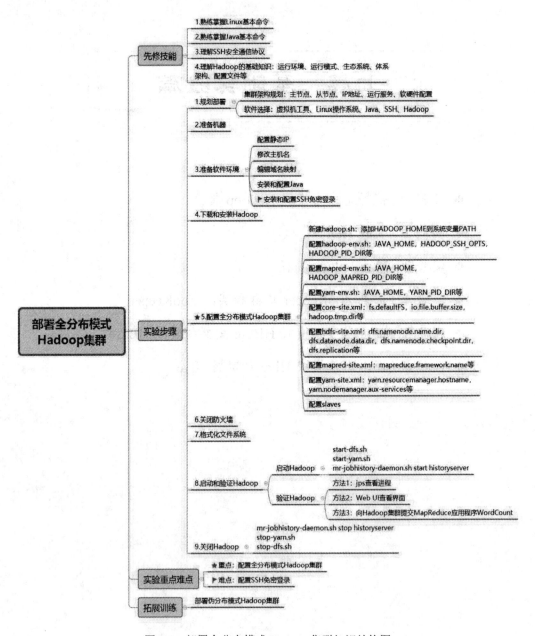

图 1-1　部署全分布模式 Hadoop 集群知识结构图

1.1　实验目的、实验环境和实验内容

一、实验目的

(1) 熟练掌握 Linux 基本命令。

(2) 掌握静态 IP 地址的配置及主机名和域名映射的修改。

(3) 掌握 Linux 环境下 Java 的安装、环境变量的配置、Java 基本命令的使用。

(4) 理解为何需要配置 SSH 免密登录，掌握 Linux 环境下 SSH 的安装、免密登录的配置。

(5) 熟练掌握在 Linux 环境下部署全分布模式 Hadoop 集群的过程。

二、实验环境

本实验所需的软硬件环境包括 PC、VMware Workstation Pro、CentOS 安装包、Oracle JDK 安装包、Hadoop 安装包。

三、实验内容

(1) 规划部署。

(2) 准备机器。

(3) 准备软件环境：配置静态 IP，修改主机名，编辑域名映射，安装和配置 Java，安装和配置 SSH 免密登录。

(4) 下载和安装 Hadoop。

(5) 配置全分布模式 Hadoop 集群。

(6) 关闭防火墙。

(7) 格式化文件系统。

(8) 启动和验证 Hadoop。

(9) 关闭 Hadoop。

1.2　实　验　原　理

1.2.1　Linux 基本命令

Linux 是一套免费使用和自由传播的类 UNIX 操作系统，是一个基于 POSIX 和 UNIX 的、多用户、多任务、支持多线程和多 CPU 的操作系统。它能运行主要的 UNIX 工具软件、应用程序和网络协议，支持 32 位和 64 位硬件。Linux 继承了 UNIX 以网络为核心的设计思想，是一个性能稳定的多用户网络操作系统。

Linux 操作系统诞生于 1991 年 10 月 5 日。Linux 存在着许多不同的版本，但它们都使用了 Linux 内核。Linux 可安装在各种计算机硬件设备中，比如手机、平板电脑、路由器、视频游戏控制台、台式计算机、大型机和超级计算机。

严格来讲，Linux 这个词本身只表示 Linux 内核，但实际上人们已经习惯用 Linux 来形容整个基于 Linux 内核且使用 GNU 工程各种工具和数据库的操作系统。

本节将介绍本实验中涉及的一些 Linux 操作系统的基本命令。

1. 查看当前目录

pwd 命令用于显示当前目录，效果如下所示：

```
[xuluhui@localhost ~]$ pwd
/home/xuluhui
```

2. 切换目录

cd 命令用来切换目录，效果如下所示：

```
[xuluhui@localhost ~]$ cd /usr/local
[xuluhui@localhost local]$ pwd
/usr/local
```

3. 罗列文件

ls 命令用于查看文件与目录，效果如下所示：

```
[xuluhui@localhost ~]$ ls
Desktop  Documents  Downloads  Music  Pictures  Public  Templates  Videos
```

4. 创建目录

mkdir 命令用于创建目录，效果如下所示：

```
[xuluhui@localhost ~]$ mkdir TestData
[xuluhui@localhost ~]$ ls
Desktop    Downloads  Pictures  Templates  Videos
Documents  Music      Public    TestData
```

5. 拷贝文件或目录

cp 命令用于拷贝文件。若拷贝的对象为目录，则需要使用-r 参数，效果如下所示：

```
[xuluhui@localhost ~]$ cp -r TestData TestData2
[xuluhui@localhost ~]$ ls
Desktop    Downloads  Pictures  Templates  TestData2
Documents  Music      Public    TestData   Videos
```

6. 移动或重命名文件或目录

mv 命令用于移动文件。在实际使用中，也常用于重命名文件或目录，效果如下所示：

```
[xuluhui@localhost ~]$ mv TestData2 TestDataxlh
[xuluhui@localhost ~]$ ls
Desktop    Downloads  Pictures  Templates  TestDataxlh
Documents  Music      Public    TestData   Videos
```

7. 删除文件或目录

rm 命令用于删除文件。若删除的对象为目录，则需要使用-r 参数，效果如下所示：

```
[xuluhui@localhost ~]$ rm -rf TestDataxlh
[xuluhui@localhost ~]$ ls
Desktop     Downloads   Pictures  Templates  Videos
Documents   Music       Public    TestData
```

8. 查看进程

ps 命令用于显示当前运行中进程的相关信息，效果如下所示：

```
[xuluhui@localhost ~]$ ps
     PID TTY      TIME CMD
   69780 pts/0    00:00:00 bash
   71680 pts/0    00:00:00 ps
```

9. 压缩与解压文件

tar 命令用于文件压缩与解压，参数中的 c 表示压缩，x 表示解压缩，效果如下所示：

```
[root@localhost local]# tar -zxvf /home/xuluhui/Downloads/hadoop-2.9.2.tar.gz
```

10. 查看文件内容

cat 命令用于查看文件内容，效果如下所示：

```
[xuluhui@localhost ~]# cat /usr/local/hadoop-2.9.2/etc/hadoop/core-site.xml
```

11. 查看机器 IP 配置

ip address 命令用于查看机器 IP 配置，效果如下所示：

```
[xuluhui@localhost ~]$ ip address
1: lo: <LOOPBACK,UP,LOWER_UP> mtu 65536 qdisc noqueue state UNKNOWN group
                default qlen 1000
    link/loopback 00:00:00:00:00:00 brd 00:00:00:00:00:00
    inet 127.0.0.1/8 scope host lo
       valid_lft forever preferred_lft forever
    inet6 ::1/128 scope host
       valid_lft forever preferred_lft forever
2: ens33: <BROADCAST,MULTICAST,UP,LOWER_UP> mtu 1500 qdisc pfifo_fast state UP
                group default qlen 1000
    link/ether 00:0c:29:6d:5d:c9 brd ff:ff:ff:ff:ff:ff
    inet 192.168.18.128/24 brd 192.168.18.255 scope global noprefixroute dynamic ens33
       valid_lft 1795sec preferred_lft 1795sec
    inet6 fe80::6bb8:6e80:d029:10f2/64 scope link noprefixroute
       valid_lft forever preferred_lft forever
3: virbr0: <NO-CARRIER,BROADCAST,MULTICAST,UP> mtu 1500 qdisc noqueue state DOWN
                group default qlen 1000
    link/ether 52:54:00:0b:74:1b brd ff:ff:ff:ff:ff:ff
    inet 192.168.122.1/24 brd 192.168.122.255 scope global virbr0
```

```
                valid_lft forever preferred_lft forever
4: virbr0-nic: <BROADCAST,MULTICAST> mtu 1500 qdisc pfifo_fast master virbr0 state DOWN
                group default qlen 1000
       link/ether 52:54:00:0b:74:1b brd ff:ff:ff:ff:ff:ff
```

ifconfig 命令也可用于查看机器 IP 配置，效果如下所示：

```
[xuluhui@localhost ~]$ ifconfig
ens33: flags=4163<UP,BROADCAST,RUNNING,MULTICAST>    mtu 1500
        inet 192.168.18.128   netmask 255.255.255.0   broadcast 192.168.18.255
        inet6 fe80::6bb8:6e80:d029:10f2   prefixlen 64   scopeid 0x20<link>
        ether 00:0c:29:6d:5d:c9   txqueuelen 1000   (Ethernet)
        RX packets 11319   bytes 732632 (715.4 KiB)
        RX errors 0   dropped 0   overruns 0   frame 0
        TX packets 492   bytes 51674 (50.4 KiB)
        TX errors 0   dropped 0 overruns 0   carrier 0   collisions 0

lo: flags=73<UP,LOOPBACK,RUNNING>    mtu 65536
        inet 127.0.0.1   netmask 255.0.0.0
        inet6 ::1   prefixlen 128   scopeid 0x10<host>
        loop   txqueuelen 1000   (Local Loopback)
        RX packets 2228   bytes 193268 (188.7 KiB)
        RX errors 0   dropped 0   overruns 0   frame 0
        TX packets 2228   bytes 193268 (188.7 KiB)
        TX errors 0   dropped 0 overruns 0   carrier 0   collisions 0

virbr0: flags=4099<UP,BROADCAST,MULTICAST>    mtu 1500
        inet 192.168.122.1   netmask 255.255.255.0   broadcast 192.168.122.255
        ether 52:54:00:0b:74:1b   txqueuelen 1000   (Ethernet)
        RX packets 0   bytes 0 (0.0 B)
        RX errors 0   dropped 0   overruns 0   frame 0
        TX packets 0   bytes 0 (0.0 B)
        TX errors 0   dropped 0 overruns 0   carrier 0   collisions 0
```

1.2.2   vim 编辑器

vim 是一个类似于 vi 的、功能强大的、高度可定制的文本编辑器，并在 vi 的基础上改进和增加了很多特性。vim 是 vi 的加强版，比 vi 更容易使用，vi 的命令几乎全部都可以在 vim 上使用。

vi/vim 分为命令模式(Command Mode)、输入模式(Insert Mode)和末行模式(Last line Mode)三种工作模式。用户一启动 vi/vim，便进入了命令模式，此状态下敲击键盘的动作会被 vim 识别为命令，而非输入字符。命令模式下常用的几个命令是："i"为切换到输入模式，以输入字符；"x"为删除当前光标所在处的字符；":"为切换到末行模式，以在最底端一行输入命令。在命令模式下按下"i"就进入了输入模式。在输入模式中，可以使用若干按键完成相应任务，例如字符按键以及 Shift 组合用于输入字符；Insert 按键用于切换光标，为输入/替换模式，光标将变成竖线/下划线；Esc 按键用于退出输入模式，可切换到命令模式等。在命令模式下按下"："(英文冒号)进入末行模式。末行模式下可以输入单个或多个字符的命令，可用的命令非常多，如"q"用于退出程序，"w"用于保存文件等，按 Esc 键可随时退出末行模式。vi/vim 三种工作模式的转换如图 1-2 所示。

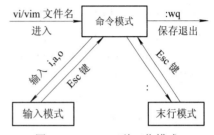

图 1-2 vi/vim 三种工作模式

　　vim 是实验中用到最多的文件编辑命令。在命令行输入"vim 文件名"后，默认进入"命令模式"，不可编辑文档，需按"i"键，方可编辑文档。编辑结束后，需按"Esc"键，先退回命令模式，再按":"键进入末行模式，接着输入"wq"方可保存退出。

1.2.3　Java 基本命令

　　在安装和配置 Java 后，可以使用 Java 命令来编译、运行或者打包 Java 程序。

1. 查看 Java 版本

```
[root@localhost ~]# java -version
java version "1.8.0_191"
Java(TM) SE Runtime Environment (build 1.8.0_191-b12)
Java HotSpot(TM) 64-Bit Server VM (build 25.191-b12, mixed mode)
```

2. 查看当前所有 Java 进程

jps(Java Virtual Machine Process Status Tool)是 Java 提供的一个显示当前所有 Java 进程 pid 的命令，适合在 Linux/UNIX 平台上查看当前 Java 进程的一些简单情况，效果如下所示：

```
[root@localhost ~]$ jps
11973 Jps
```

3. 编译 Java 程序

```
[root@localhost ~]# javac HelloWorld.java
```

4. 运行 Java 程序

```
[root@localhost ~]# java HelloWorld
Welcome to Java.
```

5. 打包 Java 程序

```
[root@localhost ~]# jar -cvf HelloWorld.jar HelloWorld.class
added manifest
adding: HelloWorld.class(in = 430) (out= 295)(deflated 31%)
```

由于打包时并没有指定 manifest 文件，因此该 jar 包无法直接运行，如下所示：

```
[root@localhost ~]# java -jar HelloWorld.jar
no main manifest attribute, in HelloWorld.jar
```

6. 打包携带 manifest 文件的 Java 程序

manifest.mf 文件用于描述整个 Java 项目，最常用的功能是指定项目的入口类。新建文件 "manifest.mf"，文件内容输入 "Main-Class: HelloWorld"，如下所示：

```
[root@localhost ~]# vim manifest.mf
```

打包时，可加入-m 参数，并指定 manifest 文件名，如下所示：

```
[root@localhost ~]# jar -cvfm HelloWorld.jar manifest.mf HelloWorld.class
added manifest
adding: HelloWorld.class(in = 430) (out= 295)(deflated 31%)
```

7. 运行 jar 包

可使用 "java" 命令直接运行 jar 包，如下所示：

```
[root@localhost ~]# java -jar HelloWorld.jar
Welcome to Java.
```

1.2.4　SSH 安全通信协议

远程管理其他机器时，一般使用远程桌面或者 telnet。Linux 安装时自带了 telnet，但 telnet 的缺点是通信不加密，存在不安全因素，只适合内网访问。为解决这个问题，人们推出了安全通信协议 SSH(Secure Shell)。通过 SSH 我们可以安全地进行网络数据传输，这是因为 SSH 采用的是非对称加密体系，传输内容使用 RSA 或者 DSA 加密，可以避免网络窃听。

非对称加密的工作流程包括以下几个步骤：服务端接受到远程客户端登录请求，将自己的公钥发送给客户端；客户端利用这个公钥对数据进行加密，然后将加密的信息发送给服务端；服务端利用自己的私钥进行解密，验证其合法性；验证结果返回客户端响应。

不过需要注意的是，Hadoop 并不是通过 SSH 协议进行数据传输的，而是 Hadoop 控制脚本需要依赖 SSH 来执行针对整个集群的操作。Hadoop 在启动和停止 HDFS、YARN 时，需要主节点上的进程通过 SSH 协议启动或停止从节点上的各种守护进程。也就是说，如果不配置 SSH 免密登录对 Hadoop 的使用没有任何影响，只需在启动和停止 Hadoop 时输入每个从节点的用户名和密码即可。试想，若管理由成百上千个节点组成的 Hadoop 集群，连接每个从节点时都输入密码将是一项繁杂的工作。因此，配置 Hadoop 主节点到各个从节点的 SSH 免密登录是很有必要的。

1.2.5　Hadoop

Hadoop 是 Apache 开源组织提供的一个分布式存储和计算的软件框架，具有高可用、弹性可扩展的特点，非常适合处理海量数据。

Hadoop 由 Apache Lucence 创始人道格·卡丁创建，Lucence 是一个应用广泛的文本搜索系统库。Hadoop 起源于开源的网络搜索引擎 Apache Nutch，它本身是 Lucence 项目的一部分。

第一代 Hadoop(即 Hadoop 1.0)的核心由分布式文件系统 HDFS 和分布式计算框架 MapReduce 组成。为了克服 Hadoop 1.0 中 HDFS 和 MapReduce 的架构设计和应用性能方面的各种问题，人们提出了第二代 Hadoop(即 Hadoop 2.0)。Hadoop 2.0 的核心包括分布式文件系统 HDFS、统一资源管理和调度框架 YARN 与分布式计算框架 MapReduce。HDFS 是谷歌文件系统 GFS 的开源实现，是面向普通硬件环境的分布式文件系统，适用于大数据场景的数据存储，提供了高可靠、高扩展、高吞吐率的数据存储服务。MapReduce 是谷歌 MapReduce 的开源实现，是一种简化的分布式应用程序开发的编程模型，允许开发人员在不了解分布式系统底层细节和缺少并行应用开发经验的情况下，能快速轻松地编写出分布式程序，并将其运行于计算机集群上，完成对大规模数据集的存储和计算。YARN 是将 MapReduce 1.0 中 JobTracker 的资源管理功能单独剥离出来而形成的，它是一个纯粹的资源管理和调度框架，解决了 Hadoop 1.0 中只能运行 MapReduce 框架的限制，可运行各种不同类型计算框架，包括 MapReduce、Spark、Storm 等。

1. Hadoop 的版本

Hadoop 的发行版本有两类，一类是由社区维护的、免费开源的 Apache Hadoop，另一类是由 Cloudera、Hortonworks、MapR 等一些商业公司推出的 Hadoop 商业版。

Apache Hadoop 版本分为三代，分别称为 Hadoop 1.0、Hadoop 2.0、Hadoop 3.0。第一代 Hadoop 包含 0.20.x、0.21.x 和 0.22.x 三大版本，其中，0.20.x 最后演化成 1.0.x，变成了稳定版；而 0.21.x 和 0.22.x 则增加了 HDFS NameNode HA 等重要新特性。第二代 Hadoop 包含 0.23.x 和 2.x 两大版本，它们完全不同于 Hadoop 1.0，是一套全新的架构，均包含 HDFS Federation 和 YARN 两个系统。相比于 0.23.x，2.x 增加了 NameNode HA 和 Wire-compatibility 两个重大特性。需要注意的是，Hadoop 2.0 主要由 Yahoo 独立出来的 Hortonworks 公司主持开发。与 Hadoop 2.0 相比，Hadoop 3.0 具有许多重要的增强功能，包括 HDFS 可擦除编码和 YARN 时间轴服务 v.2，支持 2 个以上的 NameNode，支持 Microsoft Azure Data Lake 和 Aliyun Object Storage System 文件系统连接器，并服务于深度学习用例和长期运行的应用等重要功能，新增的组件 Hadoop Submarine 使数据工程师能够在同一个 Hadoop YARN 集群上轻松开发、训练和部署深度学习模型。

Hadoop 商业版主要是提供对各项服务的支持，高级功能要收取一定费用，这对一些研发能力不太强的企业来说是非常有利的，公司只要出一定的费用就能使用一些高级功能。Hadoop 的每个发行版都有自己的特点，目前使用最多的是 Cloudera Distribution Hadoop(CDH)和 Hortonworks Data Platform(HDP)。

请读者注意，若无特别强调，本书均是围绕 Apache Hadoop 2.0 展开描述和实验的。

2. Hadoop 的运行环境

对于大部分 Java 开源产品而言，在部署与运行之前，总是需要搭建一个合适的环境，通常包括操作系统和 Java 环境两方面。Hadoop 部署与运行所需要的系统环境，同样包括操作系统和 Java 环境，另外还需要 SSH。

1) 操作系统

Hadoop 运行平台支持以下两种操作系统：

(1) Windows。Hadoop 支持 Windows。但由于 Windows 操作系统本身不太适合作为服务器操作系统，所以本书不介绍 Windows 下安装和配置 Hadoop 的方法，读者可自行参考网址 https://wiki.apache.org/hadoop/Hadoop2OnWindows。

(2) GNU/Linux。Hadoop 的最佳运行环境无疑是开源操作系统 Linux。Linux 发行版本众多，常见的有 CentOS、Ubuntu、Red Hat、Debian、Fedora、SUSE、openSUSE 等。

本书采用的操作系统为 Linux 发行版 CentOS 7。

2) Java 环境

Hadoop 使用 Java 语言编写，因此它的运行环境需要 Java 环境的支持。Hadoop 3.x 需要 Java 8，Hadoop 2.7 及以后版本需要 Java 7 或 Java 8，Hadoop 2.6 及早期版本需要 Java 6。本书采用的 Java 为 Oracle JDK 1.8。

3) SSH

Hadoop 集群若想运行，其运行平台 Linux 必须安装 SSH 软件，且 sshd 服务必须运行。只有这样，才能使用 Hadoop 脚本管理远程 Hadoop 守护进程。本书选用的 CentOS 7 自带有 SSH。

3. Hadoop 的运行模式

Hadoop 运行模式有以下三种：

(1) 单机模式(Local/Standalone Mode)：只在一台计算机上运行，不需任何配置。在这种模式下，Hadoop 所有的守护进程都变成了一个 Java 进程；存储采用本地文件系统，没有采用分布式文件系统 HDFS。

(2) 伪分布模式(Pseudo-Distributed Mode)：只在一台计算机上运行。在这种模式下，Hadoop 所有守护进程都运行在一个节点上，在一个节点上模拟了一个具有 Hadoop 完整功能的微型集群；存储采用分布式文件系统 HDFS，但是 HDFS 的名称节点和数据节点都位于同一台计算机上。

(3) 全分布模式(Fully-Distributed Mode)：在多台计算机上运行。在这种模式下，Hadoop 的守护进程运行在多个节点上，形成一个真正意义上的集群；存储采用分布式文件系统 HDFS，且 HDFS 的名称节点和数据节点位于不同计算机上。

三种运行模式各有优缺点。单机模式配置最简单，但它与用户交互的方式不同于全分布模式；节点数目受限的初学者可以采用伪分布模式，虽然只有一个节点支撑整个 Hadoop 集群，但是 Hadoop 在伪分布模式下的操作方式与在全分布模式下的操作几乎完全相同；全分布模式是使用 Hadoop 的最佳方式，真实 Hadoop 集群的运行均采用该模式，但它需要最多的配置工作和架构所需要的机器集群。

4. Hadoop 2.0 的生态系统

经过十几年的发展，目前，Hadoop 已经成长为一个庞大的体系。从狭义上来说，Hadoop 是一个适合大数据的分布式存储和分布式计算的平台，Hadoop 2.0 主要由分布式文件系统 HDFS、统一资源管理和调度框架 YARN、分布式计算框架 MapReduce 三部分构成；但从广义上来讲，Hadoop 是指以 Hadoop 为基础的生态系统，Hadoop 仅是其中最基础、最重要的部分，生态系统中每个子系统只负责解决某一特定问题。

Hadoop 2.0 的生态系统如图 1-3 所示。

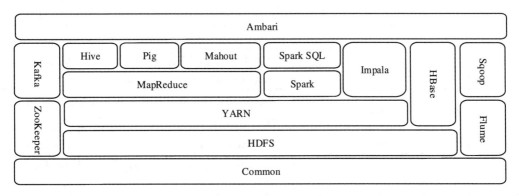

图 1-3　Hadoop 2.0 生态系统

5. Hadoop 集群的体系架构

Hadoop 集群采用主从架构(Master/Slave)，NameNode 与 ResourceManager 为 Master，DataNode 与 NodeManager 为 Slave。守护进程 NameNode 和 DataNode 负责完成 HDFS 的工作，守护进程 ResourceManager 和 NodeManager 则负责完成 YARN 的工作。Hadoop 2.0 的集群架构图如图 1-4 所示。

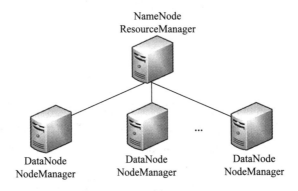

图 1-4　Hadoop 2.0 集群架构

6. Hadoop 的配置文件

Hadoop 的配置文件很多，均位于$HADOOP_HOME/etc/hadoop 中，其中几个关键的配置文件如表 1-1 所示，伪分布模式和全分布模式下的 Hadoop 集群所需修改的配置文件稍有差异。

表 1-1　Hadoop 的主要配置文件

文件名称	格　式	描　　述
hadoop-env.sh	Bash 脚本	记录运行 Hadoop 要用的环境变量
yarn-env.sh	Bash 脚本	记录运行 YARN 要用的环境变量(覆盖 hadoop-env.sh 中设置的变量)
mapred-env.sh	Bash 脚本	记录运行 MapReduce 要用的环境变量(覆盖 hadoop-env.sh 中设置的变量)
core-site.xml	Hadoop 配置 XML	Hadoop Core 的配置项,包括 HDFS、MapReduce 和 YARN 常用的 I/O 设置等

续表

文件名称	格 式	描 述
hdfs-site.xml	Hadoop 配置 XML	HDFS 守护进程的配置项，包括 NameNode、SecondaryNameNode、DataNode 等
yarn-site.xml	Hadoop 配置 XML	YARN 守护进程的配置项，包括 ResourceManager、NodeManager 等
mapred-site.xml	Hadoop 配置 XML	MapReduce 守护进程的配置项，包括 JobHistoryServer
slaves	纯文本	运行 DataNode 和 NodeManager 的从节点机器列表，每行 1 个主机名
hadoop-metrics2.properties	Java 属性	控制如何在 Hadoop 上发布度量的属性
log4j.properties	Java 属性	系统日志文件、NameNode 审计日志、任务 JVM 进程的任务日志的属性
hadoop-policy.xml	Hadoop 配置 XML	安全模式下运行 Hadoop 时访问控制列表的配置项

1.3　实 验 步 骤

1.3.1　规划部署

1. Hadoop 集群架构规划

全分布模式下部署 Hadoop 集群时，最少需要两台机器，即一个主节点和一个从节点。本实验拟将 Hadoop 集群运行在 Linux 上，将使用 3 台安装有 Linux 操作系统的机器，主机名分别为 master、slave1、slave2，其中 master 作为主节点，slave1 和 slave2 作为从节点。Hadoop 集群的具体部署规划如表 1-2 所示。

表 1-2　全分布模式 Hadoop 集群的部署规划表

主机名	IP 地址	运行服务	软硬件配置
master（主节点）	192.168.18.130	NameNode SecondaryNameNode ResourceManager JobHistoryServer	内存：4 GB　CPU：1 个 2 核 硬盘：40 GB　操作系统：CentOS 7.6.1810 Java：Oracle JDK 8u191 Hadoop：Hadoop 2.9.2
slave1（从节点 1）	192.168.18.131	DataNode NodeManager	内存：1 GB　CPU：1 个 1 核 硬盘：20 GB　操作系统：CentOS 7.6.1810 Java：Oracle JDK 8u191 Hadoop：Hadoop 2.9.2
slave2（从节点 2）	192.168.18.132	DataNode NodeManager	内存：1 GB　CPU：1 个 1 核 硬盘：20 GB　操作系统：CentOS 7.6.1810 Java：Oracle JDK 8u191 Hadoop：Hadoop 2.9.2

Hadoop 集群的架构规划图如图 1-5 所示。

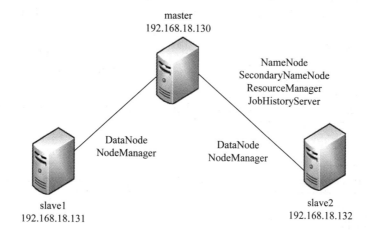

图 1-5 全分布模式 Hadoop 集群的架构规划图

2. 软件选择

1) 虚拟机工具

鉴于多数用户使用的是 Windows 操作系统，作为 Hadoop 初学者，建议在 Windows 操作系统上安装虚拟机工具，并在其上创建 Linux 虚拟机。本书采用的虚拟机工具为 VMware Workstation Pro，读者也可采用 Oracle VirtualBox 等其他虚拟机工具。

2) Linux 操作系统

本书采用的 Linux 操作系统为免费的 CentOS(Community Enterprise Operating System，社区企业操作系统)。CentOS 是 Red Hat Enterprise Linux 依照开放源代码规定释出的源代码编译而成的；读者也可以使用其他 Linux 操作系统，如 Ubuntu、Red Hat、Debian、Fedora、SUSE、openSUSE 等。

3) Java

Hadoop 使用 Java 语言编写，因此它的运行环境需要 Java 环境的支持。由于 Hadoop 2.7 及以后版本需要 Java 7 或 Java 8，而本实验采用的是 Hadoop 2.9.2 版本，因此选用的 Java 为 Oracle JDK 1.8。

4) SSH

由于 Hadoop 控制脚本需要依赖 SSH 来管理 Hadoop 的守护进程，因此 Hadoop 集群的运行平台 Linux 必须安装 SSH，且 sshd 服务必须运行，本实验选用的 CentOS 7 自带有 SSH。

5) Hadoop

Hadoop 起源于 2002 年的 Apach 项目 Nutch；2004 年道格·卡丁开发了现在 HDFS 和 MapReduce 的最初版本；2006 年 Apache Hadoop 项目正式启动，以支持 MapReduce 和 HDFS 的独立发展。Hadoop 的版本经历了 1.0、2.0、3.0，目前最新稳定版本是 2019 年 1 月 16 日发布的 Hadoop 3.2.0，编者采用的是 2018 年 11 月 19 日发布的稳定版 Hadoop 2.9.2。

本实验中所使用的各种软件的名称、版本、发布日期及下载地址如表 1-3 所示。

表 1-3　本书部署 Hadoop 集群所使用的软件名称、版本、发布日期及下载地址

软件名称	软件版本	发布日期	下载地址
VMware Workstation Pro	VMware Workstation 12.5.7 Pro for Windows	2017 年 6 月 22 日	https://www.vmware.com/products/workstation-pro.html
CentOS	CentOS 7.6.1810	2018 年 11 月 26 日	https://www.centos.org/download/
Java	Oracle JDK 8u191	2018 年 10 月 16 日	http://www.oracle.com/technetwork/java/javase/downloads/index.html
Hadoop	Hadoop 2.9.2	2018 年 11 月 19 日	http://hadoop.apache.org/releases.html

1.3.2　准备机器

本书使用 VMware Workstation Pro 共安装了 3 台 CentOS 虚拟机，如图 1-6 所示，分别为 hadoop2.9.2-master、hadoop2.9.2-slave1 和 hadoop2.9.2-slave2，其中 hadoop2.9.2-master 的内存为 4096 MB，CPU 为 1 个 2 核；hadoop2.9.2-slave1 和 hadoop2.9.2-slave2 的内存均为 1024 MB，CPU 为 1 个 1 核。关于如何使用 VMware Workstation 安装 CentOS 虚拟机，可参见本书配套资源"使用 VMware Workstation 安装 CentOS 虚拟机过程详解"。

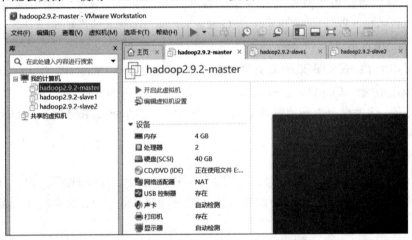

图 1-6　准备好的 3 台 CentOS 虚拟机

本书采用的虚拟机工具 VMware Workstation 12.5.7 Pro for Windows 的具体下载地址为 https://my.vmware.com/web/vmware/details?productId = 524&rPId = 20840&downloadGroup = WKST-1257-WIN，Linux 操作系统 CentOS 7.6.1810 的光盘镜像文件名为 CentOS-7-x86_64-DVD-1810.iso。

1.3.3　准备软件环境

三台 CentOS 虚拟机的软件环境准备过程相同。以下步骤以即将作为 Hadoop 集群主节点的虚拟机 hadoop2.9.2-master 为例讲述，作为从节点的虚拟机 hadoop2.9.2-slave1 和

hadoop2.9.2-slave2 的软件环境准备过程不再赘述。

1．配置静态 IP

机器不同，CentOS 版本不同，网卡配置文件也不尽相同。本书使用的 CentOS 7.6.1810 对应的网卡配置文件为 /etc/sysconfig/network-scripts/ifcfg-ens33，读者可自行查看个人 CentOS 的网卡配置文件。

静态 IP 配置过程如下：

(1) 查看网卡配置文件名，具体过程如图 1-7 所示。

```
[xuluhui@localhost ~]$ cd /etc/sysconfig/network-scripts
[xuluhui@localhost network-scripts]$ ls
ifcfg-ens33    ifdown-ppp      ifup-ib         ifup-Team
ifcfg-lo       ifdown-routes   ifup-ippp       ifup-TeamPort
ifdown         ifdown-sit      ifup-ipv6       ifup-tunnel
ifdown-bnep    ifdown-Team     ifup-isdn       ifup-wireless
ifdown-eth     ifdown-TeamPort ifup-plip       init.ipv6-global
ifdown-ib      ifdown-tunnel   ifup-plusb      network-functions
ifdown-ippp    ifup            ifup-post       network-functions-ipv6
ifdown-ipv6    ifup-aliases    ifup-ppp
ifdown-isdn    ifup-bnep       ifup-routes
ifdown-post    ifup-eth        ifup-sit
[xuluhui@localhost network-scripts]$
```

图 1-7　查看网卡配置文件名

(2) 切换到 root 用户，使用命令"vim /etc/sysconfig/network-scripts/ifcfg-ens33"修改网卡配置文件，为该机器设置静态 IP 地址。

网卡 ifcfg-ens33 配置文件的原始内容如图 1-8 所示。

```
TYPE=Ethernet
PROXY_METHOD=none
BROWSER_ONLY=no
BOOTPROTO=dhcp
DEFROUTE=yes
IPV4_FAILURE_FATAL=no
IPV6INIT=yes
IPV6_AUTOCONF=yes
IPV6_DEFROUTE=yes
IPV6_FAILURE_FATAL=no
IPV6_ADDR_GEN_MODE=stable-privacy
NAME=ens33
UUID=4212ed00-4320-4977-80d1-e4a85565909d
DEVICE=ens33
ONBOOT=no
```

图 1-8　网卡 ifcfg-ens33 配置文件原始内容

网卡 ifcfg-ens33 配置文件修改后的内容如图 1-9 所示。

```
TYPE=Ethernet
PROXY_METHOD=none
BROWSER_ONLY=no
BOOTPROTO=static
DEFROUTE=yes
IPV4_FAILURE_FATAL=no
IPV6INIT=yes
IPV6_AUTOCONF=yes
IPV6_DEFROUTE=yes
IPV6_FAILURE_FATAL=no
IPV6_ADDR_GEN_MODE=stable-privacy
NAME=ens33
UUID=4212ed00-4320-4977-80d1-e4a85565909d
DEVICE=ens33
ONBOOT=yes

IPADDR=192.168.18.130
NETMASK=255.255.255.0
GATEWAY=192.168.18.2
DNS1=192.168.18.2
-- INSERT --                                    20,18          All
```

图 1-9　网卡 ifcfg-ens33 配置文件修改后的内容

(3) 使用"reboot"命令重启机器或者使用"systemctl restart network.service"命令重启网络方可使配置生效。如图 1-10 所示，使用命令"ip address"或者简写"ip addr"可查看到当前机器的 IP 地址已设置为静态 IP"192.168.18.130"。

```
[xuluhui@localhost ~]$ ip addr
1: lo: <LOOPBACK,UP,LOWER_UP> mtu 65536 qdisc noqueue state UNKNOWN group defaul
t qlen 1000
    link/loopback 00:00:00:00:00:00 brd 00:00:00:00:00:00
    inet 127.0.0.1/8 scope host lo
       valid_lft forever preferred_lft forever
    inet6 ::1/128 scope host
       valid_lft forever preferred_lft forever
2: ens33: <BROADCAST,MULTICAST,UP,LOWER_UP> mtu 1500 qdisc pfifo_fast state UP g
roup default qlen 1000
    link/ether 00:0c:29:6d:5d:c9 brd ff:ff:ff:ff:ff:ff
    inet 192.168.18.130/24 brd 192.168.18.255 scope global noprefixroute ens33
       valid_lft forever preferred_lft forever
    inet6 fe80::6bb8:6e80:d0f2:64 scope link noprefixroute
       valid_lft forever preferred_lft forever
3: virbr0: <NO-CARRIER,BROADCAST,MULTICAST,UP> mtu 1500 qdisc noqueue state DOWN
 group default qlen 1000
    link/ether 52:54:00:0b:74:1b brd ff:ff:ff:ff:ff:ff
    inet 192.168.122.1/24 brd 192.168.122.255 scope global virbr0
       valid_lft forever preferred_lft forever
4: virbr0-nic: <BROADCAST,MULTICAST> mtu 1500 qdisc pfifo_fast master virbr0 sta
te DOWN group default qlen 1000
    link/ether 52:54:00:0b:74:1b brd ff:ff:ff:ff:ff:ff
[xuluhui@localhost ~]$
```

图 1-10 使用命令"ip addr"查看机器 IP 地址

同理，将虚拟机 hadoop2.9.2-slave1 和 hadoop2.9.2-slave2 的 IP 地址依次设置为静态 IP "192.168.18.131"、"192.168.18.132"。

2. 修改主机名

主机名的修改过程如下：

(1) 切换到 root 用户，通过修改配置文件/etc/hostname 可以修改 Linux 主机名。该配置文件中的原始内容为：

localhost.localdomain

(2) 按照部署规划，主节点的主机名为"master"，将配置文件/etc/hostname 中原始内容替换为：

master

(3) 使用"reboot"命令重启机器方可使配置生效，如图 1-11 所示。使用命令"hostname"可查看到当前主机名已修改为"master"。

```
[xuluhui@master ~]$ hostname
master
[xuluhui@master ~]$
```

图 1-11 使用命令"hostname"查看当前主机名

同理，将虚拟机 hadoop2.9.2-slave1 和 hadoop2.9.2-slave2 的主机名依次设置为"slave1"、"slave2"。

3. 编辑域名映射

为协助用户便捷访问该机器而无需记住 IP 地址串，需要编辑域名映射文件/etc/hosts，方法是在原始内容最后追加 3 行，如图 1-12 所示。

```
127.0.0.1    localhost localhost.localdomain localhost4 localhost4.localdomain4
::1          localhost localhost.localdomain localhost6 localhost6.localdomain6
192.168.18.130 master
192.168.18.131 slave1
192.168.18.132 slave2
```

图 1-12 域名映射文件/etc/hosts 修改后的内容

使用"reboot"命令重启机器方可使配置生效。

同理，编辑虚拟机 hadoop2.9.2-slave1 和 hadoop2.9.2-slave2 的域名映射文件，方法同虚拟机 hadoop2.9.2-master。

至此，3 台 CentOS 虚拟机的静态 IP、主机名、域名映射均已修改完毕，用 ping 命令来检测各节点间是否通讯正常，可按"Ctrl + C"组合键终止数据包的发送，成功效果如图 1-13 所示。

```
[xuluhui@master ~]$ ping master
PING master (192.168.18.130) 56(84) bytes of data.
64 bytes from master (192.168.18.130): icmp_seq=1 ttl=64 time=0.047 ms
64 bytes from master (192.168.18.130): icmp_seq=2 ttl=64 time=0.059 ms
64 bytes from master (192.168.18.130): icmp_seq=3 ttl=64 time=0.047 ms
64 bytes from master (192.168.18.130): icmp_seq=4 ttl=64 time=0.050 ms
^C
--- master ping statistics ---
4 packets transmitted, 4 received, 0% packet loss, time 2999ms
rtt min/avg/max/mdev = 0.047/0.050/0.059/0.010 ms
[xuluhui@master ~]$ ping slave1
PING slave1 (192.168.18.131) 56(84) bytes of data.
64 bytes from slave1 (192.168.18.131): icmp_seq=1 ttl=64 time=0.602 ms
64 bytes from slave1 (192.168.18.131): icmp_seq=2 ttl=64 time=0.253 ms
64 bytes from slave1 (192.168.18.131): icmp_seq=3 ttl=64 time=0.825 ms
64 bytes from slave1 (192.168.18.131): icmp_seq=4 ttl=64 time=0.502 ms
^C
--- slave1 ping statistics ---
4 packets transmitted, 4 received, 0% packet loss, time 3000ms
rtt min/avg/max/mdev = 0.253/0.545/0.825/0.206 ms
[xuluhui@master ~]$ ping slave2
PING slave2 (192.168.18.132) 56(84) bytes of data.
64 bytes from slave2 (192.168.18.132): icmp_seq=1 ttl=64 time=0.639 ms
64 bytes from slave2 (192.168.18.132): icmp_seq=2 ttl=64 time=0.810 ms
64 bytes from slave2 (192.168.18.132): icmp_seq=3 ttl=64 time=0.805 ms
64 bytes from slave2 (192.168.18.132): icmp_seq=4 ttl=64 time=0.811 ms
^C
--- slave2 ping statistics ---
4 packets transmitted, 4 received, 0% packet loss, time 3002ms
rtt min/avg/max/mdev = 0.639/0.766/0.811/0.076 ms
[xuluhui@master ~]$
```

图 1-13　ping 命令检测各节点间通讯是否正常

4. 安装和配置 Java

1) 卸载 Oracle OpenJDK

首先，通过命令"java -version"查看是否已安装 Java，如图 1-14 所示。由于 CentOS 7 自带的 Java 是 Oracle OpenJDK，而本书更建议使用 Oracle JDK，因此将 Oracle OpenJDK 卸载。

```
[xuluhui@master ~]$ java -version
openjdk version "1.8.0_181"
OpenJDK Runtime Environment (build 1.8.0_181-b13)
OpenJDK 64-Bit Server VM (build 25.181-b13, mixed mode)
[xuluhui@master ~]$
```

图 1-14　CentOS 7 自带的 OpenJDK

然后，使用"rpm -qa|grep jdk"命令查询 jdk 软件，如图 1-15 所示。

```
[xuluhui@master ~]$ rpm -qa|grep jdk
copy-jdk-configs-3.3-10.el7_5.noarch
java-1.8.0-openjdk-headless-1.8.0.181-7.b13.el7.x86_64
java-1.7.0-openjdk-1.7.0.191-2.6.15.5.el7.x86_64
java-1.8.0-openjdk-1.8.0.181-7.b13.el7.x86_64
java-1.7.0-openjdk-headless-1.7.0.191-2.6.15.5.el7.x86_64
[xuluhui@master ~]$
```

图 1-15　使用 rpm 命令查询 jdk 软件

最后，切换到 root 用户下，分别使用命令"yum -y remove java-1.8.0*"和"yum -y remove java-1.7.0*"卸载 openjdk 1.8 和 openjdk 1.7。例如，使用 yum 卸载 openjdk 1.8.0 的具体过程如图 1-16 所示。

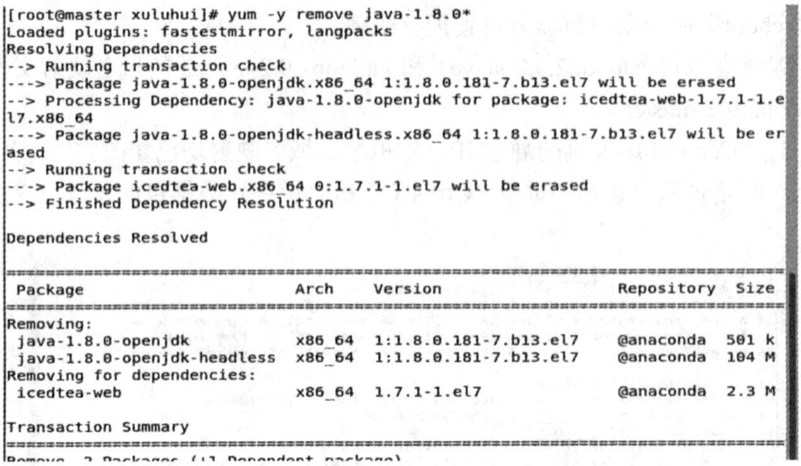

```
[root@master xuluhui]# yum -y remove java-1.8.0*
Loaded plugins: fastestmirror, langpacks
Resolving Dependencies
--> Running transaction check
---> Package java-1.8.0-openjdk.x86_64 1:1.8.0.181-7.b13.el7 will be erased
--> Processing Dependency: java-1.8.0-openjdk for package: icedtea-web-1.7.1-1.e
l7.x86_64
---> Package java-1.8.0-openjdk-headless.x86_64 1:1.8.0.181-7.b13.el7 will be er
ased
--> Running transaction check
---> Package icedtea-web.x86_64 0:1.7.1-1.el7 will be erased
--> Finished Dependency Resolution

Dependencies Resolved

================================================================================
 Package                        Arch      Version                Repository  Size
================================================================================
Removing:
 java-1.8.0-openjdk             x86_64    1:1.8.0.181-7.b13.el7  @anaconda   501 k
 java-1.8.0-openjdk-headless    x86_64    1:1.8.0.181-7.b13.el7  @anaconda   104 M
Removing for dependencies:
 icedtea-web                    x86_64    1.7.1-1.el7            @anaconda   2.3 M

Transaction Summary
================================================================================
```

图 1-16　使用 yum 卸载 openjdk 1.8.0

同理，卸载节点 slave1 和 slave2 上的 Oracle OpenJDK。

2）下载 Oracle JDK

根据机器所安装的操作系统和位数选择相应 JDK 安装包下载，可以使用命令"getconf LONG_BIT"来查询 Linux 操作系统是 32 位还是 64 位；也可以使用命令"file /bin/ls"来显示 Linux 版本号。使用命令"file /bin/ls"的结果如图 1-17 所示。

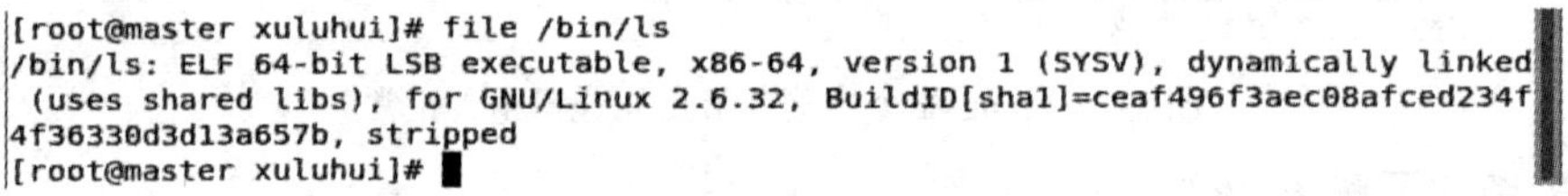

```
[root@master xuluhui]# file /bin/ls
/bin/ls: ELF 64-bit LSB executable, x86-64, version 1 (SYSV), dynamically linked
 (uses shared libs), for GNU/Linux 2.6.32, BuildID[sha1]=ceaf496f3aec08afced234f
4f36330d3d13a657b, stripped
[root@master xuluhui]#
```

图 1-17　查询 Linux 操作系统的位数

由图 1-17 可知，该机器安装的是 CentOS 64 位。Oracle JDK 的下载地址为 http://www.oracle.com/technetwork/java/javase/downloads/index.html。本实验下载的 JDK 安装包文件名为 2018 年 10 月 16 日发布的 jdk-8u191-linux-x64.tar.gz，并存放在目录/home/xuluhui/Downloads 下。

同理，在节点 slave1 和 slave2 上也下载相同版本的 Oracle JDK，并存放在目录/home/xuluhui/Downloads 下。

3）安装 Oracle JDK

使用 tar 命令解压 Oracle JDK 并进行安装。例如安装到目录/usr/java 下，首先在/usr 下创建目录 java，然后解压，具体过程如图 1-18 所示。

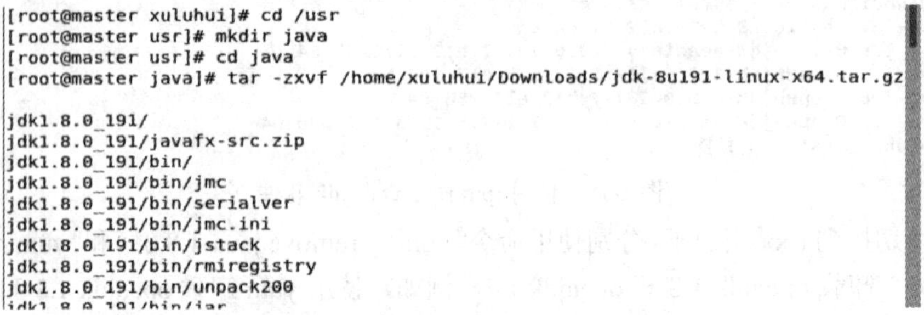

```
[root@master xuluhui]# cd /usr
[root@master usr]# mkdir java
[root@master usr]# cd java
[root@master java]# tar -zxvf /home/xuluhui/Downloads/jdk-8u191-linux-x64.tar.gz

jdk1.8.0_191/
jdk1.8.0_191/javafx-src.zip
jdk1.8.0_191/bin/
jdk1.8.0_191/bin/jmc
jdk1.8.0_191/bin/serialver
jdk1.8.0_191/bin/jmc.ini
jdk1.8.0_191/bin/jstack
jdk1.8.0_191/bin/rmiregistry
jdk1.8.0_191/bin/unpack200
jdk1.8.0_191/bin/jar
```

图 1-18　使用 tar 命令解压安装 Oracle JDK

同理，在节点 slave1 和 slave2 上也安装 Oracle JDK。

4）配置 Java 环境

通过修改/etc/profile 文件完成环境变量 JAVA_HOME、PATH 和 CLASSPATH 的设置，在配置文件/etc/profile 的最后添加如下内容，效果如图 1-19 所示。

set java environment
export JAVA_HOME=/usr/java/jdk1.8.0_191
export PATH=$JAVA_HOME/bin:$PATH
export CLASSPATH=.:$JAVA_HOME/lib/dt.jar:$JAVA_HOME/lib/tools.jar

```
unset i
unset -f pathmunge

# set java environment
export JAVA_HOME=/usr/java/jdk1.8.0_191
export PATH=$JAVA_HOME/bin:$PATH
export CLASSPATH=.:$JAVA_HOME/lib/dt.jar:$JAVA_HOME/lib/tools.jar
-- INSERT --                                              81,66          Bot
```

图 1-19 配置 Java 环境变量

使用命令"source /etc/profile"重新加载配置文件或者重启机器，使配置生效，Java 环境变量配置成功后的系统变量"PATH"值如图 1-20 所示。

```
[root@master java]# echo $PATH
/usr/java/jdk1.8.0_191/bin:/usr/local/bin:/usr/local/sbin:/usr/bin:/usr/sbin:/bi
n:/sbin:/home/xuluhui/.local/bin:/home/xuluhui/bin
[root@master java]#
```

图 1-20 重新加载配置文件/etc/profile

同理，在节点 slave1 和 slave2 上也配置 Java 环境。

5）验证 Java

再次使用命令"java -version"，查看 Java 是否安装配置成功及其版本，如图 1-21 所示。

```
[root@master java]# java -version
java version "1.8.0_191"
Java(TM) SE Runtime Environment (build 1.8.0_191-b12)
Java HotSpot(TM) 64-Bit Server VM (build 25.191-b12, mixed mode)
[root@master java]#
```

图 1-21 查看 Java 是否安装配置成功及其版本

5. 安装和配置 SSH 免密登录

1）安装 SSH

使用命令"rpm -qa|grep ssh"查询 SSH 是否已经安装，如图 1-22 所示。

```
[root@master java]# rpm -qa|grep ssh
openssh-clients-7.4p1-16.el7.x86_64
openssh-7.4p1-16.el7.x86_64
openssh-server-7.4p1-16.el7.x86_64
libssh2-1.4.3-12.el7.x86_64
[root@master java]#
```

图 1-22 查询 SSH 是否安装

从图 1-22 可以看出，SSH 软件包已安装好。若没有安装好，可用 yum 安装，命令如下所示：

```
yum -y install openssh
yum -y install openssh-server
yum -y install openssh-clients
```

2) 修改 sshd 配置文件

使用命令"vim /etc/ssh/sshd_config"修改 sshd 配置文件，原始第 43 行内容如图 1-23
所示。

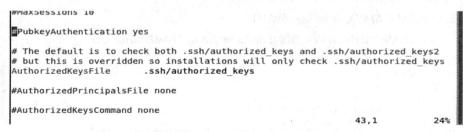

图 1-23　sshd 配置文件/etc/ssh/sshd_config 的原始内容(部分)

修改后的内容如图 1-24 所示。

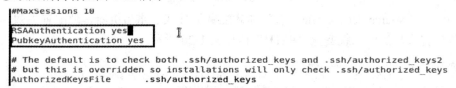

图 1-24　sshd 配置文件/etc/ssh/sshd_config 修改后的内容

同理，在节点 slave1 和 slave2 上也修改 sshd 配置文件。

3) 重启 sshd 服务

使用如下命令重启 sshd 服务：

```
systemctl restart sshd.service
```

同理，在节点 slave1 和 slave2 上也需要重启 sshd 服务。

4) 生成公钥和私钥

切换到普通用户 xuluhui 下，利用"cd ~"命令切换回用户 xuluhui 的家目录下。首先
使用命令"ssh-keygen"在家目录中生成公钥和私钥，如图 1-25 所示。

```
[xuluhui@master ~]$ ssh-keygen -t rsa -P ''
Generating public/private rsa key pair.
Enter file in which to save the key (/home/xuluhui/.ssh/id_rsa):
Created directory '/home/xuluhui/.ssh'.
Your identification has been saved in /home/xuluhui/.ssh/id_rsa.
Your public key has been saved in /home/xuluhui/.ssh/id_rsa.pub.
The key fingerprint is:
SHA256:Rv05+qE7BfBC9H5TOIxLHtMcFVVMcuYoFARzwoyaGZI xuluhui@master
The key's randomart image is:
+---[RSA 2048]----+
|    . ..++o*o+=B|
| E . +ooX o *.|
| . *.oB B o .|
| +..+o= = |
|    S.+.* |
| . o.o |
| ... |
| .o . |
| oo. |
+----[SHA256]-----+
[xuluhui@master ~]$
```

此处输入回车
键，即保存密
钥到默认指定
目录下

图 1-25　使用命令"ssh-keygen"生成公钥和私钥

其中，id_rsa 是私钥，id_rsa.pub 是公钥。然后使用命令 "cat ~/.ssh/id_rsa.pub >> ~/.ssh/authorized_keys" 把公钥 id_rsa.pub 的内容追加到 authorized_keys 授权密钥文件中，如图 1-26 所示。

```
[xuluhui@master ~]$ cd .ssh
[xuluhui@master .ssh]$ ls
id_rsa  id_rsa.pub
[xuluhui@master .ssh]$ cat ~/.ssh/id_rsa.pub >> ~/.ssh/authorized_keys
[xuluhui@master .ssh]$ ls
authorized_keys  id_rsa  id_rsa.pub
[xuluhui@master .ssh]$
```

图 1-26 将公钥内容追加到 authorized_keys 授权密钥文件

最后使用命令 "chmod 0600 ~/.ssh/authorized_keys" 修改密钥文件的相应权限。

5) 共享公钥

经过共享公钥后，就不再需要输入密码了。因为只有 1 主 2 从节点，所以直接复制公钥比较方便，将 master 的公钥直接复制给 slave1、slave2 就可以解决连接从节点时需要密码的问题，过程如图 1-27 所示。

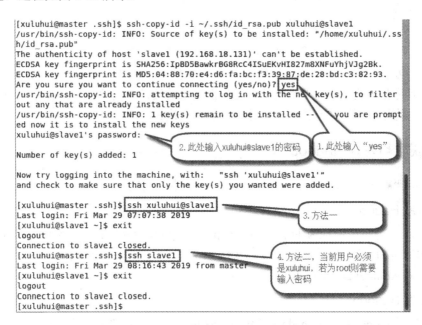

图 1-27 将 master 公钥复制给 slave1 并测试 ssh 免密登录 slave1

由图 1-27 可以看出，ssh 已能从 master 机器免密登录到 slave1 机器上。若当前用户是 root，则不能直接从 ssh 免密登录到 slave1 上，如图 1-28 所示。

```
[root@master .ssh]# ssh slave1
The authenticity of host 'slave1 (192.168.18.131)' can't be established.
ECDSA key fingerprint is SHA256:IpBD5BawkrBG8RcC4ISuEKvHI827m8XNFuYhjVJg2Bk.
ECDSA key fingerprint is MD5:04:88:70:e4:d6:fa:bc:f3:39:87:de:28:bd:c3:82:93.
Are you sure you want to continue connecting (yes/no)? ^C
[root@master .ssh]#
```

图 1-28 当前用户是 root 时并不能从 ssh 免密登录 slave1

同理，将 master 的公钥首先通过命令 "ssh-copy-id -i ~/.ssh/id_rsa.pub xuluhui@slave2" 复制给 slave2，然后测试 ssh 是否可以免密登录 slave2，测试结果如图 1-29 所示。

```
[xuluhui@master .ssh]$ ssh slave2
Last login: Fri Mar 29 08:28:15 2019 from master
[xuluhui@slave2 ~]$
```

图 1-29　测试 ssh 免密登录 slave2

　　为了使主节点 master 能从 ssh 免密登录自身，可使用"ssh master"命令尝试登录，第 1 次连接时需要人工干预输入"yes"，然后系统会自动将 master 的 key 加入 /home/xuluhui/.ssh/know_hosts 文件中，此时即可登录到自身；第 2 次使用"ssh master"时就可以免密登录到自身，具体过程及测试结果如图 1-30 所示。

```
[xuluhui@master .ssh]$ ssh master
The authenticity of host 'master (192.168.18.130)' can't be established.
ECDSA key fingerprint is SHA256:bGP/D+Cx1bEZriteQj7W8AKgq7X7UzhDRaF5g68UdQo.
ECDSA key fingerprint is MD5:88:04:c0:0d:5f:04:c8:4c:33:52:0e:82:cc:9d:c0:d5.
Are you sure you want to continue connecting (yes/no)? yes
Warning: Permanently added 'master,192.168.18.130' (ECDSA) to the list of known
hosts.
Last login: Sat Mar 30 05:25:37 2019 from localhost
[xuluhui@master ~]$ exit
logout
Connection to master closed.
[xuluhui@master .ssh]$ ssh master
Last login: Sat Mar 30 05:27:16 2019 from master
[xuluhui@master ~]$ exit
logout
Connection to master closed.
[xuluhui@master .ssh]$
```

图 1-30　ssh 免密登录自身及测试结果

　　至此，可以从 master 节点 ssh 免密登录到自身、slave1 和 slave2 了，这对 Hadoop 已经足够。但是若想达到所有节点之间都能免密登录的话，还需要在 slave1、slave2 上各执行 3 次，也就是说两两共享密钥，累计共需执行 9 次。

1.3.4　获取和安装 Hadoop

　　以下步骤需在 master、slave1 和 slave2 三个节点上均完成。

1. 获取 Hadoop

　　Hadoop 官方下载地址为 http://hadoop.apache.org/releases.html，本实验选用的 Hadoop 版本是 2018 年 11 月 19 日发布的稳定版 Hadoop 2.9.2，其安装包文件 hadoop-2.9.2.tar.gz 存放在/home/xuluhui/Downloads 中。

2. 安装 Hadoop

　　(1) 切换到 root 用户，将 hadoop-2.9.2.tar.gz 解压到目录/usr/local 下，具体命令如下所示：

```
su root
cd /usr/local
tar -zxvf /home/xuluhui/Downloads/hadoop-2.9.2.tar.gz
```

　　(2) 将 Hadoop 安装目录的权限赋给 xuluhui 用户，输入以下命令：

```
chown -R xuluhui /usr/local/hadoop-2.9.2
```

1.3.5　配置全分布模式 Hadoop 集群

　　Hadoop 的配置文件位于$HADOOP_HOME/etc/hadoop 目录下，所有配置文件如图 1-31 所示。

```
[root@master local]# ls /usr/local/hadoop-2.9.2/etc/hadoop
capacity-scheduler.xml      httpfs-env.sh              mapred-env.sh
configuration.xsl           httpfs-log4j.properties    mapred-queues.xml.template
container-executor.cfg      httpfs-signature.secret    mapred-site.xml.template
core-site.xml               httpfs-site.xml            slaves
hadoop-env.cmd              kms-acls.xml               ssl-client.xml.example
hadoop-env.sh               kms-env.sh                 ssl-server.xml.example
hadoop-metrics2.properties  kms-log4j.properties       yarn-env.cmd
hadoop-metrics.properties   kms-site.xml               yarn-env.sh
hadoop-policy.xml           log4j.properties           yarn-site.xml
hdfs-site.xml               mapred-env.cmd
[root@master local]# █
```

图 1-31　查看 Hadoop 配置文件

　　Hadoop 的配置项种类繁多，读者可以根据需要设置 Hadoop 的最小配置，其余配置选项都采用默认配置文件中指定的值。Hadoop 默认的配置文件在“$HADOOP_HOME/share/doc/hadoop”路径下，可以起到查询手册的作用。这个文件夹存放了所有关于 Hadoop 的共享文档，因此被细分为很多子文件夹。下面列出即将修改的配置文件的默认配置文档的所在位置，如表 1-4 所示。

表 1-4　Hadoop 默认配置文件的位置

配置文件名称	默认配置文件所在位置
core-site.xml	share/doc/hadoop/hadoop-project-dist/hadoop-common/core-default.xml
hdfs-site.xml	share/doc/hadoop/hadoop-project-dist/hadoop-hdfs/hdfs-default.xml
yarn-site.xml	share/doc/hadoop/hadoop-yarn/hadoop-yarn-common/yarn-default.xml
mapred-site.xml	share/doc/hadoop/hadoop-mapreduce-client/hadoop-mapreduce-client-core/mapreduce-default.xml

　　读者可以在 Hadoop 共享文档的路径下，找到导航文件 share/doc/hadoop/index.html。这个导航文件是一个宝库，除了左下角有上述 4 个默认配置文件的超级链接(如图 1-32 所示)外，还有 Hadoop 的学习教程，值得读者细读。

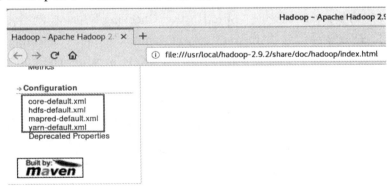

图 1-32　Hadoop 共享文档中的导航文件界面

　　需要说明的是，为了方便，下文中步骤 1~9 均在主节点 master 上进行，从节点 slave1、slave2 上的配置文件可以通过 scp 命令同步复制。

1. 在系统配置文件目录/etc/profile.d 下新建 hadoop.sh

　　切换到 root 用户，使用“vim /etc/profile.d/hadoop.sh”命令在/etc/profile.d 文件夹下新建文件 hadoop.sh，添加如下内容：

```
export HADOOP_HOME=/usr/local/hadoop-2.9.2
export PATH=$HADOOP_HOME/bin:$HADOOP_HOME/sbin:$PATH
```

使用命令"source /etc/profile.d/hadoop.sh"重新加载配置文件或者重启机器，使之生效。当前系统变量"PATH"值如图 1-33 所示。

```
[root@master local]# source /etc/profile.d/hadoop.sh
[root@master local]# echo $PATH
/usr/local/hadoop-2.9.2/bin:/usr/local/hadoop-2.9.2/sbin:/usr/java/jdk1.8.0_191/
bin:/usr/local/sbin:/usr/local/bin:/usr/sbin:/usr/bin:/sbin:/bin:/home/xuluhui/.
local/bin:/home/xuluhui/bin
[root@master local]#
```

图 1-33　使用 source 命令重新加载配置文件 hadoop.sh

此步骤可省略。之所以将 Hadoop 安装目录下的 bin 和 sbin 加入到系统环境变量 PATH 中，是因为当输入启动和管理 Hadoop 集群命令时，无需再切换到 Hadoop 安装目录下的 bin 目录或者 sbin 目录下，否则会出现错误信息"bash: ****: command not found..."。

由于在 1.3.4 节中已将 Hadoop 安装目录的权限赋给 xuluhui 用户，所以接下来的 2~9 步骤均在普通用户 xuluhui 下完成。

2. 配置 hadoop-env.sh

环境变量配置文件 hadoop-env.sh 主要用于配置 Java 的安装路径 JAVA_HOME、Hadoop 日志存储路径 HADOOP_LOG_DIR 及添加 SSH 的配置选项 HADOOP_SSH_OPTS 等。本实验中关于 hadoop-env.sh 配置文件的修改具体如下：

(1) 第 25 行"export JAVA_HOME=${JAVA_HOME}"修改为：

```
export JAVA_HOME=/usr/java/jdk1.8.0_191
```

(2) 第 26 行空行处加入：

```
export HADOOP_SSH_OPTS='-o StrictHostKeyChecking=no'
```

这里要说明的是，ssh 的选项"StrictHostKeyChecking"用于控制当目标主机尚未进行过认证时，是否显示信息"Are you sure you want to continue connecting (yes/no)?"。所以当登录其他机器时，只需要令 ssh -o StrictHostKeyChecking=no 就可以直接登录，不会有上面的提示信息，不需要人工干预输入"yes"，而且还会将目标主机 key 加到 ~/.ssh/known_hosts 文件里。

(3) 第 113 行"export HADOOP_PID_DIR=${HADOOP_PID_DIR}"指定 HDFS 守护进程号的保存位置，默认为"/tmp"。由于该文件夹用于存放临时文件，系统定时会自动清理，因此本实验将"HADOOP_PID_DIR"设置为 Hadoop 安装目录下的目录 pids，如下所示：

```
export HADOOP_PID_DIR=${HADOOP_HOME}/pids
```

其中目录 pids 会随着 HDFS 守护进程的启动而由系统自动创建，无需用户手工创建。

3. 配置 mapred-env.sh

环境变量配置文件 mapred-env.sh 主要用于配置 Java 安装路径 JAVA_HOME、MapReduce 日志存储路径 HADOOP_MAPRED_LOG_DIR 等。之所以再次设置 JAVA_HOME，是为了保证所有进程使用的是同一个版本的 Oracle JDK。本实验中关于

mapred-env.sh 配置文件的修改具体如下：

(1) 第 16 行注释"# export JAVA_HOME=/home/y/libexec/jdk1.6.0/"修改为：

export JAVA_HOME=/usr/java/jdk1.8.0_191

(2) 第 28 行指定 MapReduce 守护进程号的保存位置，默认为"/tmp"，同以上 "HADOOP_PID_DIR"。此处注释"#export HADOOP_MAPRED_PID_DIR="修改为 Hadoop 安装目录下的目录 pids，如下所示：

export HADOOP_MAPRED_PID_DIR=${HADOOP_HOME}/pids

其中目录 pids 会随着 MapReduce 守护进程的启动而由系统自动创建，无需用户手工创建。

4. 配置 yarn-env.sh

YARN 是 Hadoop 的资源管理器，环境变量配置文件 yarn-env.sh 主要用于配置 Java 安装路径 JAVA_HOME、YARN 日志存放路径 YARN_LOG_DIR 等。本实验中关于 yarn-env.sh 配置文件的修改具体如下：

(1) 第 23 行注释"# export JAVA_HOME=/home/y/libexec/jdk1.6.0/"修改为：

export JAVA_HOME=/usr/java/jdk1.8.0_191

(2) yarn-env.sh 文件中并未提供 YARN_PID_DIR 配置项，用于指定 YARN 守护进程号的保存位置，因此可在该文件最后添加一行，内容如下所示：

export YARN_PID_DIR=${HADOOP_HOME}/pids

其中目录 pids 会随着 YARN 守护进程的启动而由系统自动创建，无需用户手工创建。

5. 配置 core-site.xml

core-site.xml 是 Hadoop core 的配置文件，如 HDFS 和 MapReduce 常用的 I/O 设置等，其中包括很多配置项，但实际上，大多数配置项都有默认项。也就是说，很多配置项即使不配置，也无关紧要，只是在特定场合下有些默认值无法工作，需要再找出来配置特定值。本实验中关于 core-site.xml 配置文件的修改如下所示：

```
<configuration>
    <property>
        <name>fs.defaultFS</name>
        <value>hdfs://192.168.18.130:9000</value>
    </property>
    <property>
        <name>hadoop.tmp.dir</name>
        <value>/usr/local/hadoop-2.9.2/hdfsdata</value>
    </property>
    <property>
        <name>io.file.buffer.size</name>
        <value>131072</value>
    </property>
</configuration>
```

core-site.xml 中几个重要配置项的参数名、功能、默认值、本实验中的设置值如表 1-5 所示。

表 1-5　core-site.xml 重要配置项的参数说明

配置项的参数名	功　能	默　认　值	本实验设置值
fs.defaultFS	HDFS 的文件 URI	file:///	hdfs://192.168.18.130:9000
io.file.buffer.size	IO 文件的缓冲区大小	4096	131072
hadoop.tmp.dir	Hadoop 的临时目录	/tmp/hadoop-${user.name}	/usr/local/hadoop-2.9.2/hdfsdata

关于 core-site.xml 更多配置项的说明，读者请参考本地帮助文档 share/doc/hadoop/hadoop-project-dist/hadoop-common/core-default.xml，或者官网 https://hadoop.apache.org/docs/r2.9.2/hadoop-project-dist/hadoop-common/core-default.xml。

6. 配置 hdfs-site.xml

hdfs-site.xml 配置文件主要用于配置 HDFS 分项数据，如元数据、数据块、辅助节点检查点的存放路径等，无需修改配置项的值，采用默认值即可。本实验中对 hdfs-site.xml 的配置文件未做任何修改。

hdfs-site.xml 中几个重要配置项的参数名、功能、默认值、本实验中的设置值如表 1-6 所示。

表 1-6　hdfs-site.xml 重要配置项的参数说明

配置项的参数名	功　能	默　认　值	本实验设置值
dfs.namenode.name.dir	元数据存放位置	file://${hadoop.tmp.dir}/dfs/name	未修改
dfs.datanode.data.dir	数据块存放位置	file://${hadoop.tmp.dir}/dfs/data	未修改
dfs.namenode.checkpoint.dir	辅助节点的检查点存放位置	file://${hadoop.tmp.dir}/dfs/namesecondary	未修改
dfs.blocksize	HDFS 文件块大小	134217728	未修改
dfs.replication	HDFS 文件块副本数	3	未修改
dfs.namenode.http-address	NameNode Web UI 地址和端口	0.0.0.0:50070	未修改

由于步骤 5 在对 core-site.xml 的修改中将 Hadoop 的临时目录设置为"/usr/local/hadoop-2.9.2/hdfsdata"，故本实验中将元数据存放在主节点的 "/usr/local/hadoop- 2.9.2/hdfsdata/dfs/name"，数据块存放在从节点的 "/usr/local/hadoop-2.9.2/hdfsdata/dfs/data"，辅助节点的检查点存放在主节点的 "/usr/local/hadoop-2.9.2/hdfsdata/dfs/namesecondary"。这些目录都会随着 HDFS 的格式化、HDFS 守护进程的启动而由系统自动创建，无需用户手工创建。

关于 hdfs-site.xml 更多配置项的说明，读者请参考本地帮助文档 share/doc/hadoop/hadoop-project-dist/hadoop-hdfs/hdfs-default.xml，或者官网 https://hadoop.apache.org/docs/r2.9.2/hadoop-project-dist/hadoop-hdfs/hdfs-default.xml。

7. 配置 mapred-site.xml

mapred-site.xml 配置文件是有关 MapReduce 计算框架的配置信息。Hadoop 配置文件中没有 mapred-site.xml，但有 mapred-site.xml.template，读者可使用命令例如"cp mapred-site.xml.template mapred-site.xml"将其复制并重命名为"mapred-site.xml"，然后用 vim 编辑相应的配置信息。本实验中对 mapred-site.xml 的添加内容如下所示：

```
<configuration>
    <property>
        <name>mapreduce.framework.name</name>
        <value>yarn</value>
    </property>
</configuration>
```

mapred-site.xml 中几个重要配置项的参数名、功能、默认值、本实验中的设置值如表 1-7 所示。

表 1-7　mapred-site.xml 重要配置项的参数说明

配置项的参数名	功　能	默认值	本实验设置值
mapreduce.framework.name	MapReduce 应用程序的执行框架	local	yarn
mapreduce.jobhistory.webapp.address	MapReduce Web UI 端口号	19888	未修改
mapreduce.job.maps	每个 MapReduce 作业的 map 任务数目	2	未修改
mapreduce.job.reduces	每个 MapReduce 作业的 reduce 任务数目	1	未修改

关于 mapred-site.xml 更多配置项的说明，读者请参考本地帮助文档 share/doc/hadoop/hadoop-mapreduce-client/hadoop-mapreduce-client-core/mapreduce-default.xml，或者官网 https://hadoop.apache.org/docs/r2.9.2/hadoop-mapreduce-client/hadoop-mapreduce-client-core/mapred-default.xml。

8. 配置 yarn-site.xml

yarn-site.xml 是有关资源管理器的 YARN 配置信息，本实验中对 yarn-site.xml 的添加内容如下所示：

```
<configuration>
    <property>
        <name>yarn.resourcemanager.hostname</name>
        <value>master</value>
    </property>
    <property>
        <name>yarn.nodemanager.aux-services</name>
        <value>mapreduce_shuffle</value>
    </property>
</configuration>
```

yarn-site.xml 中几个重要配置项的参数名、功能、默认值、本实验中的设置值如表 1-8 所示。

表 1-8   yarn-site.xml 重要配置项的参数说明

配置项的参数名	功　能	默　认　值	本实验设置值
yarn.resourcemanager.hostname	提供 ResourceManager 服务的主机名	0.0.0.0	master
yarn.resourcemanager.scheduler.class	启用的资源调度器主类	org.apache.hadoop.yarn.server.resourcemanager.scheduler.capacity.CapacityScheduler	未修改
yarn.resourcemanager.webapp.address	ResourceManager Web UI http 地址	${yarn.resourcemanager.hostname}:8088	未修改
yarn.nodemanager.local-dirs	中间结果存放位置	${hadoop.tmp.dir}/nm-local-dir	未修改
yarn.nodemanager.aux-services	NodeManager 上运行的附属服务		mapreduce_shuffle

由于之前步骤已将 core-site.xml 中 Hadoop 的临时目录设置为 "/usr/local/hadoop-2.9.2/hdfsdata"，故本实验中未修改配置项 "yarn.nodemanager.local-dirs"，中间结果的存放位置为 "/usr/local/hadoop-2.9.2/hdfsdata/nm-local-dir"，这个目录会随着 YARN 守护进程的启动而由系统自动在所有从节点上创建，无需用户手工创建。另外，"yarn.nodemanager.aux-services" 需配置成 "mapreduce_shuffle" 才可运行 MapReduce 程序。

关于 yarn-site.xml 更多配置项的说明，读者请参考本地帮助文档 share/doc/hadoop/hadoop-yarn/hadoop-yarn-common/yarn-default.xml，或者官网 https://hadoop.apache.org/docs/r2.9.2/hadoop-yarn/hadoop-yarn-common/yarn-default.xml。

9. 配置 slaves

配置文件 slaves 用于指定从节点主机名列表。在这个文件中，需要添加所有的从节点主机名，每一个主机名占一行，本实验中 slaves 文件的内容如下所示：

```
slave1
slave2
```

需要注意的是，slaves 文件里有一个默认值 localhost，一定要删除。若不删除，即使后面添加了所有的从节点主机名，Hadoop 还是无法逃脱 "伪分布模式" 的命运。

10. 同步配置文件

以上配置文件要求 Hadoop 集群中每个节点都 "机手一份"，快捷方法是在主节点 master 上配置好文件，然后利用 scp 命令将配置好的文件同步到从节点 slave1、slave2 上。

scp 是 secure copy 的缩写。scp 是 Linux 系统下基于 ssh 登录并进行安全拷贝的远程文件拷贝命令，Linux 的 scp 命令可以在 Linux 服务器之间复制文件和目录。

1) 同步 hadoop.sh

切换到 root 用户下，将 master 节点上的文件 hadoop.sh 同步到其他 2 台从节点上，命令如下所示：

```
scp /etc/profile.d/hadoop.sh root@slave1:/etc/profile.d/
scp /etc/profile.d/hadoop.sh root@slave2:/etc/profile.d/
```

同步 hadoop.sh 到 slave1 的命令及效果如图 1-34 所示。

```
[root@master hadoop]# scp /etc/profile.d/hadoop.sh root@slave1:/etc/profile.d/
The authenticity of host 'slave1 (192.168.18.131)' can't be established.
ECDSA key fingerprint is SHA256:IpBD5BawkrBG8RcC4ISuEKvHI827m8XNFuYhjVJg2Bk.
ECDSA key fingerprint is MD5:04:88:70:e4:d6:fa:bc:f3:39:87:de:28:bd:c3:82:93.
Are you sure you want to continue connecting (yes/no)? yes
Warning: Permanently added 'slave1,192.168.18.131' (ECDSA) to the list of known
hosts.
root@slave1's password:
hadoop.sh                          100%   96   119.9KB/s   00:00
[root@master hadoop]#
```

2.此处输入 root@slave1 的密码

1.此处输入 yes，将目标主机 key 加入到 known_hosts 文件

图 1-34　同步 hadoop.sh 到 slave1 的命令及效果

同步 hadoop.sh 到 slave1 后，会发现/root 目录下自动创建目录.ssh 及文件 known_hosts，且文件内容增加 1 行关于 slave1 的 key，如图 1-35 所示。

```
[root@master ~]# ls -all ~/.ssh
total 4
drwx------. 2 root root  25 Mar 30 03:19 .
dr-xr-x---. 7 root root 278 Mar 30 03:16 ..
-rw-r--r--. 1 root root 183 Mar 30 03:19 known_hosts
[root@master ~]# cat ~/.ssh/known_hosts
slave1,192.168.18.131 ecdsa-sha2-nistp256 AAAAE2VjZHNhLXNoYTItbmlzdHAyNTYAAAAIbm
lzdHAyNTYAAABBBH6Ci1V6Auh8BLLZ19V27qDnREPCbX9h8GhOLS6SJEr6jKFJgbXgIlCOR05SsbNR1d
QDWHbp62N00RButLkGvkw=
[root@master ~]#
```

图 1-35　同步 hadoop.sh 到 slave1 后自动创建.ssh 目录及文件 known_hosts

同理，同步 hadoop.sh 到 slave2 的命令及效果如图 1-36 所示。

```
[root@master ~]# scp /etc/profile.d/hadoop.sh root@slave2:/etc/profile.d/
The authenticity of host 'slave2 (192.168.18.132)' can't be established.
ECDSA key fingerprint is SHA256:ozL6bdXzJ4ph/7uUeCeY1lhVLzZjYrez00Fq1A7I6Kw.
ECDSA key fingerprint is MD5:24:3e:20:40:f3:f9:ff:c8:68:0e:b7:78:e5:32:ec:0c.
Are you sure you want to continue connecting (yes/no)? yes
Warning: Permanently added 'slave2,192.168.18.132' (ECDSA) to the list of known
hosts.
root@slave2's password:
hadoop.sh                          100%   96   120.3KB/s   00:00
[root@master ~]# cat ~/.ssh/known_hosts
slave1,192.168.18.131 ecdsa-sha2-nistp256 AAAAE2VjZHNhLXNoYTItbmlzdHAyNTYAAAAIbm
lzdHAyNTYAAABBBH6Ci1V6Auh8BLLZ19V27qDnREPCbX9h8GhOLS6SJEr6jKFJgbXgIlCOR05SsbNR1d
QDWHbp62N00RButLkGvkw=
slave2,192.168.18.132 ecdsa-sha2-nistp256 AAAAE2VjZHNhLXNoYTItbmlzdHAyNTYAAAAIbm
lzdHAyNTYAAABBBLWnD2nbEUxCAmxvrU2QzdpjHNFUoeSjZt4gWs8/jOYElBnae7wbzkxv0vQQUOaHYF
MVIq6RupgrdCkZ3MRmjU4=
[root@master ~]# ls -all ~/.ssh
total 4
drwx------. 2 root root  25 Mar 30 03:19 .
dr-xr-x---. 7 root root 278 Mar 30 03:16 ..
-rw-r--r--. 1 root root 366 Mar 30 03:34 known_hosts
[root@master ~]#
```

图 1-36　同步 hadoop.sh 到 slave1 的命令及效果

2) 同步 Hadoop 配置文件

切换到普通用户 xuluhui 下，将 master 上/usr/local/hadoop-2.9.2/etc/hadoop 下的配置文件同步到其他 2 个从节点上。

首先，通过如下命令将主节点 master 上的 Hadoop 配置文件同步到从节点 slave1 上：

scp -r /usr/local/hadoop-2.9.2/etc/hadoop/* xuluhui@slave1:/usr/local/hadoop-2.9.2/etc/hadoop/

具体执行效果如图 1-37 所示。

```
[xuluhui@master hadoop]$ scp -r /usr/local/hadoop-2.9.2/etc/hadoop/* xuluhui@sla
ve1:/usr/local/hadoop-2.9.2/etc/hadoop/
capacity-scheduler.xml                    100% 7861     2.8MB/s   00:00
configuration.xsl                         100% 1335   543.1KB/s   00:00
container-executor.cfg                    100% 1211   525.8KB/s   00:00
core-site.xml                             100% 1060   490.1KB/s   00:00
hadoop-env.cmd                            100% 4133     2.9MB/s   00:00
hadoop-env.sh                             100% 5033     4.2MB/s   00:00
hadoop-metrics2.properties                100% 2598     2.0MB/s   00:00
hadoop-metrics.properties                 100% 2490     1.0MB/s   00:00
hadoop-policy.xml                         100%  10KB    4.2MB/s   00:00
hdfs-site.xml                             100%  775   607.5KB/s   00:00
httpfs-env.sh                             100% 2230     2.3MB/s   00:00
httpfs-log4j.properties                   100% 1657     2.2MB/s   00:00
httpfs-signature.secret                   100%   21    27.5KB/s   00:00
httpfs-site.xml                           100%  620   318.9KB/s   00:00
kms-acls.xml                              100% 3518     3.4MB/s   00:00
kms-env.sh                                100% 3139     3.3MB/s   00:00
kms-log4j.properties                      100% 1788     3.4MB/s   00:00
kms-site.xml                              100% 5939     7.0MB/s   00:00
log4j.properties                          100%  14KB    8.3MB/s   00:00
mapred-env.cmd                            100% 1076     1.0MB/s   00:00
mapred-env.sh                             100% 1520   782.1KB/s   00:00
mapred-queues.xml.template                100% 4113   925.6KB/s   00:00
mapred-site.xml                           100%  844   482.5KB/s   00:00
mapred-site.xml.template                  100%  758     1.2MB/s   00:00
slaves                                    100%   14    21.6KB/s   00:00
ssl-client.xml.example                    100% 2316     3.6MB/s   00:00
ssl-server.xml.example                    100% 2697     3.4MB/s   00:00
yarn-env.cmd                              100% 2250     3.4MB/s   00:00
yarn-env.sh                               100% 4911     5.0MB/s   00:00
yarn-site.xml                             100%  888     1.1MB/s   00:00
[xuluhui@master hadoop]$
```

图 1-37　同步 Hadoop 配置文件到从节点 slave1

其次，通过相同方法将主节点 master 上的 Hadoop 配置文件同步到从节点 slave2 上，具体命令如下所示(此处略去执行效果的图片)：

scp -r /usr/local/hadoop-2.9.2/etc/hadoop/* xuluhui@slave2:/usr/local/hadoop-2.9.2/etc/hadoop/

至此，1 主节点 2 从节点的 Hadoop 全分布模式集群全部配置结束，重启 3 台机器，使上述配置生效。

1.3.6　关闭防火墙

为了避免不必要的麻烦，建议关闭防火墙。若防火墙没有关闭，可能会导致 Hadoop 虽然可以启动，但是数据节点 DataNode 无法连接名称节点 NameNode。如图 1-38 所示，Hadoop 集群启动正常，但数据容量为 0B，数据节点数量也是 0。

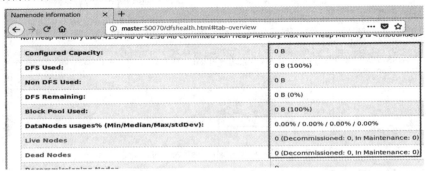

图 1-38　未关闭防火墙时，Hadoop 集群的数据容量和数据节点数量均为 0

CentOS 7 下关闭防火墙的方式有两种：命令"systemctl stop firewalld.service"用于临时关闭防火墙，重启机器后又会恢复到默认状态；命令"systemctl disable firewalld.service"用于永久关闭防火墙。此处在 master 节点上以 root 身份使用第 2 个命令，具体效果如图 1-39 所示。

```
[root@master xuluhui]# systemctl status firewalld.service
● firewalld.service - firewalld - dynamic firewall daemon
   Loaded: loaded (/usr/lib/systemd/system/firewalld.service; enabled; vendor pr
eset: enabled)
   Active: active (running) since Sat 2019-03-30 06:09:47 EDT; 2min 52s ago
     Docs: man:firewalld(1)
 Main PID: 8855 (firewalld)
    Tasks: 2
   CGroup: /system.slice/firewalld.service
           └─8855 /usr/bin/python -Es /usr/sbin/firewalld --nofork --nopid

Mar 30 06:09:47 master systemd[1]: Starting firewalld - dynamic firewall da.....
Mar 30 06:09:47 master systemd[1]: Started firewalld - dynamic firewall daemon.
Hint: Some lines were ellipsized, use -l to show in full.
[root@master xuluhui]# systemctl disable firewalld.service
Removed symlink /etc/systemd/system/multi-user.target.wants/firewalld.service.
Removed symlink /etc/systemd/system/dbus-org.fedoraproject.FirewallD1.service.
[root@master xuluhui]# █
```

图 1-39　关闭防火墙

重启机器，使用命令“systemctl status firewalld.service”查看防火墙状态，如图 1-40 所示，防火墙状态为“inactive (dead)”。

```
[xuluhui@master ~]$ systemctl status firewalld.service
● firewalld.service - firewalld - dynamic firewall daemon
   Loaded: loaded (/usr/lib/systemd/system/firewalld.service; disabled; vendor p
reset: enabled)
   Active: inactive (dead)
     Docs: man:firewalld(1)
[xuluhui@master ~]$
```

图 1-40　命令“systemctl disable firewalld.service”关闭防火墙重启机器后的效果

同理，关闭所有从节点 slave1、slave2 的防火墙。

1.3.7　格式化文件系统

在主节点 master 上以普通用户 xuluhui 的身份输入命令“hdfs namenode -format”，对 HDFS 文件系统进行格式化，执行效果如图 1-41 所示。

注意：此命令必须在主节点 master 上执行，切勿在从节点上执行。

```
[xuluhui@master ~]$ hdfs namenode -format
19/03/30 06:56:00 INFO namenode.NameNode: STARTUP_MSG:
/************************************************************
STARTUP_MSG: Starting NameNode
STARTUP_MSG:   host = master/192.168.18.130
STARTUP_MSG:   args = [-format]
STARTUP_MSG:   version = 2.9.2
STARTUP_MSG:   classpath = /usr/local/hadoop-2.9.2/etc/hadoop:/usr/local/hadoop-
2.9.2/share/hadoop/common/lib/jaxb-impl-2.2.3-1.jar:/usr/local/hadoop-2.9.2/shar
e/hadoop/common/lib/slf4j-log4j12-1.7.25.jar:/usr/local/hadoop-2.9.2/share/hadoo
p/common/lib/activation-1.1.jar:/usr/local/hadoop-2.9.2/share/hadoop/common/lib/
woodstox-core-5.0.3.jar:/usr/local/hadoop-2.9.2/share/hadoop/common/lib/commons-
configuration-1.6.jar:/usr/local/hadoop-2.9.2/share/hadoop/common/lib/commons-be
anutils-1.7.0.jar:/usr/local/hadoop-2.9.2/share/hadoop/common/lib/xz-1.0.jar:/us
r/local/hadoop-2.9.2/share/hadoop/common/lib/htrace-core4-4.1.0-incubating.jar:/
usr/local/hadoop-2.9.2/share/hadoop/common/lib/junit-4.11.jar:/usr/local/hadoop-
2.9.2/share/hadoop/common/lib/snappy-java-1.0.5.jar:/usr/local/hadoop-2.9.2/shar
e/hadoop/common/lib/stax-api-1.0-2.jar:/usr/local/hadoop-2.9.2/share/hadoop/comm
on/lib/apacheds-i18n-2.0.0-M15.jar:/usr/local/hadoop-2.9.2/share/hadoop/common/l
ib/jaxb-api-2.2.2.jar:/usr/local/hadoop-2.9.2/share/hadoop/common/lib/mockito-al
l-1.8.5.jar:/usr/local/hadoop-2.9.2/share/hadoop/common/lib/slf4j-api-1.7.25.jar
:/usr/local/hadoop-2.9.2/share/hadoop/common/lib/jackson-jaxrs-1.9.13.jar:/usr/l
ocal/hadoop-2.9.2/share/hadoop/common/lib/commons-logging-1.1.3.jar:/usr/local/h
adoop-2.9.2/share/hadoop/common/lib/avro-1.7.7.jar:/usr/local/hadoop-2.9.2/share
```

图 1-41　执行 HDFS 格式化命令

值得注意的是，HDFS 格式化命令执行成功后，按照本实验进行以上 Hadoop 配置后，会在主节点 master 的 Hadoop 安装目录下自动生成 hdfsdata/dfs/name 这个 HDFS 元数据目录，如图 1-42 所示。此时，2 个从节点上 Hadoop 安装目录下的文件不会发生变化。

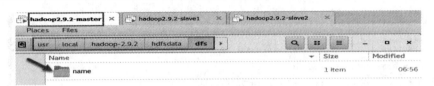

图 1-42　格式化 HDFS 后主节点上自动生成的目录及文件

1.3.8　启动和验证 Hadoop

启动全分布模式 Hadoop 集群的守护进程，只需在主节点 master 上依次执行以下 3 条命令即可：

```
start-dfs.sh
start-yarn.sh
mr-jobhistory-daemon.sh start historyserver
```

start-dfs.sh 命令会在节点上启动 NameNode、DataNode 和 SecondaryNameNode 服务。start-yarn.sh 命令会在节点上启动 ResourceManager、NodeManager 服务，mr-jobhistory-daemon.sh 命令会在节点上启动 JobHistoryServer 服务。请注意，即使对应的守护进程没有启动成功，Hadoop 也不会在控制台显示错误消息，读者可以利用 jps 命令一步一步查询，逐步核实对应的进程是否启动成功。

1. 执行命令 start-dfs.sh

若全分布模式 Hadoop 集群部署成功，执行命令 start-dfs.sh 后，NameNode 和 SecondaryNameNode 会出现在主节点 master 上，DataNode 会出现在所有从节点 slave1、slave2 上，运行结果如图 1-43 所示。这里需要注意的是，第一次启动 HDFS 集群时，由于之前步骤中在配置文件 hadoop-env.sh 中添加了一行"HADOOP_SSH_OPTS='-o StrictHostKeyChecking=no'"，因此在连接 0.0.0.0 主机时并未出现提示信息"Are you sure you want to continue connecting (yes/no)?"，而且还会将目标主机 key 加到/home/xuluhui/.ssh/known_hosts 文件里。

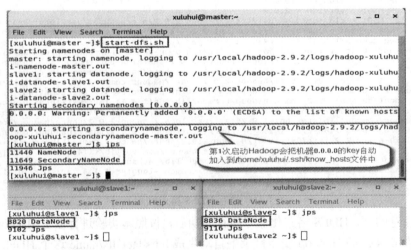

图 1-43　执行命令 start-dfs.sh 及 jps 结果

执行命令 start-dfs.sh 后，按照本实验以上关于全分布模式 Hadoop 的配置，会在主节点的 Hadoop 安装目录/hdfsdata/dfs 下自动生成 namesecondary 这个检查点目录及文件，如图 1-44 所示，同时会在所有从节点的 Hadoop 安装目录/hdfsdata/dfs 下自动生成 data 这个 HDFS 数据块目录及文件，如图 1-45、图 1-46 所示。

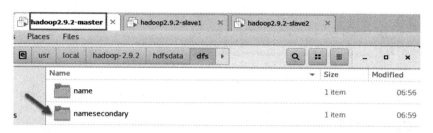

图 1-44　执行命令 start-dfs.sh 后自动在主节点上生成 namesecondary 目录及文件

图 1-45　执行命令 start-dfs.sh 后自动在从节点 slave1 上生成 data 目录及文件

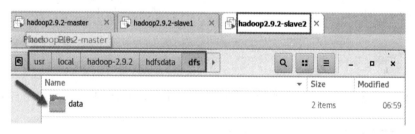

图 1-46　执行命令 start-dfs.sh 后自动在从节点 slave2 上生成 data 目录及文件

执行命令 start-dfs.sh 后，还会在所有主、从节点的 Hadoop 安装目录下自动生成 logs 日志文件目录及各日志文件、pids 守护进程号文件目录及各进程号文件，分别如图 1-47～图 1-55 所示。

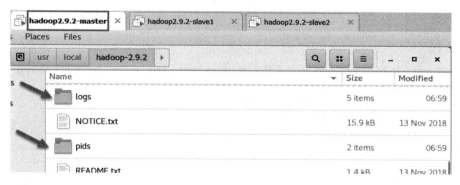

图 1-47　执行命令 start-dfs.sh 后自动在主节点上生成日志目录 logs 和进程号目录 pids

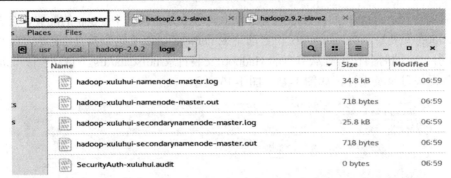

图 1-48　执行命令 start-dfs.sh 后在主节点日志目录 logs 中自动生成的文件列表

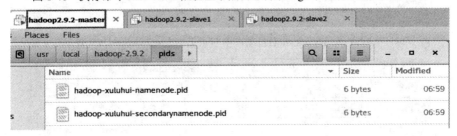

图 1-49　执行命令 start-dfs.sh 后在主节点进程号目录 pids 中自动生成的文件列表

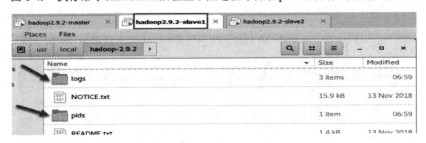

图 1-50　执行命令 start-dfs.sh 后自动在从节点 slave1 上生成日志目录 logs 和进程号目录 pids

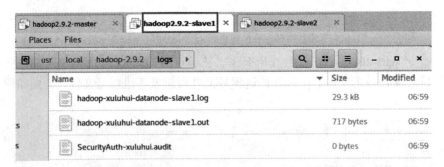

图 1-51　执行命令 start-dfs.sh 后在从节点 slave1 日志目录 logs 中自动生成的文件列表

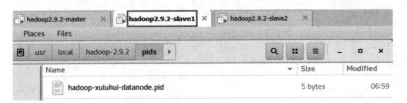

图 1-52　执行命令 start-dfs.sh 后从节点 slave1 进程号目录 pids 中自动生成的文件列表

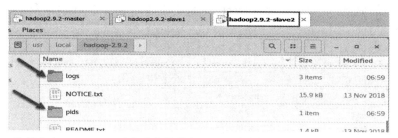

图 1-53　执行命令 start-dfs.sh 后自动在从节点 slave2 上生成日志目录 logs 和进程号目录 pids

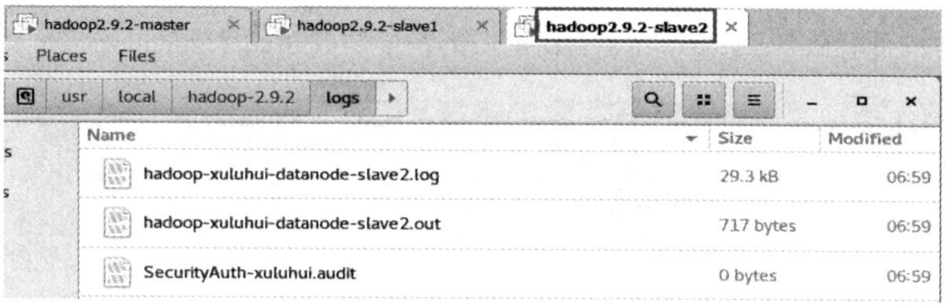

图 1-54　执行命令 start-dfs.sh 后在从节点 slave2 日志目录 logs 中自动生成的文件列表

图 1-55　执行命令 start-dfs.sh 后在从节点 slave2 进程号目录 pids 中自动生成的文件列表

2. 执行命令 start-yarn.sh

若全分布模式 Hadoop 集群部署成功，执行命令 start-yarn.sh 后，在主节点的守护进程列表中多了 ResourceManager，从节点中则多了 NodeManager，运行结果如图 1-56 所示。

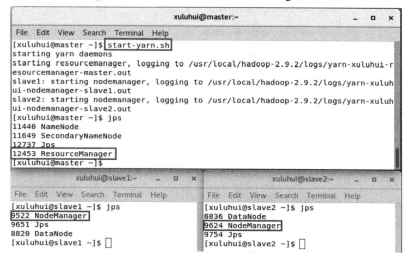

图 1-56　执行命令 start-yarn.sh 及 jps 结果

执行命令 start-yarn.sh 后，按照本实验进行以上关于全分布模式 Hadoop 的配置后，会在所有从节点的 Hadoop 安装目录/hdfsdata 下自动生成 nm-local-dir 目录及文件,如图 1-57 和图 1-58 所示。

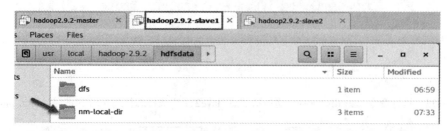

图 1-57　执行命令 start-yarn.sh 后自动在从节点 slave1 上生成目录 nm-local-dir 及文件

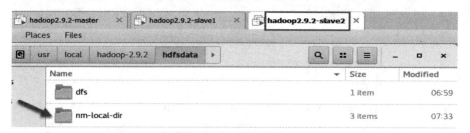

图 1-58　执行命令 start-yarn.sh 后自动在从节点 slave2 上生成目录 nm-local-dir 及文件

　　执行命令 start-yarn.sh 后,还会在所有主、从节点的 Hadoop 安装目录/logs 下自动生成与 YARN 有关的日志文件,在 Hadoop 安装目录/pids 下自动生成与 YARN 有关的守护进程号 pid 文件,分别如图 1-59～图 1-64 所示。

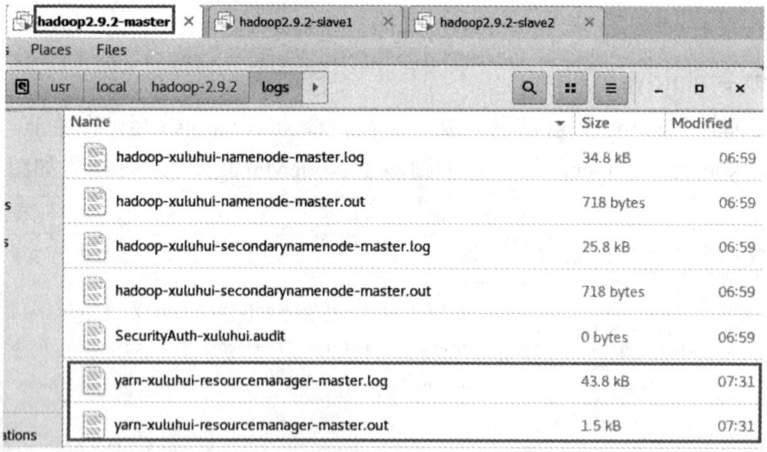

图 1-59　执行命令 start-yarn.sh 后主节点日志目录 logs 中的新增文件

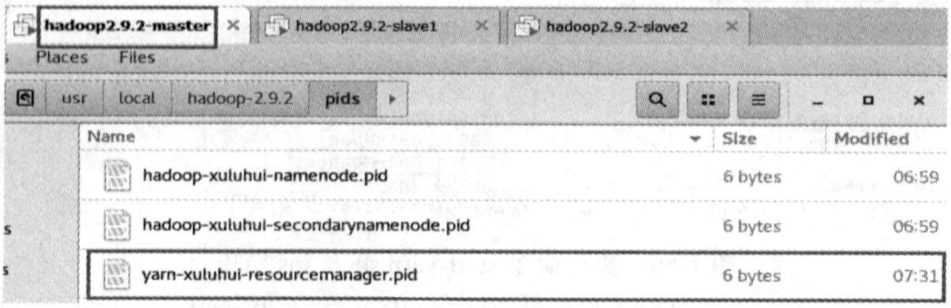

图 1-60　执行命令 start-yarn.sh 后主节点进程号目录 pids 中的新增文件

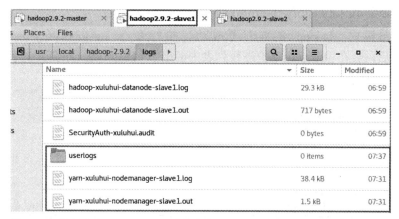

图 1-61　执行命令 start-yarn.sh 后从节点 slave1 日志目录 logs 中的新增文件

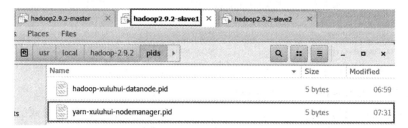

图 1-62　执行命令 start-yarn.sh 后从节点 slave1 进程号目录 pids 中的新增文件

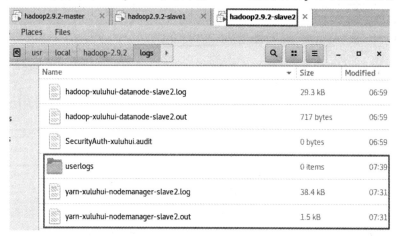

图 1-63　执行命令 start-yarn.sh 后从节点 slave2 日志目录 logs 中的新增文件

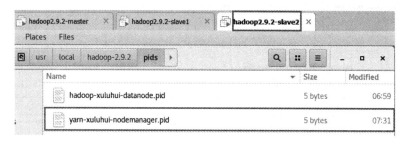

图 1-64　执行命令 start-yarn.sh 后从节点 slave1 进程号目录 pids 中的新增文件

3. 执行命令 mr-jobhistory-daemon.sh start historyserver

若全分布模式 Hadoop 集群部署成功，执行命令 mr-jobhistory-daemon.sh start historyserver 后，会在主节点的守护进程列表中多出 JobHistoryServer，而从节点的守护进程列表不发生变化，运行结果如图 1-65 所示。

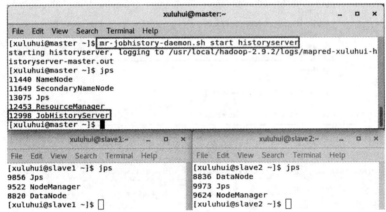

图 1-65　执行命令 mr-jobhistory-daemon.sh start historyserver 及 jps 的结果

执行命令 mr-jobhistory-daemon.sh start historyserver 后，还会在主节点的 Hadoop 安装目录/logs 下自动生成与 MapReduce 有关的日志文件，在 Hadoop 安装目录/pids 下自动生成与 MapReduce 有关的守护进程号 pid 文件，分别如图 1-66 和图 1-67 所示。

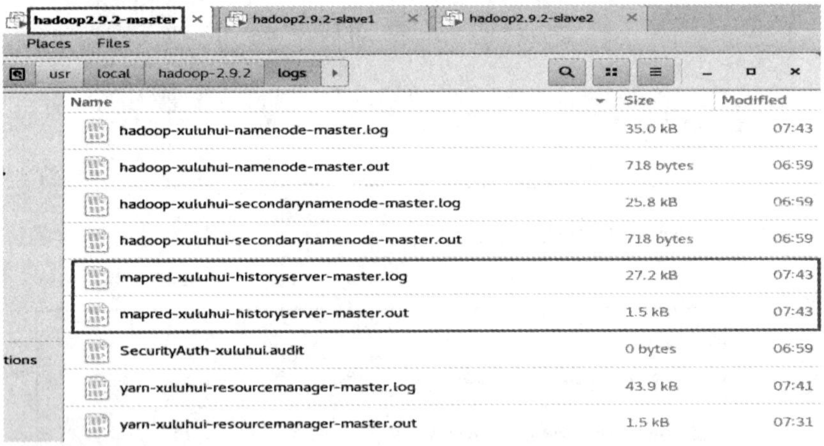

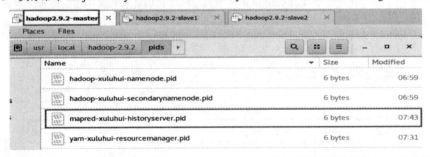

图 1-66　执行命令 mr-jobhistory-daemon.sh start historyserver 后主节点日志目录 logs 中的新增文件

图 1-67　执行命令 mr-jobhistory-daemon.sh start historyserver 后主节点进程号目录 pids 中的新增文件

Hadoop 也提供了基于 Web 的管理工具，因此，Web 也可以用来验证全分布模式 Hadoop 集群是否部署成功且正确启动。其中 HDFS Web UI 的默认地址为 http://namenodeIP:50070，运行界面如图 1-68 所示；YARN Web UI 的默认地址为 http://resourcemanagerIP:8088，运行界面如图 1-69 所示；MapReduce Web UI 的默认地址为 http://jobhistoryserverIP:19888，运行界面如图 1-70 所示。

图 1-68 　HDFS Web UI 效果图

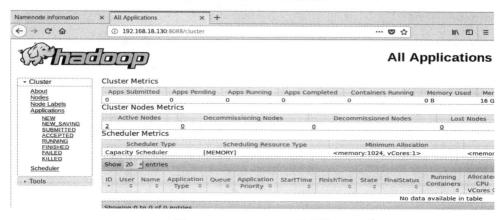

图 1-69 　YARN Web UI 效果图

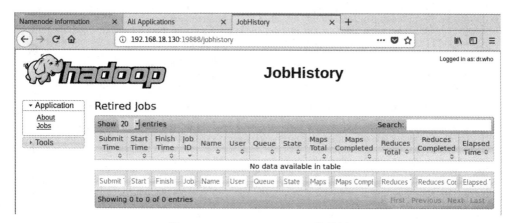

图 1-70 　MapReduce Web UI 效果图

4. 运行第一个 MapReduce 程序——WordCount

向全分布模式 Hadoop 集群提交自带的 MapReduce 应用程序 WordCount 也可以验证 Hadoop 集群是否部署成功。WordCount 的功能是统计输入目录下所有文件中单词出现的次数，并将统计结果输出到指定输出目录下。

(1) 在 HDFS 根目录下创建目录 InputDataTest，使用的 HDFS Shell 命令及具体过程如图 1-71 所示。

```
[xuluhui@master ~]$ hdfs dfs -mkdir /InputDataTest
[xuluhui@master ~]$ hdfs dfs -ls /
Found 2 items
drwxr-xr-x   - xuluhui supergroup          0 2019-03-30 08:10 /InputDataTest
drwxrwx---   - xuluhui supergroup          0 2019-03-30 07:43 /tmp
[xuluhui@master ~]$
```

图 1-71　在 HDFS 下创建目录/InputDataTest

(2) 上传待统计单词频次的文件到 HDFS 文件系统"/InputDataTest"下，文件数量>=1。此处编者将 Hadoop 的三个配置文件 hadoop-env.sh、mapred-env.sh、yarn-env.sh 上传到指定位置，使用的 HDFS Shell 命令及具体过程如图 1-72 所示。

```
[xuluhui@master ~]$ hdfs dfs -put /usr/local/hadoop-2.9.2/etc/hadoop/hadoop-env.
sh /InputDataTest
[xuluhui@master ~]$ hdfs dfs -put /usr/local/hadoop-2.9.2/etc/hadoop/mapred-env.
sh /InputDataTest
[xuluhui@master ~]$ hdfs dfs -put /usr/local/hadoop-2.9.2/etc/hadoop/yarn-env.sh
 /InputDataTest
[xuluhui@master ~]$ hdfs dfs -ls /InputDataTest
Found 3 items
-rw-r--r--   3 xuluhui supergroup       5033 2019-03-30 10:05 /InputDataTest/had
oop-env.sh
-rw-r--r--   3 xuluhui supergroup       1520 2019-03-30 10:06 /InputDataTest/map
red-env.sh
-rw-r--r--   3 xuluhui supergroup       4911 2019-03-30 10:06 /InputDataTest/yar
n-env.sh
[xuluhui@master ~]$
```

图 1-72　上传本地文件到 HDFS 文件系统目录/InputDataTest 下

(3) 运行 WordCount。使用 hadoop jar 命令执行 Hadoop 自带示例程序 WordCount，使用的集群执行命令及 wordcount 的执行过程如图 1-73 所示。

```
[xuluhui@master ~]$ hadoop jar /usr/local/hadoop-2.9.2/share/hadoop/mapreduce/ha
doop-mapreduce-examples-2.9.2.jar wordcount /InputDataTest /OutputDataTest
19/03/30 10:11:43 INFO client.RMProxy: Connecting to ResourceManager at master/1
92.168.18.130:8032
19/03/30 10:11:44 INFO input.FileInputFormat: Total input files to process : 3
19/03/30 10:11:44 INFO mapreduce.JobSubmitter: number of splits:3
19/03/30 10:11:44 INFO Configuration.deprecation: yarn.resourcemanager.system-me
trics-publisher.enabled is deprecated. Instead, use yarn.system-metrics-publishe
r.enabled
19/03/30 10:11:45 INFO mapreduce.JobSubmitter: Submitting tokens for job: job_15
53945489774_0001
19/03/30 10:11:46 INFO impl.YarnClientImpl: Submitted application application_15
53945489774_0001
19/03/30 10:11:46 INFO mapreduce.Job: The url to track the job: http://master:80
88/proxy/application_1553945489774_0001/
19/03/30 10:11:46 INFO mapreduce.Job: Running job: job_1553945489774_0001
19/03/30 10:12:01 INFO mapreduce.Job: Job job_1553945489774_0001 running in uber
 mode : false
19/03/30 10:12:01 INFO mapreduce.Job:  map 0% reduce 0%
19/03/30 10:12:24 INFO mapreduce.Job:  map 100% reduce 0%
19/03/30 10:12:37 INFO mapreduce.Job:  map 100% reduce 100%
19/03/30 10:12:37 INFO mapreduce.Job: Job job_1553945489774_0001 completed succe
ssfully
19/03/30 10:12:37 INFO mapreduce.Job: Counters: 49
```

图 1-73　提交 wordcount 到 Hadoop 集群及其执行过程

(4) 查看结果。上述程序执行完毕后，会将结果输出到/OutputDataTest 目录中。如前所示原因，不能直接在 CentOS 文件系统中查看运行结果，可使用 hdfs 命令中的"-ls"选项来查看，使用的 HDFS Shell 命令及具体过程如图 1-74 所示。

```
[xuluhui@master ~]$ hdfs dfs -ls /OutputDataTest
Found 2 items
-rw-r--r--   3 xuluhui supergroup          0 2019-03-30 10:12 /OutputDataTest/_S
UCCESS
-rw-r--r--   3 xuluhui supergroup       6411 2019-03-30 10:12 /OutputDataTest/pa
rt-r-00000
[xuluhui@master ~]$
```

图 1-74　查看输出目录/OutputDataTest 下的文件

图 1-74 中有两个文件，其中/OutputDataTest/_SUCCESS 表示 Hadoop 程序已执行成功，这个文件大小为 0，文件名就告知了 Hadoop 程序的执行状态；第二个文件/OutputDataTest/part-r-00000 才是 Hadoop 程序的运行结果。在命令终端利用"-cat"选项查看 Hadoop 程序的运行结果，使用的 HDFS Shell 命令及 WordCount 单词计数统计结果如图 1-75 所示。

```
[xuluhui@master ~]$ hdfs dfs -cat /OutputDataTest/part-r-00000
!=      3
""      8
"$HADOOP_CLASSPATH"     1
"$HADOOP_HEAPSIZE"      1
"$HADOOP_JOB_HISTORYSERVER_HEAPSIZE"    1
"$JAVA_HOME"    2
"$YARN_HEAPSIZE"        1
"$YARN_LOGFILE" 1
"$YARN_LOG_DIR" 1
"$YARN_POLICYFILE"      1
"AS     3
"Error: 1
"License");     3
"run    1
"x"     1
"x$JAVA_LIBRARY_PATH"   1
#       140
###     8
#A      1
#HADOOP_JAVA_PLATFORM_OPTS="-XX:-UsePerfData    1
#The    1
#echo   1
#export 16
$@      1
```

图 1-75　查看 wordcount 单词计数的统计结果(部分)

1.3.9　关闭 Hadoop

关闭全分布模式 Hadoop 集群的命令与启动命令次序相反，只需在主节点 master 上依次执行以下三条命令即可关闭 Hadoop：

```
mr-jobhistory-daemon.sh stop historyserver

stop-yarn.sh

stop-dfs.sh
```

执行 mr-jobhistory-daemon.sh stop historyserver 时，*historyserver.pid 文件消失；执行 stop-yarn.sh 时，*resourcemanager.pid 和*nodemanager.pid 文件依次消失；执行 stop-dfs.sh 时，*namenode.pid、*datanode.pid、*secondarynamenode.pid 文件也会依次消失。关闭 Hadoop 集群的命令及其执行效果如图 1-76 所示。

```
[xuluhui@master ~]$ mr-jobhistory-daemon.sh stop historyserver
stopping historyserver
[xuluhui@master ~]$ stop-yarn.sh
stopping yarn daemons
stopping resourcemanager
slave2: stopping nodemanager
slave1: stopping nodemanager
slave2: nodemanager did not stop gracefully after 5 seconds: killing with kill -
9
slave1: nodemanager did not stop gracefully after 5 seconds: killing with kill -
9
no proxyserver to stop
[xuluhui@master ~]$ stop-dfs.sh
Stopping namenodes on [master]
master: stopping namenode
slave1: stopping datanode
slave2: stopping datanode
Stopping secondary namenodes [0.0.0.0]
0.0.0.0: stopping secondarynamenode
[xuluhui@master ~]$ ▌
```

图 1-76　关闭 Hadoop 集群命令及执行效果

1.3.10　实验报告要求

实验报告以电子版和打印版双重形式提交。

实验报告主要内容包括实验名称、实验类型、实验地点、学时、实验环境、实验原理、实验步骤、实验结果、总结与思考等。实验报告格式如表 1-9 所示。

表 1-9　实验报告样例表

学号		姓名		班级	
实验名称				成绩	
实验类型	包括演示型、验证型、综合型、设计型、创新型	实验学时		日期	
实验目的	与本书本章的"实验目的、实验环境和实验内容"一节保持一致				
实验环境	与本书本章的"实验目的、实验环境和实验内容"一节保持一致				
一、实验原理 可摘录本书本章的"实验原理"一节					
二、实验步骤及结果 参考本书本章的"实验步骤"一节					
三、总结与思考 列出本次实验过程中出现的问题和解决方案以及尚未解决的问题					

1.4　拓展训练——部署伪分布模式 Hadoop 集群

本节将介绍如何部署伪分布模式 Hadoop 集群。伪分布模式是在一台机器上模拟一个小规模集群，Hadoop 所有守护进程都运行在同一台机器上，是相互独立的 Java 进程。部署伪分布模式 Hadoop 集群与部署全分布模式 Hadoop 集群步骤相同，区别在于：

(1) 伪分布模式下部署 Hadoop 集群时，仅需一台机器。

(2) Hadoop 部分配置文件内容不同。

部署伪分布模式 Hadoop 集群的具体步骤如下文所述。

1.4.1　规划部署

伪分布模式下部署 Hadoop 集群时，仅需一台机器。本实验拟将 Hadoop 集群运行在 Linux 上，将使用一台安装有 Linux 操作系统的机器，主机名为 pdhadoop。Hadoop 集群的具体部署规划表如表 1-10 所示。

表 1-10　伪分布模式 Hadoop 集群的部署规划表

主机名	IP 地址	运行服务	软硬件配置
pdhadoop	192.168.18.128	NameNode SecondaryNameNode DataNode ResourceManager NodeManager JobHistoryServer	操作系统：CentOS 7.6.1810 JAVA：Oracle JDK 8u191 Hadoop：Hadoop 2.9.2 内存：4 GB CPU：1 个 2 核 硬盘：20 GB

本节使用的各种软件的名称、版本、发布日期及下载地址与 1.3.1 小节中叙述的相同。

1.4.2　准备机器

编者使用 VMware Workstation Pro 安装了一台 CentOS 虚拟机 hadoop2.9.2-Pseudo-Distributed，其内存为 4096 MB，CPU 为 1 个 2 核，如图 1-77 所示。

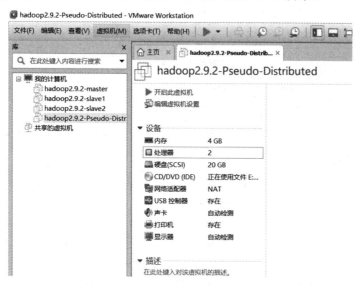

图 1-77　部署伪分布模式 Hadoop 集群之准备机器

1.4.3　准备软件环境

本节步骤与 1.3.3 完全相同，但请注意，本部分内容中的步骤 1～3 即配置静态 IP、修改主机名、编辑域名映射并不是部署伪分布模式 Hadoop 集群所必需的，可以略去不做。

1. 配置静态 IP

切换到 root 用户，使用命令"vim /etc/sysconfig/network-scripts/ifcfg-ens33"修改网卡配置文件，为该机器设置静态 IP 地址。网卡 ifcfg-ens33 配置文件修改后内容如图 1-78 所示。

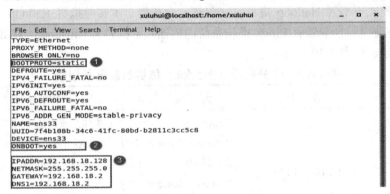

图 1-78　虚拟机 hadoop2.9.2-Pseudo-Distributed 网卡 ifcfg-eths33 配置文件修改后的内容

使用"reboot"命令重启机器方可使配置生效，如图 1-79 所示。使用命令"ip address"或者简写"ip addr"可查看到当前机器的 IP 地址已设置为静态 IP"192.168.18.128"。

```
[xuluhui@localhost ~]$ ip addr
1: lo: <LOOPBACK,UP,LOWER_UP> mtu 65536 qdisc noqueue state UNKNOWN group defaul
t qlen 1000
    link/loopback 00:00:00:00:00:00 brd 00:00:00:00:00:00
    inet 127.0.0.1/8 scope host lo
       valid_lft forever preferred_lft forever
    inet6 ::1/128 scope host
       valid_lft forever preferred_lft forever
2: ens33: <BROADCAST,MULTICAST,UP,LOWER_UP> mtu 1500 qdisc pfifo_fast state UP g
roup default qlen 1000
    link/ether 00:0c:29:ce:94:60 brd ff:ff:ff:ff:ff:ff
    inet 192.168.18.128/24 brd 192.168.18.255 scope global noprefixroute ens33
       valid_lft forever preferred_lft forever
    inet6 fe80::14de:ced0:cadd:da09/64 scope link noprefixroute
       valid_lft forever preferred_lft forever
3: virbr0: <NO-CARRIER,BROADCAST,MULTICAST,UP> mtu 1500 qdisc noqueue state DOWN
 group default qlen 1000
    link/ether 52:54:00:c6:92:f2 brd ff:ff:ff:ff:ff:ff
    inet 192.168.122.1/24 brd 192.168.122.255 scope global virbr0
       valid_lft forever preferred_lft forever
4: virbr0-nic: <BROADCAST,MULTICAST> mtu 1500 qdisc pfifo_fast master virbr0 sta
te DOWN group default qlen 1000
    link/ether 52:54:00:c6:92:f2 brd ff:ff:ff:ff:ff:ff
[xuluhui@localhost ~]$
```

图 1-79　使用命令"ip addr"查看虚拟机 hadoop2.9.2-Pseudo-Distributed 的 IP 地址

2. 修改主机名

切换到 root 用户，通过修改配置文件/etc/hostname，可以修改 Linux 主机名。该配置文件中原始内容为：

　　localhost.localdomain

按照部署规划，主机名为"pdhadoop"，将配置文件/etc/hostname 中原始内容替换为：

　　pdhadoop

使用"reboot"命令重启机器方可使配置生效，如图 1-80 所示。使用命令"hostname"可查看到当前主机名已修改为"pdhadoop"。

```
[xuluhui@pdhadoop ~]$ hostname
pdhadoop
[xuluhui@pdhadoop ~]$ █
```

图 1-80　使用命令 "hostname" 查看虚拟机 hadoop2.9.2-Pseudo-Distributed 的主机名

3. 编辑域名映射

为协助用户便捷访问该机器而无需记住 IP 地址串，需要编辑域名映射文件/etc/hosts，方法为在原始内容最后追加一行，如图 1-81 所示。

```
127.0.0.1      localhost localhost.localdomain localhost4 localhost4.localdomain4
::1            localhost localhost.localdomain localhost6 localhost6.localdomain6
192.168.18.128 pdhadoop
```

图 1-81　机器 pdhadoop 域名映射文件/etc/hosts 修改后的内容

使用 "reboot" 命令重启机器方可使配置生效。

4. 安装和配置 Java

与 1.3.3 节步骤 4 完全相同，依次为卸载 Oracle OpenJDK、下载 Oracle JDK、安装 Oracle JDK、配置 Java 环境，详细过程此处不再赘述。本书此处也将 Oracle JDK 安装到目录/usr/java 下，最终在机器 pdhadoop 上验证 Java 是否安装配置成功及其版本的效果如图 1-82 所示。

```
[root@pdhadoop java]# source /etc/profile
[root@pdhadoop java]# java -version
java version "1.8.0_191"
Java(TM) SE Runtime Environment (build 1.8.0_191-b12)
Java HotSpot(TM) 64-Bit Server VM (build 25.191-b12, mixed mode)
[root@pdhadoop java]#
```

图 1-82　查看机器 pdhadoop 上 Java 是否安装配置成功及其版本

5. 安装和配置 SSH 免密登录

与 1.3.3 节步骤 5 完全相同，依次为安装 SSH、修改 sshd 配置文件、重启 sshd 服务、生成公钥和私钥，详细过程此处不再赘述。其中，生成公钥和私钥及改变文件权限依次使用的命令如下所示：

```
ssh-keygen -t rsa -P ''

cat ~/.ssh/id_rsa.pub >> ~/.ssh/authorized_keys

chmod 0600 ~/.ssh/authorized_keys
```

命令 "ssh-keygen -t rsa -P """ 的执行效果如图 1-83 所示。

```
[xuluhui@pdhadoop ~]$ ssh-keygen -t rsa -P ''
Generating public/private rsa key pair.
Enter file in which to save the key (/home/xuluhui/.ssh/id_rsa):
Created directory '/home/xuluhui/.ssh'.
Your identification has been saved in /home/xuluhui/.ssh/id_rsa.
Your public key has been saved in /home/xuluhui/.ssh/id_rsa.pub.
The key fingerprint is:
SHA256:HWP9yo1rVUir3vcJEQAu69gsX4/lh4bwRIBKQJbWpig xuluhui@pdhadoop
The key's randomart image is:
+---[RSA 2048]----+
|.++     ...      |
|.o + . ..  . .   |
|o + .   ...+ .o o |
|E.      o+ o .+ . |
|.       .S . o.. |
|    =. . ..+o     |
|   o ++..o=+.     |
|   o .o=oooo o    |
|    ..+o  oo      |
+----[SHA256]-----+
[xuluhui@pdhadoop ~]$
```

图 1-83　机器 pdhadoop 上命令 "ssh-keygen -t rsa -P """ 的执行效果

命令“cat ~/.ssh/id_rsa.pub >> ~/.ssh/authorized_keys”的执行效果如图 1-84 所示。

```
[xuluhui@pdhadoop ~]$ ls ~/.ssh
id_rsa  id_rsa.pub
[xuluhui@pdhadoop ~]$ cat ~/.ssh/id_rsa.pub >> ~/.ssh/authorized_keys
[xuluhui@pdhadoop ~]$ ls ~/.ssh
authorized_keys  id_rsa  id_rsa.pub
[xuluhui@pdhadoop ~]$
```

图 1-84　机器 pdhadoop 上命令“cat ~/.ssh/id_rsa.pub >> ~/.ssh/authorized_keys”的执行效果

命令“chmod 0600 ~/.ssh/authorized_keys”执行前后文件 authorized_keys 的权限效果如图 1-85 所示。

```
[xuluhui@pdhadoop ~]$ ls -all ~/.ssh/authorized_keys
-rw-rw-r--. 1 xuluhui xuluhui 398 Apr  9 22:28 /home/xuluhui/.ssh/authorized_key
s
[xuluhui@pdhadoop ~]$ chmod 0600 ~/.ssh/authorized_keys
[xuluhui@pdhadoop ~]$ ls -all ~/.ssh/authorized_keys
-rw-------. 1 xuluhui xuluhui 398 Apr  9 22:28 /home/xuluhui/.ssh/authorized_key
s
[xuluhui@pdhadoop ~]$
```

图 1-85　机器 pdhadoop 上命令“chmod 0600 ~/.ssh/authorized_keys”执行前后文件的权限效果

在机器 pdhadoop 上验证 SSH 是否成功免密登录 localhost、pdhadoop 的效果如图 1-86 和图 1-87 所示。从图 1-86 和图 1-87 可以看出，第一次执行 ssh 命令时，需要人工干预，输入“yes”，将“localhost”和“pdhadoop,192.168.18.128”的 key 自动加入到文件/home/xuluhui/.ssh/known_hosts 中。

```
[xuluhui@pdhadoop ~]$ ssh localhost
The authenticity of host 'localhost (::1)' can't be established.
ECDSA key fingerprint is SHA256:9v67tpvXpKwKHqAVdNIpGYBJnmIEXgk4epp4UY+ZmWw.
ECDSA key fingerprint is MD5:da:bd:18:02:23:8f:4a:82:db:ee:e9:a9:b2:47:59:3c.
Are you sure you want to continue connecting (yes/no)? yes
Warning: Permanently added 'localhost' (ECDSA) to the list of known hosts.
Last login: Tue Apr  9 22:34:35 2019
[xuluhui@pdhadoop ~]$ exit
logout
Connection to localhost closed.
[xuluhui@pdhadoop ~]$
```

2. 可以看出，已免密登录到localhost，然后退出

1. 第一次执行ssh localhost时，此处输入“yes”

图 1-86　第一次执行 ssh localhost 效果

```
[xuluhui@pdhadoop local]$ ssh pdhadoop
The authenticity of host 'pdhadoop (192.168.18.128)' can't be established.
ECDSA key fingerprint is SHA256:9v67tpvXpKwKHqAVdNIpGYBJnmIEXgk4epp4UY+ZmWw.
ECDSA key fingerprint is MD5:da:bd:18:02:23:8f:4a:82:db:ee:e9:a9:b2:47:59:3c.
Are you sure you want to continue connecting (yes/no)? yes
Warning: Permanently added 'pdhadoop,192.168.18.128' (ECDSA) to the list of know
n hosts.
Last login: Tue Apr  9 22:37:26 2019 from localhost
[xuluhui@pdhadoop ~]$ exit
logout
Connection to pdhadoop closed.
[xuluhui@pdhadoop local]$
```

1. 第一次执行ssh pdhadoop时，此处输入“yes”

2. 可以看出，已免密登录到pdhadoop

图 1-87　第一次执行 ssh pdhaoop 效果

第二次执行 ssh localhost 和 ssh pdhadoop 的效果如图 1-88 所示，从图 1-88 中可以看出，已达到免密登录的效果。

```
[xuluhui@pdhadoop local]$ ssh localhost
Last login: Tue Apr  9 22:45:55 2019 from pdhadoop
[xuluhui@pdhadoop ~]$ exit
logout
Connection to localhost closed.
[xuluhui@pdhadoop local]$ ssh pdhadoop
Last login: Tue Apr  9 22:51:04 2019 from localhost
[xuluhui@pdhadoop ~]$ exit
logout
Connection to pdhadoop closed.
[xuluhui@pdhadoop local]$
```

图 1-88　第二次执行 ssh localhost 和 ssh pdhaoop 的效果

1.4.4　下载和安装 Hadoop

与 1.3.4 节步骤完全相同，详细过程此处不再赘述，本书此处也将 Hadoop 2.9.2 安装到了目录/usr/local 下。

1.4.5　配置 Hadoop

配置伪分布模式 Hadoop 集群与全分布模式时需要修改的配置文件基本相同，部分配置文件的内容不同，主要涉及的配置文件包括/etc/profile.d/hadoop.sh，$HADOOP_HOME/hadoop-2.9.2/etc/hadoop 下的 hadoop-env.sh、mapred-env.sh、yarn-env.sh、core-site.xml、hdfs-site.xml、mapred-site.xml、yarn-site.xml。其中 hadoop.sh、hadoop-env.sh、mapred-env.sh、yarn-env.sh 的修改内容与部署全分布模式 Hadoop 集群完全相同，关于如何配置伪分布模式 Hadoop 集群的具体过程如下所示：

1. 新建 hadoop.sh

2. 配置 hadoop-env.sh

3. 配置 mapred-env.sh

4. 配置 yarn-env.sh

以上步骤分别与 1.3.5 节步骤 1～4 相同，此处略去。

5. 配置 core-site.xml

部署伪分布模式 Hadoop 集群时，本书将 Hadoop 的临时目录"hadoop.tmp.dir"设置为"/usr/local/hadoop-2.9.2/hdfsdata"；HDFS 的文件 URI"fs.defaultFS"可以设置为"hdfs://localhost:9000"或者"hdfs://pdhadoop:9000"或者"hdfs://192.168.18.128:9000"，本书将其设置为"hdfs://192.168.18.128:9000"。core-site.xml 配置文件的具体内容如下所示：

```
<configuration>
    <property>
        <name>fs.defaultFS</name>
        <value>hdfs:// 192.168.18.128:9000</value>
    </property>
    <property>
        <name>hadoop.tmp.dir</name>
        <value>/usr/local/hadoop-2.9.2/hdfsdata</value>
    </property>
</configuration>
```

6. 配置 hdfs-site.xml

由于伪分布模式 Hadoop 集群中仅有 1 个节点，因此需要将配置文件 hdfs-site.xml 中 HDFS 文件块副本数"dfs.replication"设置为 1。此伪分布模式 Hadoop 集群配置文件 hdfs-site.xml 的具体内容如下所示：

```
<configuration>
    <property>
        <name>dfs.replication</name>
        <value>1</value>
    </property>
</configuration>
```

由于步骤 5 中在对 core-site.xml 的修改中将 Hadoop 的临时目录设置为"/usr/local/hadoop-2.9.2/hdfsdata",故此伪分布模式 Hadoop 集群将元数据存放在节点的"/usr/local/hadoop-2.9.2/hdfsdata/dfs/name",数据块存放在节点的"/usr/local/hadoop-2.9.2/hdfsdata/dfs/ data",辅助节点的检查点存放在节点的"/usr/local/hadoop-2.9.2/hdfsdata/dfs/namesecondary"。这些目录都会随着 HDFS 的格式化、HDFS 守护进程的启动而由系统自动创建,无需用户手工创建。

7. 配置 mapred-site.xml

Hadoop 配置文件中没有 mapred-site.xml,但有 mapred-site.xml.template,读者使用命令例如"cp mapred-site.xml.template　mapred-site.xml"将其复制并重命名为"mapred-site.xml",然后用 vim 编辑相应的配置信息。此伪分布模式 Hadoop 集群对于 mapred-site.xml 的添加内容如下所示:

```
<configuration>
    <property>
        <name>mapreduce.framework.name</name>
        <value>yarn</value>
    </property>
</configuration>
```

8. 配置 yarn-site.xml

此伪分布模式 Hadoop 集群对于 yarn-site.xml 的添加内容如下所示:

```
<configuration>
    <property>
        <name>yarn.nodemanager.aux-services</name>
        <value>mapreduce_shuffle</value>
    </property>
</configuration>
```

由于之前步骤已将 core-site.xml 中 Hadoop 的临时目录设置为"/usr/local/hadoop-2.9.2/hdfsdata",故此伪分布模式 Hadoop 集群中未修改配置项"yarn.nodemanager.local-dirs",中间结果的存放位置为"/usr/local/hadoop-2.9.2/hdfsdata/nm-local-dir"。这个目录会随着 YARN 守护进程的启动而由系统自动在所有从节点上创建,无需用户手工创建。另外,"yarn.nodemanager.aux-services"需配置成"mapreduce_shuffle",才可运行 MapReduce 程序。

至此,伪分布模式 Hadoop 已全部配置结束,重启机器,使上述配置生效。

1.4.6　格式化文件系统

在节点 pdhadoop 上以普通用户 xuluhui 身份输入命令"hdfs namenode -format"，对 HDFS 文件系统进行格式化，效果如图 1-89 所示。

注意：此命令必须在主节点 master 上执行，切勿在从节点上执行。

```
[xuluhui@pdhadoop ~]$ hdfs namenode -format
19/04/09 23:58:48 INFO namenode.NameNode: STARTUP_MSG:
/************************************************************
STARTUP_MSG: Starting NameNode
STARTUP_MSG:   host = pdhadoop/192.168.18.128
STARTUP_MSG:   args = [-format]
STARTUP_MSG:   version = 2.9.2
STARTUP_MSG:   classpath = /usr/local/hadoop-2.9.2/etc/hadoop:/usr/local/hadoop-
2.9.2/share/hadoop/common/lib/jaxb-impl-2.2.3-1.jar:/usr/local/hadoop-2.9.2/shar
e/hadoop/common/lib/slf4j-log4j12-1.7.25.jar:/usr/local/hadoop-2.9.2/share/hadoo
p/common/lib/activation-1.1.jar:/usr/local/hadoop-2.9.2/share/hadoop/common/lib/
woodstox-core-5.0.3.jar:/usr/local/hadoop-2.9.2/share/hadoop/common/lib/commons-
configuration-1.6.jar:/usr/local/hadoop-2.9.2/share/hadoop/common/lib/commons-be
anutils-1.7.0.jar:/usr/local/hadoop-2.9.2/share/hadoop/common/lib/xz-1.0.jar:/us
r/local/hadoop-2.9.2/share/hadoop/common/lib/htrace-core4-4.1.0-incubating.jar:/
usr/local/hadoop-2.9.2/share/hadoop/common/lib/junit-4.11.jar:/usr/local/hadoop-
2.9.2/share/hadoop/common/lib/snappy-java-1.0.5.jar:/usr/local/hadoop-2.9.2/shar
e/hadoop/common/lib/stax-api-1.0-2.jar:/usr/local/hadoop-2.9.2/share/hadoop/comm
on/lib/apacheds-i18n-2.0.0-M15.jar:/usr/local/hadoop-2.9.2/share/hadoop/common/l
ib/jaxb-api-2.2.2.jar:/usr/local/hadoop-2.9.2/share/hadoop/common/lib/mockito-al
l-1.8.5.jar:/usr/local/hadoop-2.9.2/share/hadoop/common/lib/slf4j-api-1.7.25.jar
:/usr/local/hadoop-2.9.2/share/hadoop/common/lib/jackson-jaxrs-1.9.13.jar:/usr/l
ocal/hadoop-2.9.2/share/hadoop/common/lib/commons-logging-1.1.jar:/usr/local/h
```

图 1-89　节点 pdhadoop 执行 HDFS 格式化命令

值得注意的是，HDFS 格式化命令执行成功后，按照本实验进行以上关于伪分布模式 Hadoop 的配置后，会在 Hadoop 安装目录下自动生成 hdfsdata/dfs/name 这个 HDFS 元数据目录，如图 1-90 所示。

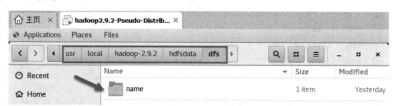

图 1-90　格式化 HDFS 后节点上自动生成的目录及文件

1.4.7　启动和验证伪分布模式 Hadoop 集群

启动 Hadoop 守护进程，只需在节点上依次执行以下三条命令即可：

```
start-dfs.sh
start-yarn.sh
mr-jobhistory-daemon.sh start historyserver
```

start-dfs.sh 命令会在节点上启动 NameNode、DataNode 和 SecondaryNameNode 服务，start-yarn.sh 命令会在节点上启动 ResourceManager、NodeManager 服务，mr-jobhistory-daemon.sh 命令会在节点上启动 JobHistoryServer 服务。请注意，同全分布模式 Hadoop 集群一样，即使对应的守护进程没有启动成功，Hadoop 也不会在控制台显示错误消息。读

者可以利用 jps 命令一步一步查询，逐步核实对应的进程是否启动成功。

1. 执行命令 start-dfs.sh

若 Hadoop 集群部署成功，执行命令 start-dfs.sh 后，会在节点上启动 NameNode、DataNode 和 SecondaryNameNode 三个进程，运行结果如图 1-91 所示。这里需要注意的是，第一次启动 HDFS 集群时，由于之前步骤中在配置文件 hadoop-env.sh 中添加了一行 "HADOOP_SSH_OPTS = '-o StrictHostKeyChecking = no' "，因此在连接 0.0.0.0 主机时并未出现提示信息 "Are you sure you want to continue connecting (yes/no)?"，而且还会将目标主机 key 加到/home/xuluhui/.ssh/known_hosts 文件里。

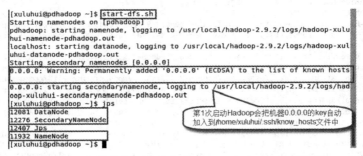

图 1-91　节点 pdhadoop 执行命令 start-dfs.sh 及 jps 的结果

执行命令 start-dfs.sh 后，按照本实验以上关于 Hadoop 的配置，会在 Hadoop 安装目录/hdfsdata/dfs 下自动生成 data、namesecondary 这两个 HDFS 数据块、检查点目录及文件，如图 1-92 所示。

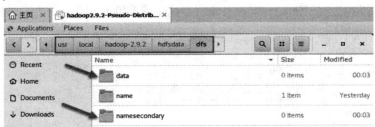

图 1-92　执行命令 start-dfs.sh 后自动生成的数据块、检查点目录及文件

执行命令 start-dfs.sh 后，还会在 Hadoop 安装目录下自动生成 logs 日志文件目录、pids 守护进程号文件目录，以及与 HDFS 有关的日志文件、守护进程号 pid 文件，分别如图 1-93～图 1-95 所示。

图 1-93　执行命令 start-dfs.sh 后自动生成的日志目录 logs 和进程号目录 pids

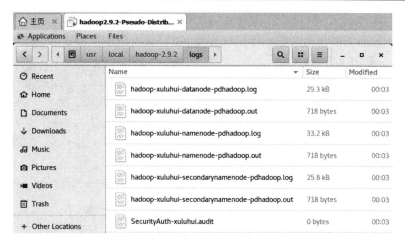

图 1-94   执行命令 start-dfs.sh 后日志目录 logs 中自动生成的文件列表

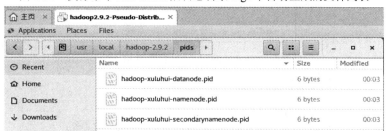

图 1-95   执行命令 start-dfs.sh 后进程号目录 pids 中自动生成的文件列表

2. 执行命令 start-yarn.sh

若 Hadoop 集群部署成功，执行命令 start-yarn.sh 后，会在节点上查看到多出 ResourceManager、NodeManager 这两个进程，运行结果如图 1-96 所示。

```
[xuluhui@pdhadoop ~]$ start-yarn.sh
starting yarn daemons
starting resourcemanager, logging to /usr/local/hadoop-2.9.2/logs/yarn-xuluhui-r
esourcemanager-pdhadoop.out
localhost: starting nodemanager, logging to /usr/local/hadoop-2.9.2/logs/yarn-xu
luhui-nodemanager-pdhadoop.out
[xuluhui@pdhadoop ~]$ jps
13312 NodeManager
12081 DataNode
12276 SecondaryNameNode
13205 ResourceManager
13637 Jps
11932 NameNode
[xuluhui@pdhadoop ~]$
```

图 1-96   节点 pdhadoop 执行命令 start-yarn.sh 及 jps 的结果

执行命令 start-yarn.sh 后，按照本实验以上关于伪分布模式 Hadoop 的配置，会在节点的 Hadoop 安装目录/hdfsdata 下自动生成 nm-local-dir 这个目录及文件，如图 1-97 所示。

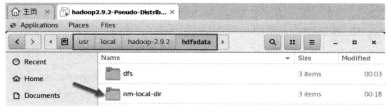

图 1-97   执行 start-yarn.sh 后自动生成目录 nm-local-dir 及文件

执行命令 start-dfs.sh 后，还会在 Hadoop 安装目录/logs 和 Hadoop 安装目录/pids 下自动生成与 YARN 有关的日志文件、守护进程号 pid 文件，分别如图 1-98 和图 1-99 所示。

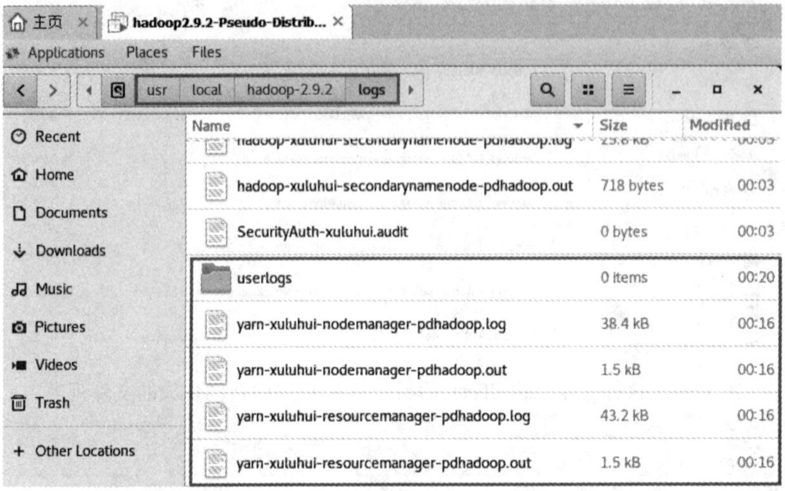

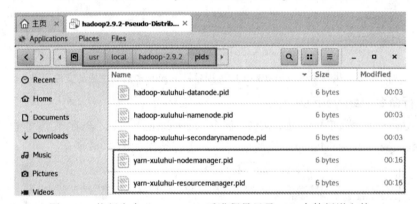

图 1-98　执行命令 start-yarn.sh 后日志目录 logs 中的新增文件

图 1-99　执行命令 start-yarn.sh 后进程号目录 pids 中的新增文件

3. 执行命令 mr-jobhistory-daemon.sh start historyserver

若 Hadoop 集群部署成功，执行命令 mr-jobhistory-daemon.sh start historyserver 后，会在节点的守护进程列表中多出 JobHistoryServer，运行结果如图 1-100 所示。

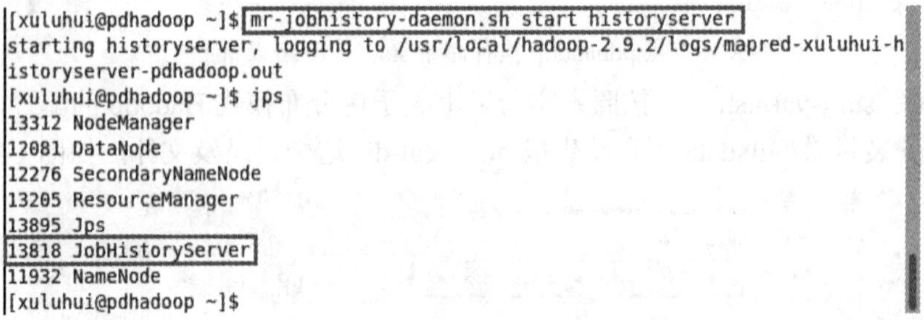

```
[xuluhui@pdhadoop ~]$ mr-jobhistory-daemon.sh start historyserver
starting historyserver, logging to /usr/local/hadoop-2.9.2/logs/mapred-xuluhui-h
istoryserver-pdhadoop.out
[xuluhui@pdhadoop ~]$ jps
13312 NodeManager
12081 DataNode
12276 SecondaryNameNode
13205 ResourceManager
13895 Jps
13818 JobHistoryServer
11932 NameNode
[xuluhui@pdhadoop ~]$
```

图 1-100　节点 pdhadoop 执行命令 mr-jobhistory-daemon.sh start historyserver 及 jps 的结果

执行命令 mr-jobhistory-daemon.sh start historyserver 后，还会在节点的 Hadoop 安装目录/logs 下自动生成与 MapReduce 有关的日志文件，在 Hadoop 安装目录/pids 下自动生成

与 MapReduce 有关的守护进程号 pid 文件，分别如图 1-101 和图 1-102 所示。

图 1-101　执行命令 mr-jobhistory-daemon.sh start historyserver 后日志目录 logs 中的新增文件

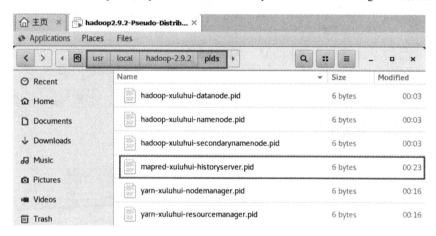

图 1-102　执行命令 mr-jobhistory-daemon.sh start historyserver 后进程号目录 pids 中的新增文件

　　Hadoop 也提供了基于 Web 的管理工具，因此，Web 也可以用来验证伪分布模式 Hadoop
集群是否部署成功且正确启动。其中 HDFS Web UI 的默认地址为 http://namenodeIP:50070，
运行界面如图 1-103 所示；YARN Web UI 的默认地址为 http://resourcemanagerIP:8088，运
行界面如图 1-104 所示；MapReduce Web UI 的默认地址为 http://jobhistoryserverIP:19888，
运行界面如图 1-105 所示。

图 1-103　HDFS Web UI 效果图

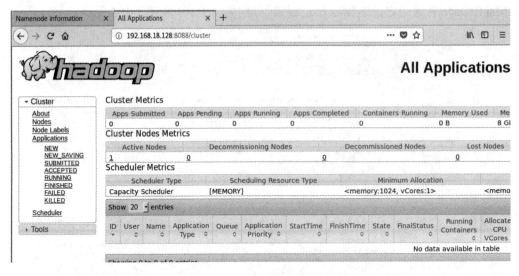

图 1-104　YARN Web UI 效果图

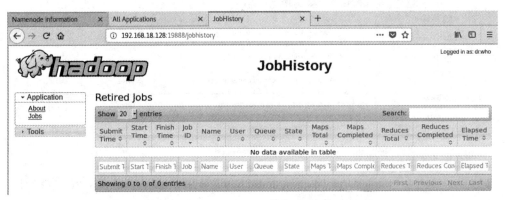

图 1-105　MapReduce Web UI 效果图

　　除了可用 jps 查看进程、查看 Web UI 外，向伪分布模式 Hadoop 集群提交自带的
MapReduce 应用程序 WordCount 也可以验证 Hadoop 集群是否部署成功，具体过程同 1.3.8
节步骤 4，此处不再赘述。

1.4.8　关闭伪分布模式 Hadoop 集群

　　关闭伪分布模式 Hadoop 的命令与全分布模式相同，只需在节点上依次执行以下三条
命令即可关闭 Hadoop：

```
mr-jobhistory-daemon.sh stop historyserver
stop-yarn.sh
stop-dfs.sh
```

　　执行 mr-jobhistory-daemon.sh stop historyserver 时，*historyserver.pid 文件消失；执行
stop-yarn.sh 时，*resourcemanager.pid 和 *nodemanager.pid 文件依次消失；执行 stop-dfs.sh
时，*namenode.pid、*datanode.pid、*secondarynamenode.pid 文件也会依次消失。关闭 Hadoop
集群的命令及其执行效果如图 1-106 所示。

```
[xuluhui@pdhadoop ~]$ mr-jobhistory-daemon.sh stop historyserver
stopping historyserver
[xuluhui@pdhadoop ~]$ stop-yarn.sh
stopping yarn daemons
stopping resourcemanager
localhost: stopping nodemanager
localhost: nodemanager did not stop gracefully after 5 seconds: killing with kil
l -9
no proxyserver to stop
[xuluhui@pdhadoop ~]$ stop-dfs.sh
Stopping namenodes on [pdhadoop]
pdhadoop: stopping namenode
localhost: stopping datanode
Stopping secondary namenodes [0.0.0.0]
0.0.0.0: stopping secondarynamenode
[xuluhui@pdhadoop ~]$ █
```

图 1-106 关闭伪分布模式 Hadoop 集群命令及执行效果

思考与练习题

1. 查阅资料，了解部署伪分布模式和全分布模式的 Hadoop 集群步骤有何区别。

2. 配置 SSH 免密码登录并不是部署 Hadoop 的必需步骤，但本实验还是讲述了此步骤，请问配置 SSH 免密码登录有何作用？

3. 全分布模式 Hadoop 集群下， start-dfs.sh、start-yarn.sh、mr-jobhistory-daemon.sh start historyserver 三条命令各在什么节点上启动了何种 Hadoop 守护进程？

4. 经过本实验讲述，读者一定觉得手工部署 Hadoop 集群相当复杂，后期管理和运维 Hadoop 集群操作也很多，那么当我们面临几百台几千台机器组成的 Hadoop 集群时，目前有没有更好的方法来快速部署和方便管理呢？请查阅 Hadoop 集群管理工具，如 Cloudera 公司的 Cloudera Manager、Apache 的 Apache Ambari 等。

参 考 文 献

[1] WHITE T. Hadoop 权威指南：大数据的存储与分析 [M]. 4 版. 王海，华东，刘喻，等译. 北京：清华大学出版社, 2017.

[2] DOUGLAS E. Hadoop 2 Quick-Start Guide: Learn the Essentials of Big Data Computing in the Apache Hadoop 2 Ecosystem[M]. New Jersey: Addison-Wesley Professional, 2015.

[3] VMware Workstation[EB/OL]. [2018-11-9]. https://www.vmware.com/products/workstation-pro.html.

[4] The CentOS Project. CentOS Download[EB/OL]. [2018-3-24]. https://www.centos. org/download.

[5] Oracle. Java SE Downloads[EB/OL]. [2018-7-14]. https://www.oracle.com/technetwork/java/javase/downloads/index.html.

[6] Apache Hadoop[EB/OL]. [2018-7-30]. https://hadoop.apache.org/.

[7] GitHub-Apache Hadoop[EB/OL]. [2018-6-30].https://github.com/apache/hadoop.

[8]　　Apache Software Foundation. Apache Hadoop Download[EB/OL]. [2018-5-31]. https:// hadoop.apache.org/releases.html.

[9]　　Apache Software Foundation. Apache Hadoop WIKI Confluence: HadoopJavaVersions [EB/OL].[2019-7-9].https://cwiki.apache.org/confluence/display/HADOOP2/HadoopJava Version.

[10]　　Apache Software Foundation. Apache Hadoop 2.9.2-Hadoop: Setting up a Single Node Cluster[EB/OL].[2018-11-13].https://hadoop.apache.org/docs/r2.9.2/hadoop-project-dist/ hadoop-common/SingleCluster.html.

[11]　　Apache Software Foundation. Apache Hadoop 2.9.2-Hadoop Cluster Setup[EB/OL]. [2018-11-13].https://hadoop.apache.org/docs/r2.9.2/hadoop-project-dist/hadoop-common/ ClusterSetup.html.

[12]　　Cloudera. Cloudera Manager: Hadoop Administration tool[EB/OL]. [2019-7-2]. https:// www.cloudera.com/products/product-components/cloudera-manager.html.

实验 2　实战 HDFS

本实验的知识结构图如图 2-1 所示(★表示重点，▶表示难点)。

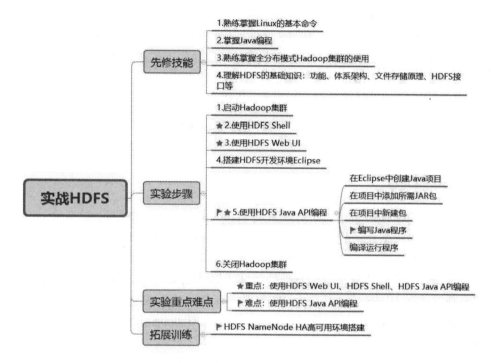

图 2-1　实战 HDFS 知识结构图

2.1　实验目的、实验环境和实验内容

一、实验目的

(1) 理解 HDFS 的体系架构。

(2) 理解 HDFS 文件存储原理和数据读写过程。

(3) 熟练掌握 HDFS Web UI 界面的使用。

(4) 熟练掌握 HDFS Shell 常用命令的使用。

(5) 熟练掌握 HDFS 项目开发环境的搭建。

(6) 能使用 HDFS Java API 编写 HDFS 文件操作程序。

二、实验环境

本实验所需的软件环境包括全分布模式 Hadoop 集群、Eclipse。

三、实验内容

(1) 启动全分布模式 Hadoop 集群，守护进程包括 NameNode、DataNode、SecondaryNameNode、ResourceManager、NodeManager 和 JobHistoryServer。

(2) 查看 HDFS Web UI 界面。

(3) 练习使用 HDFS Shell 文件系统命令和系统管理命令。

(4) 在 Hadoop 集群主节点上搭建 HDFS 开发环境 Eclipse。

(5) 使用 HDFS Java API 编写 HDFS 文件操作程序，实现上传本地文件到 HDFS 的功能，并采用本地执行和集群执行的两种执行方式进行测试，观察结果。

(6) 使用 HDFS Java API 编写 HDFS 文件操作程序，实现查看 HDFS 文件在 HDFS 集群中位置的功能，并采用本地执行和集群执行的两种执行方式进行测试，观察结果。

(7) 关闭全分布模式 Hadoop 集群。

2.2　实　验　原　理

2.2.1　初识 HDFS

HDFS(Hadoop Distributed File System)是 Hadoop 分布式文件系统，是 Hadoop 三大核心之一，是针对谷歌文件系统 GFS(Google File System)的开源实现。HDFS 是一个具有高容错性的文件系统，适合部署在廉价的机器上。HDFS 能提供高吞吐量的数据访问，非常适合大规模数据集上的应用。大数据处理框架如 MapReduce、Spark 等要处理的数据源大部分都存储在 HDFS 上，Hive、HBase 等框架的数据通常也存储在 HDFS 上。简而言之，HDFS 为大数据的存储提供了保障。HDFS 在 Hadoop 2.0 生态系统中的地位如图 2-2 所示。

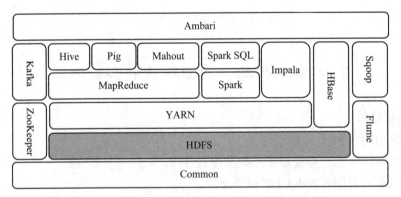

图 2-2　HDFS 在 Hadoop 2.0 生态系统中的地位

2.2.2　HDFS 的体系架构

HDFS 采用 Master/Slave 架构模型。一个 HDFS 集群包括一个 NameNode 和多个 DataNode，其中名称节点 NameNode 为主节点，数据节点 DataNode 为从节点。文件被划分为一系列的数据块(Block)存储在从节点 DataNode 上；NameNode 是中心服务器，不存储数据，负责管理文件系统的名字空间(namespace)以及客户端对文件的访问。HDFS 的体系架构如图 2-3 所示。

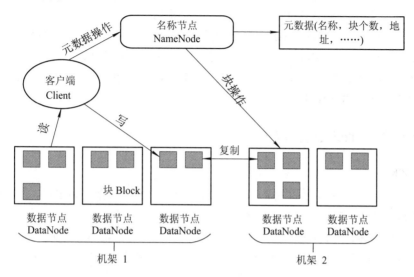

图 2-3　HDFS 体系架构

下面将详细讲述各个组件和功能。

1. NameNode

NameNode 运行在日常硬件上，通常只有一个，是整个文件系统的管理节点。它维护着整个文件系统的文件目录树，包括文件/目录的元数据和每个文件对应的数据块列表，负责接收用户的操作请求。作为 HDFS 主服务节点的核心，它主要完成下面任务：

(1) 管理命名空间。

(2) 控制客户端对文件的读/写。

(3) 执行常见文件系统操作，比如文件的重命名、复制、移动、打开、关闭以及目录操作。

HDFS 中除了主 NameNode 外还有一个辅助 NameNode，称为 SecondaryNameNode。从名称上看，SecondaryNameNode 似乎是作为 NameNode 的备份而存在的，事实上并非如此。SecondaryNameNode 具有独立的角色和功能，通常认为它和 NameNode 是协同工作的。SecondaryNameNode 主要有如下特征和功能：它是 HDFS 高可用性的一个解决方案，但不支持热备，使用前配置即可；定期对 NameNode 中的内存元数据进行更新和备份；默认安装在与 NameNode 相同的节点，但是建议安装在不同节点以提高可靠性。

2. DataNode

DataNode 也运行在日常硬件上，通常有多个，它为 HDFS 提供真实文件数据的存储服务。HDFS 数据存储在 DataNode 上，数据块的创建、复制和删除都在 DataNode 上执行。DataNode 将 HDFS 数据以文件的形式存储在本地的文件系统中，但并不知道有关 HDFS 文件的信息。DataNode 把每个 HDFS 数据块存储在本地文件系统的一个单独的文件中，并不在同一个目录创建所有的文件。实际上，它用试探的方法来确定每个目录的最佳文件数目，并且在适当的时候创建子目录。在同一个目录中创建所有的本地文件并不是最优的选择，这是因为本地文件系统可能无法高效地在单个目录中支持大量的文件。当一个 DataNode 启动时，它会扫描本地文件系统，产生一个这些本地文件对应的所有 HDFS 数据块的列表，然后作为报告发送到 NameNode，这个报告就是块状态报告。

另外，客户端是用户操作 HDFS 最常用的方式，HDFS 在部署时都提供了客户端。严格地说，客户端并不算是 HDFS 的一部分。客户端支持打开、读取、写入等常见操作，并且提供了类似 Shell 的命令行方式来访问 HDFS 中的数据，也提供了 API 作为应用程序访问文件系统的客户端编程接口。

2.2.3　HDFS 文件的存储原理

1. Block

在传统的文件系统中，为了提高磁盘读/写效率，一般以数据块为单位，而不是以字节为单位。HDFS 也同样采用了块的概念。

HDFS 中的数据以文件块 Block 的形式存储。Block 是最基本的存储单位，每次读/写的最小单元是一个 Block。对于文件内容而言，一个文件的长度大小是 N，那么从文件的 0 偏移开始，按照固定的大小，顺序对文件进行划分并编号，划分好的每一个块称为一个 Block。Hadoop 2.0 中默认 Block 大小是 128 MB，一个 N = 256 MB 的文件可被切分成 256/128 = 2 个 Block。不同于普通文件系统，在 HDFS 中，如果一个文件小于一个数据块的大小，并不占用整个数据块存储空间。Block 的大小可以根据实际需求进行配置，可以通过 HDFS 配置文件 hdfs-site.xml 中的参数 dfs.blocksize 来定义块的大小，但要注意，数字必须是 2^K。文件的大小可以不是 Block 大小的整数倍，这时最后一个块可能存在剩余。例如，一个文件大小是 260 MB，在 Hadoop 2.0 中占用三个块，第三个块只使用了 4 MB。

为什么 HDFS 的数据块设置得这么大呢？原因是和普通的本地磁盘文件系统不同，HDFS 存储的是大数据文件，通常会有 TB 甚至 PB 的数据文件需要管理，所以数据的基本单元必须足够大才能提高管理效率。而如果还使用像 Linux 本地文件系统 EXT3 的 4 KB 单元来管理数据，则会非常低效，同时会浪费大量的元数据空间。

2. Block 副本的管理策略

HDFS 采用多副本方式对数据进行冗余存储，通常一个数据块的多个副本会被分布到不同的 DataNode 上。

HDFS 通过可靠的算法在分布式环境中存储大量数据。简单来说，每个数据块 Block 都存在副本，以提高容错性。默认情况下每个块存在 3 个副本，例如，存储一个 100 MB 的文件默认情况下需要占用 300 MB 的磁盘空间。数据块的信息会定期由 DataNode 报送给 NameNode，任何时候，当 NameNode 发现一个块的副本个数少于 3 个或者多于 3 个时都会进行补充或者删除。副本放置的基本原则是保证并非所有的副本都在同一个机架(Rack)上。例如，对于默认的 3 个块副本，在同一个机架上存放两个副本，在另一个机架上存放另一个副本，如图 2-4 所示。这样放置的好处在于提供高容错性的同时降低延时。

注意：一个 Rack 可能包含多个 DataNode，而数据分布在不同 DataNode 可以提高数据读/写并发效率。对于多于 3 个副本的情况，其他副本将会随机分布在不同的 DataNode

上，同时保证同一个机架中最多存在两个副本。可以通过配置文件 hdfs-site.xml 中的参数 dfs.replication 来定义 Block 的副本数。

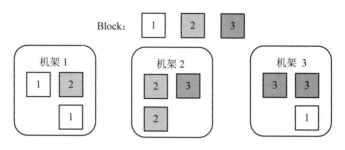

图 2-4　Block 副本在机架中的放置策略

图 2-5 显示了 Hadoop 集群中机架之间的逻辑连接结构。可以看到，通过交换机，同一个机架和不同机架的计算机物理连接在一起，同一个机架内的计算机可以直接通过单层交换机连接，速度很快；而不同机架之间的通信需要经过多层交换机，速度稍慢。数据块存放时以机架为独立单元，这样既有高容错性，也可以保证并发性能。

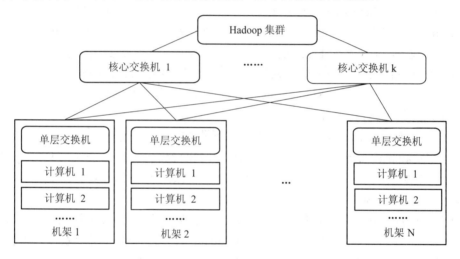

图 2-5　Hadoop 集群中 Rack 逻辑结构

3. 数据读取

HDFS 的真实数据分散存储在 DataNode 上，但是读取数据时需要先经过 NameNode。HDFS 数据读取的基本过程为：首先客户端连接到 NameNode 询问某个文件的元数据信息，NameNode 返回给客户一个包含该文件各个块位置信息(存储在哪个 DataNode)的列表；然后，客户端直接连接对应 DataNode 来并行读取块数据；最后，当客户得到所有块后，再按照顺序进行组装，得到完整文件。为了提高物理传输速度，NameNode 在返回块的位置时，优先选择距离客户更近的 DataNode。

客户端读取 HDFS 上的文件时，需要调用 HDFS Java API 一些类的方法，从编程角度来看，主要经过以下几个步骤(如图 2-6 所示)：

(1) 客户端生成一个 FileSystem 实例(DistributedFileSystem 对象)，并使用此实例的 open()方法打开 HDFS 上的一个文件。

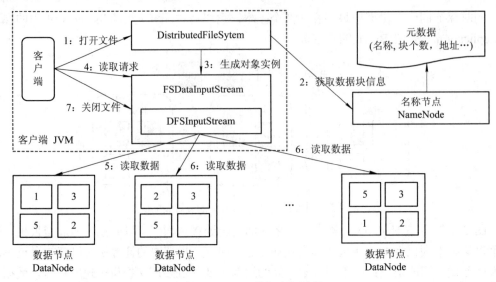

图 2-6　HDFS 数据读取过程

(2) DistributedFileSystem 通过 RPC 调用向 NameNode 发出请求,得到文件的位置信息,即数据块编号和所在 DataNode 地址。对于每一个数据块,NameNode 返回保存数据块的 DataNode 的地址,通常按照 DataNode 地址与客户端的距离从近到远排序。

(3) FileSystem 实例获得地址信息后,生成一个 FSDataInputStream 对象实例返回给客户端。此实例封装了一个 DFSInputStream 对象,负责存储数据块信息和 DataNode 地址信息,并负责后续的文件内容读取工作。

(4) 客户端向 FSDataInputStream 发出读取数据的 read()调用。

(5) FSDataInputStream 收到 read()调用请求后,FSDataInputStream 封装的 DFSInputStream 选择与第一个数据块最近的 DataNode,并读取相应的数据信息返回给客户端。在数据块读取完成后,DFSInputStream 负责关闭到相应 DataNode 的链接。

(6) DFSInputStream 依次选择后续数据块的最近 DataNode 节点,并读取数据返回给客户端,直到最后一个数据块读取完毕。DFSInputStream 从 DataNode 读取数据时,可能会碰上某个 DataNode 失效的情况,此时会自动选择下一个包含此数据块的最近的 DataNode 去读取。

(7) 客户端读取完所有数据块,然后通过调用 FSDataInputStream 的 close()方法关闭文件。

从图 2-6 可以看出,HDFS 数据读取分散在了不同的 DataNode 节点上,基本上不存在单点问题,水平扩展性强。对于 NameNode 节点,只需要传输元数据(块地址)信息,数据 I/O 压力较小。

4. 数据写入

HDFS 的设计遵循"一次写入,多次读取"的原则,所有数据只能添加不能更新。数据会被划分为等尺寸的块写入不同的 DataNode 中,每个块通常保存指定数量的副本(默认 3 个)。HDFS 数据写入基本过程如图 2-7 所示,基本过程为:客户端向 NameNode 发送文件写请求,NameNode 给客户分配写权限,并随机分配块的写入地址——DataNode 的 IP,兼顾副本数量和块 Rack 自适应算法。例如副本因子是 3,则每个块会分配到三个不同的

DataNode。为了提高传输效率，客户端只会向其中一个 DataNode 复制一个副本，另外两个副本则由 DataNode 传输到相邻 DataNode。

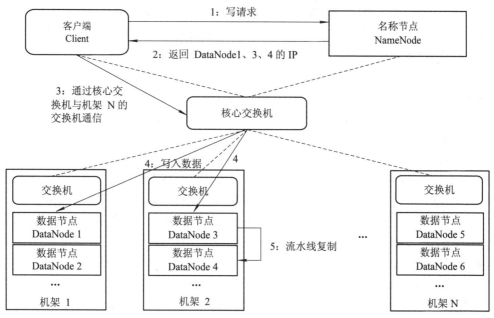

图 2-7   HDFS 数据写入的基本过程

从编程角度来说，将数据写入 HDFS 主要经过以下几个步骤，如图 2-8 所示。

(1) 创建和初始化 FileSystem，客户端调用 create()来创建文件。

(2) FileSystem 用 RPC 调用 NameNode，在文件系统的命名空间中创建一个新的文件。NameNode 首先确定文件原来不存在，并且客户端有创建文件的权限，然后创建新文件。

(3) FileSystem 返回 DFSOutputStream，客户端开始写入数据。

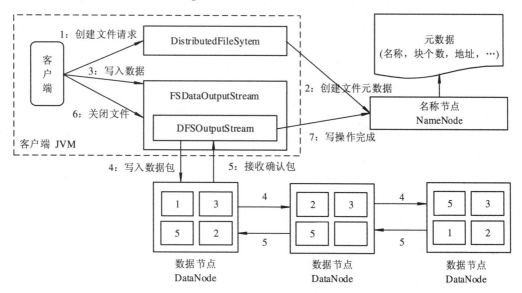

图 2-8   HDFS 数据写入过程

(4) DFSOutputStream 将数据分成块，写入 data queue。data queue 由 DataStreamer 读取，并通知名称节点分配数据节点，用来存储数据块(每块默认复制 3 块)；分配的数据节点放在一个数据流管道(pipeline)里。DataStreamer 将数据块写入 pipeline 中的第一个数据节点，第一个数据节点将数据块发送给第二个数据节点，第二个数据节点将数据发送给第三个数据节点。

(5) DFSOutputStream 为发出去的数据块保存了 ack queue，等待 pipeline 中的数据节点告知数据已经写入成功。

(6) 当客户端结束写入数据，则调用 DFSOutputStream 的 close 函数。此操作将所有的数据块写入 pipeline 中的数据节点，并等待 ack queue 返回成功。

(7) 通知名称节点写入完毕。

如果数据节点在写入的过程中失败，DFSOutputStream 会关闭 pipeline，将 ack queue 中的数据块放入 data queue 的开始；当前的数据块在已经写入的数据节点中被元数据节点赋予新的标示，错误节点在重启后能够察觉其数据块是过时的，会被删除。失败的数据节点从 pipeline 中移除，另外的数据块则写入 pipeline 中的另外两个数据节点。名称节点则被通知此数据块复制块数不足，会再创建第三份备份。

数据写入过程中，如果某个 DataNode 出现故障，DataStreamer 将关闭到此节点的链接，故障节点将从 DataNode 链中删除，其他 DataNode 将继续完成写入操作。NameNode 通过返回值发现某个 DataNode 未完成写入任务，会分配另一个 DataNode 完成此写入操作。对于一个数据块 Block，只要有一个副本写入成功，就视为写入完成，后续将启动自动恢复机制，恢复指定副本数量。

数据写入可以看作是一个流水线 pipeline 过程。具体来说，客户端收到 NameNode 发送的块存储位置 DataNode 列表后，将做如下工作：

(1) 选择 DataNode 列表中的第一个 DataNode1，通过 IP 地址建立 TCP 连接。

(2) 客户端通知 DataNode1 准备接收块数据，同时发送后续 DataNode 的 IP 地址给 DataNode1，副本随后会拷贝到这些 DataNode。

(3) DataNode1 连接 DataNode2，并通知 DataNode2 连接 DataNode3；前一个 DataNode 发送副本数据给后一个 DataNode，依次类推。

(4) ack 确认消息遵从相反的顺序，即 DataNode3 收到完整块副本后返回确认给 DataNode2，DataNode2 收到完整块副本后返回确认给 DataNode1，而 DataNode1 最后通知客户端所有数据块已经成功复制。对于 3 个副本，DataNode1 会发送 3 个 ack 给客户端，表示 3 个 DataNode 都成功接收。随后，客户端会通知 NameNode 完整文件写入成功，NameNode 则会更新元数据。

(5) 当客户端接到通知流水线已经建立完成的消息后，将会发送数据块到流水线中，然后将逐个数据块按序在流水线中传输。这样一来，客户端只需要发送一次数据块，所有备份将在不同 DataNode 之间自动完成，提高了传输效率。

2.2.4 HDFS 接口

1. HDFS Web UI

HDFS Web UI 主要面向管理员，提供服务器基础统计信息和文件系统运行状态的查看功能，不支持配置更改操作。在该页面上，管理员可以查看当前文件系统中各个节点的分布信息，浏览名称节点上的存储、登录等日志，以及下载某个数据节点上某个文件的内容。HDFS Web UI 地址为 http://NameNodeIP:50070，进入后可以看到当前 HDFS 文件系统的 Overview、Summary、NameNode Journal Status、NameNode Storage 等信息，其概览效果如图 2-9 所示。

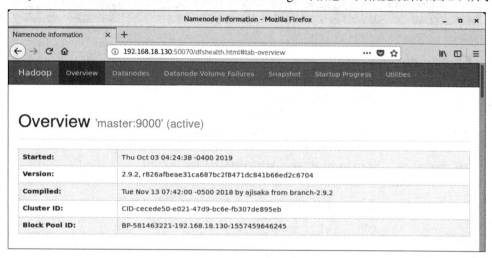

图 2-9　HDFS Web UI 之概览

HDFS Web UI 的概要效果如图 2-10 所示，从图 2-10 中可以看到容量、活动节点等信息。

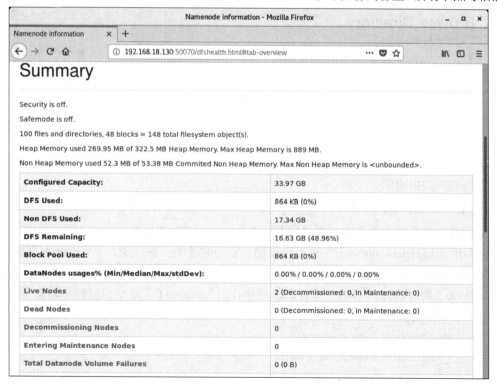

图 2-10　HDFS Web UI 之概要

我们可以通过首页顶端菜单项『Utilities』→『Browse the file system』查看目录，如图

2-11 和图 2-12 所示。

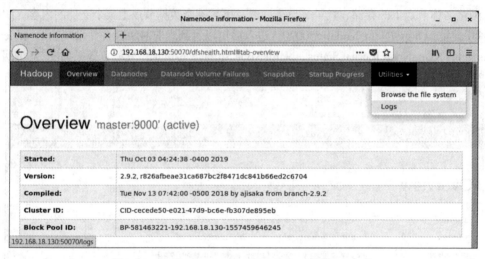

图 2-11　使用 HDFS Web UI 查看 HDFS 目录及文件

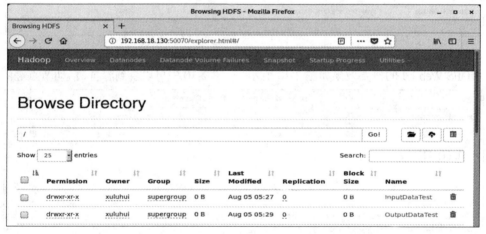

图 2-12　使用 HDFS Web UI 查看 HDFS 目录及文件

2. HDFS Shell

1) HDFS 文件系统命令

HDFS 文件系统命令的入口是"hadoop fs"，其语法是"hadoop fs [generic options]"；命令"hdfs dfs [generic options]"也可以使用。它们两者的区别在于："hadoop fs"使用面最广，可以操作任何文件系统，比如本地文件、HDFS 文件、HFTP 文件、S3 文件系统等；而"hdfs dfs"则专门针对 HDFS 文件系统的操作。"hadoop fs"命令的完整帮助如下所示：

```
[xuluhui@master ~]$ hadoop fs
Usage: hadoop fs [generic options]
    [-appendToFile <localsrc> ... <dst>]
    [-cat [-ignoreCrc] <src> ...]
    [-checksum <src> ...]
    [-chgrp [-R] GROUP PATH...]
```

[-chmod [-R] <MODE[,MODE]... | OCTALMODE> PATH...]

[-chown [-R] [OWNER][:[GROUP]] PATH...]

[-copyFromLocal [-f] [-p] [-l] [-d] <localsrc> ... <dst>]

[-copyToLocal [-f] [-p] [-ignoreCrc] [-crc] <src> ... <localdst>]

[-count [-q] [-h] [-v] [-t [<storage type>]] [-u] [-x] <path> ...]

[-cp [-f] [-p | -p[topax]] [-d] <src> ... <dst>]

[-createSnapshot <snapshotDir> [<snapshotName>]]

 =[-deleteSnapshot <snapshotDir> <snapshotName>]

[-df [-h] [<path> ...]]

[-du [-s] [-h] [-x] <path> ...]

[-expunge]

[-find <path> ... <expression> ...]

[-get [-f] [-p] [-ignoreCrc] [-crc] <src> ... <localdst>]

[-getfacl [-R] <path>]

[-getfattr [-R] {-n name | -d} [-e en] <path>]

[-getmerge [-nl] [-skip-empty-file] <src> <localdst>]

[-help [cmd ...]]

[-ls [-C] [-d] [-h] [-q] [-R] [-t] [-S] [-r] [-u] [<path> ...]]

[-mkdir [-p] <path> ...]

[-moveFromLocal <localsrc> ... <dst>]

[-moveToLocal <src> <localdst>]

[-mv <src> ... <dst>]

[-put [-f] [-p] [-l] [-d] <localsrc> ... <dst>]

[-renameSnapshot <snapshotDir> <oldName> <newName>]

[-rm [-f] [-r|-R] [-skipTrash] [-safely] <src> ...]

[-rmdir [--ignore-fail-on-non-empty] <dir> ...]

[-setfacl [-R] [{-b|-k} {-m|-x <acl_spec>} <path>]|[--set <acl_spec> <path>]]

[-setfattr {-n name [-v value] | -x name} <path>]

[-setrep [-R] [-w] <rep> <path> ...]

[-stat [format] <path> ...]

[-tail [-f] <file>]

[-test -[defsz] <path>]

[-text [-ignoreCrc] <src> ...]

[-touchz <path> ...]

[-truncate [-w] <length> <path> ...]

[-usage [cmd ...]]

Generic options supported are:

-conf <configuration file>   specify an application configuration file

```
    -D <property=value>                define a value for a given property
    -fs <file:///|hdfs://namenode:port> specify default filesystem URL to use, overrides 'fs.defaultFS'
property from configurations.
    -jt <local|resourcemanager:port>   specify a ResourceManager
    -files <file1,...>       specify a comma-separated list of files to be copied to the map reduce cluster
    -libjars <jar1,...>      specify a comma-separated list of jar files to be included in the classpath
    -archives <archive1,...> specify a comma-separated list of archives to be unarchived on the compute
machines


    The general command line syntax is:
    command [genericOptions] [commandOptions]
```

部分 HDFS 文件系统命令的说明如表 2-1 所示。

表 2-1　HDFS 文件系统命令说明(部分)

命令选项	功　　能
-ls	显示文件的元数据信息或者目录包含的文件列表信息
-mv	移动 HDFS 文件到指定位置
-cp	将文件从源路径复制到目标路径
-rm	删除文件，"-rm -r"或者"-rm -R"可以递归删除文件夹，文件夹可以包含子文件夹和子文件
-rmdir	删除空文件夹，注意：如果文件夹非空，则删除失败
-put	从本地文件系统复制单个或多个源路径上传到 HDFS，同时支持从标准输入读取源文件内容后写入目标位置
-get	复制源路径指定的文件到本地文件系统目标路径指定的文件或文件夹
-cat	将指定文件内容输出到标准输出 stdout
-mkdir	创建指定目录
-setrep	改变文件的副本系数，选项-R 用于递归改变目录下所有文件的副本系数选项，-w 表示等待副本操作结束才退出命令

2) HDFS 系统管理命令

HDFS 系统管理命令的入口是"hdfs dfsadmin"，其完整帮助如下所示：

```
[xuluhui@master ~]$ hdfs dfsadmin
Usage: hdfs dfsadmin
Note: Administrative commands can only be run as the HDFS superuser.
    [-report [-live] [-dead] [-decommissioning] [-enteringmaintenance] [-inmaintenance]]
    [-safemode <enter | leave | get | wait>]
    [-saveNamespace]
    [-rollEdits]
    [-restoreFailedStorage true|false|check]
    [-refreshNodes]
```

```
[-setQuota <quota> <dirname>...<dirname>]
[-clrQuota <dirname>...<dirname>]
[-setSpaceQuota <quota> [-storageType <storagetype>] <dirname>...<dirname>]
[-clrSpaceQuota [-storageType <storagetype>] <dirname>...<dirname>]
[-finalizeUpgrade]
[-rollingUpgrade [<query|prepare|finalize>]]
[-refreshServiceAcl]
[-refreshUserToGroupsMappings]
[-refreshSuperUserGroupsConfiguration]
[-refreshCallQueue]
[-refresh <host:ipc_port> <key> [arg1..argn]
[-reconfig <namenode|datanode> <host:ipc_port> <start|status|properties>]
[-printTopology]
[-refreshNamenodes datanode_host:ipc_port]
[-getVolumeReport datanode_host:ipc_port]
[-deleteBlockPool datanode_host:ipc_port blockpoolId [force]]
[-setBalancerBandwidth <bandwidth in bytes per second>]
[-getBalancerBandwidth <datanode_host:ipc_port>]
[-fetchImage <local directory>]
[-allowSnapshot <snapshotDir>]
[-disallowSnapshot <snapshotDir>]
[-shutdownDatanode <datanode_host:ipc_port> [upgrade]]
[-evictWriters <datanode_host:ipc_port>]
[-getDatanodeInfo <datanode_host:ipc_port>]
[-metasave filename]
[-triggerBlockReport [-incremental] <datanode_host:ipc_port>]
[-listOpenFiles]
[-help [cmd]]
```

Generic options supported are:
-conf <configuration file>　　　　　specify an application configuration file
-D <property=value>　　　　　　　　define a value for a given property
-fs <file:///|hdfs://namenode:port> specify default filesystem URL to use, overrides 'fs.defaultFS'
　　　　　　　　　　　　　　property from configurations.
-jt <local|resourcemanager:port>　specify a ResourceManager
-files <file1,...>　　　specify a comma-separated list of files to be copied to the map reduce cluster
-libjars <jar1,...>　　specify a comma-separated list of jar files to be included in the classpath
-archives <archive1,...>　　specify a comma-separated list of archives to be unarchived on the
　　　　　　　　　　compute machines

```
The general command line syntax is:
command [genericOptions] [commandOptions]
```

3. HDFS API

HDFS 使用 Java 语言编写，所以提供了丰富的 Java 编程接口供开发人员调用。当然 HDFS 也支持 C++、Python 等其他语言，但它们都没有 Java 接口方便。凡是使用 Shell 命令可以完成的功能，都可以使用相应的 Java API 来实现，甚至使用 API 可以完成 Shell 命令不支持的功能。

在实际开发中，HDFS Java API 最常用的类是 org.apache.hadoop.fs.FileSystem。常用的 HDFS Java 类如表 2-2 所示。

表 2-2　HDFS Java API 常用类

类　　名	说　　明
org.apache.hadoop.fs.FileSystem	通用文件系统基类，用于与 HDFS 文件系统交互。编写的 HDFS 程序都需要重写 FileSystem 类，通过该类可以方便地像操作本地文件系统一样操作 HDFS 集群文件
org.apache.hadoop.fs.FSDataInputStream	文件输入流，用于读取 HDFS 文件
org.apache.hadoop.fs.FSDataOutputStream	文件输出流，向 HDFS 顺序写入数据流
org.apache.hadoop.fs.Path	文件与目录定位类，用于定义 HDFS 集群中指定的目录与文件绝对或相对路径
org.apache.hadoop.fs.FileStatus	文件状态显示类，可以获取文件与目录的元数据、长度、块大小、所属用户、编辑时间等信息，同时可以设置文件用户、权限等内容

关于 HDFS API 的更多信息，读者请参考官网 https://hadoop.apache.org/docs/r2.9.2/api/index.html。

2.3　实　验　步　骤

2.3.1　启动 Hadoop 集群

启动全分布模式 Hadoop 集群，只需在主节点上依次执行以下 3 条命令即可：

```
start-dfs.sh
start-yarn.sh
mr-jobhistory-daemon.sh start historyserver
```

start-dfs.sh 命令会在主从节点上启动 NameNode、DataNode 和 SecondaryNameNode 服务，start-yarn.sh 命令会在主从节点上启动 ResourceManager、NodeManager 服务，mr-jobhistory-daemon.sh 命令会在主从节点上启动 JobHistoryServer 服务。请注意，即使对应的守护进程没有启动成功，Hadoop 也不会在控制台显示错误消息。读者可以利用 jps 命令一步一步查询，逐步核实对应的进程是否启动成功。

2.3.2　使用 HDFS Shell

【案例 2-1】　在/usr/local/hadoop-2.9.2 目录下创建目录 HelloData，在该目录下新建 file1.txt 和 file2.txt 两个文件，在其下任意输入一些英文测试语句，使用 HDFS Shell 命令完成以下操作：首先创建 HDFS 目录/InputData，然后将 file1.txt 和 file2.txt 上传至 HDFS 目录/InputData 下，最后查看这两个文件的内容。

分析如下：

(1) 在本地 Linux 文件系统/usr/local/hadoop-2.9.2 目录下创建一个名为 HelloData 的文件夹，使用的命令如下所示：

mkdir /usr/local/hadoop-2.9.2/HelloData

(2) 在 HelloData 文件夹下创建 file1.txt 和 file2.txt 两个文件。创建 file1.txt 文件使用的命令如下所示：

vim /usr/local/hadoop-2.9.2/HelloData/file1.txt

然后在 file1.txt 中写入如下测试语句：

Hello Hadoop

Hello HDFS

创建 file2.txt 文件使用的命令如下所示：

vim /usr/local/hadoop-2.9.2/HelloData/file2.txt

然后在 file2.txt 中写入如下测试语句：

Hello Xijing

Hello ShengDa

(3) 使用"hadoop fs"命令创建 HDFS 目录/InputData，使用的命令如下所示：

hadoop fs -mkdir -p /InputData

(4) 查看 HDFS 目录/InputData 是否创建成功，使用的命令及效果如图 2-13 所示。

```
[xuluhui@master ~]$ hadoop fs -ls /
Found 4 items
drwxr-xr-x   - xuluhui supergroup          0 2019-10-04 06:04 /InputData
drwxr-xr-x   - xuluhui supergroup          0 2019-08-05 05:27 /InputDataTest
drwxr-xr-x   - xuluhui supergroup          0 2019-08-05 05:29 /OutputDataTest
drwxrwx---   - xuluhui supergroup          0 2019-08-05 05:11 /tmp
[xuluhui@master ~]$
```

图 2-13　查看 HDFS 目录/InputData 是否创建成功

(5) 将 file1.txt 和 file2.txt 上传至 HDFS 目录/InputData 下，使用的命令如下所示：

hadoop fs -put /usr/local/hadoop-2.9.2/HelloData/* /InputData

(6) 查看 HDFS 上文件 file1.txt 和 file2.txt 内容，使用的命令及效果如图 2-14 所示。

```
[xuluhui@master ~]$ hadoop fs -cat /InputData/file1.txt
Hello Hadoop
Hello HDFS
[xuluhui@master ~]$ hadoop fs -cat /InputData/file2.txt
Hello Xijing
Hello ShengDa
[xuluhui@master ~]$
```

图 2-14　查看 HDFS 文件 file1.txt 和 file2.txt 的内容

【案例 2-2】　使用 HDFS Shell 系统管理命令打印出当前文件系统的整体信息和各个

节点的分布信息。

分析如下：

使用的命令及效果如图 2-15 所示。

```
hdfs dfsadmin -report
```

图 2-15　命令"hdfs dfsadmin -report"执行效果

2.3.3　使用 HDFS Web UI

【案例 2-3】　通过 HDFS Web UI 查看【案例 2-1】中创建的 HDFS 目录/InputData 及其下文件。

分析如下：

(1) 打开浏览器，输入 HDFS Web UI 的地址 http://192.168.18.130:50070，进入到 HDFS Web 主界面【Namenode information】，选择首页顶端菜单项『Utilities』→『Browse the file system』进入到界面【Browsing HDFS】查看目录，如图 2-16 所示。

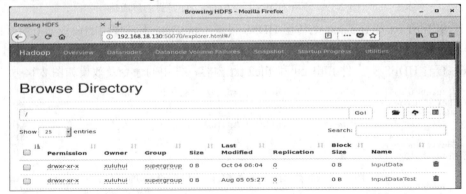

图 2-16　通过 HDFS Web UI 查看创建的 HDFS 目录/InputData

（2）单击目录"InputData"，进入该目录，如图 2-17 所示。从图 2-17 中可以看出，该目录下有 file1.txt 和 file.txt 两个文件，它们的副本数"Replication"均为 3，块大小"Block Size"均为 128M。

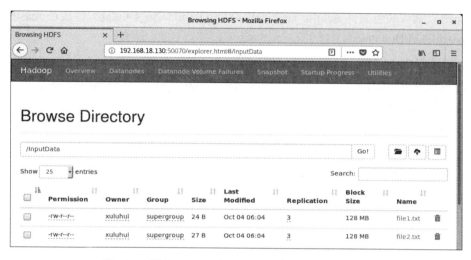

图 2-17　通过 HDFS Web UI 查看/InputData 下的文件

（3）单击文件"file1.txt"，进入窗口【File information】，如图 2-18 所示。从图 2-18 中可以看到，该文件的块号"Block ID"为 1073742656，存放在 DataNode 的节点 slave1、slave2 上。

图 2-18　通过 HDFS Web UI 查看文件 file1.txt 的信息

2.3.4　搭建 HDFS 的开发环境 Eclipse

本节主要介绍在 Hadoop 集群的主节点上搭建 HDFS 的开发环境 Eclipse 的方法。

1. 获取 Eclipse

Eclipse 官方下载地址为 https://www.eclipse.org/downloads/packages，建议读者下载较新版本，本实验选用的是 2018 年 9 月发布的 Linux 64 位版本 Eclipse IDE 2018-09 for Java Developers，其安装包文件 eclipse-java-2018-09-linux-gtk-x86_64.tar.gz 存放在 master 机器的/home/xuluhui/Downloads 中。

2. 安装 Eclipse

在 master 机器上解压 eclipse-java-2018-09-linux-gtk-x86_64.tar.gz 到安装目录如/usr/local 下，使用命令如下所示：

```
su root
cd /usr/local
tar -zxvf /home/xuluhui/Downloads/eclipse-java-2018-09-linux-gtk-x86_64.tar.gz
```

3. 打开 Eclipse IDE

进入/usr/local/eclipse 中通过可视化桌面打开 Eclipse IDE，默认的工作空间为"/home/xlh/eclipse-workspace"。Eclipse 的启动界面如图 2-19 所示，其主界面如图 2-20 所示。

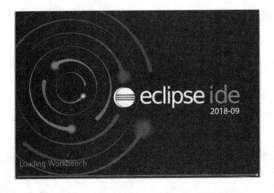

图 2-19　Eclipse IDE 2018-09 的启动界面

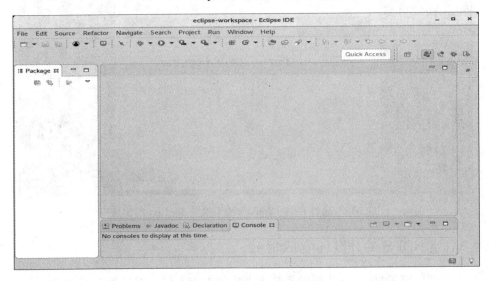

图 2-20　Eclipse IDE 的主界面

2.3.5　使用 HDFS Java API 编程

【案例 2-4】　　使用 HDFS Java API 编写 HDFS 文件操作程序，实现上传本地文件到 HDFS 的功能，然后采用本地执行和集群执行两种方式进行测试，并观察测试结果。

分析如下：

1. 在 Eclipse 中创建 Java 项目

打开 Eclipse IDE，进入主界面，选择菜单『File』→『New』→『Java Project』，创建 Java 项目"HDFSExample"，如图 2-21 所示。请注意：本书中关于 HDFS 的编程实例均存放在此项目下。

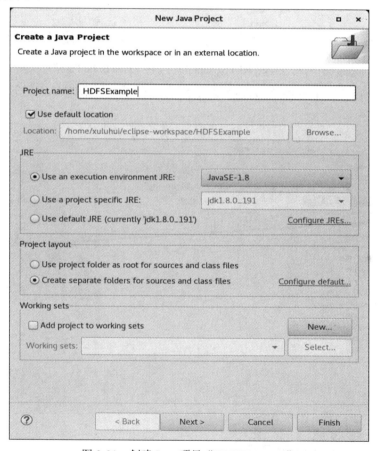

图 2-21　创建 Java 项目"HDFSExample"

2. 在项目中添加所需 JAR 包

为了编写关于 HDFS 文件操作的应用程序，需要向 Java 工程中添加 JAR 包。这些 JAR 包中包含可以访问 HDFS 的 Java API，都位于 Linux 系统的 $HADOOP_HOME/share/hadoop 目录下。对于本书而言，就是在/usr/local/hadoop-2.9.2/share/hadoop 目录下。读者可以按以下步骤添加该应用程序编写时所需的 JAR 包：

(1) 右键单击 Java 项目"HDFSExample"，从弹出的菜单中选择『Build Path』→『Configure Build Path...』，如图 2-22 所示。

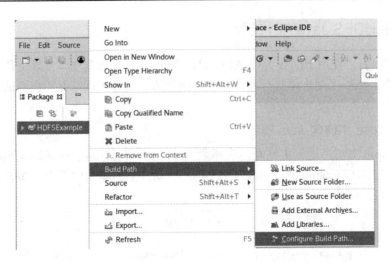

图 2-22　进入"HDFSExample"项目"Java Build Path"

(2) 进入窗口【Properties for HDFSExample】，可以看到添加 JAR 包的主界面，如图 2-23 所示。

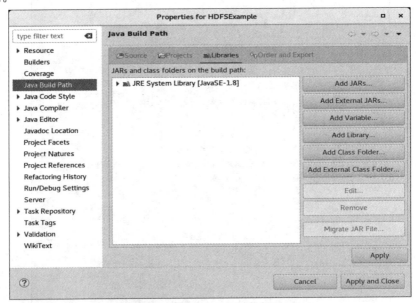

图 2-23　添加 JAR 包主界面

(3) 单击图中的按钮 Add External JARs，依次添加的 jar 包包括：

- \$HADOOP_HOME/share/hadoop/hdfs/hadoop-hdfs-2.9.2.jar。
- \$HADOOP_HOME /share/hadoop/hdfs/lib/*，即其下所有 jar 包。
- \$HADOOP_HOME/share/hadoop/common/hadoop-common-2.9.2.jar。
- \$HADOOP_HOME/share/hadoop/common/lib/*，即其下所有 jar 包。

这里本书为了方便，导入了\$HADOOP_HOME/share/hadoop/hdfs/lib 和\$HADOOP_HOME/share/hadoop/common/lib 下的所有 jar 包，读者也可以根据实际编程需要导入必要的 jar 包。

　　其中添加 JAR 包 hadoop-hdfs-2.9.2.jar 的过程如图 2-24 所示，找到此 JAR 包后选中并单击右上角的 OK 按钮，就成功把 hadoop-hdfs-2.9.2.jar 增加到了当前的 Java 项目中。添加其他 jar 包的过程同此，不再赘述。

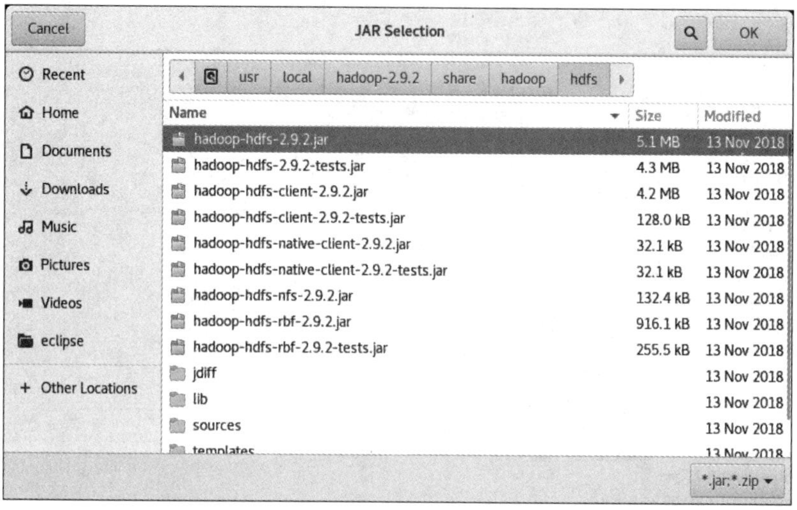

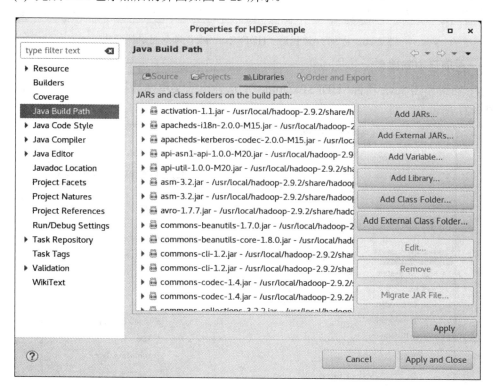

图 2-24　添加 hadoop-hdfs-2.9.2.jar 到 Java 项目中

(4) 完成 JAR 包添加后的界面如图 2-25 所示。

图 2-25　完成 JAR 包添加后的界面

　　(5) 单击按钮 Apply and Close 自动返回到 Eclipse 界面，如图 2-26 所示。从图 2-26 中可以看到，项目"HDFSExample"目录树下多了"Referenced Libraries"，内部有以上步

骤添加进来的 JAR 包。

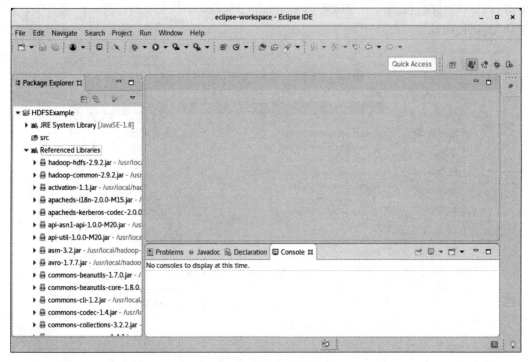

图 2-26　添加 JAR 包后 "HDFSExample" 项目目录树变化

3. 在项目中新建包

(1) 右键单击 Java 项目 "HDFSExample"，从弹出的菜单中选择『New』→『Package』，如图 2-27 所示。

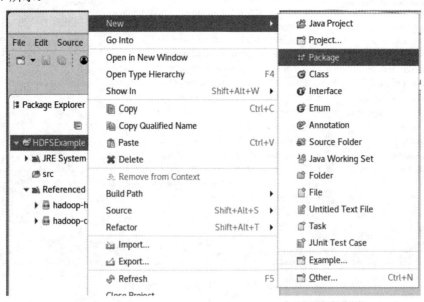

图 2-27　进入 "ZooKeeperExample" 项目新建包窗口

(2) 进入窗口【New Java Package】，输入新建包的名字，例如 "com.xijing.hdfs"，

如图 2-28 所示，完成后单击 Finish 按钮。

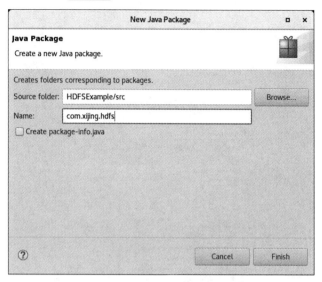

图 2-28 新建包"com.xijing.hdfs"

4. 编写 Java 程序

下面编写一个 Java 应用程序。借助 HDFS Java API，实现上传本地文件到 HDFS 的功能，等价于 HDFS Shell 命令"hadoop fs -put"。

(1) 右键单击 Java 项目"HDFSExample"中目录"src"下的包"com.xijing.hdfs"，从弹出的菜单中选择『New』→『Class』，如图 2-29 所示。

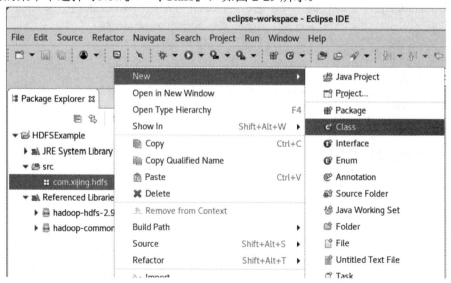

图 2-29 进入"com.xijing.hdfs"包的新建类窗口

(2) 进入窗口【New Java Class】。可以看出，由于步骤(1)在包"com.xijing.hdfs"下新建了类，故此处不需要选择该类所属的包。输入新建类的名字，例如"UploadFile"。之所以这样命名，是因为本程序实现的是上传本地文件到 HDFS，建议读者命名时也要做到见名知意。此外，读者还可以选择是否创建 main 函数。本实验中新建类"UploadFile"

的具体输入和选择如图 2-30 所示。

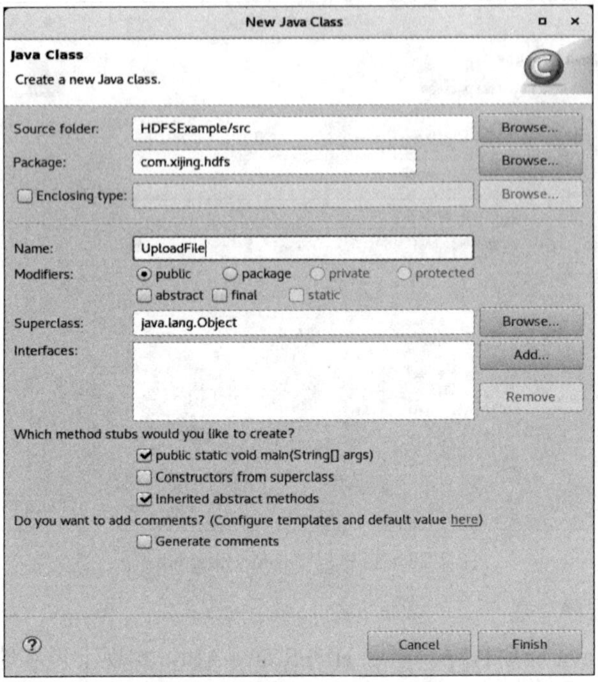

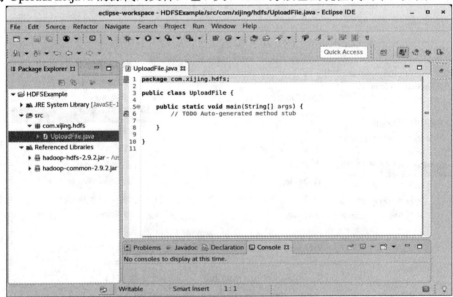

图 2-30　新建类"UploadFile"

(3) 完成后单击 Finish 按钮自动返回到 Eclipse 界面。可以看到，Eclipse 自动创建了一个名为 UploadFile.java 的源代码文件，包、类、main 方法已出现在代码中，如图 2-31 所示。

图 2-31　新建类"UploadFile"后的 Eclipse 界面

(4) 为实现程序功能，在该文件中添加代码，该程序完整代码如下所示：

```
package com.xijing.hdfs;
```

```
import java.io.IOException;

import org.apache.hadoop.conf.Configuration;
import org.apache.hadoop.fs.FileStatus;
import org.apache.hadoop.fs.FileSystem;
import org.apache.hadoop.fs.Path;

public class UploadFile {

    public static void main(String[] args) throws IOException {
        Configuration conf = new Configuration();
        FileSystem hdfs = FileSystem.get(conf);
        Path src = new Path("/usr/local/hadoop-2.9.2/HelloData/file1.txt");
        Path dst = new Path("file1.txt");
        hdfs.copyFromLocalFile(src, dst);
        System.out.println("Upload to " + conf.get("fs.defaultFS"));
        FileStatus files[] = hdfs.listStatus(dst);
        for (FileStatus file:files){
            System.out.println(file.getPath());
        }
    }
}
```

本例中首先实例化 Configuration 对象，然后实例化了一个 FileSystem 对象 hdfs；接着用到了 FileSystem 类的方法 copyFromLocalFile(src, dst)，其功能是复制本地文件到目标文件的系统指定路径下，最后通过代码"System.out.println(file.getPath())"将上传到 HDFS 上的文件路径显示出来。

5. 编译运行程序

1) 本地执行

单击 Eclipse 工具栏中的 Run 按钮，直接运行 UploadFile，执行结果如图 2-32 所示。从图 2-32 中可以看出，在/home/xuluhui/eclipse-workspace/HDFSExample 目录下增加了一个"file1.txt"文件，本地文件系统发生的变化如图 2-33 所示，file1.txt 没有上传到 HDFS 上，使用命令"hadoop fs -ls /"查看不到 file1.txt。

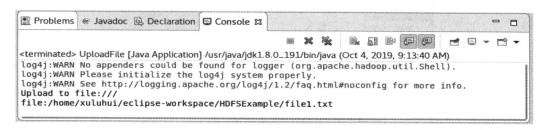

图 2-32 UploadFile 本地执行结果

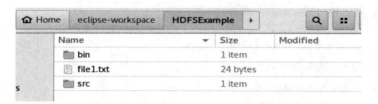

图 2-33　UploadFile 本地执行后本地文件系统发生的变化

因此，上述代码情况下，本地执行的方法是错误的。读者可以按照如下提示在上述代码"Configuration conf = ……"和"FileSystem hdfs = ……"之间加入一行代码，以达到本地执行目的。

```
……
Configuration conf = new Configuration();
conf.set("fs.defaultFS", "hdfs://master:9000");        //新加入代码行
FileSystem hdfs = FileSystem.get(conf);
……
```

修改后的 UploadFile 本地执行结果如图 2-34 所示。从图 2-34 中可以看出，在 HDFS 目录/user/xuluhui 下增加了一个"file1.txt"文件。

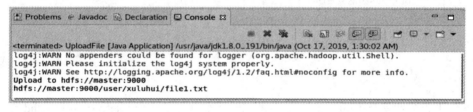

图 2-34　修改代码后 UploadFile 的本地执行结果

2) 集群执行

(1) 打包代码，生成 jar 文件。

第一步，右键单击 Java 项目"HDFSExample"，从弹出的快捷菜单中选择『Export...』，如图 2-35 所示。

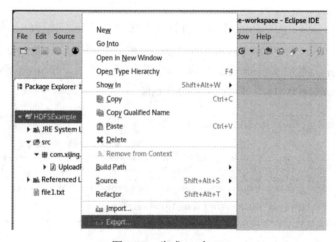

图 2-35　生成 jar 包(1)

　　第二步，在弹出的"Export"对话框中，选择"JAR file"，单击按钮 Next，如图 2-36 所示。

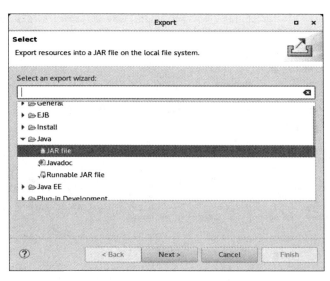

图 2-36　生成 jar 包(2)

　　第三步，在弹出的"JAR Export"对话框中，指定 jar 包的存放路径和文件名。本例中 jar 包的存放路径及文件名是/home/xuluhui/eclipse-workspace/HDFSExample/hdfsexample. jar，单击按钮 Finish，如图 2-37 所示。

图 2-37　生成 jar 包(3)

(2) 使用命令"hadoop jar"将 hdfsexample.jar 提交到 Hadoop 集群执行，使用的命令及集群执行结果如图 2-38 所示。

```
[xuluhui@master ~]$ hadoop jar /home/xuluhui/eclipse-workspace/HDFSExample/hdfse
xample.jar com.xijing.hdfs.UploadFile
Upload to hdfs://192.168.18.130:9000
hdfs://192.168.18.130:9000/user/xuluhui/file1.txt
[xuluhui@master ~]$
```

图 2-38　UploadFile 集群执行结果

(3) 通过"hadoop fs -ls /"验证文件 file1.txt 是否上传成功，如图 2-39 所示，发现本地文件已成功上传至 HDFS。

```
[xuluhui@master ~]$ hadoop fs -ls /
Found 5 items
drwxr-xr-x   - xuluhui supergroup          0 2019-10-04 06:04 /InputData
drwxr-xr-x   - xuluhui supergroup          0 2019-08-05 05:27 /InputDataTest
drwxr-xr-x   - xuluhui supergroup          0 2019-08-05 05:29 /OutputDataTest
drwxrwx---   - xuluhui supergroup          0 2019-08-05 05:11 /tmp
drwxr-xr-x   - xuluhui supergroup          0 2019-10-04 09:56 /user
[xuluhui@master ~]$ hadoop fs -ls /user/xuluhui
Found 1 items
-rw-r--r--   3 xuluhui supergroup         24 2019-10-04 09:56 /user/xuluhui/file
1.txt
[xuluhui@master ~]$
```

图 2-39　验证本地文件是否已上传到 HDFS

【案例 2-5】　使用 HDFS Java API 编写 HDFS 文件操作程序，实现查看 HDFS 文件在 HDFS 集群中位置的功能，然后采用本地执行和集群执行两种方式进行测试，并观察结果。

分析如下：

在已创建的 Java 项目"HDFSExample"包"com.xijing.hdfs"中新建类"FileLocation"，具体新建过程与【案例 2-4】相同，此处不再赘述。查看【案例 2-4】HDFS 文件"file1.txt"在 HDFS 集群中位置的完整代码如下所示：

```java
package com.xijing.hdfs;

import java.io.IOException;
import java.net.URI;

import org.apache.hadoop.conf.Configuration;
import org.apache.hadoop.fs.BlockLocation;
import org.apache.hadoop.fs.FileStatus;
import org.apache.hadoop.fs.FileSystem;
import org.apache.hadoop.fs.Path;

public class FileLocation {

    public static void main(String[] args) {
        String uri = "hdfs://master:9000/user/xuluhui/file1.txt";
        Configuration conf = new Configuration();
        try {
```

```
            FileSystem fs = FileSystem.get(URI.create(uri),conf);
            Path fpath = new Path(uri);
            FileStatus filestatus = fs.getFileStatus(fpath);
            BlockLocation[] blklocations = fs.getFileBlockLocations(filestatus, 0, filestatus.getLen());
            int blockLen = blklocations.length;
            for (int i=0;i<blockLen;i++) {
                String[] hosts = blklocations[i].getHosts();
                System.out.println("block_"+i+"_location:"+hosts[0]);;
            }
        } catch (IOException e) {
            e.printStackTrace();
        }
    }
}
```

将【案例 2-4】生成的/home/xuluhui/eclipse-workspace/HDFSExample/hdfsexample.jar
删除，重新打包，将 FileLocation 也打包进去。

使用命令"hadoop jar"将全新的 hdfsexample.jar 提交到 Hadoop 集群执行，使用的命
令及集群执行结果如图 2-40 所示。

```
[xuluhui@master ~]$ hadoop jar /home/xuluhui/eclipse-workspace/HDFSExample/hdfse
xample.jar com.xijing.hdfs.FileLocation
block_0_location:slave1
[xuluhui@master ~]$
```

图 2-40　FileLocation 集群执行结果

使用 HDFS Java API 实现在 HDFS 上创建目录的程序代码如下所示(其功能等价于
HDFS Shell 命令"hadoop fs -mkdir")：

```
package com.xijing.hdfs;

import java.io.IOException;
import java.net.URI;

import org.apache.hadoop.conf.Configuration;
import org.apache.hadoop.fs.FileSystem;
import org.apache.hadoop.fs.Path;

public class CreateDir {
    public static void main(String[] args) {
        String uri = "hdfs://master:9000";
        Configuration conf = new Configuration();
        try {
            FileSystem fs = FileSystem.get(URI.create(uri),conf);
            Path dfs = new Path("/test");
```

```
        boolean flag=fs.mkdirs(dfs);
        System.out.println(flag?"directory creation success":"directory creation failure");
    } catch (IOException e) {
        e.printStackTrace();
    }
    }
}
```

使用 HDFS Java API 实现读取 HDFS 上文件的程序代码如下所示(其功能等价于 HDFS Shell 命令"hadoop fs -cat)：

```
package com.xijing.hdfs;

import java.io.BufferedReader;
import java.io.InputStreamReader;

import org.apache.hadoop.conf.Configuration;
import org.apache.hadoop.fs.FileSystem;
import org.apache.hadoop.fs.Path;
import org.apache.hadoop.fs.FSDataInputStream;

public class ReadFile {
    public static void main(String[] args) {
        try {
            Configuration conf = new Configuration();
            conf.set("fs.defaultFS","hdfs://master:9000");
            conf.set("fs.hdfs.impl","org.apache.hadoop.hdfs.DistributedFileSystem");
            FileSystem fs = FileSystem.get(conf);
            Path file = new Path("test");
            FSDataInputStream getIt = fs.open(file);
            BufferedReader d = new BufferedReader(new InputStreamReader(getIt));
            String content = d.readLine();              //读取文件一行
            System.out.println(content);
            d.close();                                  //关闭文件
            fs.close();                                 //关闭 hdfs
        } catch (Exception e) {
            e.printStackTrace();
        }
    }
}
```

使用 HDFS Java API 实现新建 HDFS 文件并写入内容的程序代码如下所示:

```java
package com.xijing.hdfs;

import org.apache.hadoop.conf.Configuration;
import org.apache.hadoop.fs.FileSystem;
import org.apache.hadoop.fs.FSDataOutputStream;
import org.apache.hadoop.fs.Path;

public class WriteFile {
    public static void main(String[] args) {
        try {
            Configuration conf = new Configuration();
            conf.set("fs.defaultFS","hdfs://master:9000");
            conf.set("fs.hdfs.impl","org.apache.hadoop.hdfs.DistributedFileSystem");
            FileSystem fs = FileSystem.get(conf);
            byte[] buff = "Hello world".getBytes();          //要写入的内容
            String filename = "test";                        //要写入的文件名
            FSDataOutputStream os = fs.create(new Path(filename));
            os.write(buff,0,buff.length);
            System.out.println("Create:"+ filename);
            os.close();
            fs.close();
        }
        catch (Exception e) {
            e.printStackTrace();
        }
    }
}
```

2.3.6　关闭 Hadoop 集群

关闭全分布模式 Hadoop 集群的命令与启动命令次序相反，只需在主节点 master 上依次执行以下 3 条命令即可:

```
mr-jobhistory-daemon.sh stop historyserver
stop-yarn.sh
stop-dfs.sh
```

执行 mr-jobhistory-daemon.sh stop historyserver 时，*historyserver.pid 文件消失；执行 stop-yarn.sh 时，*resourcemanager.pid 和*nodemanager.pid 文件依次消失；执行 stop-dfs.sh 时，*namenode.pid、*datanode.pid、*secondarynamenode.pid 文件也会依次消失。

2.3.7　实验报告要求

实验报告以电子版和打印版双重形式提交。

实验报告主要内容包括实验名称、实验类型、实验地点、学时、实验环境、实验原理、实验步骤、实验结果、总结与思考等。实验报告格式如表 1-9 所示。

2.4　拓展训练——搭建 HDFS NameNode HA

【案例 2-6】　假设某一集群共有 8 台机器，其中 JournalNode 和 ZooKeeper 保持奇数个节点，每个节点进程分布如表 2-3 所示。试对该集群进行 HDFS NameNode HA 高可用环境搭建。

表 2-3　HDFS 集群规划表

	master1	master2	master3	slave1	slave2	slave3	slave4	slave5
NameNode	√	√						
DataNode				√	√	√	√	√
JournalNode	√	√	√					
ZooKeeper	√	√	√					
DFSZKFailover-Controller	√	√						

HDFS NameNode 高可用的环境搭建具体步骤如下：

1）安装 ZooKeeper 集群

在 master1、master2、master3 三个节点上安装 ZooKeeper 集群，具体方法参见实验 4，此处不再赘述。

2）安装全分布模式 Hadoop 集群

在 master1、master2、master3、slave1、slave2、slave3、slave4、slave5 八个节点上安装 Hadoop，具体方法参见实验 1。与实验 1 不同之处在于本案例的配置文件 core-site.xml、hdfs-site.xml、slaves 的内容有差异，具体如下所示：

- 配置文件 core-site.xml，如下：

```
<configuration>
    <!-- 集群中命名服务列表，名称自定义 -->
    <property>
        <name>fs.defaultFS</name>
        <value>hdfs://xijingcluster</value>
    </property>

    <!-- NameNode、DataNode、JournalNode 等存放数据的公共目录，用户可以单独指定这 3
类节点的目录，其中 hdfsdata 是自动生成的 -->
```

```
<property>
    <name>hadoop.tmp.dir</name>
    <value>/usr/local/hadoop-2.9.2/hdfsdata</value>
</property>


<!-- ZooKeeper 集群的地址和端口，注意：数量一定是奇数，且不少于 3 个节点 -->
<property>
    <name>ha.zookeeper.quorum</name>
    <value>master1:2181,master2:2181,master3:2181</value>
</property>
<configuration>
```

- 配置文件 hdfs-site.xml，如下：

```
<configuration>
    <!-- 给 HDFS 集群起名字，此名字必须和 core-site.xml 中的一致 -->
    <property>
        <name>dfs.nameservices</name>
        <value>xijingcluster</value>
    </property>


    <!-- 指定 NameService 是 xijingcluster 时有哪些 NameNode -->
    <property>
        <name>dfs.ha.namenodes.xijingcluster</name>
        <value>master1,master2</value>
    </property>


    <!-- 指定 RPC 地址 -->
    <property>
        <name>dfs.namenode.rpc-address.xijingcluster.master1</name>
        <value>master1:8020</value>
    </property>
    <property>
        <name>dfs.namenode.rpc-address. xijingcluster.master2</name>
        <value>master2:8020</value>
    </property>


    <!-- 指定 HTTP 地址 -->
    <property>
        <name>dfs.namenode.http-address. xijingcluster.master1</name>
```

```
        <value>master1:50070</value>
    </property>
    <property>
        <name>dfs.namenode.http-address. xijingcluster.master2</name>
        <value>master2:50070</value>
    </property>
```

<!-- 指定 xijingcluster 是否启动自动故障恢复，即当 NameNode 发生故障时，是否自动切换到另一台 NameNode -->

```
    <property>
        <name>dfs.ha.automatic-failover.enabled.xijingcluster</name>
        <value>true</value>
    </property>
```

<!-- 指定 xijingcluster 的两个 NameNode 共享 edits 文件目录时，使用的 JournalNode 集群信息 -->

```
    <property>
        <name>dfs.namenode.shared.edits.dir</name>

<value>qjournal://master1:8485;master2:8485;master3:8485/xijingcluster</value>
    </property>
```

<!-- 指定 xijingcluster 出现故障时，哪个实现类负责执行故障切换，实现类有两个：ConfiguredFailoverProxyProvider 和 RequestHedgingProxyProvider -->

```
    <property>
      <name>dfs.client.failover.proxy.provider.xijingcluster</name>

        <value>org.apache.hadoop.hdfs.server.namenode.ha.ConfiguredFailoverProxyProvider</value>
    </property>
```

<!-- 指定 JournalNode 集群在对 NameNode 目录进行共享时，自己存储数据的磁盘路径，其中 journal 是启动 JournalNode 时自动生成的 -->

```
    <property>
        <name>dfs.journalnode.edits.dir</name>
        <value>/usr/local/hadoop-2.9.2/hdfsdata/journal</value>
    </property>
```

<!-- 一旦需要 NameNode 切换，使用 sshfence 方式进行操作，此外还提供有 shell 方式 -->
```
    <property>
```

```
            <name>dfs.ha.fencing.methods</name>
            <value>sshfence</value>
        </property>

        <!-- 使用 sshfence 方式进行故障切换，需要配置无密码登录，指定使用 ssh 通信时所用
密钥的存储位置 -->
        <property>
            <name>dfs.ha.fencing.ssh.private-key-files</name>
            <value>/home/xuluhui/.ssh/id_rsa</value>
        </property>
    <configuration>
```

* 配置文件 slaves，如下：

在 slaves 中添加哪些节点是 DataNode,这里指定 slave1~slave5,此配置文件的内容如下：

```
    slave1
    slave2
    slave3
    slave4
    slave5
```

3) 启动集群

(1) 启动 ZooKeeper 集群。

在 master1~master3 上分别执行如下命令：

```
    zkServer.sh start
```

在 master1~master3 上使用命令"zkServer.sh status"查看每个节点的 ZooKeeper 状态。具体方法第 5 章已讲述过，正确的状态是只有一个节点是 leader，其余均为 follower。

(2) 格式化 ZooKeeper 集群。

格式化 ZooKeeper 集群的目的是在 ZooKeeper 集群上建立 HA 的相应节点,在 master1 上执行如下命令：

```
    hdfs zkfc -formatZK
```

(3) 启动 JournalNode 集群。

在 master1~master3 上分别执行如下命令：

```
    hadoop-daemon.sh start journalnode
```

格式化集群的某一个 NameNode，只有第一次启动时需要进行格式化，这里选择 master1，在 master1 上执行如下命令：

```
    hdfs namenode -format
```

(4) 启动刚格式化过的 NameNode。

由于步骤(3)格式化了节点 master1 的 NameNode，因此在 master1 上执行如下命令：

```
    hadoop-daemon.sh start namenode
```

将刚格式化的 NameNode 信息同步到备用 NameNode 上(第一次启动时需要，以后不

需要)，在 master2 上执行如下命令：

```
hdfs namenode -bootstrapStandby
```

然后在 master2 上启动 NameNode，执行如下命令：

```
hadoop-daemon.sh start namenode
```

(5) 启动所有的 DataNode。

DataNode 是在 slaves 文件中配置的，在 master1 上执行如下命令：

```
hadoop-daemon.sh start datanode
```

(6) 启动 ZKFailoverController。

在 master1、master2 上分别执行如下命令：

```
hadoop-daemon.sh start zkfc
```

(7) 验证 HDFS NameNode 高可用机制的故障自动转移功能。

打开 http://master1:50070 和 http://master2:50070 两个 Web 页面，观察哪个节点是 Active NameNode，哪个节点是 Standby NameNode。假设此处 master1 是 Active 的，通过"jps"命令获取该节点的 NameNode 进程 id，然后执行命令"kill -9 pid"(其中 pid 是进程 NameNode 的进程号)将该进程杀死。刷新两个 HDFS 节点的 Web 界面，可以看到 master2 节点的状态由原来的 Standby 变成现在的 Active，并且 HDFS 还能进行读/写操作。这说明，高可用机制的故障自动转换功能是正常的，HDFS NameNode 是高可用的，而且主备 NameNode 切换过程对用户来说是不透明的。

思考与练习题

1. 使用 HDFS Java API 编写 HDFS 文件操作程序，实现对 HDFS 的文件操作：重命名文件和删除文件。

2. 使用 HDFS Java API 编写 HDFS 文件操作程序，实现对 HDFS 的目录操作：读取某个目录下的所有文件及删除目录。

参 考 文 献

[1] 蔡斌. Hadoop 技术内幕：深入解析 Hadoop Common 和 HDFS 架构设计与实现原理[M]. 北京：机械工业出版社，2013.

[2] GHEMAWAT S, GOBIOFF H, LEUNG S-T. The Google file system[C]//SOSP '03 Proceedings of the nineteenth ACM symposium on Operating systems principles, 2003, 37(5): 29-43.

[3] Apache Software Foundation. Apache Hadoop 2.9.2-HDFS Architecture[EB/OL]. [2018-11-13]. https://hadoop.apache.org/docs/r2.9.2/hadoop-project-dist/hadoop-hdfs/HdfsDesign.html.

[4] Apache Software Foundation. Apache Hadoop 2.9.2-HDFS Users Guide[EB/OL]. [2018-11-13]. https://hadoop.apache.org/docs/r2.9.2/hadoop-project-dist/hadoop-hdfs/HdfsUserGuide.html.

[5] Apache Software Foundation. Apache Hadoop 2.9.2-HDFS Commands Guide[EB/OL].

[2018-11-13]. https://hadoop.apache.org/docs/r2.9.2/hadoop-project-dist/hadoop-hdfs/HDFS-Commands. html.

[6]   Apache Software Foundation. Apache Hadoop 2.9.2-Apache Hadoop Main 2.9.2 API[EB/OL]. [2018-11-13]. https://hadoop.apache.org/docs/r2.9.2/api/index.html.

[7]   Apache Software Foundation. Apache Hadoop 2.9.2-HDFS High Availability Using the Quorum Journal Manager[EB/OL]. [2018-11-13]. https://hadoop.apache.org/docs/r2.9.2/hadoop-project-dist/hadoop-hdfs/HDFSHighAvailabilityWithQJM.html.

实验 3　MapReduce 编程

本实验的知识结构图如图 3-1 所示(★表示重点，▶表示难点)。

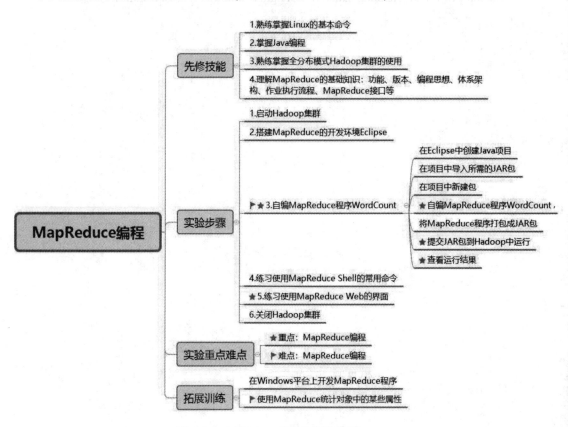

图 3-1　MapReduce 编程知识结构图

3.1　实验目的、实验环境和实验内容

一、实验目的

(1) 理解 MapReduce 的编程思想。

(2) 理解 MapReduce 的作业执行流程。

(3) 理解 MR-App 编写步骤，能够使用 MapReduce Java API 进行 MapReduce 基本编程，熟练掌握在 Hadoop 集群上运行 MR-App 并查看运行结果的方法。

(4) 熟练掌握 MapReduce Web UI 界面的使用。

(5) 掌握 MapReduce Shell 常用命令的使用。

二、实验环境

本实验所需的软件环境包括全分布模式 Hadoop 集群、Eclipse。

三、实验内容

(1) 启动全分布模式 Hadoop 集群，守护进程包括 NameNode、DataNode、SecondaryNameNode、ResourceManager、NodeManager 和 JobHistoryServer。

(2) 在 Hadoop 集群主节点上搭建 MapReduce 的开发环境 Eclipse。

(3) 查看 Hadoop 自带的 MR-App 单词计数源代码 WordCount.java，在 Eclipse 项目 MapReduceExample 下建立新包 com.xijing.mapreduce，模仿内置的 WordCount 示例，自己编写一个 WordCount 程序，最后打包成 JAR 形式并在 Hadoop 集群上运行该 MR-App，并查看运行结果。

(4) 分别在自编 MapReduce 程序 WordCount 运行过程中和运行结束后查看 MapReduce Web UI 的界面。

(5) 分别在自编 MapReduce 程序 WordCount 运行过程中和运行结束后练习 MapReduce Shell 的常用命令。

(6) 关闭 Hadoop 集群。

3.2　实　验　原　理

3.2.1　MapReduce 的编程思想

MapReduce 是 Hadoop 生态系统中的一款分布式计算框架，它可以让不熟悉分布式计算的人员也能编写出优秀的分布式系统，因此可以让开发人员将精力专注到业务逻辑本身。

MapReduce 采用"分而治之"的核心思想，可以先将一个大型任务拆分成若干个简单的子任务，然后将每个子任务交给一个独立的节点去处理。当所有节点的子任务都处理完毕后，再汇总所有子任务的处理结果，从而形成最终的结果。以"单词统计"为例，如果要统计一个拥有海量单词的词库，就可以先将整个词库拆分成若干个小词库，然后将各个小词库发送给不同的节点去计算；当所有节点将分配给自己的小词库中的单词统计完毕后，再将各个节点的统计结果进行汇总，形成最终的统计结果。以上"拆分"任务的过程称为 Map 阶段，"汇总"任务的过程称为 Reduce 阶段，如图 3-2 所示。

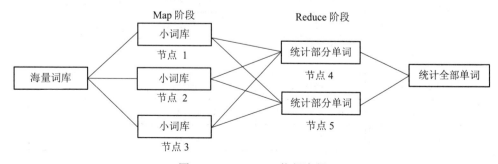

图 3-2　MapReduce 执行流程

MapReduce 在发展史上经过一次重大改变，旧版 MapReduce(MapReduce 1.0)采用的是典型的 Master/Slave 结构，Master 表现为 JobTracker 进程，而 Slave 表现为 TaskTracker，MapReduce 1.0 体系架构如图 3-3 所示。但是这种架构过于简单，例如 Master 的任务过于集中，并且存在单点故障等问题。因此，MapReduce 进行了一次重要的升级，舍弃 JobTracker 和 TaskTracker，而改用 ResourceManager 进程负责处理资源，并且使用 ApplicationMaster 进程管理各个具体的应用，用 NodeManager 进程对各个节点的工作情况进行监听。升级后的 MapReduce 称为 MapReduce 2.0，MapReduce 2.0 体系架构如图 3-4 所示。

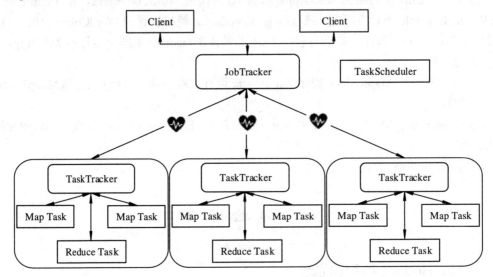

图 3-3　MapReduce 1.0 的体系架构

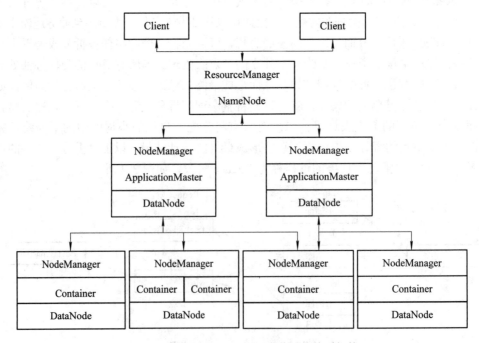

图 3-4　MapReduce 2.0 执行作业时的体系架构

3.2.2　MapReduce 的作业执行流程

MapReduce 作业的执行流程主要包括 InputFormat、Map、Shuffle、Reduce、OutputFormat 五个阶段，如图 3-5 所示。

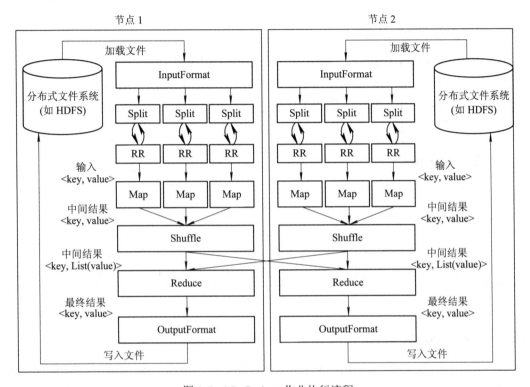

图 3-5　MapReduce 作业执行流程

关于 MapReduce 作业各个执行阶段的详细说明，具体如下所述：

1)　InputFormat

InputFormat 模块首先对输入数据做预处理，比如验证输入格式是否符合输入定义，然后将输入文件切分为逻辑上的多个 InputSplit。InputSplit 是 MapReduce 对文件进行处理和运算的输入单位，并没有对文件进行实际切割。由于 InputSplit 是逻辑切分而非物理切分，因此还需要通过 RecordReader(图 3-5 中的 RR)根据 InputSplit 中的信息来处理 InputSplit 中的具体记录，加载数据并转换为适合 Map 任务读取的键值对<key, valule>，输入给 Map 任务。

2)　Map

Map 模块会根据用户自定义的映射规则，输出一系列的<key, value>作为中间结果。

3)　Shuffle

为了让 Reduce 可以并行处理 Map 的结果，需要对 Map 的输出进行一定的排序、分区、合并、归并等操作，得到<key, List(value)>形式的中间结果，再交给对应的 Reduce 进行处理。这个过程叫做 Shuffle。

4)　Reduce

Reduce 以一系列的<key, List(value)>中间结果作为输入，执行用户定义的逻辑，输出

<key, value>形式的结果给 OutputFormat。

　　5）OutputFormat

　　OutputFormat 模块会验证输出目录是否已经存在以及输出结果类型是否符合配置文件中的配置类型。如果都满足，就输出 Reduce 的结果到分布式文件系统。

3.2.3　MapReduce Web

　　MapReduce Web UI 接口面向管理员，可以在页面上看到已经完成的所有 MR-App 执行过程中的统计信息。该页面只支持读，不支持写。MapReduce Web UI 的默认地址为 http://JobHistoryServerIP:19888，可以查看 MapReduce 的历史运行情况，如图 3-6 所示。

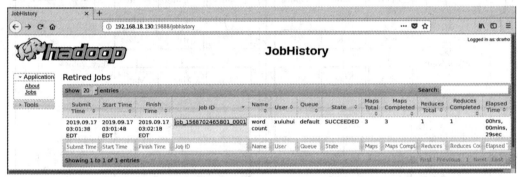

图 3-6　MapReduce 的历史情况

3.2.4　MapReduce Shell

　　MapReduce Shell 接口面向 MapReduce 程序员。程序员通过 Shell 接口能够向 YARN 集群提交 MR-App，查看正在运行的 MR-App，甚至可以终止正在运行的 MR-App。

　　MapReduce Shell 命令统一入口为 mapred，语法格式如下：

```
mapred [--config confdir] [--loglevel loglevel] COMMAND
```

　　读者需要注意的是，若$HADOOP_HOME/bin 未加入到系统环境变量 PATH 中，则需要切换到 Hadoop 安装目录下，输入"bin/mapred"。

　　读者可以使用"mapred -help"查看其帮助，命令"mapred"的具体用法和参数说明如图 3-7 所示。

```
[xuluhui@master ~]$ mapred -help
Usage: mapred [--config confdir] [--loglevel loglevel] COMMAND
       where COMMAND is one of:
  pipes                run a Pipes job
  job                  manipulate MapReduce jobs
  queue                get information regarding JobQueues
  classpath            prints the class path needed for running
                       mapreduce subcommands
  historyserver        run job history servers as a standalone daemon
  distcp <srcurl> <desturl> copy file or directories recursively
  archive -archiveName NAME -p <parent path> <src>* <dest> create a hadoop archi
ve
  archive-logs         combine aggregated logs into hadoop archives
  hsadmin              job history server admin interface

Most commands print help when invoked w/o parameters.
[xuluhui@master ~]$ ▮
```

图 3-7　命令"mapred"用法

MapReduce Shell 命令分为用户命令和管理员命令。本章仅介绍部分命令，关于 MapReduce Shell 命令的完整说明，读者请参考官方网站 https://hadoop.apache.org/docs/ r2.9.2/hadoop-mapreduce-client/hadoop-mapreduce-client-core/MapredCommands.html。

3.2.5 MapReduce Java API

MapReduce Java API 接口面向 Java 开发工程师。程序员可以通过该接口编写 MR-App 用户层代码 MRApplicationBusinessLogic。基于 YARN 编写的 MR-App 和基于 MapReduce 1.0 编写的 MR-App 编程步骤相同。

MR-App 称为 MapReduce 应用程序，标准 YARN-App 包含 3 部分，即 MRv2 框架中的 MRAppMaster、MRClient，加上用户编写的 MRApplicationBusinessLogic(Mapper 类和 Reduce 类)，合称为 MR-App。MR-App 编写步骤如下所述：

(1) 编写 MRApplicationBusinessLogic。自行编写。

(2) 编写 MRApplicationMaster。无需编写，Hadoop 开发人员已编写好 MRAppMaster.java。

(3) 编写 MRApplicationClient。无需编写，Hadoop 开发人员已编写好 YARNRunner.java。

其中，MRApplicationBusinessLogic 编写步骤如下：

(1) 确定<key,value>对。

(2) 定制输入格式。

(3) Mapper 阶段，其业务代码需要继承自 org.apache.hadoop.mapreduce.Mapper 类。

(4) Reducer 阶段，其业务代码需要继承自 org.apache.hadoop.mapreduce.Reducer 类。

(5) 定制输出格式。

编写类后，在 main 方法里，按下述过程依次指向各类即可：

(1) 实例化配置文件类。

(2) 实例化 Job 类。

(3) 指向 InputFormat 类。

(4) 指向 Mapper 类。

(5) 指向 Partitioner 类。

(6) 指向 Reducer 类。

(7) 指向 OutputFormat 类。

(8) 提交任务。

关于 MapReduce API 的完整说明，读者请参考官方网站 https://hadoop.apache.org/docs/ r2.9.2/api/index.html。

3.3   实 验 步 骤

3.3.1 启动 Hadoop 集群

在主节点上依次执行以下 3 条命令，启动全分布模式 Hadoop 集群：

```
start-dfs.sh
```

```
start-yarn.sh
mr-jobhistory-daemon.sh start historyserver
```

start-dfs.sh 命令会在主节点上启动 NameNode 和 SecondaryNameNode 服务，会在从节点上启动 DataNode 服务；start-yarn.sh 命令会在主节点上启动 ResourceManager 服务，会在从节点上启动 NodeManager 服务；mr-jobhistory-daemon.sh 命令会在主节点上启动 JobHistoryServer 服务。

3.3.2　搭建 MapReduce 的开发环境 Eclipse

在 Hadoop 集群主节点上搭建 MapReduce 的开发环境 Eclipse 的步骤，具体过程请读者参考本书 2.3.4 节，此处不再赘述。

3.3.3　编写并运行 MapReduce 程序 WordCount

查看 Hadoop 自带的 MR-App 单词计数源代码 WordCount.java，在 Eclipse 项目 MapReduceExample 下建立新包 com.xijing.mapreduce，模仿内置的 WordCount 示例，自己编写一个 WordCount 程序，最后打包成 JAR 形式并在 Hadoop 集群上运行该 MR-App，并查看运行结果。具体过程如下所述：

1. 查看示例 WordCount

从$HADOOP_HOME/share/hadoop/mapreduce/sources/hadoop-mapreduce-examples-2.9.2-sources.jar 中找到单词计数源代码文件 WordCount.java，打开并查看源代码，完整的源代码如下所示：

```
package org.apache.hadoop.examples;

import java.io.IOException;
import java.util.StringTokenizer;

import org.apache.hadoop.conf.Configuration;
import org.apache.hadoop.fs.Path;
import org.apache.hadoop.io.IntWritable;
package org.apache.hadoop.examples;

import java.io.IOException;
import java.util.StringTokenizer;

import org.apache.hadoop.conf.Configuration;
import org.apache.hadoop.fs.Path;
import org.apache.hadoop.io.IntWritable;
import org.apache.hadoop.io.Text;
import org.apache.hadoop.mapreduce.Job;
import org.apache.hadoop.mapreduce.Mapper;
import org.apache.hadoop.mapreduce.Reducer;
```

```java
import org.apache.hadoop.mapreduce.lib.input.FileInputFormat;
import org.apache.hadoop.mapreduce.lib.output.FileOutputFormat;
import org.apache.hadoop.util.GenericOptionsParser;

public class WordCount {
    public static class TokenizerMapper extends Mapper<Object, Text, Text, IntWritable>{
        private final static IntWritable one = new IntWritable(1);
        private Text word = new Text();

        public void map(Object key, Text value, Context context) throws IOException,
InterruptedException {
            StringTokenizer itr = new StringTokenizer(value.toString());
            while (itr.hasMoreTokens()) {
                word.set(itr.nextToken());
                context.write(word, one);
            }
        }
    }

    public static class IntSumReducer extends Reducer<Text,IntWritable,Text,IntWritable> {
        private IntWritable result = new IntWritable();

        public void reduce(Text key, Iterable<IntWritable> values,
                Context context
                ) throws IOException, InterruptedException {
            int sum = 0;
            for (IntWritable val : values) {
                sum += val.get();
            }
            result.set(sum);
            context.write(key, result);
        }
    }

    public static void main(String[] args) throws Exception {
        Configuration conf = new Configuration();
        String[] otherArgs = new GenericOptionsParser(conf, args).getRemainingArgs();
        if (otherArgs.length < 2) {
            System.err.println("Usage: wordcount <in> [<in>...] <out>");
            System.exit(2);
        }
```

```
Job job = Job.getInstance(conf, "word count");
job.setJarByClass(WordCount.class);
job.setMapperClass(TokenizerMapper.class);
job.setCombinerClass(IntSumReducer.class);
job.setReducerClass(IntSumReducer.class);
job.setOutputKeyClass(Text.class);
job.setOutputValueClass(IntWritable.class);
for (int i = 0; i < otherArgs.length - 1; ++i) {
    FileInputFormat.addInputPath(job, new Path(otherArgs[i]));
}
FileOutputFormat.setOutputPath(job, new Path(otherArgs[otherArgs.length - 1]));
System.exit(job.waitForCompletion(true) ? 0 : 1);
    }
}
```

2. 在 Eclipse 中创建 Java 项目

进入 /usr/local/eclipse 中通过可视化桌面打开 Eclipse IDE，默认的工作空间为 "/home/xuluhui/eclipse-workspace"。选择菜单『File』→『New』→『Java Project』，创建 Java 项目 "MapReduceExample"，如图 3-8 所示。

注意：本书中关于 MapReduce 编程实例均存放在此项目下。

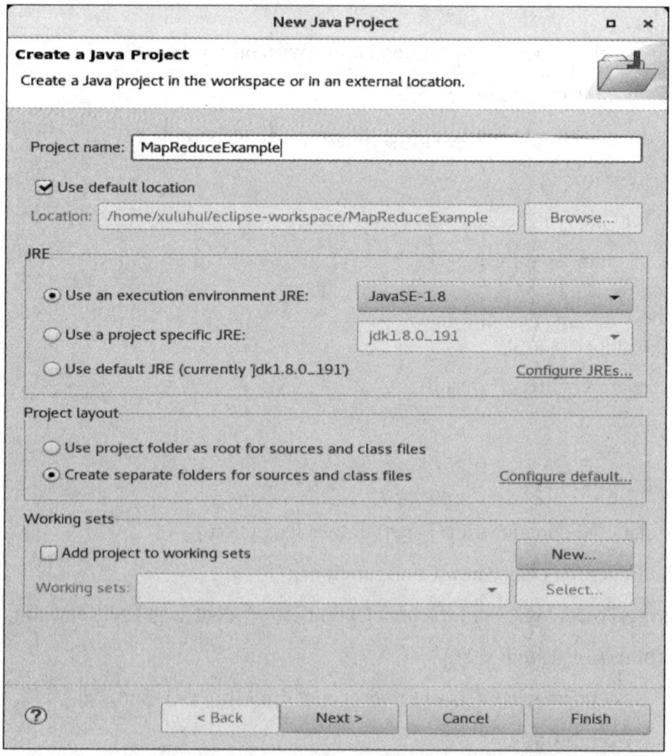

图 3-8　创建 Java 项目 "MapReduceExample"

3. 在项目中导入所需 JAR 包

为了编写关于 MapReduce 应用程序，需要向 Java 工程中添加 MapReduce 核心包 hadoop-mapreduce-client-core-2.9.2.jar。该包中包含可以访问 MapReduce 的 Java API，位于 $HADOOP_HOME/share/hadoop/mapreduce 下。另外，由于还需要对 HDFS 文件进行操作，因此还需要导入 JAR 包 hadoop-common-2.9.2.jar，该包位于$HADOOP_HOME/share/hadoop/common 下。若不导入这两个 JAR 包，代码将会出现错误。读者可以按以下步骤添加该应用程序编写时所需的 JAR 包：

(1) 右键单击 Java 项目"MapReduceExample"，从弹出的菜单中选择『Build Path』→『Configure Build Path…』，如图 3-9 所示。

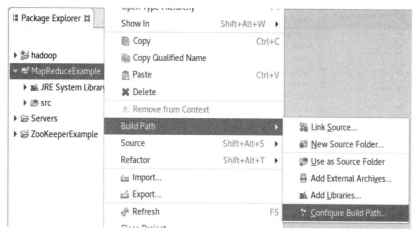

图 3-9　进入"MapReduceExample"项目"Java Build Path"

(2) 进入窗口【Properties for MapReduceExample】，可以看到添加 JAR 包的主界面，如图 3-10 所示。

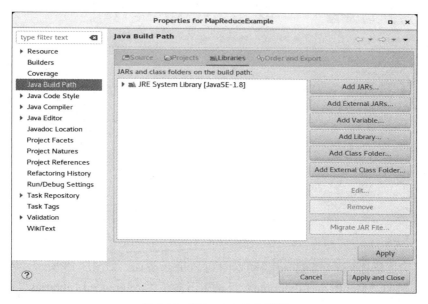

图 3-10　添加 JAR 包主界面

(3) 单击图中的按钮 Add External JARs，依次添加 jar 文件$HADOOP_HOME/share/hadoop/mapreduce/hadoop-mapreduce-client-core-2.9.2.jar 和$HADOOP_HOME/share/hadoop/common/hadoop-common-2.9.2.jar。其中添加 JAR 包 hadoop-mapreduce-client-core-2.9.2.jar 的过程如图 3-11 所示，找到此 JAR 包后选中并单击右上角的 OK 按钮，就成功把 mapreduce-client-core-2.9.2.jar 增加到了当前的 Java 项目中。添加 hadoop-common-2.9.2.jar 的过程同此，不再赘述。

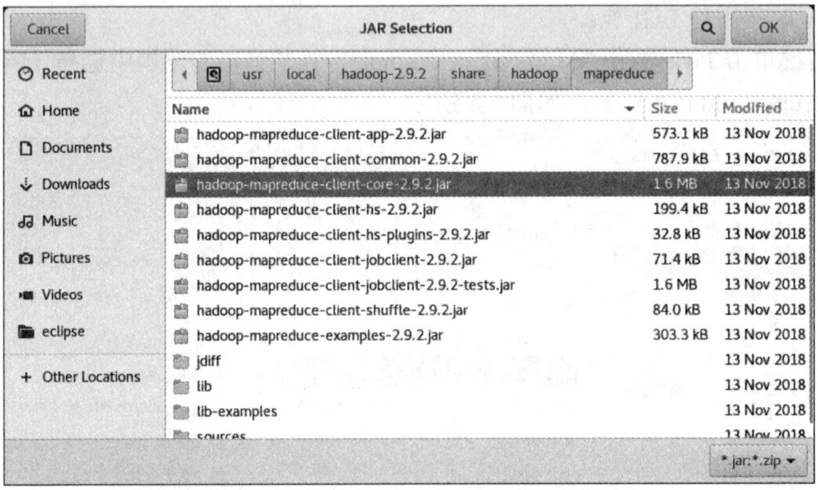

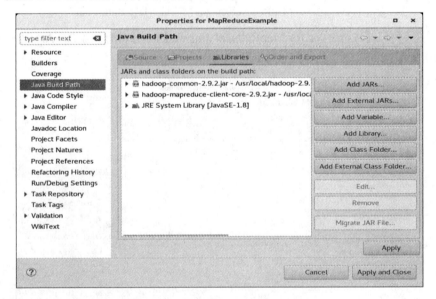

图 3-11　添加 hadoop-mapreduce-client-core-2.9.2.jar 到 Java 项目中

(4) 完成 JAR 包添加后的界面如图 3-12 所示。

图 3-12　完成 JAR 包添加后的界面

(5) 单击按钮 Apply and Close 自动返回到 Eclipse 界面，如图 3-13 所示。从图 3-13 中可以看到，项目"MapReduceExample"目录树下多了"Referenced Libraries"，内部有以上步骤添加进来的两个 JAR 包。

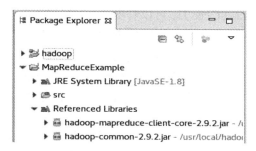

图 3-13　添加 JAR 包后"MapReduceExample"项目目录树的变化

4. 在项目中新建包

右键单击项目"MapReduceExample",从弹出的快捷菜单中选择『New』→『Package』,创建包"com.xijing.mapreduce",如图 3-14 所示。

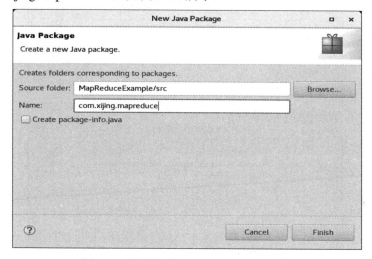

图 3-14　创建包"com.xijing.mapreduce"

5. 自编 MapReduce 程序 WordCount

下面模仿示例 WordCount 自编一个 WordCount 应用程序,借助 MapReduce API,实现对输入文件单词频次的统计。

1) 编写 Mapper 类

(1) 右键单击 Java 项目"MapReduceExample"中目录"src"下的包"com.xijing.mapreduce",从弹出的菜单中选择『New』→『Class』,如图 3-15 所示。

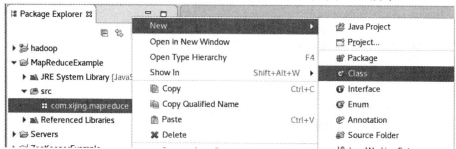

图 3-15　进入"com.xijing.mapreduce"包的新建类窗口

(2) 进入窗口【New Java Class】。可以看出，由于步骤(1)在包 "com.xijing.mapreduce" 下新建了类，故此处不需要选择该类所属的包。输入新建类的名字，例如 "WordCountMapper"。之所以这样命名，是因为本类要实现 Map 阶段业务逻辑，建议读者命名时也要做到见名知意；读者还可以选择是否创建 main 函数。本实验中新建类 "WordCountMapper" 的具体输入和选择如图 3-16 所示。完成后单击 Finish 按钮。

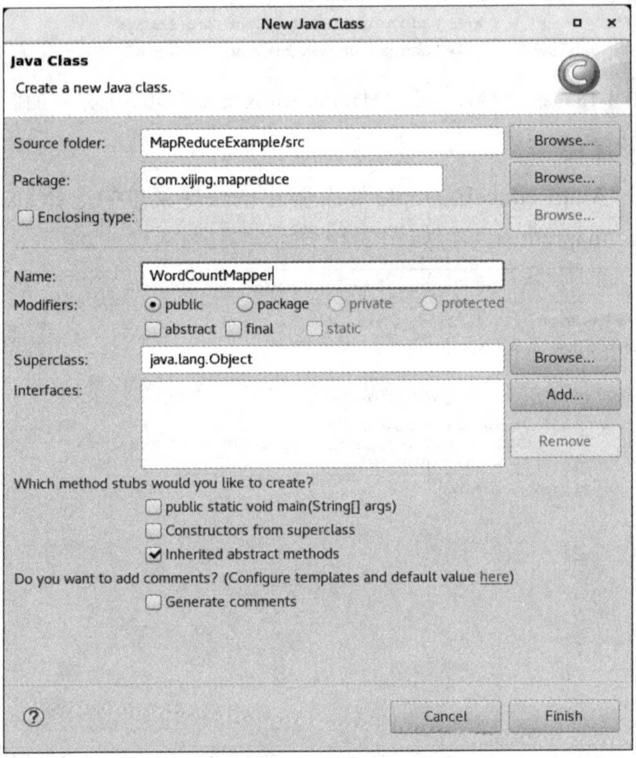

图 3-16　新建类 "WordCountMapper"

(3) 编写 Mapper 类，自编 WordCount 程序 Mapper 类的源码如下所示：

```
package com.xijing.mapreduce;

import org.apache.hadoop.io.IntWritable;
import org.apache.hadoop.io.LongWritable;
import org.apache.hadoop.io.Text;
import org.apache.hadoop.mapreduce.Mapper;
import java.io.IOException;

public class WordCountMapper extends Mapper<LongWritable, Text,Text, IntWritable> {
    //自定义 map 方法
    @Override
    protected void map(LongWritable key, Text value, Context context) throws IOException,
            InterruptedException {
        String line = value.toString();
        String[] words = line.split(" ");
```

```
            for (String word:words){
                //context.write()将数据交给下一阶段处理 shuffle
                context.write( new Text( word ),    new IntWritable(1) );
            }
        }
    }
```

2）编写 Reducer 类

在包"com.xijing.mapreduce"下新建类"WordCountReducer"，方法同上文"WordCount Mapper"类。自编 WordCount 程序 Reducer 类的源码如下所示：

```
package com.xijing.mapreduce;

import org.apache.hadoop.io.IntWritable;

import org.apache.hadoop.io.Text;

import org.apache.hadoop.mapreduce.Reducer;

import java.io.IOException;

public class WordCountReducer extends Reducer<Text, IntWritable,Text,IntWritable> {
    //自定义 reduce 方法
    @Override
    protected void reduce(Text key, Iterable<IntWritable> values, Context context) throws
            IOException, InterruptedException {
        int sum = 0;
        for(IntWritable value:values)
            sum += value.get();
        context.write(key, new IntWritable(sum));
    }
}
```

3）编写入口 Driver 类

Mapper 类和 Reducer 类编写完毕后，再通过 Driver 类将本次 Job 进行设置。在包"com.xijing.mapreduce"下新建类"WordCountDriver"，方法同上文"WordCountMapper"，入口 Driver 类的源码如下所示：

```
package com.xijing.mapreduce;


import org.apache.hadoop.conf.Configuration;

import org.apache.hadoop.fs.Path;

import org.apache.hadoop.io.IntWritable;

import org.apache.hadoop.io.Text;

import org.apache.hadoop.io.compress.BZip2Codec;

import org.apache.hadoop.io.compress.CompressionCodec;
```

```java
import org.apache.hadoop.mapreduce.Job;
import org.apache.hadoop.mapreduce.lib.input.FileInputFormat;
import org.apache.hadoop.mapreduce.lib.output.FileOutputFormat;

import java.io.IOException;

public class WordCountDriver {
    //args: 输入文件路径和输出文件路径
    public static void main(String[] args) throws IOException, ClassNotFoundException,
                InterruptedException {
        Configuration conf = new Configuration();
        //开启 map 阶段的压缩
        conf.setBoolean("mapreduce.map.output.compress",true);
        //指定压缩类型
        conf.setClass("mapreduce.map.output.compress.codec", BZip2Codec.class,
                CompressionCodec.class);

        Job job = Job.getInstance(conf, "word count diy");
        job.setJarByClass(WordCountDriver.class);
        job.setMapperClass(WordCountMapper.class);

        //使用了自定义 Combine
        job.setCombinerClass(WordCountReducer.class);
        job.setReducerClass(WordCountReducer.class);

        //指定 map 输出数据的类型
        job.setMapOutputKeyClass(Text.class);
        job.setMapOutputValueClass(IntWritable.class);

        //指定 reduce 输出数据的类型
        job.setOutputKeyClass(Text.class);
        job.setOutputValueClass(IntWritable.class);

        //设置输入文件路径
        FileInputFormat.setInputPaths( job, new Path(args[0]));
        //设置输出文件路径
        FileOutputFormat.setOutputPath(job,new Path(args[1]));

        //开启 reduce 阶段的解压缩
        FileOutputFormat.setCompressOutput(job,true);
        //指定解压缩类型(需要与压缩类型保持一致)
        FileOutputFormat.setOutputCompressorClass(job,BZip2Codec.class);
```

```
        boolean result = job.waitForCompletion(true);
        System.exit(result? 0 : 1);
    }
}
```

6. 将 MapReduce 程序打包成 JAR 包

为了运行写好的 MapReduce 程序，需要首先将程序打包成 JAR 包。下面以 Eclipse 为例进行介绍。

(1) 右键单击项目 "MapReduceExample"，从弹出的快捷菜单中选择『Export...』，如图 3-17 所示。

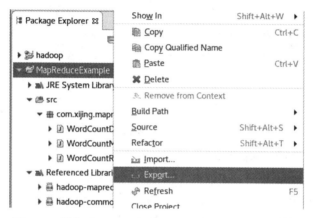

图 3-17　进入 "MapReduceExample" 项目的 Export 窗口

(2) 进入窗口【Export】，选择『Java』 → 『JAR file』，单击按钮 Next > ，如图 3-18 所示。

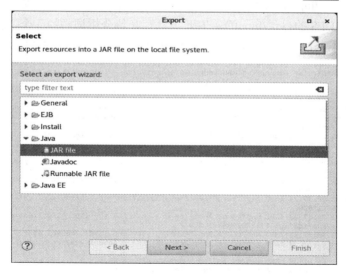

图 3-18　在窗口【Export】中选择『Java』 → 『JAR file』

(3) 进入窗口【JAR Export】，单击按钮 Browse... 选择 JAR 包的导出位置和文件名。此处编者将其保存在 /home/xuluhui/eclipse-workspace/MapReduceExample 下，命名为 WordCountDIY.jar，效果如图 3-19 所示。

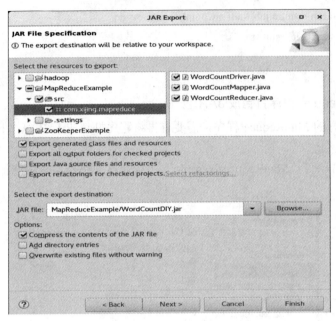

图 3-19　选择打包文件及 JAR 包的存放路径及名字

7. 提交 JAR 包到 Hadoop 中运行

与运行 hadoop-mapreduce-examples-2.9.2.jar 中的 wordcount 程序一样，只需要执行以下命令，就能在 Hadoop 集群中成功运行自己编写的 MapReduce 程序了：

> hadoop jar /home/xuluhui/eclipse-workspace/MapReduceExample/WordCountDIY.jar com.
>
> xijing.mapreduce.WordCountDriver /InputDataTest /OutputDataTest4

在上述命令中，/InputDataTest 表示输入目录，/OutputDataTest4 表示输出目录。执行该命令前，假设 HDFS 的目录/InputDataTest 下已存在待分析词频的 3 个文件，而输出目录/OutputDataTest4 不存在，在执行过程中会自动创建。部分执行过程如图 3-20 所示。

```
[xuluhui@master ~]$ hadoop jar /home/xuluhui/eclipse-workspace/MapReduceExample/
WordCountDIY.jar com.xijing.mapreduce.WordCountDriver /InputDataTest /OutputData
Test4
19/09/21 08:37:17 INFO client.RMProxy: Connecting to ResourceManager at master/1
92.168.18.130:8032
19/09/21 08:37:18 WARN mapreduce.JobResourceUploader: Hadoop command-line option
 parsing not performed. Implement the Tool interface and execute your applicatio
n with ToolRunner to remedy this.
19/09/21 08:37:21 INFO input.FileInputFormat: Total input files to process : 3
19/09/21 08:37:21 INFO mapreduce.JobSubmitter: number of splits:3
19/09/21 08:37:22 INFO Configuration.deprecation: yarn.resourcemanager.system-me
trics-publisher.enabled is deprecated. Instead, use yarn.system-metrics-publishe
r.enabled
19/09/21 08:37:22 INFO mapreduce.JobSubmitter: Submitting tokens for job: job_15
68702465801_0002
19/09/21 08:37:24 INFO impl.YarnClientImpl: Submitted application application_15
68702465801_0002
19/09/21 08:37:24 INFO mapreduce.Job: The url to track the job: http://master:80
88/proxy/application_1568702465801_0002/
19/09/21 08:37:24 INFO mapreduce.Job: Running job: job_1568702465801_0002
19/09/21 08:37:37 INFO mapreduce.Job: Job job_1568702465801_0002 running in uber
 mode : false
19/09/21 08:37:37 INFO mapreduce.Job:  map 0% reduce 0%
19/09/21 08:38:04 INFO mapreduce.Job:  map 100% reduce 0%
19/09/21 08:38:13 INFO mapreduce.Job:  map 100% reduce 100%
19/09/21 08:38:13 INFO mapreduce.Job: Job job_1568702465801_0002 completed succe
ssfully
19/09/21 08:38:13 INFO mapreduce.Job: Counters: 49
        File System Counters
                FILE: Number of bytes read=3743
```

图 3-20　向 Hadoop 集群提交并运行自编 WordCount 的执行过程(部分)

8. 查看运行结果

如图 3-21 所示，上述程序执行完毕后，会将结果输出到/OutputDataTest4 目录中，可以使用命令"hdfs dfs -ls /OutputDataTest4"来查看。图 3-21 中/OutputDataTest4 目录下有两个文件，其中/OutputDataTest4/_SUCCESS 表示 Hadoop 程序已执行成功，这个文件大小为 0，文件名就告知了 Hadoop 程序的执行状态；第二个文件/OutputDataTest4/part-r-00000.bz2 才是 Hadoop 程序的运行结果。由于对输出结果进行了压缩，因此无法使用命令"hdfs dfs -cat /OutputDataTest4/part-r-00000.bz2"直接查看 Hadoop 程序的运行结果，查看效果如图 3-21 所示。

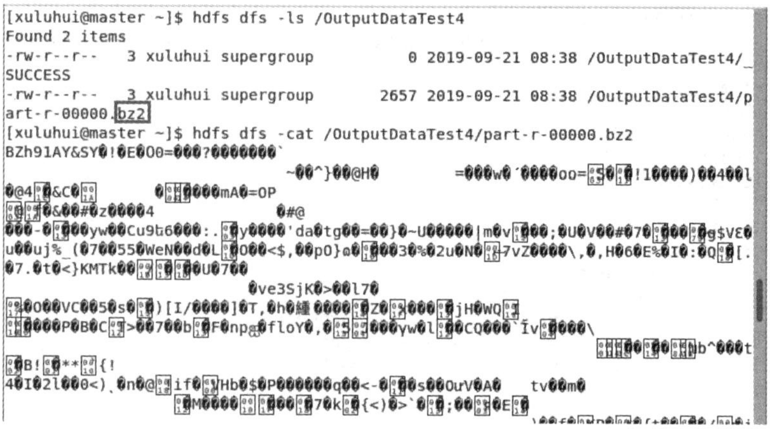

图 3-21　无法使用 -cat 选项直接查看输出文件为.bz2 的结果

若想查看输出文件扩展名为 .bz2 的文件，读者可以首先使用命令"hdfs dfs -get"将 HDFS 上的文件/OutputDataTest4/part-r-00000.bz2 下载到本地操作系统，然后使用命令"bzcat"查看.bz2 文件的结果，使用命令及运行结果如图 3-22 所示。

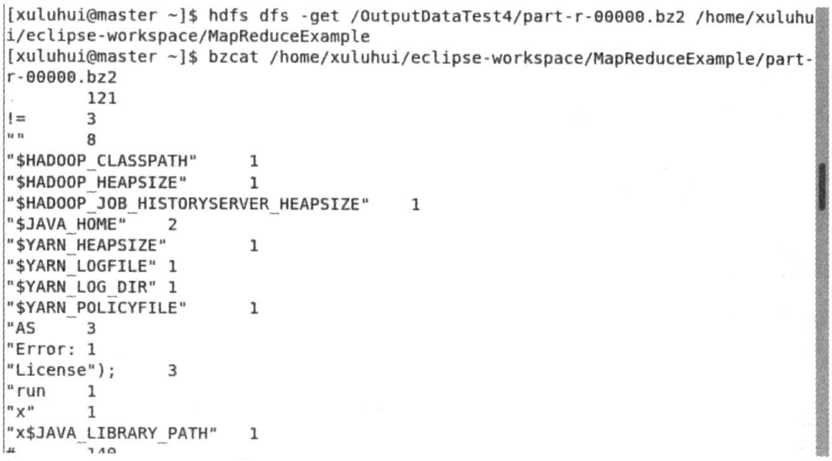

图 3-22　下载 .bz2 文件到本地并使用 bzcat 查看运行结果

3.3.4　练习使用 MapReduce Shell 命令

分别在自编 MapReduce 程序 WordCount 运行过程中和运行结束后练习 MapReduce

Shell 的常用命令。

例如，使用如下命令查看 MapReduce 作业的状态信息：

    mapred job -status <job-id>

如图 3-23 所示，当前 MapReduce 作业"job_1568702465801_0002"正处于运行 (RUNNING)状态。

```
[xuluhui@master ~]$ mapred job -status job_1568702465801_0002
19/09/21 08:38:05 INFO client.RMProxy: Connecting to ResourceManager at master/1
92.168.18.130:8032

Job: job_1568702465801_0002
Job File: hdfs://192.168.18.130:9000/tmp/hadoop-yarn/staging/xuluhui/.staging/jo
b_1568702465801_0002/job.xml
Job Tracking URL : http://master:8088/proxy/application_1568702465801_0002/
Uber job : false
Number of maps: 3
Number of reduces: 1
map() completion: 1.0
reduce() completion: 0.0
Job state: RUNNING
retired: false
reason for failure:
Counters: 33
        File System Counters
                FILE: Number of bytes read=0
                FILE: Number of bytes written=600681
                FILE: Number of read operations=0
                FILE: Number of large read operations=0
                FILE: Number of write operations=0
                HDFS: Number of bytes read=11954
```

图 3-23　通过命令"mapred job -status"查看该 MapReduce 的作业状态

3.3.5　练习使用 MapReduce Web UI 界面

分别在自编 MapReduce 程序 WordCount 运行过程中和运行结束后查看 MapReduce Web UI 的界面。

例如，如图 3-24 所示，当前 MapReduce 作业"job_1568702465801_0002"已运行结束，其 State 为成功(SUCCEEDED)状态。

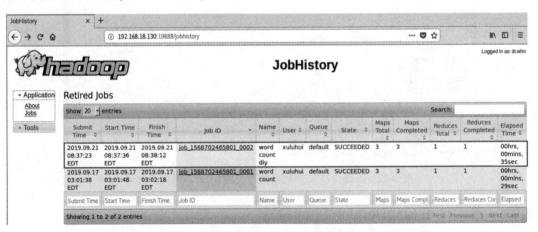

图 3-24　通过 MapReduce Web 查看该 MapReduce 的作业信息

3.3.6　关闭 Hadoop 集群

关闭全分布模式 Hadoop 集群的命令与启动命令次序相反，只需在主节点 master 上依次执行以下 3 条命令即可关闭 Hadoop：

```
mr-jobhistory-daemon.sh stop historyserver
stop-yarn.sh
stop-dfs.sh
```

执行 mr-jobhistory-daemon.sh stop historyserver 时，*historyserver.pid 文件消失；执行 stop-yarn.sh 时，*resourcemanager.pid 和*nodemanager.pid 文件依次消失；此外，stop-dfs.sh、*namenode.pid、*datanode.pid、*secondarynamenode.pid 文件也会依次消失。

3.3.7　实验报告要求

实验报告以电子版和打印版双重形式提交。

实验报告主要内容包括实验名称、实验类型、实验地点、学时、实验环境、实验原理、实验步骤、实验结果、总结与思考等。实验报告格式如表 1-9 所示。

3.4　拓　展　训　练

3.4.1　在 Windows 平台上开发 MapReduce 程序

在学习阶段，我们也可以直接在 Windows 平台上开发并运行 MapReduce 程序。

【案例 3-1】　在 Windows 平台上开发并运行 MapReduce 程序。

具体实现过程如下所述：

(1) 将编译后的 Windows 版本的 Hadoop 解压到本地，并将解压后的路径设置为环境变量，如图 3-25 所示。

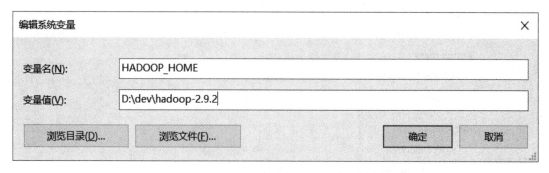

图 3-25　配置 HADOOP_HOME 的系统变量

(2) 将 Hadoop 中可执行命令的目录\bin 和\sbin 添加到环境变量 PATH 中，如图 3-26 所示。

图 3-26　配置 Hadoop 的环境变量

(3) 将刚刚解压后的 MapReduce 中的相关 jar 文件引入工程，或者使用 Maven 引入需要的 JAR 包。pom.xml 如下所示：

```xml
<?xml version="1.0" encoding="UTF-8"?>
<project xmlns="http://maven.apache.org/POM/4.0.0"
        xmlns:xsi="http://www.w3.org/2001/XMLSchema-instance"
        xsi:schemaLocation="http://maven.apache.org/POM/4.0.0
    http://maven.apache.org/xsd/maven-4.0.0.xsd">
<modelVersion>4.0.0</modelVersion>

<groupId>test</groupId>
<artifactId>mp</artifactId>
<version>1.0-SNAPSHOT</version>
<!-- 统一 Hadoop 版本号-->
<properties>
    <hadoop.version>2.9.2</hadoop.version>
</properties>

<dependencies>
    <dependency>
        <groupId>org.apache.hadoop</groupId>
        <artifactId>hadoop-common</artifactId>
        <version>${hadoop.version}</version>
    </dependency>
```

```
        <dependency>
            <groupId>org.apache.hadoop</groupId>
            <artifactId>hadoop-hdfs</artifactId>
            <version>${hadoop.version}</version>
        </dependency>

        <dependency>
            <groupId>org.apache.hadoop</groupId>
            <artifactId>hadoop-mapreduce-client-core</artifactId>
            <version>${hadoop.version}</version>
        </dependency>

        <dependency>
            <groupId>org.apache.hadoop</groupId>
            <artifactId>hadoop-mapreduce-client-jobclient</artifactId>
            <version>${hadoop.version}</version>
        </dependency>
        <dependency>
            <groupId>commons-cli</groupId>
            <artifactId>commons-cli</artifactId>
            <version>1.3.1</version>
        </dependency>
        <dependency>
            <groupId>org.apache.hadoop</groupId>
            <artifactId>hadoop-client</artifactId>
            <version>${hadoop.version}</version>
        </dependency>
    </dependencies>

</project>
```

(4) 为了在运行时能在 Eclipse 控制台观察到 MapReduce 的运行时日志，可以在项目中引入 Log4j，并将 log4j.properties 存放在项目的 CLASSPATH 下。log4j.properties 的内容如下所示：

```
log4j.rootLogger=DEBUG, stdout
log4j.appender.stdout=org.apache.log4j.ConsoleAppender
log4j.appender.stdout.layout=org.apache.log4j.PatternLayout
log4j.appender.stdout.layout.ConversionPattern=%5p [%t] - %m%n
```

(5) 在运行时，由于权限限制，还需要通过运行参数设置访问 Hadoop 的用户 master。具体方法是首先在 Eclipse 中单击右键，从弹出快捷菜单中选择『Run As』 → 『Run Configurations...』，如图 3-27 所示。

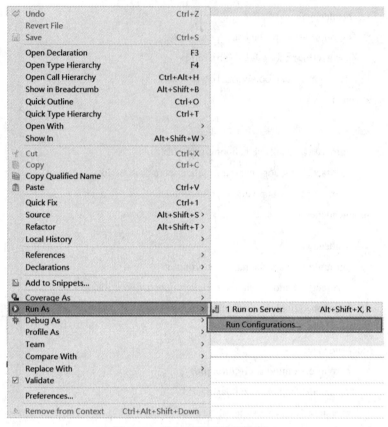

图 3-27　进入配置运行参数窗口

　　然后，在虚拟机参数中，通过语句"-DHADOOP_USER_NAME=master"指定执行的用户是 master，如图 3-28 所示。

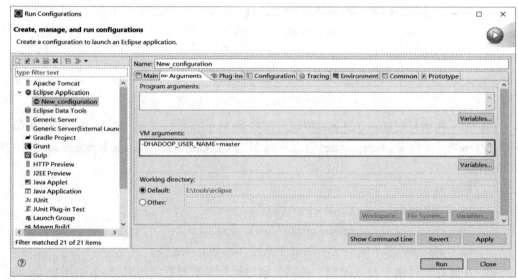

图 3-28　设置 VM 参数

(6) 此时，便可以在本地通过 main()方法直接运行 MapReduce 程序了。

3.4.2　MapReduce 编程实践：使用 MapReduce 统计对象中的某些属性

之前使用 MapReduce 统计的是单词数量，而单词本身属于字面值，是比较容易计算的。本案例将会讲解如何使用 MapReduce 统计对象中的某些属性。

【案例 3-2】　以下是某个超市的结算记录，从左往右各字段的含义依次是会员编号、结算时间、消费金额和用户身份，请计算会员和非会员的平均消费金额。

242315	2019-10-15.18:20:10	32	会员
984518	2019-10-15.18:21:02	167	会员
226335	2019-10-15.18:21:54	233	非会员
341665	2019-10-15.18:22:11	5	非会员
273367	2019-10-15.18:23:07	361	非会员
296223	2019-10-15.18:25:12	19	会员
193363	2019-10-15.18:25:55	268	会员
671512	2019-10-15.18:26:04	76	非会员
596233	2019-10-15.18:27:42	82	非会员
323444	2019-10-15.18:28:02	219	会员
345672	2019-10-15.18:28:48	482	会员
...			

本案例的实现思路是：先计算会员和非会员的总消费金额，然后除以会员或非会员的数量。具体实现过程如下所述：

1. 编写实体类

编写封装每个消费者记录的实体类，每个消费者至少包含编号、消费金额和是否为会员等属性，源代码如下所示：

```
package com.xijing.mapreduce;

import org.apache.hadoop.io.Writable;

import java.io.DataInput;

import java.io.DataOutput;

import java.io.IOException;

public class Customer implements Writable {
    //会员编号
    private String id;
    // 消费金额
    private int money;
    // 0：非会员    1：会员
    private int vip;
    public Customer() {

    }
```

```java
public Customer( String id,int money, int vip) {
    this.id = id;
    this.money = money;
    this.vip = vip;
}
public int getMoney() {
    return money;
}
public void setMoney(int money) {
    this.money = money;
}

public String getId() {
    return id;
}

public void setId(String id) {
    this.id = id;
}

public int getVip() {
    return vip;
}

public void setVip(int vip) {
    this.vip = vip;
}

//序列化
public void write(DataOutput dataOutput) throws IOException {
    dataOutput.writeUTF(id);
    dataOutput.writeInt(money);
    dataOutput.writeInt(vip);
}

//反序列化(注意：各属性的顺序要和序列化保持一致)
public void readFields(DataInput dataInput) throws IOException {
    this.id = dataInput.readUTF();
    this.money = dataInput.readInt();
    this.vip = dataInput.readInt() ;
}
@Override
```

```
    public String toString() {
        return   this.id + "\t" + this.money + "\t" + this.vip;
    }
}
```

由于本次统计的 Customer 对象需要在 Hadoop 集群中的多个节点之间传递数据，因此需要将 Customer 对象通过 write(DataOutput dataOutput)方法进行序列化操作，并通过 readFields(DataInput dataInput)进行反序列化操作。

2. 编写 Mapper 类

在 Map 阶段读取文本中的消费者记录信息，并将消费者的各个属性字段拆分读取；然后根据会员情况，将消费者的消费金额输出到 MapReduce 的下一个处理阶段(即 Shuffle)。源代码如下所示：

```
package com.xijing.mapreduce;

import org.apache.hadoop.io.IntWritable;

import org.apache.hadoop.io.LongWritable;

import org.apache.hadoop.io.Text;

import org.apache.hadoop.mapreduce.Mapper;

import java.io.IOException;

public class CustomerMapper extends Mapper<LongWritable, Text, Text, IntWritable> {
    @Override
    protected void map(LongWritable key, Text value, Context context) throws IOException,
                    InterruptedException {
        //将一行内容转成 string
        String line = value.toString();
        //获取各个顾客的消费数据
        String[] fields = line.split("\t");
        //获取消费金额
        int money = Integer.parseInt(fields[2]);
        //获取会员情况
        String vip = fields[3];
        /*
            输出
            Key：会员情况，value：消费金额
            例如：
            会员        32
            会员        167
            非会员       233
            非会员       5
```

```
                            */
        context.write(new Text(vip), new IntWritable(money));
    }
}
```

3. 编写 Reducer 类

Map 阶段的输出数据在经过 Shuffle 阶段混洗以后，就会传递给 Reduce 阶段。Reduce 拿到的数据形式是"会员(或非会员), [消费金额 1, 消费金额 2, 消费金额 3, ...]"。因此，与 WordCount 类似，只需要在 Reduce 阶段累加会员或非会员的总消费金额就能完成本次任务，源代码如下所示：

```
package com.xijing.mapreduce;

import org.apache.hadoop.io.IntWritable;
import org.apache.hadoop.io.LongWritable;
import org.apache.hadoop.io.Text;
import org.apache.hadoop.mapreduce.Reducer;

import java.io.IOException;

public class CustomerReducer extends Reducer<Text, IntWritable, Text, LongWritable> {
    @Override
    protected void reduce(Text key, Iterable<IntWritable>values, Context context) throws
                        IOException, InterruptedException {
        //统计会员(或非会员)的个数
        int vipCount = 0 ;
        //总消费金额
        long sumMoney = 0;

        for(IntWritable money: values){
            vipCount++ ;
            sumMoney += money.get() ;
        }
        //会员(或非会员)的平均消费金额
        long avgMoney = sumMoney/vipCount ;
        context.write(key, new LongWritable(avgMoney));
    }
}
```

4. 编写 MapReduce 程序的驱动类

在编写 MapReduce 程序时，程序的驱动类基本是相同的。因此，可以仿照之前的驱动类，编写本次的 MapReduce 驱动类，源代码如下所示：

```
package com.xijing.mapreduce;

import org.apache.hadoop.conf.Configuration;
import org.apache.hadoop.fs.Path;
import org.apache.hadoop.io.IntWritable;
import org.apache.hadoop.io.LongWritable;
import org.apache.hadoop.io.Text;
import org.apache.hadoop.mapreduce.Job;
import org.apache.hadoop.mapreduce.lib.input.FileInputFormat;
import org.apache.hadoop.mapreduce.lib.output.FileOutputFormat;

public class CustomerDriver {
    public static void main(String[] args) throws Exception {
        Configuration conf = new Configuration();
        Job job = Job.getInstance(conf);
        job.setJarByClass(CustomerDriver.class);
        job.setMapperClass(CustomerMapper.class);
        job.setReducerClass(CustomerReducer.class);
        job.setMapOutputKeyClass(Text.class);
        job.setMapOutputValueClass(IntWritable.class);
        job.setOutputKeyClass(Text.class);
        job.setOutputValueClass(LongWritable.class);
        FileInputFormat.setInputPaths(job, new Path(args[0]));
        FileOutputFormat.setOutputPath(job, new Path(args[1]));
        boolean result = job.waitForCompletion(true);
        System.exit(result?0:1);
    }
}
```

最后，使用与 WordCount 程序相同的方法，将本程序打包成 JAR 包后就可以提交到 Hadoop 集群中运行了。执行结果就是会员与非会员的平均消费金额。

此外，读者可以尝试使用一些 MapReduce 的优化策略对本案例进行优化。但在优化时一定要注意权衡利弊，认真思考每一个优化手段是否适合本题目的需求。例如在使用 Combine 组件前，需要先思考 Combine 的使用是否会影响程序的最终执行效果。

通过本实验大家可以发现，MapReduce 将大数据的运算高度抽象为 Map 和 Reduce 两个阶段。对于大部分的数据计算题目，我们只需要编写 map()和 reduce()方法，就能实现需要的计算功能。也正因为如此，MapReduce 这款分布式计算框架对大数据计算领域有着里程碑的意义，认真学习好 MapReduce 对后续学习其他计算框架有着非常重要的意义和指导作用。

思考与练习题

1. 查阅资料，了解如何在单机环境下使用 IntelliJ IDEA，运行 MapReduce 程序。

2. 请思考在 Windows 平台和 Linux 平台下开发 MapReduce 有何差异？应该从哪些方面消除这些差异。

3. 在实际工作中，一般都会在集群环境下运行 MapReduce 程序。但集群的部署需要多台物理机支撑，一般情况下，我们都使用 VMWare 等虚拟机软件模拟多台物理机，但这种做法对物理机的性能要求较高。因此，请查阅资料，尝试在云平台上部署 Hadoop 集群，并成功运行 MapReduce 程序。

4. MapReduce 是一款分布式计算框架，可以实现分布式环境下的并行计算。请思考，如果由我们自己来设计一套小型的分布式并行计算框架，需要使用到哪些技术，各个技术的作用是什么？

参 考 文 献

[1] 董西成. Hadoop 技术内幕：深入解析 MapReduce 架构设计与实现原理[M]. 北京：机械工业出版社, 2013.

[2] DEAN J, GHEMAWAT S. MapReduce: simplified data processing on large clusters[C]// Communications of the ACM - 50th anniversary issue: 1958 - 2008, 2008, 51(1)：107-113.

[3] Apache Software Foundation. Apache Hadoop 2.9.2-MapReduce Tutorial[EB/OL]. [2018-11-13]. https://hadoop.apache.org/docs/r2.9.2/hadoop-mapreduce-client/hadoop-mapreduce-client-core/MapReduceTutorial.html.

[4] Apache Software Foundation. Apache Hadoop 2.9.2-MapReduce Commands Guide [EB/OL].[2018-11-13].https://hadoop.apache.org/docs/r2.9.2/hadoop-mapreduce-client/hadoop-mapreduce-client-core/MapredCommands.html.

[5] Apache Software Foundation. Apache Hadoop 2.9.2-Apache Hadoop Main 2.9.2 API [EB/OL]. [2018-11-13]. https://hadoop.apache.org/docs/r2.9.2/api/index.html.

实验 4   部署 ZooKeeper 集群和实战 ZooKeeper

本实验的知识结构图如图 4-1 所示(★表示重点，▶表示难点)。

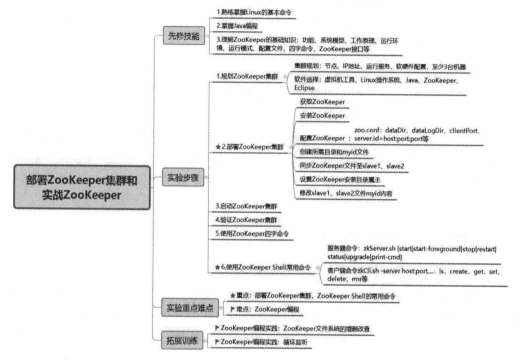

图 4-1   部署 ZooKeeper 集群和实战 ZooKeeper 的知识结构图

4.1   实验目的、实验环境和实验内容

一、实验目的

(1) 理解 ZooKeeper 的系统模型，包括数据模型、版本机制、Watcher 监听机制、ACL 权限控制机制。

(2) 理解 ZooKeeper 的工作原理，包括集群架构、Leader 选举机制。

(3) 熟练掌握 ZooKeeper 集群的部署和运行。

(4) 掌握 ZooKeeper 四字命令的使用。

(5) 熟练掌握 ZooKeeper Shell 常用命令的使用。

(6) 了解 ZooKeeper Java API，能看懂简单的 ZooKeeper 编程。

二、实验环境

本实验所需的软件环境包括 Linux 集群(至少 3 台机器)、Oracle JDK 1.6+、ZooKeeper

安装包、Eclipse。

三、实验内容

(1) 规划 ZooKeeper 集群。

(2) 部署 ZooKeeper 集群。

(3) 启动 ZooKeeper 集群。

(4) 验证 ZooKeeper 集群。

(5) 使用 ZooKeeper 四字命令。

(6) 使用 ZooKeeper Shell 常用命令。

(7) 关闭 ZooKeeper 集群。

4.2　实　验　原　理

Apache ZooKeeper 是一个开放源码的分布式应用程序协调框架，是 Google Chubby 的开源实现。它为大型分布式系统中的各种协调问题提供了一个解决方案，主要用于解决分布式应用中经常遇到的一些数据管理问题，如配置管理、命名服务、分布式同步、集群管理等。

4.2.1　ZooKeeper 的系统模型

1. ZooKeeper 的数据模型

ZooKeeper 采用类似标准文件系统的数据模型，其节点构成了一个具有层次关系的树状结构，如图 4-2 所示，其中每个节点被称为数据节点 ZNode。ZNode 是 ZooKeeper 中数据的最小单元，每个节点上可以存储数据，同时也可以挂载子节点，因此构成了一个层次化的命名空间。

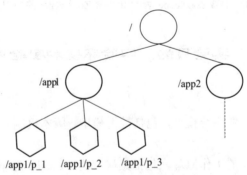

图 4-2　ZooKeeper 数据模型

ZNode 通过路径引用，如同 UNIX 中的文件路径。路径必须是绝对的，因此它们必须由斜杠"/"来开头。

在 ZooKeeper 中，每个数据节点都是有生命周期的，其生命周期的长短取决于数据节点的节点类型。ZNode 类型在创建时即被确定，并且不能改变。节点可以分为持久节点(PERSISTENT)、临时节点(EPHEMERAL)和顺序节点(SEQUENTIAL)三大类型。在节点创建过程中，通过组合使用，可以生成以下四种组合型节点类型：

(1) 持久节点 PERSISTENT。持久节点是 ZooKeeper 中最常见的一种节点类型。所谓持久节点，是指此类节点的生命周期不依赖于会话，自节点被创建就会一直存在于 ZooKeeper 服务器上，并且只有在客户端显式执行删除操作时，它们才能被删除。

(2) 持久顺序节点 PERSISTENT_SEQUENTIAL。持久顺序节点的基本特性与持久节点相同，额外特性表现在顺序性上。在 ZooKeeper 中，每个父节点都会为它的第一级子节点建立一个文件，用于记录每个子节点创建的先后顺序。基于这个顺序特性，在创建子节点的时候，可以设置这个标记。在创建节点过程中，ZooKeeper 会自动为给定节点名加上一个数字后缀，作为一个新的、完整的节点名。不过 ZooKeeper 会对此类节点名称进行顺序编号，自动在给定节点名后加上一个数字后缀。这个数字后缀的上限是整型的最大值，其格式为"%10d"(10 位数字，没有数值的数位用 0 补充，例如"0000000001")。当计数值大于 $2^{32}-1$ 时，计数器将溢出。

(3) 临时节点 EPHEMERAL。与持久节点不同的是，临时节点的生命周期依赖于创建它的会话。也就是说，如果客户端会话失效，临时节点将被自动删除，当然也可以手动删除。

注意：这里提到的是客户端会话失效，而非 TCP 连接断开。另外，ZooKeeper 规定临时节点不允许拥有子节点。

(4) 临时顺序节点 EPHEMERAL_SEQUENTIAL。临时顺序节点的基本特性和临时节点的一致，同样是在临时节点的基础上，添加了顺序的特性。

一个 ZNode 除了存储数据内容，还存储了许多表示其自身状态的重要信息，其状态信息使用 Stat 对象进行存放。关于数据节点 Stat 对象的所有状态属性的说明如表 4-1 所示。

表 4-1　节点 Stat 对象状态属性说明

状态属性	说　　明
czxid	数据节点创建时的事务 ID
mzxid	数据节点最后一次更新时的事务 ID
ctime	数据节点创建时的时间
mtime	数据节点最后一次更新时的时间
version	数据节点数据内容的版本号
cversion	数据节点子节点的版本号
aversion	数据节点的 ACL 版本号
ephemeralOwner	如果节点是临时节点，则表示创建该节点的会话的 SessionID；如果节点是持久节点，则该属性值为 0
dataLength	数据内容的长度
numChildren	数据节点当前的子节点个数
pzxid	数据节点的子节点列表最后一次被修改(子节点列表的变更而非子节点内容的变更)时的事务 ID

2. ZNode 的版本

ZooKeeper 中为数据节点引入了版本的概念，每个数据节点都具有三种类型的版本信息，对数据节点的任何更新操作都会引起版本的编号。这三种类型的版本信息前文已介绍到，分别为：

(1) version：当前数据节点数据内容的版本号。

(2) cversion：当前数据节点子节点的版本号。

(3) aversion：当前数据节点的 ACL 版本号。

ZooKeeper 中的版本概念和传统意义上的软件版本有很大区别，它表示的是对数据节点的数据内容、子节点列表或节点 ACL 信息的修改次数。以 version 版本类型为例，在一个数据节点"/xijing"被创建完毕之后，节点的 version 是 0，表示"当前节点自从创建之后，被更新过 0 次"；如果现在对该节点的数据内容进行更新操作，那么随后 version 的值就会变成 1。同时需要注意的是，在上文中提到的关于 version 的说明，其表示的是数据节点数据内容的变更次数，强调的是变更次数，因此即使前后两次变更并没有使数据内容的值发生变化，version 的值依然会变更。

ZooKeeper 中之所以引入版本概念，是因为版本可以保证分布式数据的原子性操作。version 属性可以用来实现乐观锁机制中的"写入校验"。在写入校验阶段，事务会检查数据在读取阶段后是否有其他事务对数据进行过更新，以确保数据更新的一致性。

注意：乐观锁(Optimistic Concurrency Control)是一种常见的并发控制策略，与悲观锁(Pessimistic ConCurrency Control)对应，主教材中有讲述。

3. Watcher 监听机制

ZooKeeper 引入了 Watcher 机制来实现分布式的通知功能。ZooKeeper 允许客户端向服务端注册一个 Watcher 监听。当服务端的一些指定事件触发了这个 Watcher 后，就会向指定客户端发送一个事件通知，来实现分布式的通知功能。

ZooKeeper 的 Watcher 机制主要包括客户端线程、客户端 WatcherManager 和 ZooKeeper 服务器三部分。在工作流程上，简单地讲，客户端在向 ZooKeeper 服务器注册的同时，会将 Watcher 对象存储在客户端的 WatcherManager 当中。当 ZooKeeper 服务器触发 Watcher 事件后，会向客户端发送通知，客户端线程从 WatcherManager 中取出对应的 Watcher 对象来执行回调逻辑。整个 Watcher 注册与通知过程如图 4-3 所示。

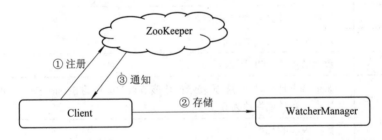

图 4-3　ZooKeeper Watcher 机制概述

在 ZooKeeper 中，接口类 Watcher 用于表示一个标准的事件处理器，其定义了事件通知相关的逻辑，包含 KeeperState 和 EventType 两个枚举类，分别代表通知状态和事件类型，同时定义了事件的回调方法 process(WatchedEvent event)。同一事件类型在不同的通知状态中代表的含义有所不同，表 4-2 列举了常见的通知状态和事件类型。

表 4-2　Watcher 通知状态与事件类型一览表

通知状态	事件类型	触发条件	说　　明
SyncConnected	None	客户端与服务器成功建立会话	此时客户端和服务器处于连接状态
	NodeCreated	Watcher 监听的对应数据节点被创建	
	NodeDeleted	Watcher 监听的对应数据节点被删除	
	NodeDataChanged	Watcher 监听的对应数据节点的数据内容发生变更	
	NodeChildrenChanged	Watcher 监听的对应数据节点的子节点列表发生变更	
Disconnected	None	客户端与 ZooKeeper 服务器断开连接	此时客户端和服务器处于断开连接状态
Expired	None	会话超时	此时可客户端会话失效，通常同时也会收到 SessionExpiredException
AuthFailed	None	通常有两种情况： (1) 使用错误的 scheme 进行权限检查； (2) SASL 权限检查失败	通常同时也会收到 AuthFailedException

其中，NodeDataChanged 事件的触发条件是数据内容的变更。此处所说的变更包括节点的数据内容和数据版本号 version 的变化，因此，即使使用相同的数据内容来更新，还是会触发这个事件。所以对于 ZooKeeper 来说，无论数据内容是否变更，一旦有客户端调用了数据更新的接口且更新成功，就会更新 version 值。

NodeChildrenChanged 事件会在数据节点的子节点列表发生变更的时候被触发。这里说的子节点变化特指子节点个数和组成情况的变更，即新增子节点或删除子节点，而子节点数据内容的变化是不会触发这个事件的。

对于 AuthFailed 事件，需要注意的是，它的触发条件并不是简单因为当前客户端会话没有权限，而是授权失败。

4. ACL 权限的控制机制

ZooKeeper 提供了一套完善 ACL(Access Control List)权限的控制机制来保障数据的安全。

ACL，即访问控制列表，是一种相对来说比较新颖且粒度更细的权限管理方式，可以针对任意用户和组进行细粒度的权限控制。目前绝大部分 UNIX 系统都已经支持 ACL，Linux 也从 2.6 版本的内核开始支持 ACL 权限控制方式。ZooKeeper 的 ACL 权限控制和 UNIX/Linux 操作系统中的 ACL 有一些区别，读者可以从权限模式(Scheme)、授权对象(ID)和权限(Permission)三个方面来理解 ACL 机制，通常使用"scheme:id:permission"来标识一个有效的 ACL 信息。

权限模式(Scheme)用来确定权限验证过程中使用的检验策略；授权对象(ID)指的是权限赋予的用户或一个指定实体，例如 IP 地址或机器等。在不同的权限模式下，授权对象是不同的，表 4-3 中列出了各个权限模式和授权对象之间的对应关系。

表 4-3　权限模式和授权对象之间的对应关系

权限模式	授 权 对 象
IP	通常是一个 IP 地址或 IP 段，例如 "ip:192.168.18.130" 或 "ip:192.168.18.1/24"
Digest	自定义，通常是 "username:BASE64(SHA-1(username:password))"
World	只有一个 ID "anyone"
Super	与 Digest 模式一致

权限(Permission)就是指那些通过检查后允许执行的操作。在 ZooKeeper 中，对数据的所有操作权限分为以下五大类：

(1) CREATE(C)：数据节点的创建权限，允许授权对象在该数据节点下创建子节点。

(2) DELETE(D)：子节点的删除权限，允许授权对象删除该数据节点下的子节点。

(3) READ(R)：数据节点的读取权限，允许授权对象访问该数据节点并读取其数据内容或子节点列表等。

(4) WRITE(W)：数据节点的更新权限，允许授权对象对该数据节点进行更新操作。

(5) ADMIN(A)：数据节点的管理权限，允许授权对象对数据节点进行 ACL 相关的设置操作。

4.2.2　ZooKeeper 的工作原理

1. ZooKeeper 的集群架构

ZooKeeper 的运行模式有单机模式(Standalone Mode)和集群模式(Replicated Mode)两种。其中，单机模式主要用于评估、开发和测试，而在实际的生产环境中均采用集群模式。

ZooKeeper 采用单机模式部署时，只在一台机器上安装 ZooKeeper；该 ZooKeeper 提供一切协调服务。ZooKeeper 采用单机模式运行时，该 ZooKeeper 就是 Leader。

ZooKeeper 采用集群模式部署时，在多台机器上安装 ZooKeeper；ZooKeeper 采用对等结构，无 Master、Slave 之分，统一都是 QuorumPeerMain 进程。ZooKeeper 集群模式运行时采取选举方式选择 Leader，采用原子广播协议 ZAB 完成。此协议是对 Paxos 算法的修改与实现，获得 n/2+1 票数的服务器成为 Leader，其余节点是 Follower。当发生客户端读/写操作时，读操作可在所有节点上实现，但写操作必须经 Leader 同意后方可执行。若有新加入的服务器，则该服务器发起一次选举。如果该服务器获得 n/2+1 个票数，则此服务器将成为整个 ZooKeeper 集群的 Leader。当 Leader 发生故障时，剩下的 Follower 将重新进行新一轮 Leader 选举。ZooKeeper 集群的模式架构如图 4-4 所示。

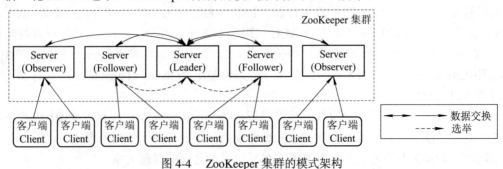

图 4-4　ZooKeeper 集群的模式架构

Leader 选举时要求"可用节点数量>总节点数量/2"，即 ZooKeeper 集群中的存活节点必须过半。因此，在节点数量是奇数的情况下，ZooKeeper 集群总能对外提供服务(即使损失了一部分节点)；如果节点数量是偶数，则会存在 ZooKeeper 集群不能用的可能性。在生产环境中，如果 ZooKeeper 集群不能提供服务，那将是致命的。所以 ZooKeeper 集群的节点数一般采用奇数。

关于 ZooKeeper 集群中各个角色的介绍如下：

(1) Leader。Leader 服务器是整个 ZooKeeper 集群工作机制中的核心，其主要工作包括以下两个方面：

- 事务请求的唯一调度和处理者，保证集群事务处理的顺序性。
- 集群内部各服务器的调度者。

(2) Follower。Follower 服务器是 ZooKeeper 集群状态的跟随者，其主要工作包括以下三个方面：

- 处理客户端非事务请求，转发事务请求给 Leader 服务器。
- 参与事务请求 Proposal 的投票。
- 参与 Leader 的选举投票。

(3) Observer。Observer 是 ZooKeeper 自 3.3.0 版本开始引入的一个全新的服务器角色。从字面意思看，该服务器充当了一个观察者的角色——观察 ZooKeeper 集群的最新状态变化并将这些状态变更同步过来。Observer 服务器在工作原理上和 Follower 基本是一致的，对于非事务请求，都可以进行独立的处理，而对于事务请求，则会转发给 Leader 服务器进行处理。和 Follower 唯一的区别在于 Observer 不参与任何形式的投票，包括事务请求 Proposal 的投票和 Leader 的选举投票。简单地说，Observer 服务器只提供非事务服务，通常用于在不影响集群事务处理能力的前提下提升集群的非事务处理能力。

2. Leader 选举机制

Leader 选举机制是 ZooKeeper 中最重要的技术之一，也是保证分布式数据一致性的关键所在。

1) 选举机制中的术语

(1) SID：服务器 ID。SID 是一个数字，用来唯一标识一台 ZooKeeper 集群中的机器。每台机器不能重复，和 myid 值一致。

(2) ZXID：事务 ID。ZXID 用来唯一标识一次服务器状态的变更。在某一个时刻，集群中每台服务器的 ZXID 值不一定全都一致，这和 ZooKeeper 服务器对于客户端"更新请求"的处理逻辑有关。

(3) Vote：投票。Leader 选举必须通过投票来实现。当集群中的机器发现自己无法检测到 Leader 机器时，就会开始尝试进行投票。

(4) Quorum：过半机器数。这是整个 Leader 选举算法中最重要的一个术语，我们可以把它理解为一个量词，指的是 ZooKeeper 集群中过半的机器数。如果集群中总的机器数是 n，则 quorum 的计算公式为 quorum = n/2 + 1。

(5) 服务器状态：服务器状态有 4 种，分别是 LOOKING 竞选状态、FOLLOWING 随从状态、OBSERVING 观察状态和 LEADING 领导者状态。

2) Leader 选举概述

读者需要注意的一点是，ZooKeeper 集群至少拥有两台机器，这里，我们以三台机器组成的服务器集群为例介绍，假设三台机器的 myid 依次为 1、2、3，称它们依次为 Server 1、Server 2 和 Server 3，那么 Server 1 的 SID 为 1，Server 2 的 SID 为 2，Server 3 的 SID 为 3。

(1) 服务器启动时期的 Leader 选举。

① 在服务器集群初始化阶段，当只有服务器 Server1 启动时，它是无法完成 Leader 选举的。只有当第二台服务器 Server2 也启动后，这两台机器才能够进行互相通信。此时，每台机器都试图找到一个 Leader，于是便进入了 Leader 选举流程。

② 每个 Server 会发出一个投票。由于是初始状态，因此 Server1 和 Server2 都会将自己作为 Leader 服务器来进行投票，每次投票包含的最基本的元素包括所推举的服务器的 SID 和 ZXID，以(SID，ZXID)形式表示。由于是初始化阶段，因此无论是 Server1 还是 Server2，都会投给自己，即 Server1 的投票为(1，0)，Server2 的投票为(2，0)，然后各自将这个投票发给集群中其他所有机器。

③ 接收来自各个服务器的投票。每个服务器都会接收来自其他服务器的投票。集群中的每个服务器在接收到投票后，首先会判断该投票的有效性，包括检查是否是本轮投票、是否是来自 LOOKING 状态的服务器。

④ 处理投票。在接收到来自其他服务器的投票后，针对每一个投票，服务器都需要将别人的投票和自己的投票进行 PK，PK 规则如下：

· 优先检查 ZXID，ZXID 比较大的服务器优先作为 Leader。

· 如果 ZXID 相同，那么就比较 SID。SID 比较大的服务器作为 Leader 服务器。

根据以上规则，对于 Server1，它自己的投票是(1，0)，而接收到的投票为(2，0)。首先对比两者的 ZXID，因为都是 0，所以无法决定谁是 Leader；接下来会对比两者的 SID，很显然，Server1 发现接收到的投票中的 SID 是 2，大于自己，于是就会更新自己的投票为(2，0)，然后重新将投票发出去。而对于 Server2 来说，不需要更新自己的投票信息，只需再一次向集群中所有机器发出上一次投票信息即可。

⑤ 统计投票。每次投票后，服务器都会统计所有投票，判断是否已经有过半的机器收到相同的投票信息。对于 Server1 和 Server2 服务器来说，都统计出集群中已经有两台机器接受了(2，0)这个投票信息。对于由三台机器构成的集群，两台即达到了"过半"要求(≥n/2+1)。那么，当 Server1 和 Server2 都收到相同的投票信息(2，0)时，即认为已经选出了 Leader。

⑥ 改变服务器状态。一旦确定了 Leader，每个服务器都会更新自己的状态：如果是 Follower，那么就变更为 FOLLOWING；如果是 Leader，那么就变更为 LEADING。

(2) 服务器运行期间的 Leader 选举。

在 ZooKeeper 集群正常运行的过程中，一旦选出一个 Leader，那么所有服务器的集群角色一般不会再发生变化。也就是说，Leader 服务器将一直作为集群的 Leader，即使集群中有非 Leader 宕机或是有新机器加入集群，也不会影响 Leader。但是一旦 Leader 宕机，则整个集群将暂时无法对外服务，而是进入新一轮的 Leader 选举。服务器运行期间的 Leader 选举和启动时期的 Leader 选举基本过程是一致的。

假设当前正在运行的 ZooKeeper 集群由 Server1、Server2、Server3 三台机器组成，当前 Leader 是 Server2。假设某一瞬间 Leader 宕机，这个时候便开始了新一轮的 Leader 选举，具体过程如下所述：

① 变更服务器状态。当 Leader 宕机后，余下的非 Observer 服务器就会将自己的服务器状态变更为 LOOKING，然后开始进入 Leader 选举流程。

② 每个 Server 都会发出一个投票信息。在这个过程中，需要生成投票信息(SID，ZXID)。由于是运行期间，因此每个服务器上的 ZXID 可能不同。假定 Server1 的 ZXID 为 123，而 Server3 的 ZXID 为 122。在第一轮投票中，Server1 和 Server3 都会投自己，即分别产生投票(1，123)和(3，122)，然后各自将投票发给集群中的所有机器。

③ 接收来自各个服务器的投票。

④ 处理投票。对于投票的处理，和上面提到的服务器启动期间的处理规则是一致的。在这个例子中，由于 Server1 的 ZXID 值大于 Server3 的 ZXID 值，因此 Server1 会成为 Leader。

⑤ 统计投票。

⑥ 改变服务器状态。

3) Leader 选举算法

ZooKeeper 提供了三种 Leader 选举算法，分别是 LeaderElection、UDP 版本的 FastLeaderElection 和 TCP 版本的 FastLeaderElection，可以通过在配置文件 zoo.cfg 中使用 electionAlg 属性来指定，分别使用数字 0～3 来表示，各个数字所代表的 Leader 选举算法如表 4-4 所示。

表 4-4 Leader 选举算法

electionAlg 属性值	对应的 Leader 选举算法	备　注
0	LeaderElection，这是一种纯 UDP 实现的 Leader 选举算法	自 3.4.0 版本起，废弃了 0、1、2 这三种 Leader 选举算法
1	UDP 版本的 FastLeaderElection，并且是非授权模式	
2	UDP 版本的 FastLeaderElection，但使用授权模式	
3	TCP 版本的 FastLeaderElection	

如表 4-4 所示，自 ZooKeeper 3.4.0 版本起，废弃了 0、1、2 这三种 Leader 选举算法。例如 ZooKeeper 3.4.13 采用的 Leader 选举算法是 TCP 版本的 FastLeaderElection。

4.2.3 部署 ZooKeeper

1. 运行环境

对于大部分 Java 开源产品而言，在部署与运行之前，总是需要搭建一个合适的环境，通常包括操作系统和 Java 环境两方面。ZooKeeper 部署与运行所需的系统环境，同样包括操作系统和 Java 环境两部分。

1) 操作系统

ZooKeeper 支持不同平台，在当前绝大多数主流的操作系统上都能够运行，例如 GNU/Linux、Sun Solaris、FreeBSD、Windows、Mac OS X 等。需要注意的是，ZooKeeper 官方文档中特别强调，不建议在 Mac OS X 系统上部署生成环境的 ZooKeeper 服务器。本书采用的操作系统为 Linux 发行版 CentOS 7。

2) Java 环境

ZooKeeper 使用 Java 语言编写，因此它的运行环境需要 Java 环境的支持，其中
ZooKeeper 3.4.13 需要 Java 1.6 及以上版本的支持。

2. 运行模式

ZooKeeper 有单机模式和集群模式两种运行模式。单机模式是只在一台机器上安装
ZooKeeper，主要用于开发测试；而集群模式则是在多台机器上安装 ZooKeeper，实际生产
环境中均采用集群模式。无论哪种部署方式，创建 ZooKeeper 的配置文件 zoo.cfg 都是至
关重要的。单机模式和集群模式部署的步骤基本一致，只是在 zoo.cfg 文件的配置上有些
差异。

读者需要注意的是，假设你拥有一台比较好的机器(CPU 核数大于 10，内存大于等于
8 GB)，如果作为单机模式进行部署，资源明显有点浪费；如果按照集群模式进行部署，
需要借助硬件上的虚拟化技术，把一台物理机器转换成几台虚拟机，这样操作成本太高。
幸运的是，和 Hadoop 等其他分布式系统一样，ZooKeeper 也允许在一台机器上完成一个
伪集群的搭建。所谓伪集群，是指集群中所有的机器都在一台机器上，但是还是以集群的
特性来对外提供服务。这种模式和集群模式非常类似，只是把 zoo.cfg 文件中的配置项
"server.id=host:port:port" 略做修改。

3. 配置文件

ZooKeeper 启动时，默认读取$ZOOKEEPER_HOME/conf/zoo.cfg 文件，zoo.cfg 文件需
要配置 ZooKeeper 的运行参数。ZooKeeper 部分配置参数及其含义如表 4-5 所示。

注意：这里仅列举了部分参数，关于完整的配置参数介绍请参见官方文档 https://
zookeeper.apache.org/doc/r3.4.13/zookeeperAdmin.html#sc_configuration。

表 4-5　zoo.cfg 部分配置参数

参数名		说　　明
基本配置	clientPort	用于配置当前服务器对外的服务端口，客户端会通过该端口和 ZooKeeper 服务器创建连接，一般设置为 2181
	dataDir	用于配置 ZooKeeper 服务器存储 ZooKeeper 数据快照文件的目录，同时用于存放集群的 myid 文件
	tickTime	用于配置 ZooKeeper 中最小时间单元(单位：毫秒)。ZooKeeper 所有时间均以这个时间单元的整数倍配置，例如，Session 的最小超时时间是 2*tickTime
高级配置	dataLogDir	用于配置 ZooKeeper 服务器存储 ZooKeeper 事务日志文件的目录。默认情况下，ZooKeeper 会将事务日志文件和数据快照文件存储在同一个目录即 dataDir 中。应尽量给事务日志的输出配置一个单独的磁盘或者挂载点，可使用一个专用日志设备，有助于避免事务日志和数据快照之间的竞争
	maxClientCnxns	用于配置单个客户端与单台服务器之间的最大并发连接数，根据 IP 来区分。默认值为 60；如果设置为 0，表示没有任何限制
	minSessionTimeout	用于配置服务端对客户端会话超时时间的最小值，默认值为 2*tickTime
	maxSessionTimeout	用于配置服务端对客户端会话超时时间的最大值，默认值为 20*tickTime

续表

参数名		说　　明
集群选项	initLimit	用于配置 Leader 服务器等待 Follower 启动并完成数据同步的时间，以 tickTime 的倍数来表示。若超过设置倍数的 tickTime 时间，则连接失败
	syncLimit	用于配置 Leader 服务器和 Follower 之间进行心跳检测的最大延迟时间。如果超过此时间 Leader 还没有收到响应，那么 Leader 就会认为该 Follower 已经脱离了和自己的同步
	server.id=host:port:port	用于配置组成 ZooKeeper 集群的机器列表。集群中每台机器都需要感知到整个集群是由哪几台机器组成的，表示不同 ZooKeeper 服务器的自身标识。"id"被称为 Server ID，用来标识该机器在集群中的机器序号，与每台服务器 myid 文件中的数字相对应；"host"代表服务器的 IP 地址或主机名；第一个端口"port"用于指定 Follower 服务器与 Leader 进行运行时通信和数据同步时所使用的端口；第二个端口"port"代表进行 Leader 选举时服务器相互通信的端口。myid 文件应创建于服务器的 dataDir 目录下，这个文件的内容只有一行且是一个数字，对应于每台机器的 Server ID 数字。比如，服务器"1"应该在 myid 文件中写入"1"，该 id 必须在集群环境下服务器标识中是唯一的，且大小为 1～255

单机模式的 zoo.cfg 文件示例内容如下：

```
tickTime=2000
dataDir=/var/lib/zookeeper
clientPort=2181
```

集群模式的 zoo.cfg 文件示例内容如下：

```
tickTime=2000
dataDir=/var/lib/zookeeper/
clientPort=2181
initLimit=5
syncLimit=2
server.1=zoo1:2888:3888
server.2=zoo2:2888:3888
server.3=zoo3:2888:3888
```

伪集群模式的 zoo.cfg 文件示例内容如下：

```
dataDir=/var/lib/zookeeper/
clientPort=2181
initLimit=5
syncLimit=2
server.1=zoo1:2888:3888
server.2=zoo2:2889:3889
server.3=zoo3:2890:3890
```

4.2.4 ZooKeeper 的四字命令

ZooKeeper 中有一系列的命令可以用于查看服务器的运行状态，它们的长度通常都是 4 个英文字母，因此又被称之为"四字命令"。ZooKeeper 的四字命令及功能如表 4-6 所示。

表 4-6 ZooKeeper 的四字命令

命 令	功 能 描 述
conf	用于输出 ZooKeeper 服务器运行时使用的基本配置信息，包括 clientPort、dataDir 和 tickTime 等
cons	用于输出当前这台服务器上所有客户端连接的详细信息，包括每个客户端的客户端 IP、会话 ID 和最后一次与服务器交互的操作类型等
crst	功能性命令，用于重置所有客户端的连接统计信息
dump	用于输出当前集群的所有会话信息，包括这些会话的会话 ID 以及每个会话创建的临时节点等信息
envi	用于输出 ZooKeeper 所在服务器运行时的环境信息，包括 os.version、java.version 和 user.home 等
mntr	用于输出比 stat 命令更为详尽的服务器统计信息，包括请求处理的延迟情况、服务器内存数据库大小和集群的数据同步情况
ruok	用于输出当前 ZooKeeper 服务器是否正在运行。该命令的名字非常有趣，其谐音正好是"Are you ok"。执行该命令后，如果当前 ZooKeeper 服务器正在运行，那么返回"imok"；否则没有任何响应输出
stat	用于获取 ZooKeeper 服务器的运行时状态信息，包括基本的 ZooKeeper 版本、打包信息、运行时角色、集群数据节点个数等信息
srvr	和 stat 命令的功能一致，唯一的区别是 srvr 不会将客户端的连接情况输出，仅仅输出服务器的自身信息
srst	功能性命令，用于重置所有服务器的统计信息
wchc	用于输出当前服务器上管理的 Watcher 的详细信息，以会话为单位进行归组，同时列出被该会话注册了 Watcher 的节点路径
wchp	和 wchc 命令非常类似，也是用于输出当前服务器上管理的 Watcher 的详细信息，不同点在于 wchp 命令的输出信息以节点路径为单位进行归组
wchs	用于输出当前服务器上管理的 Watcher 的概要信息

需要注意的是，ruok 命令的输出仅仅只能表明当前服务器是否正在运行。准确地讲，只能说明 2181 端口打开着，同时四字命令执行流程正常，但是不能代表 ZooKeeper 服务器是否运行正常。在很多时候，如果当前服务器无法正常处理客户端的读写请求，甚至已经无法和集群中的其他机器进行通信，ruok 命令依然返回"imok"。

ZooKeeper 四字命令的使用很简单，通常有两种方式：第一种是通过 Telnet 方式，使用 Telnet 客户端登录 ZooKeeper 对外服务端口，然后直接输入四字命令即可。此方式需要在机器上安装 Telnet。例如，Telnet 方式使用 ZooKeeper 四字命令"conf"的命令效果如图 4-5 所示。

```
[xuluhui@master ~]$ telnet localhost 2181
Trying ::1...
Connected to localhost.
Escape character is '^]'.
conf
clientPort=2181
dataDir=/usr/local/zookeeper-3.4.13/data/version-2
dataLogDir=/usr/local/zookeeper-3.4.13/datalog/version-2
tickTime=2000
maxClientCnxns=60
minSessionTimeout=4000
maxSessionTimeout=40000
serverId=1
initLimit=10
syncLimit=5
electionAlg=3
electionPort=3888
quorumPort=2888
peerType=0
Connection closed by foreign host.
[xuluhui@master ~]$
```

图 4-5　telnet 方式使用 ZooKeeper 四字命令

第二种则是使用 nc 方式，命令语法如下所示：

```
echo {command} | nc {host} 2181
```

nc 方式使用 ZooKeeper 四字命令"conf"的命令效果如图 4-6 所示。

```
[xuluhui@master ~]$ echo conf | nc localhost 2181
clientPort=2181
dataDir=/usr/local/zookeeper-3.4.13/data/version-2
dataLogDir=/usr/local/zookeeper-3.4.13/datalog/version-2
tickTime=2000
maxClientCnxns=60
minSessionTimeout=4000
maxSessionTimeout=40000
serverId=1
initLimit=10
syncLimit=5
electionAlg=3
electionPort=3888
quorumPort=2888
peerType=0
[xuluhui@master ~]$
```

图 4-6　nc 方式使用 ZooKeeper 四字命令

4.2.5　ZooKeeper Shell

1. 服务器命令行工具 zkServer.sh

zkServer.sh 用于启动、查看、关闭 ZooKeeper 集群等，可以使用"zkServer.sh -help"查看其帮助，具体用法如图 4-7 所示。

```
[xuluhui@master ~]$ zkServer.sh -help
ZooKeeper JMX enabled by default
Using config: /usr/local/zookeeper-3.4.13/bin/../conf/zoo.cfg
Usage: /usr/local/zookeeper-3.4.13/bin/zkServer.sh {start|start-foreground|stop|
restart|status|upgrade|print-cmd}
[xuluhui@master ~]$
```

图 4-7　ZooKeeper Shell 服务器命令用法

zkServer.sh 常用的选项功能如下：

(1) start：启动 ZooKeeper 服务。

(2) stop：停止 ZooKeeper 服务。

(3) restart：重启 ZooKeeper 服务。

(4) status：查看 ZooKeeper 状态。

2. 客户端命令行工具 zkCli.sh

zkCli.sh 用于对 ZooKeeper 文件系统中的数据节点进行新建、查看或删除等操作。进入客户端命令行的方法有如下几种：

1) 连接本地 ZooKeeper 服务器

使用命令"zkCli.sh"即可连接到本地 ZooKeeper 服务器。若命令中没有显式指定 ZooKeeper 服务器地址，则默认是本地 ZooKeeper 服务器。使用效果如下所示：

```
[xuluhui@master ~]$ zkCli.sh
[zk: localhost:2181(CONNECTED) 0]
```

2) 连接指定 ZooKeeper 服务器

若希望连接到指定的 ZooKeeper 服务器，可以通过如下命令实现：

```
zkCli.sh -server host:port
```

其中参数"host"表示提供 ZooKeeper 服务的节点 IP 或主机名，参数"port"是 4.2.3 节介绍的客户端连接当前 ZooKeeper 服务器的端口号，一般设置为 2181。例如，连接到 slave1 节点的 ZooKeeper 服务器通过用如下命令实现：

```
[xuluhui@master ~]$ zkCli.sh -server slave1:2181
[zk: slave1:2181(CONNECTED) 0]
```

再如，如下命令并不是连接了两个节点，而是按照顺序连接一个。当第一个连接无法获取时，就连接第二个。

```
[xuluhui@master ~]$ zkCli.sh -server slave1:2181,slave2:2181
[zk: slave1:2181,slave2:2181(CONNECTED) 0]
```

读者可以通过客户端命令行工具 zkCli.sh 命令"help"来查看可以进行的所有操作，如图 4-8 所示。

```
[zk: slave1:2181(CONNECTED) 0] help
ZooKeeper -server host:port cmd args
        stat path [watch]
        set path data [version]
        ls path [watch]
        delquota [-n|-b] path
        ls2 path [watch]
        setAcl path acl
        setquota -n|-b val path
        history
        redo cmdno
        printwatches on|off
        delete path [version]
        sync path
        listquota path
        rmr path
        get path [watch]
        create [-s] [-e] path data acl
        addauth scheme auth
        quit
        getAcl path
        close
        connect host:port
[zk: slave1:2181(CONNECTED) 1]
```

图 4-8 ZooKeeper Shell 客户端命令的用法

图 4-8 所展示的客户端命令中，create 用于新建节点，set 用于设置节点数据，get 用于获取节点数据，delete 只能删除一个节点，rmr 可以级联删除，close 用于关闭当前 session，quit 用于退出客户端命令行。客户端几个常用命令的使用方法如表 4-7 所示。由于命令众多，此处不再一一讲解，读者可以自行查阅资料并进行实践。

表 4-7　ZooKeeper Shell 客户端部分命令的使用说明

命令	语　法	功　　能
ls	ls path [watch]	列出 ZooKeeper 指定节点下的所有子节点。这个命令仅能看到指定节点下第一级的所有子节点，其中参数 path 用于指定数据节点的节点路径
create	create [-s] [-e] path data acl	创建 ZooKeeper 数据节点。其中，参数-s 和-e 用于指定节点特性，-s 为顺序节点，-e 为临时节点。默认情况下，即不添加-s 或-e 参数的，创建的是持久节点。参数 path 用于指定节点路径；参数 data 用于指定节点数据内容；参数 acl 用来进行权限控制，默认情况下不做任何权限控制
get	get path [watch]	获取 ZooKeeper 指定节点的数据内容和属性信息
set	set path data [version]	更新 ZooKeeper 指定节点的数据内容。其中，参数 data 就是要更新的新内容；参数 version 用于指定本次更新操作是基于数据节点的哪一个数据版本进行的
delete	delete path [version]	删除 ZooKeeper 上指定的数据节点。其中，参数 version 的作用与 set 命令中 version 的参数一致

4.2.6　ZooKeeper Java API

ZooKeeper 作为一个分布式服务框架，主要用来解决分布式数据一致性问题。它提供了简单的分布式原语，并且对多种编程语言提供了 API。下面我们重点介绍 ZooKeeper 的 Java 客户端 API 的使用方式。

ZooKeeper Java API 面向开发工程师，包含 org.apache.zookeeper、org.apache.zookeeper. data 、 org.apache.zookeeper.server 、 org.apache.zookeeper.server.quorum 、 org.apache. zookeeper.server.upgrade 等包，其中 org.apache.zookeeper 包含 ZooKeeper 类，它是编程时最常用的类文件。本小节仅讲述几个常用的 ZooKeeper Java API，完整的 ZooKeeper Java API 请参考官方参考指南 http://zookeeper.apache.org/doc/r3.4.13/api/index.html，其首页如图 4-9 所示。

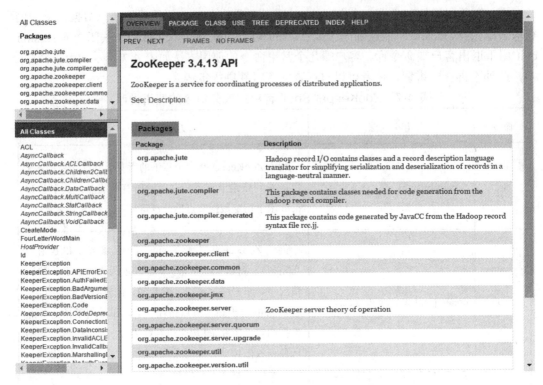

图 4-9　ZooKeeper 3.4.13 API 官方参考指南首页

ZooKeeper API 中关于 ZNode 有 9 个基本操作，如表 4-8 所示。

表 4-8　ZNode 的 9 个基本操作

操　作	描　述
create	创建 ZNode(父 ZNode 必须存在)
delete	删除 ZNode(无子节点)
exists	测试 ZNode 是否存在，并获取它的元数据
getACL	为 ZNode 获取 ACL
setACL	为 ZNode 设置 ACL
getChildren	获取 ZNode 所有子节点的列表
getData	获取 ZNode 相关数据
setData	设置 ZNode 相关数据
sync	使客户端的 ZNode 视图与 ZooKeeper 服务器同步

更新 ZooKeeper 操作是有限制的。delete 或 setData 必须明确待更新的 ZNode 版本号，可以调用 exists 找到。如果版本号不匹配，更新将会失败。

更新 ZooKeeper 操作是非阻塞式的。因此客户端如果失去了一个更新(由于另一个进程在同时更新这个 ZNode)，它可以在不阻塞其他进程执行的情况下选择重新尝试或进行其他操作。

4.3　实　验　步　骤

4.3.1　规划 ZooKeeper 集群

1. ZooKeeper 集群规划

部署 ZooKeeper 集群时，最少需要 3 台机器。本实验拟将 ZooKeeper 集群运行在 Linux 上，将使用 3 台安装有 Linux 操作系统的机器，主机名分别为 master、slave1、slave2。具体 ZooKeeper 集群规划表如表 4-9 所示。

表 4-9　ZooKeeper 集群部署规划表

主机名	IP 地址	运行服务	软硬件配置
master	192.168.18.130	QuorumPeerMain	内存：4 GB　　CPU：1 个 2 核 硬盘：40 GB　　操作系统：CentOS 7.6.1810 Java：Oracle JDK 8u191 ZooKeeper：ZooKeeper 3.4.13 Eclipse：Eclipse IDE 2018-09 for Java Developers
slave1	192.168.18.131	QuorumPeerMain	内存：1 GB　　CPU：1 个 1 核 硬盘：20 GB　　操作系统：CentOS 7.6.1810 Java：Oracle JDK 8u191 ZooKeeper：ZooKeeper 3.4.13
slave2	192.168.18.132	QuorumPeerMain	内存：1 GB　　CPU：1 个 1 核 硬盘：20 GB　　操作系统：CentOS 7.6.1810 Java：Oracle JDK 8u191 ZooKeeper：ZooKeeper 3.4.13

2. 软件选择

本书中所使用各种软件的名称、版本、发布日期及下载地址如表 4-10 所示。

表 4-10　本书使用的软件名称、版本、发布日期及下载地址

软件名称	软件版本	发布日期	下载地址
VMware Workstation Pro	VMware Workstation 14.5.7 Pro for Windows	2017 年 6 月 22 日	https://www.vmware.com/products/workstation-pro.html
CentOS	CentOS 7.6.1810	2018 年 11 月 26 日	https://www.centos.org/download/
Java	Oracle JDK 8u191	2018 年 10 月 16 日	http://www.oracle.com/technetwork/java/javase/downloads/index.html
ZooKeeper	ZooKeeper 3.4.13	2018 年 7 月 15 日	http://zookeeper.apache.org/releases.html
Eclipse	Eclipse IDE 2018-09 for Java Developers	2018 年 9 月	https://www.eclipse.org/downloads/packages/

注意：本书采用的 ZooKeeper 版本是 3.4.13，3 个节点的机器名分别为 master、slave1、

slave2，IP 地址依次为 192.168.18.130、192.168.18.131、192.168.18.132，后续内容均在表 4-9 的规划基础上完成，请读者务必确认自己的 ZooKeeper 版本、机器名等信息。

　　由于在实验 1 中已完成 VMware Workstation Pro、CentOS、Java 的安装，故本实验直接从部署 ZooKeeper 集群开始讲述。

4.3.2　部署 ZooKeeper 集群

　　本书采用的 ZooKeeper 版本是 3.4.13，因此本章的讲解都是针对这个版本进行的。尽管如此，由于 ZooKeeper 各个版本在部署和运行方式上的变化不大，因此本章的大部分内容也适用于 ZooKeeper 其他版本。

1. 初始软硬件环境准备

　　(1) 准备三台机器并安装操作系统，本书使用 CentOS Linux 7。

　　(2) 对集群内每一台机器配置静态 IP、修改机器名、添加集群级别域名映射、关闭防火墙。

　　(3) 对集群内每一台机器安装和配置 Java，要求为 Java 1.6 或更高版本，本书使用 Oracle JDK 8u191。

　　(4) 可以选择性地安装和配置 Linux 集群中各节点间的 SSH 免密登录。安装和配置 SSH 免密登录并不是部署 ZooKeeper 集群必须的，这样做仅是为了操作方便。

　　以上步骤本书已在实验 1 中详细介绍，具体操作过程请读者参见实验 1，此处不再赘述。

2. 获取 ZooKeeper

　　ZooKeeper 官方下载地址为 https://zookeeper.apache.org/releases.html，建议读者下载 stable 目录下的当前稳定版本。本实验选用的 ZooKeeper 版本是 2018 年 7 月 15 日发布的稳定版 ZooKeeper 3.4.13，其安装包文件 zookeeper-3.4.13.tar.gz 存放在 master 机器的 /home/xuluhui/Downloads 中。

3. 安装 ZooKeeper

　　安装 ZooKeeper 的方法是：切换到 root，在 master 机器上解压 zookeeper-3.4.13.tar.gz 到安装目录如/usr/local 下，依次使用的命令如下所示：

```
su root
cd /usr/local
tar -zxvf /home/xuluhui/Downloads/zookeeper-3.4.13.tar.gz
```

使用命令及运行效果如图 4-10 所示。

```
[xuluhui@master ~]$ su root
Password:
[root@master xuluhui]# cd /usr/local
[root@master local]# tar -zxvf /home/xuluhui/Downloads/zookeeper-3.4.13.tar.gz
zookeeper-3.4.13/
zookeeper-3.4.13/ivysettings.xml
zookeeper-3.4.13/dist-maven/
zookeeper-3.4.13/bin/
zookeeper-3.4.13/build.xml
zookeeper-3.4.13/zookeeper-3.4.13.jar.asc
zookeeper-3.4.13/zookeeper-3.4.13.jar.sha1
zookeeper-3.4.13/zookeeper-3.4.13.jar
```

图 4-10　安装 zookeeper-3.4.13.tar.gz

4. 配置 ZooKeeper

1) 复制模板配置文件 zoo_sample.cfg 为 zoo.cfg

在 master 机器上使用命令"cp"将 ZooKeeper 示例配置文件 zoo_sample.cfg 复制并重命名为 zoo.cfg。使用命令如下所示：

```
cp conf/zoo_sample.cfg conf/zoo.cfg
```

假设当前目录为"/usr/local/zookeeper-3.4.13"，使用命令及运行效果如图 4-11 所示。

```
[root@master local]# cd zookeeper-3.4.13
[root@master zookeeper-3.4.13]# ls
bin         docs             NOTICE.txt              zookeeper-3.4.13.jar
build.xml   ivysettings.xml  README.md               zookeeper-3.4.13.jar.asc
conf        ivy.xml          README_packaging.txt    zookeeper-3.4.13.jar.md5
contrib     lib              recipes                 zookeeper-3.4.13.jar.sha1
dist-maven  LICENSE.txt      src
[root@master zookeeper-3.4.13]# ls conf
configuration.xsl  log4j.properties  zoo_sample.cfg
[root@master zookeeper-3.4.13]# cp conf/zoo_sample.cfg conf/zoo.cfg
[root@master zookeeper-3.4.13]# ls conf
configuration.xsl  log4j.properties  zoo.cfg  zoo_sample.cfg
[root@master zookeeper-3.4.13]#
```

图 4-11　复制并更名配置文件

2) 修改配置文件 zoo.cfg

读者可以发现，模板中已配置好 tickTime、initLimit、syncLimit、dataDir、clientPort 等配置项，此处，本书仅在 master 机器上修改配置参数 dataDir 和添加配置参数 dataLogDir。由于机器重启后系统会自动清空/tmp 目录下的文件，因此将存放数据快照的目录更改为某固定目录，将原始的"dataDir=/tmp/zookeeper"修改为"/usr/local/zookeeper-3.4.13/data"。另外，添加事务日志存放路径 dataLogDir，设置为"/usr/local/zookeeper-3.4.13/datalog"。修改后的配置文件 zoo.cfg 的内容如图 4-12 所示。

```
# The number of milliseconds of each tick
tickTime=2000
# The number of ticks that the initial
# synchronization phase can take
initLimit=10
# The number of ticks that can pass between
# sending a request and getting an acknowledgement
syncLimit=5
# the directory where the snapshot is stored.
# do not use /tmp for storage, /tmp here is just
# example sakes.
dataDir=/usr/local/zookeeper-3.4.13/data
dataLogDir=/usr/local/zookeeper-3.4.13/datalog
# the port at which the clients will connect
clientPort=2181
```

图 4-12　修改配置文件 zoo.cfg

然后，在 master 机器上配置 ZooKeeper 集群地址，在配置文件 zoo.cfg 最后补充几行内容，如下所示：

```
server.1=master:2888:3888

server.2=slave1:2888:3888

server.3=slave2:2888:3888
```

5. 创建所需目录和新建 myid 文件

在步骤 4 修改配置文件 zoo.cfg 中,将存放数据快照和事务日志的目录设置为目录 data 和 datalog，因此需要在 master 机器上创建这两个目录。假设当前目录为以上步骤操作后的所在目录"/usr/local/zookeeper-3.4.13"，使用如下命令实现：

```
mkdir data
```

```
mkdir datalog
```

然后，在数据快照目录下新建文件 myid 并填写 ID。在 master 机器配置项 dataDir 指定目录下创建文件"myid"，例如在 dataDir 目录"/usr/local/zookeeper3.4.13/data"下使用命令"vim"新建文件 myid，并将其内容设置为"1"。之所以为"1"，是由于配置文件 zoo.cfg 中"server.id=host:port:port"配置项 master 机器对应的"id"为"1"。

6. 同步 ZooKeeper 文件至 slave1、slave2

使用 scp 命令将 master 机器中目录"zookeeper-3.4.13"及下属子目录和文件统一拷贝至 slave1 和 slave2 上，依次使用的命令如下所示：

```
scp -r /usr/local/zookeeper-3.4.13 root@slave1:/usr/local/zookeeper-3.4.13
scp -r /usr/local/zookeeper-3.4.13 root@slave2:/usr/local/zookeeper-3.4.13
```

运行效果如图 4-13 所示。

```
[root@master zookeeper-3.4.13]# scp -r /usr/local/zookeeper-3.4.13 root@slave1:/
usr/local/zookeeper-3.4.13
root@slave1's password:
ivysettings.xml                          100% 1709    532.8KB/s    00:00
zookeeper-3.4.13.pom.asc                 100%  833    434.3KB/s    00:00
zookeeper-3.4.13-javadoc.jar.md5         100%   33      5.7KB/s    00:00
zookeeper-3.4.13-javadoc.jar.asc         100%  833     97.9KB/s    00:00
zookeeper-3.4.13-sources.jar             100% 595KB    41.4MB/s    00:00
zookeeper-3.4.13.pom                     100%  12KB    11.5MB/s    00:00
zookeeper-3.4.13.pom.md5                 100%   33     49.9KB/s    00:00
zookeeper-3.4.13-javadoc.jar             100% 405KB    54.3MB/s    00:00
zookeeper-3.4.13-tests.jar.sha1          100%   41     57.5KB/s    00:00
zookeeper-3.4.13.jar.asc                 100%  833    790.8KB/s    00:00
zookeeper-3.4.13-sources.jar.sha1        100%   41     62.8KB/s    00:00
zookeeper-3.4.13.jar.sha1                100%   41     65.3KB/s    00:00
zookeeper-3.4.13.jar                     100% 885KB    51.3MB/s    00:00
[root@master zookeeper-3.4.13]# scp -r /usr/local/zookeeper-3.4.13 root@slave2:/
usr/local/zookeeper-3.4.13
root@slave2's password:
ivysettings.xml                          100% 1709     2.1MB/s    00:00
zookeeper-3.4.13.pom.asc                 100%  833     1.5MB/s    00:00
zookeeper-3.4.13-javadoc.jar.md5         100%   33     65.5KB/s    00:00
zookeeper-3.4.13-javadoc.jar.asc         100%  833     1.2MB/s    00:00
zookeeper-3.4.13-sources.jar             100% 595KB    56.1MB/s    00:00
zookeeper-3.4.13.pom                     100%  12KB    10.1MB/s    00:00
zookeeper-3.4.13.pom.md5                 100%   33     33.7KB/s    00:00
zookeeper-3.4.13-javadoc.jar             100% 405KB    41.1MB/s    00:00
zookeeper-3.4.13-tests.jar.sha1          100%   41     43.7KB/s    00:00
zookeeper-3.4.13.jar.asc                 100%  833    202.3KB/s    00:00
zookeeper-3.4.13-sources.jar.sha1        100%   41     44.4KB/s    00:00
zookeeper-3.4.13.jar.sha1                100%   41     54.1KB/s    00:00
zookeeper-3.4.13.jar                     100% 885KB    68.3MB/s    00:00
```

图 4-13　同步 ZooKeeper 目录到集群其他机器

7. 设置$ZOOKEEPER_HOME 的目录属主

为了在普通用户下使用 ZooKeeper 集群，依次将 master、slave1、slave2 三台机器上的 $ZOOKEEPER_HOME 目录属主设置为 Linux 普通用户(例如 xuluhui)，使用以下命令完成：

```
chown -R xuluhui /usr/local/zookeeper-3.4.13
```

8. 修改 slave1、slave2 文件的 myid 内容

配置文件 conf/zoo.cfg 中"server.id=host:port:port"配置项中 id 与哪台主机对应，myid 文件中的内容就是什么数字。本例中，三台机器按 master、slave1、slave2 对应的"id"依次为"1、2、3"，因此将 slave1 机器上文件 myid 的内容修改为"2"，将 slave2 机器上文件 myid 的内容修改为"3"。

至此，Linux 集群中三台机器的 ZooKeeper 均已安装和配置完毕。

9. 在系统配置文件目录/etc/profile.d 下新建 zookeeper.sh

在 ZooKeeper 集群的所有机器上执行以下操作：

首先，切换到 root 用户，使用"vim /etc/profile.d/zookeeper.sh"命令在/etc/profile.d 文件夹下新建文件 zookeeper.sh，添加如下内容：

```
export ZOOKEEPER_HOME=/usr/local/zookeeper-3.4.13
export PATH=$ZOOKEEPER_HOME/bin:$PATH
```

其次，重启机器，使之生效。

此步骤可省略。之所以将$ZOOKEEPER_HOME/bin 目录加入到系统环境变量 PATH 中，是因为当输入启动和管理 ZooKeeper 集群命令时，无需再切换到 $ZOOKEEPER_HOME/bin 目录，否则会出现错误信息"bash: ****: command not found..."。

例如 master 机器，新建配置文件 zookeeper.sh 前，直接启动 ZooKeeper 集群时会出现错误信息"bash: zkServer.sh: command not found..."。而新建配置文件 zookeeper.sh 且重启机器后，可以直接启动 ZooKeeper 集群而无需进入到$ZOOKEEPER_HOME/bin 目录下启动 ZooKeeper。$ZOOKEEPER_HOME/bin 加入系统环境变量 PATH 前后服务端命令运行效果如图 4-14 所示，这样使用起来会更加方便。

```
[xuluhui@master ~]$ zkServer.sh start
bash: zkServer.sh: command not found...
[xuluhui@master ~]$

[xuluhui@master ~]$ zkServer.sh start
ZooKeeper JMX enabled by default
Using config: /usr/local/zookeeper-3.4.13/bin/../conf/zoo.cfg
Starting zookeeper ... STARTED
[xuluhui@master ~]$
```

图 4-14 $ZOOKEEPER_HOME/bin 加入系统环境变量 PATH 前后服务端命令的使用区别

4.3.3 启动 ZooKeeper 集群

在 ZooKeeper 集群的每个节点上，在普通用户 xuluhui 下使用命令"zkServer.sh start"启动 ZooKeeper，使用的命令及运行效果如图 4-15 所示。从图 4-15 中可以看出，3 个节点均显示"Starting zookeeper ... STARTED"信息。

```
[xuluhui@master ~]$ /usr/local/zookeeper-3.4.13/bin/zkServer.sh start
ZooKeeper JMX enabled by default
Using config: /usr/local/zookeeper-3.4.13/bin/../conf/zoo.cfg
Starting zookeeper ... STARTED
[xuluhui@master ~]$

[xuluhui@slave1 ~]$ /usr/local/zookeeper-3.4.13/bin/zkServer.sh start
ZooKeeper JMX enabled by default
Using config: /usr/local/zookeeper-3.4.13/bin/../conf/zoo.cfg
Starting zookeeper ... STARTED
[xuluhui@slave1 ~]$

[xuluhui@slave2 ~]$ /usr/local/zookeeper-3.4.13/bin/zkServer.sh start
ZooKeeper JMX enabled by default
Using config: /usr/local/zookeeper-3.4.13/bin/../conf/zoo.cfg
Starting zookeeper ... STARTED
[xuluhui@slave2 ~]$
```

图 4-15   启动 ZooKeeper 集群

4.3.4　验证 ZooKeeper 集群

启动 ZooKeeper 集群后可查看 zookeeper.out 日志。由于 ZooKeeper 集群启动的时候，每个节点都试图去连接集群中的其他节点，故可能启动时后边的节点还没有启动，所以会出现异常的日志，这是正常的。启动后选出一个 Leader 后就稳定了。

查看 ZooKeeper 是否部署成功的第一种方法是：在各个节点上通过"zkServer.sh status"命令查看状态，包括集群中各个节点的角色，使用命令及运行效果如图 4-16 所示。从图 4-16 中可以看出，slave1 是 Leader。

```
[xuluhui@master ~]$ /usr/local/zookeeper-3.4.13/bin/zkServer.sh status
ZooKeeper JMX enabled by default
Using config: /usr/local/zookeeper-3.4.13/bin/../conf/zoo.cfg
Mode: follower
[xuluhui@master ~]$

[xuluhui@slave1 ~]$ /usr/local/zookeeper-3.4.13/bin/zkServer.sh status
ZooKeeper JMX enabled by default
Using config: /usr/local/zookeeper-3.4.13/bin/../conf/zoo.cfg
Mode: leader
[xuluhui@slave1 ~]$

[xuluhui@slave2 ~]$ /usr/local/zookeeper-3.4.13/bin/zkServer.sh status
ZooKeeper JMX enabled by default
Using config: /usr/local/zookeeper-3.4.13/bin/../conf/zoo.cfg
Mode: follower
[xuluhui@slave2 ~]$
```

图 4-16　通过 zkServer.sh status 查看 ZooKeeper 集群的启动状态

查看 ZooKeeper 是否部署成功的第二种方法是：在各个节点上通过"jps"命令查看进程服务，若部署成功的话，可在各个节点上看到 QuorumPeerMain 的进程，运行效果如图 4-17 所示。

```
[xuluhui@master ~]$ jps
13932 QuorumPeerMain
14238 Jps
[xuluhui@master ~]$

[xuluhui@slave1 ~]$ jps
10001 Jps
9756 QuorumPeerMain
[xuluhui@slave1 ~]$

[xuluhui@slave2 ~]$ jps
9605 QuorumPeerMain
9852 Jps
[xuluhui@slave2 ~]$
```

图 4-17　通过 jps 查看进程服务

4.3.5　使用 ZooKeeper 的四字命令

1. conf

conf 命令用于输出 ZooKeeper 服务器运行时使用的基本配置信息，包括 clientPort、dataDir 和 tickTime 等。使用 conf 命令查看 master 节点上 ZooKeeper 服务器基本配置信息的效果如图 4-18 所示。

```
[xuluhui@master ~]$ echo conf | nc localhost 2181
clientPort=2181
dataDir=/usr/local/zookeeper-3.4.13/data/version-2
dataLogDir=/usr/local/zookeeper-3.4.13/datalog/version-2
tickTime=2000
maxClientCnxns=60
minSessionTimeout=4000
maxSessionTimeout=40000
serverId=1
initLimit=10
syncLimit=5
electionAlg=3
electionPort=3888
quorumPort=2888
peerType=0
[xuluhui@master ~]$
```

图 4-18　查看 master 节点上 ZooKeeper 服务器运行时使用的基本配置信息

2. stat

stat 命令用于获取 ZooKeeper 服务器运行时的状态信息，包括基本的 ZooKeeper 版本、打包信息、运行时角色、集群数据节点个数等信息。使用 stat 命令查看 slave1 节点上 ZooKeeper 服务器的运行时状态信息的效果如图 4-19 所示。

```
[xuluhui@master ~]$ echo stat | nc slave1 2181
Zookeeper version: 3.4.13-2d71af4dbe22557fda74f9a9b4309b15a7487f03, built on 06/
29/2018 04:05 GMT
Clients:
 /192.168.18.130:53294[0](queued=0,recved=1,sent=0)

Latency min/avg/max: 0/0/0
Received: 3
Sent: 2
Connections: 1
Outstanding: 0
Zxid: 0x1100000000
Mode: leader
Node count: 4
Proposal sizes last/min/max: -1/-1/-1
[xuluhui@master ~]$
```

图 4-19　查看 slave1 节点上 ZooKeeper 服务器运行时的状态信息

3. envi

envi 命令用于输出 ZooKeeper 所在服务器运行时的环境信息，包括 os.version、java.version 和 user.home 等。使用 envi 命令查看 slave1 节点上 ZooKeeper 服务器运行时环境信息的效果如图 4-20 所示。

```
[xuluhui@master ~]$ echo envi | nc slave1 2181
Environment:
zookeeper.version=3.4.13-2d71af4dbe22557fda74f9a9b4309b15a7487f03, built on 06/2
9/2018 04:05 GMT
host.name=slave1
java.version=1.8.0_191
java.vendor=Oracle Corporation
java.home=/usr/java/jdk1.8.0_191/jre
java.class.path=/usr/local/zookeeper-3.4.13/bin/../build/classes:/usr/local/zook
eeper-3.4.13/bin/../build/lib/*.jar:/usr/local/zookeeper-3.4.13/bin/../lib/slf4j
-log4j12-1.7.25.jar:/usr/local/zookeeper-3.4.13/bin/../lib/slf4j-api-1.7.25.jar:
/usr/local/zookeeper-3.4.13/bin/../lib/netty-3.10.6.Final.jar:/usr/local/zookeep
er-3.4.13/bin/../lib/log4j-1.2.17.jar:/usr/local/zookeeper-3.4.13/bin/../lib/jli
ne-0.9.94.jar:/usr/local/zookeeper-3.4.13/bin/../lib/audience-annotations-0.5.0.
jar:/usr/local/zookeeper-3.4.13/bin/../zookeeper-3.4.13.jar:/usr/local/zookeeper
-3.4.13/bin/../src/java/lib/*.jar:/usr/local/zookeeper-3.4.13/bin/../conf/:.:/usr
/java/jdk1.8.0_191/lib/dt.jar:/usr/java/jdk1.8.0_191/lib/tools.jar
java.library.path=/usr/java/packages/lib/amd64:/usr/lib64:/lib64:/lib:/usr/lib
java.io.tmpdir=/tmp
java.compiler=<NA>
os.name=Linux
os.arch=amd64
os.version=3.10.0-957.el7.x86_64
user.name=xuluhui
user.home=/home/xuluhui
user.dir=/home/xuluhui
[xuluhui@master ~]$
```

图 4-20　查看 slave1 节点上 ZooKeeper 服务器运行时的环境信息

4.3.6　使用 ZooKeeper Shell 的常用命令

1. 使用 ZooKeeper Shell 服务器的命令

zkServer.sh 用于启动、查看、关闭 ZooKeeper 集群等。例如，ZooKeeper 服务器的启动、查看帮助、查看状态所使用的命令及运行效果如图 4-21 所示。

```
[xuluhui@master ~]$ zkServer.sh start
ZooKeeper JMX enabled by default
Using config: /usr/local/zookeeper-3.4.13/bin/../conf/zoo.cfg
Starting zookeeper ... STARTED
[xuluhui@master ~]$ zkServer.sh -help
ZooKeeper JMX enabled by default
Using config: /usr/local/zookeeper-3.4.13/bin/../conf/zoo.cfg
Usage: /usr/local/zookeeper-3.4.13/bin/zkServer.sh {start|start-foreground|stop|
restart|status|upgrade|print-cmd}
[xuluhui@master ~]$ zkServer.sh status
ZooKeeper JMX enabled by default
Using config: /usr/local/zookeeper-3.4.13/bin/../conf/zoo.cfg
Mode: leader
[xuluhui@master ~]$
```

图 4-21　ZooKeeper 服务器的启动、查看帮助、查看状态

2. 使用 ZooKeeper Shell 客户端的命令

【案例 4-1】　使用 zkCli.sh 对 ZooKeeper 文件系统中数据节点进行新建、查看或删除等操作。

分析如下：

(1) 连接 slave1 节点 ZooKeeper 服务器，进入 ZooKeeper 命令行，使用的命令及运行效果如图 4-22 所示。

```
[xuluhui@master ~]$ zkCli.sh -server slave1:2181
Connecting to slave1:2181
2019-07-08 09:05:10,392 [myid:] - INFO  [main:Environment@100] - Client environm
ent:zookeeper.version=3.4.13-2d71af4dbe22557fda74f9a9b4309b15a7487f03, built on
06/29/2018 04:05 GMT
2019-07-08 09:05:10,395 [myid:] - INFO  [main:Environment@100] - Client environm
ent:host.name=master
2019-07-08 09:05:10,395 [myid:] - INFO  [main:Environment@100] - Client environm
ent:java.version=1.8.0_191
2019-07-08 09:05:10,397 [myid:] - INFO  [main:Environment@100] - Client environm
ent:java.vendor=Oracle Corporation
2019-07-08 09:05:10,397 [myid:] - INFO  [main:Environment@100] - Client environm
ent:java.home=/usr/java/jdk1.8.0_191/jre
2019-07-08 09:05:10,397 [myid:] - INFO  [main:Environment@100] - Client environm
ent:java.class.path=/usr/local/zookeeper-3.4.13/bin/../build/classes:/usr/local/
zookeeper-3.4.13/bin/../build/lib/*.jar:/usr/local/zookeeper-3.4.13/bin/../lib/s
```

图 4-22　进入 ZooKeeper 客户端命令行

连接成功之后，系统会输出该 ZooKeeper 服务器的相关环境及配置信息，并在屏幕上输出"Welcome to ZooKeeper！"等信息，如图 4-23 所示。

```
$SendThread@1029] - Opening socket connection to server slave1/192.168.18.131:21
81. Will not attempt to authenticate using SASL (unknown error)
Welcome to ZooKeeper!
JLine support is enabled
2019-07-08 09:05:10,474 [myid:] - INFO  [main-SendThread(slave1:2181):ClientCnxn
$SendThread@879] - Socket connection established to slave1/192.168.18.131:2181,
initiating session
[zk: slave1:2181(CONNECTING) 0] 2019-07-08 09:05:10,494 [myid:] - INFO  [main-Se
ndThread(slave1:2181):ClientCnxn$SendThread@1303] - Session establishment comple
te on server slave1/192.168.18.131:2181, sessionid = 0x100000539580000, negotiat
ed timeout = 30000

WATCHER::

WatchedEvent state:SyncConnected type:None path:null

[zk: slave1:2181(CONNECTED) 0]
```

图 4-23　ZooKeeper 的相关环境及配置信息

(2) 使用 "help" 命令查看所有支持操作，运行效果如图 4-24 所示。

```
[zk: slave1:2181(CONNECTED) 0] help
ZooKeeper -server host:port cmd args
        stat path [watch]
        set path data [version]
        ls path [watch]
        delquota [-n|-b] path
        ls2 path [watch]
        setAcl path acl
        setquota -n|-b val path
        history
        redo cmdno
        printwatches on|off
        delete path [version]
        sync path
        listquota path
        rmr path
        get path [watch]
        create [-s] [-e] path data acl
        addauth scheme auth
        quit
        getAcl path
        close
        connect host:port
[zk: slave1:2181(CONNECTED) 1]
```

图 4-24　查看 ZooKeeper 客户端命令行的帮助

(3) 使用 ZooKeeper Shell 命令进行下列简单操作：

使用命令 ls 查看根节点下的所有子节点。使用命令及运行效果如下所示：

[zk: slave1:2181(CONNECTED) 0] ls /

[zookeeper]

[zk: slave1:2181(CONNECTED) 1]

使用命令 create 在根目录 "/" 下创建 ZNode "xijing" 及相关数据内容，默认创建持久节点，使用命令及运行效果如下所示：

[zk: slave1:2181(CONNECTED) 1] create /xijing "it's a persistent node"

Created /xijing

[zk: slave1:2181(CONNECTED) 2]

使用命令 get 查看 ZNode "/xijing" 数据内容及节点信息。使用命令及运行效果如下所示(这里，各个属性信息后均人工添加了注释)：

[zk: slave1:2181(CONNECTED) 2] get /xijing

it's a persistent node　　# 数据节点的数据内容

cZxid = 0x100000002　# 数据节点创建时的事务 ID

ctime = Wed Jul 17 02:25:54 EDT 2019　# 数据节点的创建时间

mZxid = 0x100000002　# 数据节点最后一次更新时的事务 ID

mtime = Wed Jul 17 02:25:54 EDT 2019　# 数据节点最后一次更新的时间

pZxid = 0x100000002　# 数据节点的子节点列表最后一次被修改(子节点列表的变更而非子节点内容的变更)时的事务 ID

cversion = 0　　　# 子节点的版本号

dataVersion = 0　# 数据节点的版本号

aclVersion = 0　　# 数据节点的 ACL 版本号

ephemeralOwner = 0x0# 如果节点是临时节点，则表示创建该节点的会话的 SessionID；如果节点是持久节点，则该属性值为 0

```
dataLength = 22  # 数据内容的长度
numChildren = 0 # 数据节点当前的子节点的个数
[zk: slave1:2181(CONNECTED) 3]
```

从上面的输出信息中我们可以看到，第一行是节点/xijing 的数据内容，其他几行则是创建该节点的事务 ID(cZxid)、最后一次更新该节点的事务 ID(mZxid)、最后一次更新该节点的时间(mtime)、数据节点的版本号(dataVersion)等属性信息。

使用命令 set 对 ZNode "/xijing" 数据内容进行更新。使用命令及运行效果如下所示：

```
[zk: slave1:2181(CONNECTED) 3] set /xijing "xijing is a persistent node"
cZxid = 0x100000002
ctime = Wed Jul 17 02:25:54 EDT 2019
mZxid = 0x100000003
mtime = Wed Jul 17 02:29:23 EDT 2019
pZxid = 0x100000002
cversion = 0
dataVersion = 1
aclVersion = 0
ephemeralOwner = 0x0
dataLength = 27
numChildren = 0
[zk: slave1:2181(CONNECTED) 4]
```

执行完以上命令后，节点 "/xijing" 的数据内容被更新为 "xijing is a persistent node"。从上面的输出信息中我们可以看到，数据节点最后一次更新时的事务 ID(mZxid)发生了变化，最后一次更新该节点的时间(mtime)发生了变化，数据节点的版本号(dataVersion)由原来的 "0" 变为当前的 "1"，数据内容的长度(dataLength)由原来的 "22" 变为当前的 "27"。

使用命令 create 在根目录 "/" 下依次创建持久顺序节点 "xijing"、临时节点 "xijingTmp"、临时顺序节点 "xijingTmp" 及各自相关数据内容，并查看这三个节点信息。依次使用命令及运行效果如下所示：

```
[zk: slave1:2181(CONNECTED) 4] create -s /xijing "it's a persistent sequential node"
Created /xijing0000000001
[zk: slave1:2181(CONNECTED) 5] get /xijing0000000001
it's a persistent sequential node
cZxid = 0x100000004
ctime = Wed Jul 17 02:34:14 EDT 2019
mZxid = 0x100000004
mtime = Wed Jul 17 02:34:14 EDT 2019
pZxid = 0x100000004
cversion = 0
dataVersion = 0
aclVersion = 0
```

```
ephemeralOwner = 0x0
dataLength = 33
numChildren = 0
[zk: slave1:2181(CONNECTED) 6]
```

执行完以上命令后，就在根目录"/"下依次创建了持久顺序节点"xijing"。从上面输出的信息可以看到，ZooKeeper 自动在持久顺序节点"xijing"名字后添加了数字后缀"0000000001"，该持久顺序节点的完整名字为"/xijing0000000001"，如下所示：

```
[zk: slave1:2181(CONNECTED) 6] create -e /xijingTmp "it's a ephemeral node"
Created /xijingTmp
[zk: slave1:2181(CONNECTED) 7] get /xijingTmp
it's a ephemeral node
cZxid = 0x100000005
ctime = Wed Jul 17 02:34:59 EDT 2019
mZxid = 0x100000005
mtime = Wed Jul 17 02:34:59 EDT 2019
pZxid = 0x100000005
cversion = 0
dataVersion = 0
aclVersion = 0
ephemeralOwner = 0x200075948aa0000
dataLength = 21
numChildren = 0
[zk: slave1:2181(CONNECTED) 8]
```

执行完以上命令后，就在根目录"/"下依次创建了临时节点"xijingTmp"。从上面输出的信息可以看到，ephemeralOwner 不再是之前持久节点的值"0x0"，因为该节点是临时节点，此状态信息表示创建该节点的会话的 SessionID，如下所示：

```
[zk: slave1:2181(CONNECTED) 8] create -e -s /xijingTmp "it's a ephemeral sequential node"
Created /xijingTmp0000000003
[zk: slave1:2181(CONNECTED) 9] get /xijingTmp0000000003
it's a ephemeral sequential node
cZxid = 0x100000006
ctime = Wed Jul 17 02:35:27 EDT 2019
mZxid = 0x100000006
mtime = Wed Jul 17 02:35:27 EDT 2019
pZxid = 0x100000006
cversion = 0
dataVersion = 0
aclVersion = 0
ephemeralOwner = 0x200075948aa0000
```

```
dataLength = 32
numChildren = 0
[zk: slave1:2181(CONNECTED) 10]
```

执行完以上命令后，就在根目录"/"下依次创建了临时顺序节点"xijingTmp"。从上面输出的信息可以看到，ZooKeeper 自动在临时顺序节点"xijingTmp"名字后添加了数字后缀"0000000003"，该临时顺序节点的完整名字为"/xijingTmp0000000003"。

使用命令 ls 再次查看当前根目录下包含的数据节点。使用命令及运行效果如下所示：

```
[zk: slave1:2181(CONNECTED) 10] ls /
[xijing0000000001, xijingTmp, xijingTmp0000000003, zookeeper, xijing]
[zk: slave1:2181(CONNECTED) 11]
```

使用命令 close 关闭本次连接会话 Session，再使用命令 connect host:port 重新打开一个连接。使用命令及运行效果如下所示：

```
[zk: slave1:2181(CONNECTED) 11] close
2019-07-17 02:50:32,598 [myid:] - INFO   [main:ZooKeeper@693] - Session: 0x200075948aa0000 closed
2019-07-17 02:50:32,601 [myid:] - INFO   [main-EventThread:ClientCnxn$EventThread@522] - EventThread shut down for session: 0x200075948aa0000

[zk: slave1:2181(CLOSED) 12] connect slave1:2181
2019-07-17 02:51:16,873 [myid:] - INFO   [main:ZooKeeper@442] - Initiating client connection, connectString = slave1:2181 sessionTimeout=30000 watcher=org.apache.zookeeper.ZooKeeperMain$MyWatcher@6996db8
2019-07-17 02:51:16,876 [myid:] - INFO   [main-SendThread(slave1:2181): ClientCnxn$Send Thread@1029] - Opening socket connection to server slave1/192.168.18.131:2181. Will not attempt to authenticate using SASL (unknown error)
[zk: slave1:2181(CONNECTING) 13] 2019-07-17 02:51:16,877 [myid:] - INFO   [main-SendThread(slave1:2181):ClientCnxn$SendThread@879] - Socket connection established to slave1/192.168.18.131:2181, initiating session
2019-07-17 02:51:16,886 [myid:] - INFO [main-SendThread(slave1:2181):ClientCnxn$ SendThread@1303] - Session establishment complete on server slave1/192.168.18.131:2181, sessionid = 0x200075948aa0001, negotiated timeout = 30000

WATCHER::

WatchedEvent state:SyncConnected type:None path:null

[zk: slave1:2181(CONNECTED) 13]
```

再次使用命令 ls 查看当前根目录下包含的数据节点。使用命令及运行效果如下所示：

```
[zk: slave1:2181(CONNECTED) 13] ls /
[xijing0000000001, zookeeper, xijing]
[zk: slave1:2181(CONNECTED) 14]
```

从上面输出的信息可以看到，临时节点"xijingTmp"和"/xijingTmp0000000003"均已随着上次会话的关闭而自动删除了。

　　删除持久节点"/xijing"和持久顺序节点"/xijing0000000001"，并查看根目录下包含的数据节点。依次使用命令及运行效果如下所示：

```
[zk: slave1:2181(CONNECTED) 14] delete /xijing

[zk: slave1:2181(CONNECTED) 15] delete /xijing0000000001

[zk: slave1:2181(CONNECTED) 16] ls /

[zookeeper]

[zk: slave1:2181(CONNECTED) 17]
```

退出与 slave1 节点的 ZooKeeper 服务器的连接。使用命令及运行效果如下所示：

```
[zk: slave1:2181(CONNECTED) 17] quit

Quitting...

2019-07-17 02:56:34,848 [myid:] - INFO    [main:ZooKeeper@693] - Session: 0x200075948aa0001 closed
2019-07-17  02:56:34,848  [myid:]  -  INFO    [main-EventThread:ClientCnxn$EventThread@522] -
EventThread shut down for session: 0x200075948aa0001

[xuluhui@master ~]$
```

4.3.7　关闭 ZooKeeper 集群

　　在 ZooKeeper 集群的每个节点上，在普通用户 xuluhui 下使用命令"zkServer.sh stop"来关闭 ZooKeeper 服务。若 Linux 集群各机器节点间已配置好 SSH 免密登录，也可以仅在 master 一台机器上输入一系列命令以关闭整个 ZooKeeper 集群，依次使用的命令及运行效果如图 4-25 所示。从图 4-25 中可以看出，三个节点均显示"Stoppping zookeeper … STOPPED"信息。

```
[xuluhui@master ~]$ zkServer.sh stop
ZooKeeper JMX enabled by default
Using config: /usr/local/zookeeper-3.4.13/bin/../conf/zoo.cfg
Stopping zookeeper ... STOPPED
[xuluhui@master ~]$ ssh slave1
Last login: Sat Jul 13 22:37:19 2019
[xuluhui@slave1 ~]$ zkServer.sh stop
ZooKeeper JMX enabled by default
Using config: /usr/local/zookeeper-3.4.13/bin/../conf/zoo.cfg
Stopping zookeeper ... STOPPED
[xuluhui@slave1 ~]$ exit
logout
Connection to slave1 closed.
[xuluhui@master ~]$ ssh slave2
Last login: Sat Jul 13 22:37:26 2019
[xuluhui@slave2 ~]$ zkServer.sh stop
ZooKeeper JMX enabled by default
Using config: /usr/local/zookeeper-3.4.13/bin/../conf/zoo.cfg
Stopping zookeeper ... STOPPED
[xuluhui@slave2 ~]$ exit
logout
Connection to slave2 closed.
[xuluhui@master ~]$
```

图 4-25　在 master 一台机器上输入一系列命令关闭整个 ZooKeeper 集群

4.3.8　实验报告要求

　　实验报告以电子版和打印版双重形式提交。

　　实验报告主要内容包括实验名称、实验类型、实验地点、学时、实验环境、实验原理、实验步骤、实验结果、总结与思考等。实验报告格式如表 1-9 所示。

4.4　拓　展　训　练

本节将通过一些简单实例来介绍如何使用 ZooKeeper API 编写应用程序。若要深入学习 ZooKeeper 编程，读者可以访问 ZooKeeper 官方网站提供的完整 ZooKeeper API 文档 (http://zookeeper.apache.org/doc/r3.4.13/api/index.html)。

为了提高程序编写和调试效率，本书采用 Eclipse 工具编写 Java 程序，采用版本为适用于 64 位 Linux 操作系统的 Eclipse IDE 2018-09 for Java Developers。

4.4.1　搭建 ZooKeeper 的开发环境 Eclipse

在 ZooKeeper 集群中某一节点上搭建 ZooKeeper 开发环境 Eclipse，具体过程请读者参考本书 2.3.4 节，此处不再赘述。

4.4.2　ZooKeeper 编程实践——ZooKeeper 文件系统的增删改查

【案例 4-2】　使用 ZooKeeper Java API 实现对 ZooKeeper 文件系统的增删改查。
本案例的具体实现步骤如下所述：

1. 在 Eclipse 中创建项目 Java Project

进入/usr/local/eclipse 中，通过可视化桌面打开 Eclipse IDE，默认的工作空间为 "/home/xlh/eclipse-workspace"。

选择菜单『File』→『New』→『Java Project』，创建 Java 项目 "ZooKeeperExample"，如图 4-26 所示。本书中关于 ZooKeeper 的编程实例均存放在此项目下。

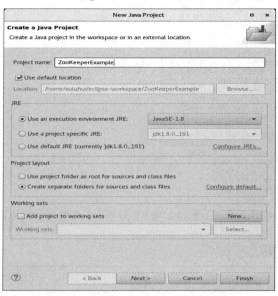

图 4-26　创建 Java 项目 "ZooKeeperExample"

2. 添加所需 JAR 包

为了编写关于 ZooKeeper 文件系统增删改查的 Java 应用程序，需要向 Java 工程中添加 JAR 包。这些 JAR 包中包含可以访问 ZooKeeper 的 Java API，均位于 Linux 系统的 $ZOOKEEPER_HOME 目录下。对于本书而言，就是在/usr/local/zookeeper-3.4.13 目录下。读者可以按以下步骤添加该应用程序编写时所需的 JAR 包：

（1）右键单击 Java 项目"ZooKeeperExample"，从弹出的菜单中选择『Build Path』→『Configure Build Path…』，如图 4-27 所示。

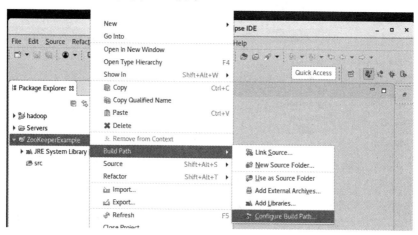

图 4-27　进入"ZooKeeperExample"项目"Java Build Path"

（2）进入窗口【Properties for ZooKeeperExample】，可以看到添加 JAR 包的主界面，如图 4-28 所示。

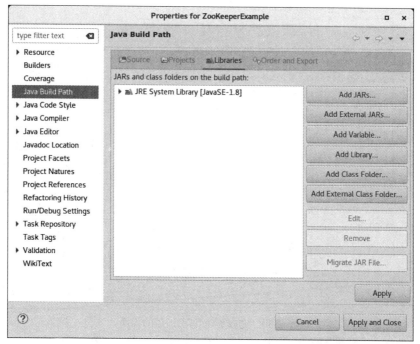

图 4-28　添加 JAR 包主界面

(3) 单击图 4-28 中的按钮 Add External JARs，依次添加/usr/local/zookeeper-3.4.13 目录下的 zookeeper-3.4.13.jar 和/usr/local/zookeeper-3.4.13/lib 目录下的 slf4j-api-1.7.25.jar。其中添加 JAR 包 zookeeper-3.4.13.jar 的过程如图 4-29 所示，找到此 JAR 包后选中并单击右上角的 OK 按钮，就成功把 zookeeper-3.4.13.jar 增加到了当前 Java 项目中。添加 slf4j-apii-1.7.25.jar 的过程同此，不再赘述。

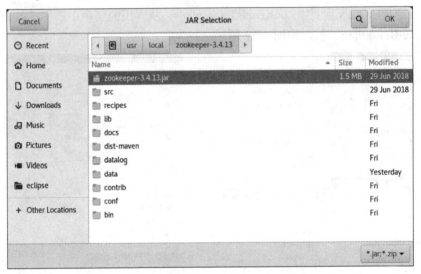

图 4-29　添加 zookeeper-3.4.13.jar 到 Java 项目中

(4) 完成 JAR 包添加后的界面如图 4-30 所示。

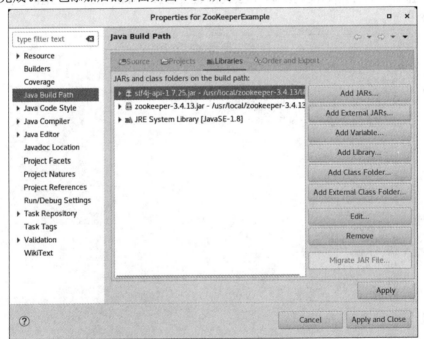

图 4-30　完成 JAR 包添加后的界面

(5) 单击按钮 Apply and Close 自动返回到 Eclipse 界面，如图 4-31 所示。从图 4-31 中

可以看到，项目"ZooKeeperExample"目录树下多了"Referenced Libraries"，内部有由以上步骤添加进来的两个 JAR 包。

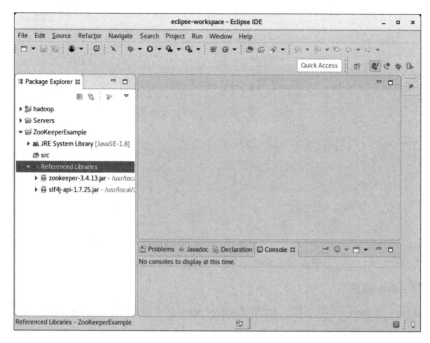

图 4-31　添加 JAR 包后"ZooKeeperExample"项目目录树的变化

3. 新建包 Package

(1) 右键单击 Java 项目"ZooKeeperExample"，从弹出的菜单中选择『New』→『Package』，如图 4-32 所示。

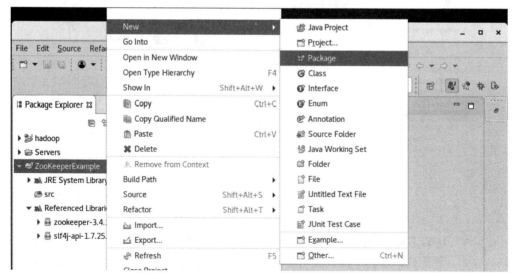

图 4-32　进入"ZooKeeperExample"项目新建包的窗口

(2) 进入窗口【New Java Package】，输入新建包的名字，例如"com.xijing.zookeeper"，如图 4-33 所示，完成后单击 Finish 按钮。

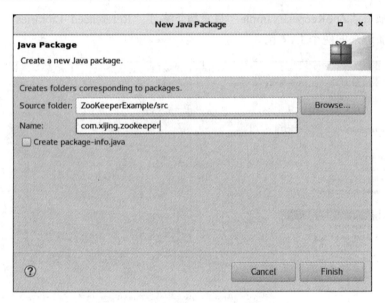

图 4-33　新建包 "com.xijing.zookeeper"

4. 编写 Java 程序

下面编写一个 Java 应用程序，借助 ZooKeeper API，实现对 ZooKeeper 节点 ZNode 的创建、修改、查看、删除功能。

(1) 右键单击 Java 项目 "ZooKeeperExample" 中目录 "src" 下的包 "com.xijing.zookeeper"，从弹出的菜单中选择『New』→『Class』，如图 4-34 所示。

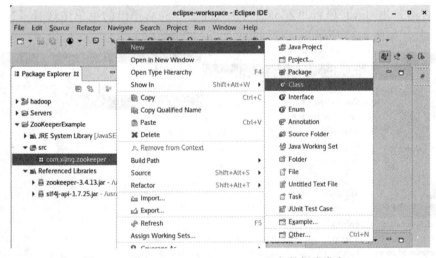

图 4-34　进入 "com.xijing.zookeeper" 包的新建类窗口

(2) 进入窗口【New Java Class】。可以看出，由于步骤(1)在包 "com.xijing.zookeeper" 下新建了类，故此处不需要选择该类所属的包。输入新建类的名字，例如 "ZnodeCDRW"。之所以这样命名，是因为本程序实现的是对 ZNode 节点的增删改查，C、D、R、W 分别对应 ACL 访问控制列表中节点的操作权限 CREATE、READ、WRITE、DELETE，建议读者命名时也要做到见名知意；读者还可以选择是否创建 main 函数。本实验中新建类

"ZnodeCDRW"的具体输入和选择如图 4-35 所示。

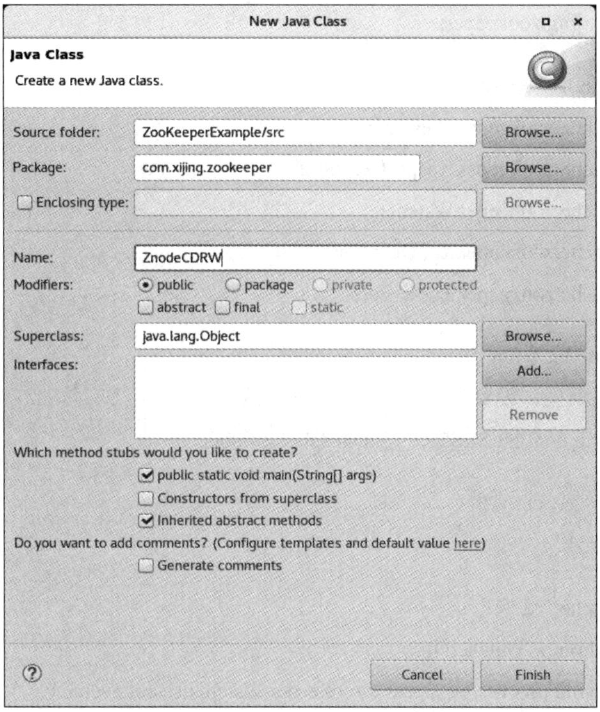

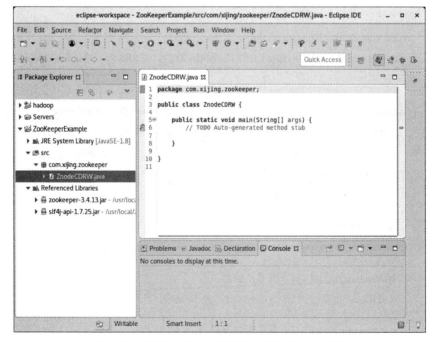

图 4-35　新建类"ZnodeCDRW"

（3）完成后单击 Finish 按钮自动返回到 Eclipse 界面。可以看到，Eclipse 自动创建了一个
名为 ZnodeCDRW.java 的源代码文件，包、类、main 方法已出现在代码中，如图 4-36 所示。

图 4-36　新建类"ZnodeCDRW"后的 Eclipse 界面

(4) 为实现程序功能，需在该文件中添加代码。该程序完整代码如下所示：

```java
package com.xijing.zookeeper;

import java.io.IOException;
import org.apache.zookeeper.CreateMode;
import org.apache.zookeeper.KeeperException;
import org.apache.zookeeper.Watcher;
import org.apache.zookeeper.ZooDefs.Ids;
import org.apache.zookeeper.ZooKeeper;

public class ZnodeCDRW {
    //会话超时时间，设置为与系统默认时间一致
    private static final int SESSION_TIMEOUT=30000;

    //创建 ZooKeeper 实例
    ZooKeeper zk;

    //创建 Watcher 实例
    Watcher wh=new Watcher(){
        public void process(org.apache.zookeeper.WatchedEvent event) {
            System.out.println(event.toString());
        }
    };

    //初始化 ZooKeeper 实例
    private void createZKInstance() throws IOException {
        zk=new ZooKeeper("localhost:2181",ZnodeCDRW .SESSION_TIMEOUT,this.wh);
    }

    private void ZKOperations() throws IOException,InterruptedException,KeeperException {
        System.out.println("(1)创建 ZooKeeper 节点(znode:xijing,数据:xijing colleage,
                            权限:OPEN_ACL_UNSAFE, 节点类型: persistent");
        zk.create("/xijing","xijing colleage".getBytes(), Ids.OPEN_ACL_UNSAFE,
            CreateMode. PERSISTENT);

        System.out.println("(2)查看是否创建成功： ");
        System.out.println(new String(zk.getData("/xijing",false,null)));

        System.out.println("(3)修改节点数据 ");
        zk.setData("/xijing", "xijing university".getBytes(), -1);

        System.out.println("(4)查看是否修改成功： ");
        System.out.println(new String(zk.getData("/xijing", false, null)));
```

```
        System.out.println("(5)删除节点 ");
        zk.delete("/xijing", -1);

        System.out.println("(6)查看节点是否被删除： ");
        System.out.println(" 节点状态： ["+zk.exists("/xijing", false)+"]");
    }

    private void ZKClose() throws    InterruptedException {
        zk.close();
    }

    public static void main(String[] args) throws IOException,InterruptedException,KeeperException {
        ZnodeCDRW    dm=new ZnodeCDRW();
        dm.createZKInstance();
        dm.ZKOperations();
        dm.ZKClose();
    }
}
```

此类包含两个主要的 ZooKeeper 函数，分别为 createZKInstance()和 ZKOperations()。其中 createZKInstance()函数负责对 ZooKeeper 实例 zk 进行初始化。这里使用 ZooKeeper 类构造函数"ZooKeeper(String connectString, int sessionTimeout, Watcher watcher)"对其进行初始化。因此，需要提供初始化所需的参数：连接字符串信息、会话超时时间、一个 watcher 实例。代码"Watcher wh=new Watcher(){…}"是程序所构造的一个 Watcher 实例，它能够输出所发生的事件。

ZKOperations()函数定义了对节点的一系列操作，包括创建 ZooKeeper 节点 create、查看节点 getData、修改节点数据 setData、查看修改后的节点数据、删除节点 delete、查看节点是否存在 exists。需要注意的是，在创建节点的时候，需要提供节点的名称、数据、权限以及节点类型。此外，使用 exists 函数时，如果节点不存在将返回一个 null 值。

5. 编译运行程序

单击 Eclipse 工具栏中的 Run 按钮，运行 ZnodeCDRW，执行结果如图 4-37 所示。

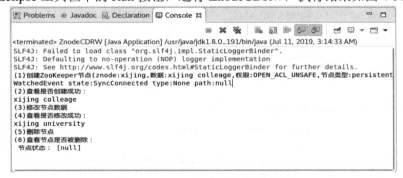

图 4-37　ZnodeCDRW 的运行结果

4.4.3　ZooKeeper 编程实践——循环监听

【案例 4-3】　使用 ZooKeeper Java API 实现对节点的循环监听。

ZooKeeper 可以对某个节点进行监听，监听事件有以下四种：

(1) NodeCreated：节点创建。

(2) NodeDeleted：节点删除。

(3) NodeDataChanged：节点数据变化。

(4) NodeChildrenChanged：子节点变化，包括子节点删除、创建和数据变化。

但每个事件只能触发一次，之后监听就不再生效。本 ZooKeeper 编程案例将介绍怎么实现 ZooKeeper 对节点的循环监听，即永久生效。本案例将实现客户端发起对节点的事务操作，以 NodeChildrenChanged 事件为例，说明服务端监听到对应的事件后进行的相应操作。关于循环监听的 ZooKeeper 编程代码依然存放在之前创建的 Java 项目"ZooKeeperExample"下。本案例的具体实现步骤如下所述。

1. 添加所需 JAR 包

关于 ZooKeeper 循环监听的应用程序需要的 JAR 包包括/usr/local/zookeeper-3.4.13 目录下的 zookeeper-3.4.13.jar 和/usr/local/zookeeper-3.4.13/lib 目录下的 slf4j-api-1.7.25.jar。由于 4.4.2 小节中已详细介绍过如何添加所需 JAR 包，因此此处不再赘述。

2. 编写 Java 程序

为了方便管理，本 ZooKeeper 循环监听应用程序也隶属于包"com.xijing.zookeeper"，为了实现循环监听，需要编写客户端程序和服务端程序，其中客户端程序 RepeatWatcherClient.java 用于发起对节点的事务操作。本实例以 NodeChildrenChanged 事件为例，说明服务端程序 RepeatWatcherServerjava 监听到对应的事件后进行的相应操作。

客户端程序 RepeatWatcherClient.java 的完整代码如下所示：

```
package com.xijing.zookeeper;

import org.apache.zookeeper.CreateMode;

import org.apache.zookeeper.ZooDefs.Ids;

import org.apache.zookeeper.ZooKeeper;

public class RepeatWatcherClient{

    private static final String CONNECT_STRING = "master:2181,slave1:2181,slave2:2181";

    private static final int SESSION_TIMEOUT = 5000;

    private static final String PARENT = "/xijing";

    private static final String CHILD = "xuluhui";

    public static void main(String[] args) throws Exception {

        ZooKeeper zk = new ZooKeeper(CONNECT_STRING, SESSION_TIMEOUT, null);

        //客户端创建了一个子节点，会触发 NodeChildrenChanged 事件
        String path = zk.create(PARENT + "/" + CHILD, CHILD.getBytes(),
```

```
                    Ids.OPEN_ACL_UNSAFE, CreateMode.PERSISTENT_SEQUENTIAL);
        System.out.println(path);
        zk.close();
    }
}
```

服务端程序 RepeatWatcherServer.java 的完整代码如下所示：

```java
package com.xijing.zookeeper;

import org.apache.zookeeper.WatchedEvent;
import org.apache.zookeeper.Watcher;
import org.apache.zookeeper.Watcher.Event.EventType;
import org.apache.zookeeper.Watcher.Event.KeeperState;
import org.apache.zookeeper.ZooKeeper;

/**
 * @Description: 循环监听某节点
 **/
public class RepeatWatcherServer {

    private static ZooKeeper zk;
    private static final String CONNECT_STRING = "master:2181,slave1:2181,slave2:2181";
    private static final int SESSION_TIMEOUT = 5000;
    private static final String PARENT = "/xijing";

    public static void main(String[] args) throws Exception {

        zk = new ZooKeeper(CONNECT_STRING, SESSION_TIMEOUT, new Watcher() {
            @Override
            public void process(WatchedEvent event) {
                String path = event.getPath();
                EventType type = event.getType();
                KeeperState state = event.getState();
                System.out.println(path + "\t" + type + "\t" + state);

                //循环监听
                try {
                    zk.getChildren(PARENT, true);
                } catch (Exception e) {
                    e.printStackTrace();
                }
            }
```

```
        });

        //添加监听
        zk.getChildren(PARENT, true);

        //模拟服务器一直运行
        Thread.sleep(Long.MAX_VALUE);
    }
}
```

3. 编译运行程序

(1) 运行 RepeatWatcherServer.java，Server 控制台输出：

```
null None SyncConnected
```

这是获取连接时的事件，每次获得连接都会触发。

(2) 第一次运行 RepeatWatcherClient.java，Client 控制台输出：

```
/xijing/xuluhui0000000000
```

因为 RepeatWatcherClient 创建的是 PERSISTENT_SEQUENTIAL 类型的节点，所以会自动递增编号。

此时，读者可以看到 Server 控制台的内容会实时更新，当前内容为：

```
null None SyncConnected
/xijing NodeChildrenChanged SyncConnected
```

(3) 第二次运行 RepeatWatcherClient..java，Client 控制台输出：

```
/xijing/xuluhui0000000001
```

读者可以继续看到，Server 控制台的内容此时实时更新为：

```
null None SyncConnected
/xijing NodeChildrenChanged SyncConnected
/xijing NodeChildrenChanged SyncConnected
```

至此，就成功实现了对某个节点的循环监听！

ZooKeeper 编程之循环监听应用程序说明：

(1) 监听到对应的事件触发后，本程序只是做了打印，具体的行为应该根据业务逻辑来设计。

(2) 监听某个节点的子节点变化(NodeChildrenChangeds)事件，首先该节点应该存在。本例中监听/xijing 节点的子节点变化，那么/xijing 节点应该提前创建好。

思考与练习题

1. 给 ZooKeeper 节点配置的 id 为 1~255 之间的一个数字，那么当 zookeeper 集群的数量超过 255 时该怎么办？

2. 假设有两个线程，两个线程要同时到 MySQL 中更新一条数据，对数据库中的数据进行累加更新。由于在分布式环境下，这两个线程可能存在于不同机器上的不同 JVM 进程中，因此这两个线程的关系就是跨主机和跨进程的，使用 Java 中的 synchronized 锁是无法实现的。请读者思考如何使用 ZooKeeper 实现分布式锁。

参 考 文 献

[1]　倪超. 从 Paxos 到 ZooKeeper：分布式一致性原理与实践[M]. 北京：电子工业出版社，2015.

[2]　Apache ZooKeeper[EB/OL]. [2018-1-13]. https://zookeeper.apache.org/.

[3]　GitHub-Apache ZooKeeper[EB/OL]. [2018-12-18]. https://github.com/apache/zookeeper.

[4]　Apache Software Foundation. Apache ZooKeeper Download[EB/OL]. [2019-1-13]. https://zookeeper.apache.org/releases.html.

[5]　Apache Software Foundation. Apache ZooKeeper 3.4.13 官方参考指南 [EB/OL]. [2018-12-15]. https://zookeeper.apache.org/doc/r3.4.13/.

[6]　Apache Software Foundation. ZooKeeper 3.4.13 API[EB/OL].[2018-12-15]. https:// zookeeper. apache. org/doc/r3.4.13/api/index.html.

实验 5　　部署全分布模式 HBase 集群和实战 HBase

本实验的知识结构图如图 5-1 所示(★表示重点，▶表示难点)。

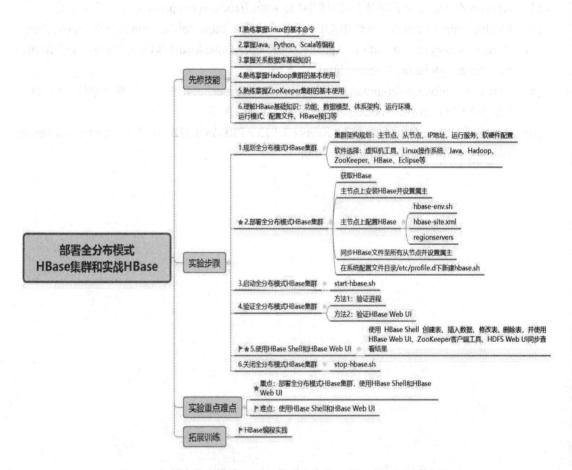

图 5-1　部署全分布模式 HBase 集群和实战 HBase 的知识结构图

5.1　实验目的、实验环境和实验内容

一、实验目的

(1) 理解 HBase 的数据模型。

(2) 理解 HBase 的体系架构。

(3) 熟练掌握 HBase 集群的部署方法。

(4) 了解 HBase Web UI 的使用。

(5) 熟练掌握 HBase Shell 常用命令的使用。

(6) 了解 HBase Java API，能编写简单的 HBase 程序。

二、实验环境

本实验所需的软件环境包括 HDFS 集群、ZooKeeper 集群、HBase 安装包、Eclipse。

三、实验内容

(1) 规划全分布模式 HBase 集群。

(2) 部署全分布模式 HBase 集群。

(3) 启动全分布模式 HBase 集群。

(4) 验证全分布模式 HBase 集群。

(5) 使用 HBase Web UI。

(6) 使用 HBase Shell 常用命令。

(7) 关闭全分布模式 HBase 集群。

5.2　实　验　原　理

5.2.1　初识 HBase

传统的 Oracle、MySQL 等关系型数据库擅长事务型数据，无法高效地存储和处理 Web 3.0 和大数据时代的多种非关系型数据。在这种情况下，以 Google 的 BigTable 技术为代表的新型 NoSQL 数据库产品得到了飞速发展和应用，HBase 数据库就是 BigTable 的开源实现，使用 Java 编写。作为 Hadoop 生态系统的重要组成部分之一，HBase 是一个高可靠、高性能、列存储、可伸缩、实时读/写的分布式数据库系统。

HBase 利用 Hadoop MapReduce 来处理 HBase 中的海量数据，实现高性能计算；使用 ZooKeeper 作为协同服务，实现稳定服务和失败恢复；使用 HDFS 作为高可靠的底层存储，利用廉价集群提供海量数据存储能力。与 Hadoop 一样，HBase 主要依靠横向扩展，通过不断增加廉价的商用服务器，来增加计算和存储能力。

HBase 仅能通过行键(Row key)和行键的范围来检索数据，仅支持单行事务(可通过 Hive 支持来实现多表 Join 等复杂操作)，主要用来存储非结构化和半结构化的松散数据。HBase 的主要特点包括：数据稀疏，高维度(面向列)，分布式，键值有序存储，数据一致性。

5.2.2　HBase 的数据模型

逻辑上，HBase 以表的形式呈现给最终用户；物理上，HBase 以文件的形式存储在 HDFS 中。为了高效管理数据，HBase 设计了一些元数据库表来提高数据存取效率。

1. 逻辑模型

HBase 以表(Table)的形式存储数据，每个表由行和列组成，每个列属于一个特定的列族(Column Family)。表中行和列确定的存储单元称为一个元素(Cell)，每个元素保存了同一份数据的多个版本，由时间戳(Time Stamp)来标识。行键(Row key)是数据行在表中的唯一标识，并作为检索记录的主键。在 HBase 中访问表中的行只有三种方式：通过单个行键访问、给定行键的范围扫描、全表扫描。行键可以是任意字符串，默认按字段顺序存储。表中的列定义为<family>:<qualifier>(<列族>:<限定符>)，通过列族和限定符两部分可以唯一指定一个数据的存储列。元素由行键、列(<列族>:<限定符>)和时间戳唯一确定，元素中的数据以字节码的形式存储，没有类型之分。HBase 逻辑模型中涉及到的相关概念如表 5-1 所示。

表 5-1　HBase 逻辑模型涉及的相关概念的说明

术　　语	说　　明
表 (Table)	由行和列组成，列划分为若干个列族
行键 (Row key)	每一行代表一个数据对象，由行键来标识。行键会被建立索引，数据的获取通过 Row key 完成，采用字符串
列族 (Column Family)	列的集合。一个表中的列可以分成不同列族，列族需在表创建时就定义好，数量不能太多，不能频繁修改
列限定符 (Column Qualifier)	表中具体一个列的名字。列族里的数据通过列限定符来定位。列限定符不用事先定义，也不需在不同行之间保持一致。列族被视为 byte[]。列名以列族作为前缀，即列族:列限定符
单元格 (Cell)	每一个行键、列族和列标识符共同确定的一个单元。存储在单元格里的数据称为单元格数据。单元格和单元格数据也没有特定的数据类型，以 byte[]来存储
时间戳 (Timestamp)	每个单元格都保存着同一份数据的多个版本，这些版本采用时间戳进行索引。时间戳采用 64 位整型，降序存储

2. 物理模型

HBase 是按照列存储的稀疏行/列矩阵，其物理模型实际上就是把逻辑模型中的一个行进行分割，并按照列族存储。

HBase 中的所有数据文件都存储在 Hadoop HDFS 文件系统上，主要包括 HFile 和 HLog 两种文件类型。

1) HFile

HFile 是 HBase 中 KeyValue 数据的存储格式，是 Hadoop 的二进制格式文件，它是参考 BigTable 的 SSTable 和 Hadoop 的 TFile 的实现。HFile 从开始到现在经历了三个版本，其中 V2 在 0.92 引入，V3 在 0.98 引入。HFile V1 版本在实际使用过程中发现占用内存多，HFile V2 版本针对此进行了优化；HFile V3 版本基本和 V2 版本相同，只是在 Cell 层面添加了 Tag 数组的支持。鉴于此，本书主要针对 V2 版本进行分析，对 V1 和 V3 版本感兴趣的读者可以查阅其他资料。

(1) HFile 的逻辑结构。

HFile V2 的逻辑结构如图 5-2 所示。

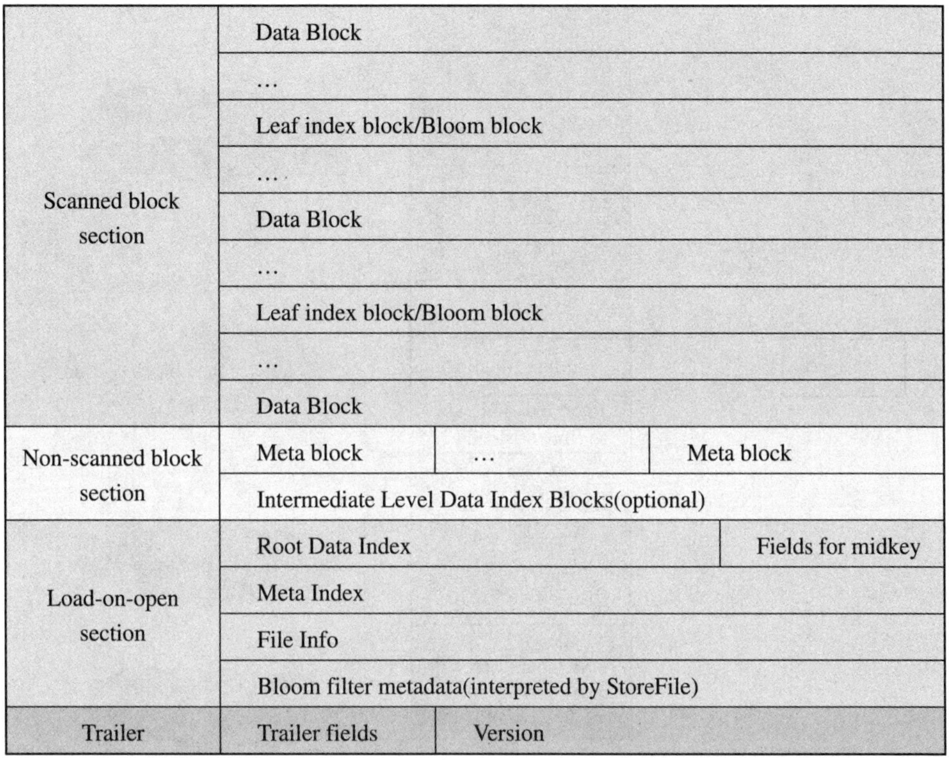

Scanned block section	Data Block		
	...		
	Leaf index block/Bloom block		
	...		
	Data Block		
	...		
	Leaf index block/Bloom block		
	...		
	Data Block		
Non-scanned block section	Meta block	...	Meta block
	Intermediate Level Data Index Blocks(optional)		
Load-on-open section	Root Data Index		Fields for midkey
	Meta Index		
	File Info		
	Bloom filter metadata(interpreted by StoreFile)		
Trailer	Trailer fields	Version	

图 5-2　HFile V2 的逻辑结构

从图 5-2 可以看出，HFile 主要分为四个部分：数据块被扫描部分(Scanned block section)，数据块不被扫描部分(Non-scanned block section)，启动即加载部分(Load-on-open section)和 HFile 基本信息部分(Trailer)。

① Scanned block section：表示顺序扫描 HFile 时所有的数据块将会被读取，包括 Leaf Index Block 和 Bloom Block。

② Non-scanned block section：表示在 HFile 顺序扫描的时候数据不会被读取，主要包括 Meta Block 和 Intermediate Level Data Index Blocks 两部分。

③ Load-on-open section：这部分数据在 HBase 的 Region Server 启动时，需要加载到内存中，包括 FileInfo、Bloom filter block、data block index 和 meta block index。

④ Trailer：这部分主要记录了 HFile 的基本信息、各个部分的偏移值和寻址信息。

(2) HFile 的物理结构。

HFile V2 的物理结构如图 5-3 所示。

如图 5-3 所示，HFlie 会被切分为多个大小相等的 Block 块，每个 Block 的大小可以在创建表列族的时候通过参数 blocksize 进行指定，默认为 64K。大号的 Block 有利于顺序扫描，小号 Block 有利于随机查询，因而需要权衡。而且所有 Block 块都拥有相同的数据结构，如图 5-3 左侧所示，HBase 将 Block 块抽象为一个统一的 HFileBlock。HFileBlock 包括两种类型，一种类型支持 checksum，另一种不支持 checksum。

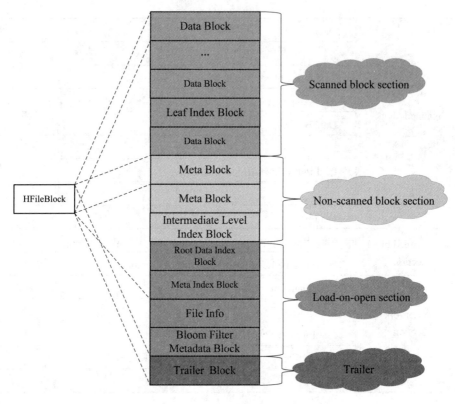

图 5-3　HFile V2 的物理结构

2) HLog

HLog 是 HBase 中 WAL(Write Ahead Log)的存储格式，物理上是 Hadoop 的 Sequence File。Sequence File 的 Key 是 HLogKey 对象，HLogKey 中记录了写入数据的归属信息。除了 table 和 region 名字外，同时还包括 sequenceid 和 write time，sequenceid 的起始值为 0 或者是最近一次存入文件系统中的 sequenceid，write time 是写入时间。HLog Sequece File 的 Value 是 HBase 的 KeyValue 对象，对应 HFile 中的 KeyValue。HLog 的逻辑结构如图 5-4 所示。

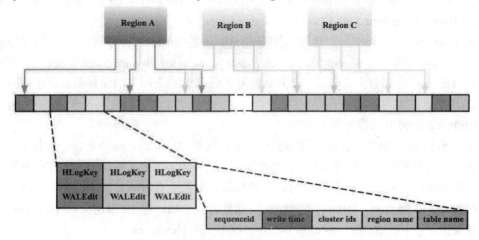

图 5-4　HLog 的逻辑结构

3. 元数据表

从前文对 HBase 逻辑模型和物理模型的介绍可以看出，HBase 的大部分操作都是在 HRegionServer 中完成，客户端想要插入、删除和查询数据都需要先找到对应的 HRegionServer。客户端需要通过两个元数据表来找到 HRegionServer 和 HRegion 之间的对应关系，即 -ROOT- 和.META.。它们是 HBase 的两张系统表，用于管理普通数据，其存储和操作方式和普通表相似；差别在于它们存储的是 Region 的分布情况和每个 Region 的详细信息，而不是普通数据。

HBase 使用类似 B+ 树的三层结构来保存 Region 位置信息，如图 5-5 所示。HBase 三层结构中各层次的名称和作用如表 5-2 所示。

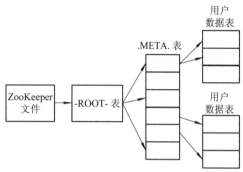

图 5-5　HBase 的三层结构

表 5-2　HBase 三层结构中各层次的名称和作用

层　次	名　称	作　用
第一层	ZooKeeper 文件	记录了-ROOT-表的位置信息
第二层	-ROOT-表	记录了.META.表的 Region 位置信息。-ROOT-只能有一个 Region，通过-ROOT-表就可以访问.META.表中的数据
第三层	.META.表	记录了用户数据表的 Region 位置信息。.META.表可以有多个 Region，保存了 HBase 中所有用户数据表的 Region 位置信息

5.2.3　HBase 的体系架构

HBase 采用 Master/Slave 架构，HBase 集群成员包括 Client、ZooKeeper 集群、HMaster 节点、HRegionServer 节点。在底层，HBase 将数据存储于 HDFS 中。HBase 的体系架构如图 5-6 所示。

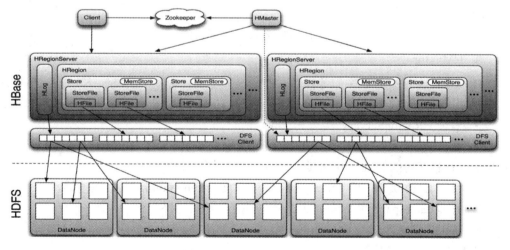

图 5-6　HBase 的体系架构

1. Client

HBase Client 使用 HBase 的 RPC 机制与 HMaster 和 HRegionServer 进行通信。对于管理类操作，Client 与 HMaster 进行 RPC；对于数据读/写类操作，Client 与 HRegionServer 进行 RPC。客户端包含访问 HBase 的接口，通常维护一些缓存来加快 HBase 数据的访问速度，例如缓存各个 Region 的位置信息。

2. ZooKeeper

ZooKeeper 作为管理者，保证任何时候，集群中只有一个 Master。对于 HBase，ZooKeeper 提供以下基本功能：

- 存储-ROOT-表、HMaster、HRegionServer 的地址。
- 通过 ZooKeeper，HMaster 可以随时感知到各个 HRegionServer 的健康状态。
- ZooKeeper 避免 HMaster 单点故障问题。HBase 中可以启动多个 HMaster，通过 ZooKeeper 的选举机制确保只有一个为当前 HBase 集群的 master。

ZooKeeper 的基本功能如图 5-7 所示。

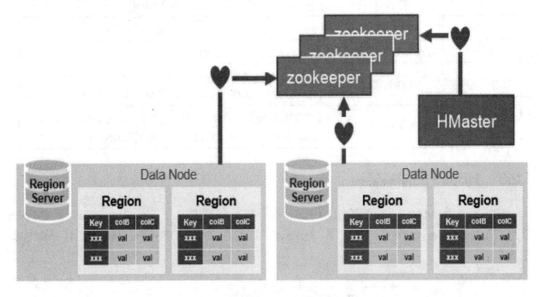

图 5-7 ZooKeeper 的功能

3. HMaster

HMaster 是 HBase 的主服务程序。HBase 中可以启动多个 HMaster，通过 Zookeeper 选举机制保证每个时刻只有一个 HMaster 运行。HMaster 主要完成以下任务：

- 管理 HRegionServer，实现其负载均衡。
- 管理和分配 HRegion。比如在 HRegion split 时，分配新的 HRegion；在 HRegionServer 退出时，迁移其内的 HRegion 到其他 HRegionServer 上。
- 实现 DDL 操作，即 namespace 和 table 及 column familiy 的增删改等。
- 管理 namespace 和 table 的元数据(实际存储在 HDFS 上)。
- 权限控制(ACL)。

HMaster 的功能如图 5-8 所示。

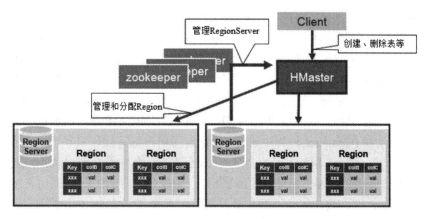

图 5-8　HMaster 的功能

4. HRegionServer

HRegionServer 是 HBase 的从服务程序。HBase 集群中可以有多个 HRegionServer，其主要功能包括以下几个方面：

- 存放和管理本地 HRegion。
- 读/写 HDFS，管理 Table 中的数据。
- Client 直接通过 HRegionServer 读/写数据(从 HMaster 中获取元数据，找到 RowKey 所在的 HRegion/HRegionServer 后进行数据读/写)。
- HRegionServer 和 DataNode 一般会放在相同的 Server 上，以实现数据的本地化。

这里，还需要解释一下 HRegion、Store、HLog 的功能。

1) HRegion

HRegionServer 内部管理了一系列 HRegion 对象，每个 HRegion 对应表中的一个 Region。每个表最初只有一个 Region，随着表中记录增加直到某个阈值，Region 会被分割形成两个新的 Region。HRegion 的功能如图 5-9 所示。

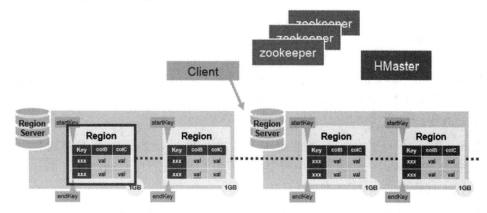

图 5-9　HRegion 的功能

HRegion 由多个 Store 组成，每个 Store 对应表中的一个 Column Family 的存储。可以看出，每个 Column Family 其实就是一个集中的存储单元，因此最好将具有共同 I/O 特性的 Column 放在一个 Column Family 中，这样做最为高效。

2) Store

Store 是 HBase 存储的核心，由 MemStore 和 StoreFiles 两部分组成。MemStore 是有序内存缓冲区(Sorted Memory Buffer)，用户写入的数据首先会放入 MemStore，MemStore 满了以后会清空(Flush)成一个 StoreFile(底层实现是 HFile)。当 StoreFile 文件数量增长到一定阈值，会触发合并(Compact)操作，将多个 StoreFiles 合并成一个 StoreFile；合并过程中会进行版本合并和数据删除。因此可以看出 HBase 其实只有增加数据，所有的更新和删除操作都是在后续的合并(Compact)过程中进行的，这使得用户的写操作只要进入内存中就可以立即返回，保证了 HBase I/O 的高性能。当 StoreFiles 合并后，会逐步形成越来越大的 StoreFile。当单个 StoreFile 大小超过一定阈值后，会触发分片(Split)操作，同时把当前 Region 分片成两个 Region。父 Region 会下线。分片得到的两个孩子 Region 会被 HMaster 分配到相应的 HRegionServer 上，使原先一个 Region 的压力得以分流到两个 Region 上。

3) HLog

每个 HRegionServer 维护一个 HLog，而不是每个 HRegion 维护一个 HLog。这样不同 HRegion(来自不同表)的日志会混在一起，这样做的目的是不断追加单个文件。相对于同时写多个文件而言，可以减少磁盘寻址次数，因此可以提高对表的写性能。但同时带来的麻烦是，如果一台 HRegionServer 下线，为了恢复其上的 HRegion，需要将 HRegionServer 上的 HLog 进行拆分，然后分发到其他 HRegionServer 上进行恢复。

HLog 文件定期会滚动出新的文件并删除旧的文件(已持久化到 StoreFile 中的数据)。当 HRegionServer 意外终止后，HMaster 会通过 Zookeeper 感知到；HMaster 首先会处理遗留的 HLog 文件，将其中不同 HRegion 的 HLog 数据进行拆分，分别放到相应 HRegion 的目录下，然后再将失效的 HRegion 重新分配；领取到这些 HRegion 的 HRegionServer 在加载 Region 的过程中会发现有历史 HLog 需要处理，因此会重做 HLog 中的数据到 MemStore 中，然后清空到 StoreFiles，完成数据恢复。

5.2.4　部署 HBase

1. 运行环境

对于大部分 Java 开源产品而言，在部署与运行之前，总是需要搭建一个合适的环境，通常包括操作系统和 Java 环境两方面。HBase 依赖于 ZooKeeper 和 HDFS，因此 HBase 部署与运行所需要的系统环境包括以下几个方面：

1) 操作系统

HBase 支持不同平台，在当前绝大多数主流的操作系统上都能够运行，例如 UNIX/Linux、Windows 等。本书采用的操作系统为 Linux 发行版 CentOS 7。

2) Java 环境

HBase 使用 Java 语言编写，因此它的运行环境需要 Java 环境的支持。

3) HDFS

HBase 使用 HDFS 作为高可靠的底层存储，利用廉价集群提供海量数据存储能力，分布模式部署 HBase 时需要部署 HDFS。

4) ZooKeeper

HBase 使用 ZooKeeper 作为协同服务，实现稳定服务和失败恢复，因此需要部署 ZooKeeper。

2. 运行模式

HBase 的运行模式有以下三种：

(1) 单机模式(Standalone Mode)：只在一台计算机上运行。在这种模式下，HBase 所有的守护进程包括 Master、RegionServers 和 ZooKeeper 都运行在一个 JVM 中；存储采用本地文件系统，没有采用分布式文件系统 HDFS。

(2) 伪分布模式(Pseudo-Distributed Mode)：只在一台计算机上运行。在这种模式下，HBase 所有守护进程都运行在一个节点上，在一个节点上模拟了一个具有 HBase 完整功能的微型集群；存储采用分布式文件系统 HDFS，但是 HDFS 的名称节点和数据节点都位于同一台计算机上。

(3) 全分布模式(Fully-Distributed Mode)：在多台计算机上运行。在这种模式下，HBase 的守护进程运行在多个节点上，形成一个真正意义上的集群；存储采用分布式文件系统 HDFS，且 HDFS 的名称节点和数据节点位于不同计算机上。

3. 配置文件

HBase 的所有配置文件位于$HBASE_HOME/conf 下，如图 5-10 所示。

```
[xuluhui@master ~]$ ls /usr/local/hbase-1.4.10/conf
hadoop-metrics2-hbase.properties   hbase-policy.xml   regionservers
hbase-env.cmd                      hbase-site.xml
hbase-env.sh                       log4j.properties
[xuluhui@master ~]$ 
```

图 5-10　HBase 配置文件的位置

HBase 几个关键配置文件的说明如表 5-3 所示，单机模式、伪分布模式和全分布模式下的 HBase 集群所需修改的配置文件有差异。关于 HBase 完整的配置文件介绍请参见官方文档 https://hbase.apache.org/book.html#configuration。

表 5-3　HBase 的配置文件(部分)

文件名称	描　　述
hbase-env.sh	Bash 脚本，设置 Linux/UNIX 环境下运行 HBase 要用的环境变量，包括 Java 安装路径等
hbase-site.xml	XML 文件，HBase 核心配置文件，包括 HBase 数据的存放位置、ZooKeeper 的集群地址等配置项，其配置项会覆盖默认配置 docs/hbase-default.xml
regionservers	纯文本，设置运行 HRegionServer 从进程的机器列表，每行一个主机名

其中，配置文件 hbase-site.xml 中涉及的主要配置参数如表 5-4 所示。

例如，单机模式的 hbase-site.xml 文件示例内容如下：

```
<configuration>
    <property>
        <name>hbase.rootdir</name>
        <value>file:///home/testuser/hbase</value>
```

```
            </property>
        <property>
            <name>hbase.zookeeper.property.dataDir</name>
            <value>/home/testuser/zookeeper</value>
        </property>
    </configuration>
```

其中，配置项 hbase.rootdir 用于设置 HBase 和 ZooKeeper 数据的存放路径，前缀"file://"表示本地文件系统。若 HBase 数据存放在 HDFS 上，需要设置 hbase.rootdir 指向 HDFS，例如"hdfs://master:9000/hbase"。

表 5-4　配置文件 hbase-site.xml 涉及的主要参数

参　　数	功　　能
hbase.cluster.distributed	指定 HBase 的运行模式，false 是单机模式，true 是分布式模式
hbase.rootdir	每个 regionServer 的共享目录，用来持久化 HBase，默认为${hbase.tmp.dir}/hbase
hbase.zookeeper.quorum	Zookeeper 集群的地址列表，用逗号分割，默认为 localhost，是部署伪分布模式 HBase 集群用的
hbase.zookeeper.property.dataDir	与 ZooKeeper 的 zoo.cfg 中的配置参数 dataDir 一致

5.2.5　HBase 接口

1. HBase Web UI

HBase 集群主节点的 Web UI 地址为 http://HMasterIP:16010，从节点的 Web UI 地址为 http://HRegionServerIP:16030。HBase 主节点的 Web UI 界面显示 Master 的各种信息，包括 Region Servers、Backup Masters、Tables、Tasks、Software Attributes，其效果如图 5-11 和图 5-12 所示。

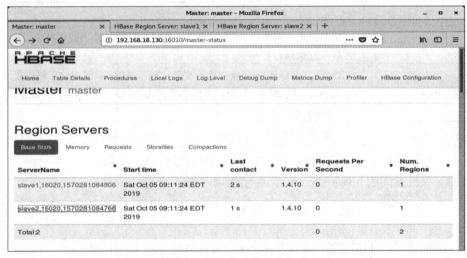

图 5-11　HBase 集群主节点的 Web UI 界面运行效果图

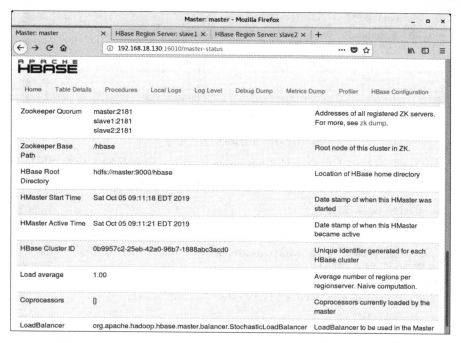

图 5-12　HBase 集群主节点 Web UI 中 Software Attributes 的显示效果

HBase 集群从节点的 Web UI 界面显示 RegionServer 的各种信息，包括 Server Metrics、Block Cache、Tasks、Regions、Software Attributes。HBase 集群从节点 slave1 的 Web UI 运行效果如图 5-13 所示。

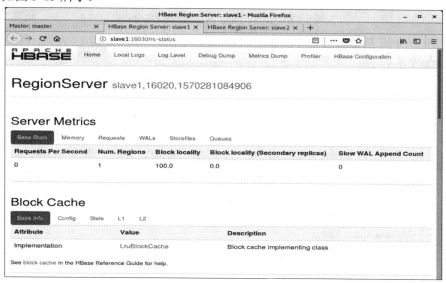

图 5-13　HBase 集群从节点 slave1 的 Web UI 运行效果图

2. HBase Shell

$HBASE_HOME/bin 下存放有 HBase 的各种命令，如图 5-14 所示。其中，start-hbase.sh 用于启动 HBase 集群，stop-hbase.sh 用于关闭 HBase 集群。这里，我们详细介绍一下命令行工具"hbase shell"。

```
[xuluhui@master ~]$ ls /usr/local/hbase-1.4.10/bin
draining_servers.rb      hbase-daemons.sh         rolling-restart.sh
get-active-master.rb     hbase-jruby              shutdown_regionserver.rb
graceful_stop.sh         hirb.rb                  start-hbase.cmd
hbase                    local-master-backup.sh   start-hbase.sh
hbase-cleanup.sh         local-regionservers.sh   stop-hbase.cmd
hbase.cmd                master-backup.sh         stop-hbase.sh
hbase-common.sh          region_mover.rb          test
hbase-config.cmd         regionservers.sh         thread-pool.rb
hbase-config.sh          region_status.rb         zookeepers.sh
hbase-daemon.sh          replication
[xuluhui@master ~]$ 
```

图 5-14　HBase 的各种命令

进入 HBase 命令行的入口命令是"bin/hbase shell"，进入后输入命令"help"可以查看 HBase Shell 命令的帮助信息，部分帮助信息如图 5-15 所示。

```
hbase(main):001:0> help
HBase Shell, version 1.4.10, r76ab087819fe82ccf6f531096e18ad1bed079651, Wed Jun
 5 16:48:11 PDT 2019
Type 'help "COMMAND"', (e.g. 'help "get"' -- the quotes are necessary) for help
on a specific command.
Commands are grouped. Type 'help "COMMAND_GROUP"', (e.g. 'help "general"') for h
elp on a command group.

COMMAND GROUPS:
  Group name: general
  Commands: processlist, status, table_help, version, whoami

  Group name: ddl
  Commands: alter, alter_async, alter_status, create, describe, disable, disable
_all, drop, drop_all, enable, enable_all, exists, get_table, is_disabled, is_ena
bled, list, list_regions, locate_region, show_filters

  Group name: namespace
  Commands: alter_namespace, create_namespace, describe_namespace, drop_namespac
e, list_namespace, list_namespace_tables

  Group name: dml
  Commands: append, count, delete, deleteall, get, get_counter, get_splits, incr
, put, scan, truncate, truncate_preserve
```

图 5-15　HBase Shell 的帮助信息(部分)

从 HBase Shell 的帮助信息可以看出，HBase Shell 的命令共分为 12 大类，各类别所包含的命令如表 5-5 所示。

表 5-5　HBase Shell 的命令

组名	包 含 命 令
general	processlist, status, table_help, version, whoami
ddl	alter, alter_async, alter_status, create, describe, disable, disable_all, drop, drop_all, enable, enable_all, exists, get_table, is_disabled, is_enabled, list, list_regions, locate_region, show_filters
namespace	alter_namespace, create_namespace, describe_namespace, drop_namespace, list_namespace, list_namespace_tables
dml	append, count, delete, deleteall, get, get_counter, get_splits, incr, put, scan, truncate, truncate_preserve
tools	assign, balance_switch, balancer, balancer_enabled, catalogjanitor_enabled, catalogjanitor_run, catalogjanitor_switch, cleaner_chore_enabled, cleaner_chore_run, cleaner_chore_switch, clear_deadservers, close_region, compact, compact_rs, compaction_state, flush, is_in_maintenance_mode, list_deadservers, major_compact, merge_region, move, normalize, normalizer_enabled, normalizer_switch, split, splitormerge_enabled, splitormerge_switch, trace, unassign, wal_roll, zk_dump

组名	包 含 命 令
replication	add_peer, append_peer_tableCFs, disable_peer, disable_table_replication, enable_peer, enable_table_rep lication, get_peer_config, list_peer_configs, list_peers, list_replicated_ tables, remove_peer, remove_peer_tableCFs, set_peer_bandwidth, set_peer_ tableCFs, show_peer_tableCFs, update_peer_config
snapshots	clone_snapshot, delete_all_snapshot, delete_snapshot, delete_table_snapshots, list_snapshots, list_table_snapshots, restore_snapshot, snapshot
configuration	update_all_config, update_config
security	grant, list_security_capabilities, revoke, user_permission
procedures	abort_procedure, list_procedures
visibility labels	add_labels, clear_auths, get_auths, list_labels, set_auths, set_visibility
rsgroup	add_rsgroup, balance_rsgroup, get_rsgroup, get_server_rsgroup, get_table_rsgroup, list_rsgroups, move_servers_rsgroup, move_servers_tables_rsgroup, move_tables_rsgroup, remove_rsgroup, remove_servers_rsgroup

3. HBase API

HBase API 用于数据存储管理，主要操作包括创建表、插入表数据、删除表数据、获取一行数据、表扫描、删除列族、删除表等。

HBase 使用 Java 语言编写，提供了丰富的 Java 编程接口供开发人员调用。同时，HBase 为 C、C++、Scala、Python 等其他多种编程语言也提供了 API。本书重点介绍 HBase 的 Java 客户端 API 的使用方式。HBase 常用的 Java API 及其简单说明如表 5-6 所示。

表 5-6　HBase 常用的 Java API

类或接口	说　　明
org.apache.hadoop.hbase.HBaseConfiguration	用于管理 HBase 的配置信息
org.apache.hadoop.hbase.HTableDescriptor	包含表格的详细信息，例如表中的列族、该表的类型、该表是否只读、MemStore 最大空间、Region 什么时候应该分裂等
org.apache.hadoop.hbase.HColumnDescriptor	包含列族的详细信息，例如列族的版本号、压缩设置等
org.apache.hadoop.hbase.client.Put	用来对单元格执行添加数据操作
org.apache.hadoop.hbase.client.Get	用于获取单行的信息
org.apache.hadoop.hbase.client.Result	用于存放 Get 和 Scan 操作后的查询结果，并以<key, value>格式存储在 map 结构中
org.apache.hadoop.hbase.client.ResultScanner	客户端获取值的接口
org.apache.hadoop.hbase.client.Scan	限定需要查找的数据，例如限定版本号、起始行号、终止行号、列族、列限定符、返回值的数量上限等

关于 HBase API 的详细资料，读者请参考本地文件 file:///usr/local/hbase-1.4.10/docs/apidocs/index.html 或者官网 https://hbase.apache.org/book.html#hbase_apis。Apache HBase 1.4.10 API 的首页如图 5-16 所示。

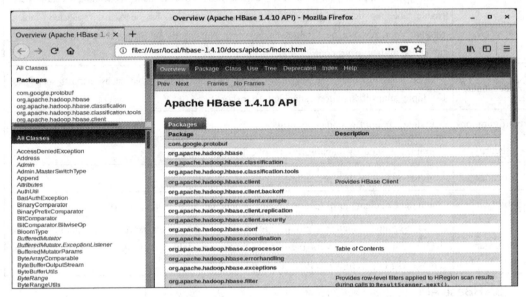

图 5-16　Apache HBase 1.4.10 API 官方参考指南首页

5.3　实　验　步　骤

5.3.1　规划全分布模式 HBase 集群

1. HBase 集群规划

本实验拟采用全分布模式部署 HBase，将 HBase 集群运行在 Linux 上，使用 3 台安装有 Linux 操作系统的机器，主机名分别为 master、slave1、slave2。全分布模式 HBase 集群的具体规划表如表 5-7 所示。

表 5-7　全分布模式 HBase 集群部署的规划表

主机名	IP 地址	运行服务	软硬件配置
master	192.168.18.130	NameNode SecondaryNameNode QuorumPeerMain HMaster	内存：4 GB　　　　CPU：1 个 2 核 硬盘：40 GB　　　操作系统：CentOS 7.6.1810 Java：Oracle JDK 8u191 Hadoop：Hadoop 2.9.2 ZooKeeper：ZooKeeper 3.4.13 HBase：HBase 1.4.10 Eclipse：Eclipse IDE 2018-09 for Java Developers

续表

主机名	IP 地址	运行服务	软硬件配置
slave1	192.168.18.131	DataNode QuorumPeerMain HRegionServer	内存：1 GB CPU：1 个 1 核 硬盘：20 GB 操作系统：CentOS 7.6.1810 Java：Oracle JDK 8u191 Hadoop：Hadoop 2.9.2 ZooKeeper：ZooKeeper 3.4.13 HBase：HBase 1.4.10
slave2	192.168.18.132	DataNode QuorumPeerMain HRegionServer	内存：1 GB CPU：1 个 1 核 硬盘：20 GB 操作系统：CentOS 7.6.1810 Java：Oracle JDK 8u191 Hadoop：Hadoop 2.9.2 ZooKeeper：ZooKeeper 3.4.13 HBase：HBase 1.4.10

2. 软件选择

本实验中所使用的各种软件的名称、版本、发布日期及下载地址如表 5-8 所示。

表 5-8   本书使用的软件名称、版本、发布日期及下载地址

软件名称	软件版本	发布日期	下载地址
VMware Workstation Pro	VMware Workstation 14.5.7 Pro for Windows	2017 年 6 月 22 日	https://www.vmware.com/products/workstation-pro.html
CentOS	CentOS 7.6.1810	2018 年 11 月 26 日	https://www.centos.org/download/
Java	Oracle JDK 8u191	2018 年 10 月 16 日	http://www.oracle.com/technetwork/java/javase/downloads/index.html
Hadoop	Hadoop 2.9.2	2018 年 11 月 19 日	http://hadoop.apache.org/releases.html
ZooKeeper	ZooKeeper 3.4.13	2018 年 7 月 15 日	http://zookeeper.apache.org/releases.html
HBase	HBase 1.4.10	2019 年 6 月 10 日	https://hbase.apache.org/downloads.html
Eclipse	Eclipse IDE 2018-09 for Java Developers	2018 年 9 月	https://www.eclipse.org/downloads/packages/

注意：本书采用的 HBase 版本是 1.4.10，3 个节点的机器名分别为 master、slave1、slave2，IP 地址依次为 192.168.18.130、192.168.18.131、192.168.18.132。后续内容均在表 5-7 的规划基础上完成，请读者务必确认自己的 HBase 版本、机器名等信息。

5.3.2   部署全分布模式 HBase 集群

HBase 目前有 1.x 和 2.x 两个系列的版本，建议读者使用当前的稳定版本。本书采用稳定版本 HBase 1.4.10，因此本章的讲解都是针对这个版本进行的。尽管如此，由于 HBase 各个版本在部署和运行方式上的变化不大，因此本章的大部分内容也适用于 HBase 其他版本。

1. 初始软硬件环境准备

(1) 准备三台机器，安装操作系统，本书使用 CentOS Linux 7。

(2) 对集群内每一台机器配置静态 IP、修改机器名、添加集群级别域名映射、关闭防火墙。

(3) 对集群内每一台机器, 安装和配置 Java, 要求 Java 1.7 或更高版本。本书使用 Oracle JDK 8u191。

(4) 安装和配置 Linux 集群中主节点到从节点的 SSH 免密登录。

(5) 在 Linux 集群上部署全分布模式 Hadoop 集群。

(6) 在 Linux 集群上部署 ZooKeeper 集群。

以上步骤已在本书实验 1、实验 4 中详细介绍, 具体操作过程请读者参见本书, 此处不再赘述。

2. 获取 HBase

HBase 官方下载地址为 https://hbase.apache.org/downloads.html, 建议读者下载 stable 目录下的当前稳定版本。本书采用的 HBase 稳定版本是 2019 年 6 月 10 日发布的 HBase 1.4.10, 其安装包文件 hbase-1.4.10-bin.tar.gz 存放在 master 机器的/home/xuluhui/Downloads 中。

3. 在主节点上安装 HBase 并设置属主

(1) 在 master 机器上切换到 root, 解压 hbase-1.4.10-bin.tar.gz 到安装目录/usr/local 下, 依次使用的命令如下所示:

```
su root
cd /usr/local
tar -zxvf /home/xuluhui/Downloads/hbase-1.4.10-bin.tar.gz
```

(2) 为了在普通用户下使用 HBase, 将 HBase 安装目录的属主设置为 Linux 普通用户例如 xuluhui, 使用以下命令完成:

```
chown -R xuluhui /usr/local/hbase-1.4.10
```

4. 在主节点上配置 HBase

HBase 所有的配置文件位于$HBASE_HOME/conf 下, 具体的配置文件如前文图 5-10 所示。本实验仅修改 hbase-env.sh、hbase-site.xml、regionservers 三个配置文件。

假设当前目录为 "/usr/local/hbase-1.4.10", 切换到普通用户如 xuluhui 下, 在主节点 master 上配置 HBase 的具体过程如下所述:

1) 编辑配置文件 hbase-env.sh

hbase-env.sh 用于设置 Linux/UNIX 环境下运行 HBase 要用的环境变量, 包括 Java 安装路径等, 使用 "vim conf/hbase-env.sh" 对其进行如下修改:

(1) 设置 JAVA_HOME, 与 master 上之前安装的 JDK 位置、版本一致, 将第 27 行的注释去掉, 并修改为以下内容, 修改后的效果如图 5-17 所示。

```
export JAVA_HOME=/usr/java/jdk1.8.0_191/
```

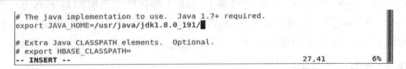

图 5-17　编辑配置文件 hbase-env.sh 中的 JAVA_HOME

(2) 将第 46、47 行的 PermSize 作为注释，因为 JDK8 中无需配置，修改后的效果如图 5-18 所示。

```
# Configure PermSize. Only needed in JDK7. You can safely remove it for JDK8+
# export HBASE_MASTER_OPTS="$HBASE_MASTER_OPTS -XX:PermSize=128m -XX:MaxPermSize=128m -XX:ReservedCodeCacheSize=256m"
# export HBASE_REGIONSERVER_OPTS="$HBASE_REGIONSERVER_OPTS -XX:PermSize=128m -XX:MaxPermSize=128m -XX:ReservedCodeCacheSize=256m"

# Uncomment one of the below three options to enable java garbage collection logging for the server-side processes.
-- INSERT --                                                      48,1          25%
```

图 5-18　编辑配置文件 hbase-env.sh 中的 PermSize

JDK8 下若 PermSize 配置不作为注释或删掉，则启动 HBase 集群时会出现以下"warning"警告信息，如图 5-19 所示。

```
slave1: Java HotSpot(TM) 64-Bit Server VM warning: ignoring option PermSize=128m
; support was removed in 8.0
slave1: Java HotSpot(TM) 64-Bit Server VM warning: ignoring option MaxPermSize=128m; support was removed in 8.0
slave2: Java HotSpot(TM) 64-Bit Server VM warning: ignoring option PermSize=128m
; support was removed in 8.0
slave2: Java HotSpot(TM) 64-Bit Server VM warning: ignoring option MaxPermSize=128m; support was removed in 8.0
[xuluhui@master ~]$
```

图 5-19　JDK8 下不注释掉 PermSize 配置启动 HBase 集群出现的警告信息

(3) 设置 HBASE_PID_DIR，修改进程号文件的保存位置。该参数默认为"/tmp"，将第 120 行修改为以下内容，如图 5-20 所示。

```
# The directory where pid files are stored. /tmp by default.
export HBASE_PID_DIR=/usr/local/hbase-1.4.10/pids

# Seconds to sleep between slave commands.  Unset by default.  This
-- INSERT --                                                     120,50         87%
```

图 5-20　编辑配置文件 hbase-env.sh 中的 HBASE_PID_DIR

其中 pids 目录由 HBase 集群启动后自动创建。

(4) 设置 HBASE_MANAGES_ZK，将其值设置为 false，即关闭 HBase 本身的 ZooKeeper 集群，将第 128 行修改为以下内容，如图 5-21 所示。

```
# Tell HBase whether it should manage it's own instance of Zookeeper or not.
export HBASE_MANAGES_ZK=false

@
-- INSERT --                                                     128,30         93%
```

图 5-21　编辑配置文件 hbase-env.sh 中的 HBASE_MANAGES_ZK

2) 编辑配置文件 hbase-site.xml

hbase-site.xml 是 HBase 的核心配置文件，包括 HBase 的数据存放位置、ZooKeeper 的集群地址等配置项。在 master 机器上修改配置文件 hbase-site.xml，具体内容如下所示：

```xml
<configuration>
<!-- 每个 regionServer 的共享目录，用来持久化 HBase，默认为${hbase.tmp.dir}/hbase -->
    <property>
        <name>hbase.rootdir</name>
        <value>hdfs://master:9000/hbase</value>
    </property>
<!-- HBase 集群模式，false 表示 HBase 的单机模式，true 表示是分布式模式，默认为 false -->
    <property>
```

```
            <name>hbase.cluster.distributed</name>
            <value>true</value>
        </property>
    <!-- HBase 依赖的 ZooKeeper 集群地址，默认为 localhost -->
        <property>
            <name>hbase.zookeeper.quorum</name>
            <value>master:2181,slave1:2181,slave2:2181</value>
        </property>
    </configuration>
```

3）编辑配置文件 regionservers

regionservers 用于设置运行 HRegionServer 从进程的机器列表，每行一个主机名。在 master 机器上修改配置文件 regionservers，该文件原来内容为"localhost"，修改为以下内容：

```
    slave1
    slave2
```

5. 同步 HBase 文件至所有从节点并设置属主

(1) 使用 scp 命令将 master 机器中目录"hbase-1.4.10"及下属子目录和文件统一拷贝至集群中所有 HBase 的从节点上，例如 slave1 和 slave2 上，使用命令如下所示：

```
    scp -r /usr/local/hbase-1.4.10 root@slave1:/usr/local/hbase-1.4.10
    scp -r /usr/local/hbase-1.4.10 root@slave2:/usr/local/hbase-1.4.10
```

(2) 依次将所有 HBase 从节点 slave1、slave2 上的 HBase 安装目录的属主也设置为 Linux 的普通用户例如 xuluhui，使用以下命令完成：

```
    chown -R xuluhui /usr/local/hbase-1.4.10
```

读者可以使用 ssh 命令直接在 master 节点上远程连接所有 HBase 从节点，以修改 HBase 安装目录的属主。以 slave2 为例，依次使用的命令及效果如图 5-22 所示。

```
[xuluhui@master hbase-1.4.10]$ ssh slave2
Last login: Thu Oct  3 03:36:21 2019 from master
[xuluhui@slave2 ~]$ su root
Password:
[root@slave2 xuluhui]# chown -R xuluhui /usr/local/hbase-1.4.10
[root@slave2 xuluhui]# exit
exit
[xuluhui@slave2 ~]$ exit
logout
Connection to slave2 closed.
[xuluhui@master hbase-1.4.10]$ 
```

图 5-22　通过 ssh 直接在 master 节点上修改 slave2 上 HBase 安装目录的属主

至此，Linux 集群中各个节点的 HBase 均已安装和配置完毕。

6. 在系统配置文件目录/etc/profile.d 下新建 hbase.sh

另外，为了方便使用 HBase 各种命令，可以在 HBase 集群所有机器上使用"vim /etc/profile.d/hbase.sh"命令在/etc/profile.d 文件夹下新建文件 hbase.sh，并添加如下内容：

```
    export HBASE_HOME=/usr/local/hbase-1.4.10
    export PATH=$HBASE_HOME/bin:$PATH
```

重启机器，使之生效。

此步骤可省略。之所以将$HBASE_HOME/bin 目录加入到系统环境变量 PATH 中，是

因为当输入启动和管理 HBase 集群命令时，无需再切换到$HBASE_HOME/bin 目录，否则
会出现错误信息"bash: ****: command not found..."。

5.3.3　启动全分布模式 HBase 集群

1. 启动 HDFS 集群

在主节点上使用命令"start-dfs.sh"启动 HDFS 集群，使用的命令及运行效果如图 5-23
所示。从图 5-23 中可以看出，HDFS 主进程 NameNode 成功启动，slave1 和 slave2 上的从
进程 DataNode 此处未展示，读者应保证 HDFS 所有主从进程都启动成功。

```
[xuluhui@master ~]$ start-dfs.sh
Starting namenodes on [master]
master: starting namenode, logging to /usr/local/hadoop-2.9.2/logs/hadoop-xuluhu
i-namenode-master.out
slave2: starting datanode, logging to /usr/local/hadoop-2.9.2/logs/hadoop-xuluhu
i-datanode-slave2.out
slave1: starting datanode, logging to /usr/local/hadoop-2.9.2/logs/hadoop-xuluhu
i-datanode-slave1.out
Starting secondary namenodes [0.0.0.0]
0.0.0.0: starting secondarynamenode, logging to /usr/local/hadoop-2.9.2/logs/had
oop-xuluhui-secondarynamenode-master.out
[xuluhui@master ~]$ jps
12852 SecondaryNameNode
12631 NameNode
13103 Jps
[xuluhui@master ~]$
```

图 5-23　启动 HDFS 集群

2. 启动 ZooKeeper 集群

由于本实验中 HBase 并未自动管理 ZooKeeper，因此用户需要手工启动 ZooKeeper 集
群，方法是在 ZooKeeper 集群的所有节点上使用命令"zkServer.sh start"。本书为了方便，
在节点 master 上使用 ssh 远程连接 slave1、slave2，完成了各个节点 ZooKeeper 的启动工作，
依次使用的命令和执行效果如图 5-24 所示。

```
[xuluhui@master ~]$ zkServer.sh start
ZooKeeper JMX enabled by default
Using config: /usr/local/zookeeper-3.4.13/bin/../conf/zoo.cfg
Starting zookeeper ... STARTED
[xuluhui@master ~]$ ssh slave1
Last login: Sat Oct  5 08:30:59 2019
[xuluhui@slave1 ~]$ zkServer.sh start
ZooKeeper JMX enabled by default
Using config: /usr/local/zookeeper-3.4.13/bin/../conf/zoo.cfg
Starting zookeeper ... STARTED
[xuluhui@slave1 ~]$ exit
logout
Connection to slave1 closed.
[xuluhui@master ~]$ ssh slave2
Last login: Sat Oct  5 08:31:56 2019
[xuluhui@slave2 ~]$ zkServer.sh start
ZooKeeper JMX enabled by default
Using config: /usr/local/zookeeper-3.4.13/bin/../conf/zoo.cfg
Starting zookeeper ... STARTED
[xuluhui@slave2 ~]$ exit
logout
Connection to slave2 closed.
[xuluhui@master ~]$
```

图 5-24　启动 ZooKeeper 集群

此处未展示 ZooKeeper 各进程和各节点的状态。读者应保证 ZooKeeper 集群成功启动，可以使用命令 jps 命令验证进程，使用命令"zkServer.sh status"查看状态。

3. 启动 HBase 集群

在主节点上启动 HBase 集群，使用的命令及执行效果如图 5-25 所示。

```
[xuluhui@master ~]$ start-hbase.sh
running master, logging to /usr/local/hbase-1.4.10/logs/hbase-xuluhui-master-mas
ter.out
slave1: running regionserver, logging to /usr/local/hbase-1.4.10/logs/hbase-xulu
hui-regionserver-slave1.out
slave2: running regionserver, logging to /usr/local/hbase-1.4.10/logs/hbase-xulu
hui-regionserver-slave2.out
[xuluhui@master ~]$
```

图 5-25　启动 HBase 集群

5.3.4　验证全分布模式 HBase 集群

启动 HBase 集群后，可通过以下两种方法验证 HBase 集群是否成功部署。

1. 验证进程(方法 1)

第一种验证方法是使用命令 jps 进行查看。按本实验设置，HBase 主节点 master 上应该有 HBase 主进程 HMaster、HDFS 主进程 NameNode、ZooKeeper 进程 QuorumPeerMain，HBase 从节点 slave1、slave2 上应该有 HBase 从进程 HRegionServer、HDFS 从进程 DataNode、ZooKeeper 进程 QuorumPeerMain，效果如图 5-26 所示。

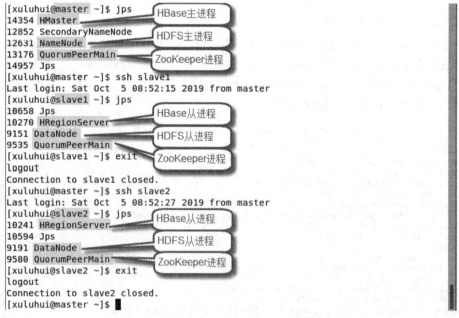

图 5-26　使用 jps 验证 HBase 集群是否部署成功

启动 HBase 主进程 HMaster 和从进程 HRegionServer 的同时，会依次在集群的主从节点\$HBASE_HOME 下自动生成 pids 目录及其下的 HBase 进程号文件 *.pid 和 ZooKeeper 节点文件 *.znode，效果如图 5-27 所示。

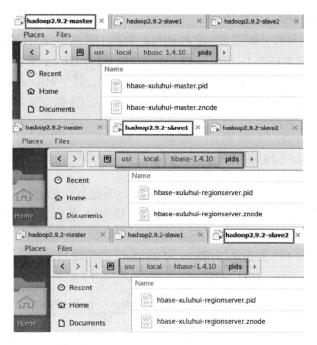

图 5-27   当前 HBase 集群主从节点上目录 "/usr/local/hbase-1.4.10/pids" 中的文件

另外，启动 HBase 主进程 HMaster 和从进程 HRegionServer 的同时，会依次在集群的主从节点$HBASE_HOME 下自动生成 logs 目录及其下日志文件 *.log 等，效果如图 5-28 所示。

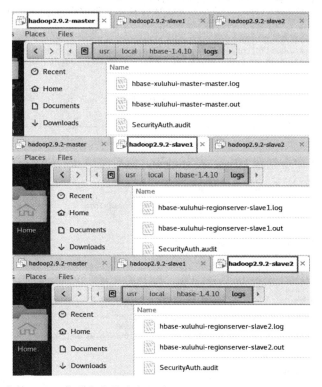

图 5-28   当前 HBase 集群主从节点上目录 "/usr/local/hbase-1.4.10/logs" 中的文件

2. 验证 HBase Web UI(方法 2)

第二种验证方法是打开浏览器，输入 HBase 集群主节点 Web UI 地址 http://192.168.18. 130:16010，效果如前文图 5-11 和图 5-12 所示。同时打开 HBase 集群从节点 Web UI 地址 http://192.168.18.131:16030、http://192.168.18.132:16030，其中 HBase 集群从节点 slave1 的 Web UI 运行效果图如图 5-13 所示。若主、从节点的 Web UI 都能够顺利打开，则表示全分布式的 HBase 集群部署成功。

5.3.5　使用 HBase Shell 和 HBase Web UI

【案例 5-1】　使用 HBase Shell 命令在 HBase 下建立一个 student 表，其逻辑模型如表 5-9 所示。对该表进行添加数据、修改列族模式等操作后，使用 HBase Web UI、ZooKeeper、HDFS Web UI 等工具查看该表，最后删除该表。

表 5-9　HBase 表 student 的逻辑模型

Row key	列族 personalInfo				列族 gradeInfo		
SNO	Sname	Ssex	Sage	Sdept	BigData	Math	English

分析如下：

(1) 使用命令 "hbase shell" 进入 HBase 命令行，使用命令及执行结果如图 5-29 所示。

```
[xuluhui@master ~]$ hbase shell
SLF4J: Class path contains multiple SLF4J bindings.
SLF4J: Found binding in [jar:file:/usr/local/hbase-1.4.10/lib/slf4j-log4j12-1.7.10.jar!/or
g/slf4j/impl/StaticLoggerBinder.class]
SLF4J: Found binding in [jar:file:/usr/local/hadoop-2.9.2/share/hadoop/common/lib/slf4j-lo
g4j12-1.7.25.jar!/org/slf4j/impl/StaticLoggerBinder.class]
SLF4J: See http://www.slf4j.org/codes.html#multiple_bindings for an explanation.
SLF4J: Actual binding is of type [org.slf4j.impl.Log4jLoggerFactory]
HBase Shell
Use "help" to get list of supported commands.
Use "exit" to quit this interactive shell.
Version 1.4.10, r76ab087819fe82ccf6f531096e18ad1bed079651, Wed Jun  5 16:48:11 PDT 2019

hbase(main):001:0>
```

图 5-29　进入 HBase Shell

(2) 使用 create 命令创建 HBase 表 student，然后使用 describe 查看表结构，使用命令及执行结果如图 5-30 所示。

```
hbase(main):001:0> create 'student','personalInfo','gradeInfo'
0 row(s) in 1.5030 seconds

=> Hbase::Table - student
hbase(main):002:0> describe 'student'
Table student is ENABLED
student
COLUMN FAMILIES DESCRIPTION
{NAME => 'gradeInfo', BLOOMFILTER => 'ROW', VERSIONS => '1', IN_MEMORY => 'false', KEEP_DE
LETED_CELLS => 'FALSE', DATA_BLOCK_ENCODING => 'NONE', TTL => 'FOREVER', COMPRESSION => 'N
ONE', MIN_VERSIONS => '0', BLOCKCACHE => 'true', BLOCKSIZE => '65536', REPLICATION_SCOPE =
> '0'}
{NAME => 'personalInfo', BLOOMFILTER => 'ROW', VERSIONS => '1', IN_MEMORY => 'false', KEEP
_DELETED_CELLS => 'FALSE', DATA_BLOCK_ENCODING => 'NONE', TTL => 'FOREVER', COMPRESSION =>
 'NONE', MIN_VERSIONS => '0', BLOCKCACHE => 'true', BLOCKSIZE => '65536', REPLICATION_SCOP
E => '0'}
2 row(s) in 0.0350 seconds

hbase(main):003:0>
```

图 5-30　用 create 命令创建表和用 describe 命令查看表结构

（3）使用 put 命令向 student 表中插入数据，行键值为"190809011001"，personalInfo: Sname 为"xuluhui"，gradeInfo:BigData 为"100"，使用命令及执行结果如图 5-31 所示。

```
hbase(main):003:0> put 'student','190809011001','personalInfo:Sname','xuluhui'
0 row(s) in 0.1180 seconds

hbase(main):004:0> put 'student','190809011001','gradeInfo:BigData','100'
0 row(s) in 0.0250 seconds

hbase(main):005:0> 
```

图 5-31　使用 put 命令向表中插入数据

（4）使用 scan 命令查看表 student 的全部数据，使用命令及执行结果如图 5-32 所示。

```
hbase(main):005:0> scan 'student'
ROW                     COLUMN+CELL
 190809011001           column=gradeInfo:BigData, timestamp=1570295335947, value=100
 190809011001           column=personalInfo:Sname, timestamp=1570295326744, value=xuluhui
1 row(s) in 0.0350 seconds

hbase(main):006:0> 
```

图 5-32　使用 scan 命令查询表中数据

（5）为了查询表 student 中数据的历史版本，使用 alter 命令修改表结构，将列族 gradeInfo 的 VERSIONS 设置为 5，使用命令及执行结果如图 5-33 所示。从图 5-33 中可以看到 describe 命令的执行结果中列族 gradeInfo 的 VERSIONS 已为 5。

```
hbase(main):006:0> alter 'student',NAME=>'gradeInfo',VERSIONS=>'5'
Updating all regions with the new schema...
0/1 regions updated.
1/1 regions updated.
Done.
0 row(s) in 3.4200 seconds

hbase(main):007:0> describe 'student'
Table student is ENABLED
student
COLUMN FAMILIES DESCRIPTION
{NAME => 'gradeInfo', BLOOMFILTER => 'ROW', VERSIONS => '5', IN_MEMORY => 'false', KEEP_DE
LETED_CELLS => 'FALSE', DATA_BLOCK_ENCODING => 'NONE', TTL => 'FOREVER', COMPRESSION => 'N
ONE', MIN_VERSIONS => '0', BLOCKCACHE => 'true', BLOCKSIZE => '65536', REPLICATION_SCOPE =
> '0'}
{NAME => 'personalInfo', BLOOMFILTER => 'ROW', VERSIONS => '1', IN_MEMORY => 'false', KEEP
_DELETED_CELLS => 'FALSE', DATA_BLOCK_ENCODING => 'NONE', TTL => 'FOREVER', COMPRESSION =>
 'NONE', MIN_VERSIONS => '0', BLOCKCACHE => 'true', BLOCKSIZE => '65536', REPLICATION_SCOP
E => '0'}
2 row(s) in 0.0250 seconds

hbase(main):008:0> 
```

图 5-33　使用 alter 命令修改表结构

（6）使用 put 命令再次向 student 表中插入数据，将行键值为"190809011001"的 gradeInfo:BigData 设置为"95"，接着第 3 次将行键值为"190809011001"的 gradeInfo:BigData 设置为"90"，最后使用 get 命令获取列 gradeInfo:BigData 的多版本数据，使用命令及执行结果如图 5-34 所示。这里需要注意的是，get 命令中历史版本参数 VERSIONS 的取值"5"不加单引号，否则出错。

```
hbase(main):008:0> put 'student','190809011001','gradeInfo:BigData','95'
0 row(s) in 0.0160 seconds

hbase(main):009:0> put 'student','190809011001','gradeInfo:BigData','90'
0 row(s) in 0.0110 seconds

hbase(main):010:0> get 'student','190809011001',{COLUMN=>'gradeInfo:BigData',VERSIONS=>5}
COLUMN                  CELL
 gradeInfo:BigData      timestamp=1570295481640, value=90
 gradeInfo:BigData      timestamp=1570295475073, value=95
 gradeInfo:BigData      timestamp=1570295335947, value=100
1 row(s) in 0.0700 seconds

hbase(main):011:0> 
```

图 5-34　使用 get 命令获取列的多版本数据

(7) 打开 HBase 主节点的 Web UI，可以看到已建立的 student 表，如图 5-35 所示。

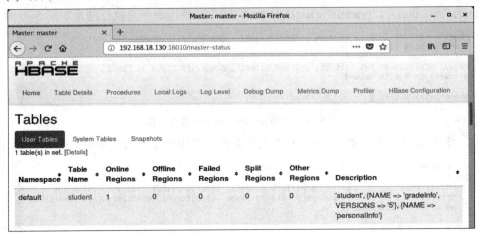

图 5-35　从 HBase 集群主节点的 Web UI 界面上查看 student 表

(8) 使用命令"zkCli.sh -server master:2181,slave1:2181,slave2:2181"连接 ZooKeeper 客户端，从 ZooKeeper 的存储树中也可以查看到已建立的 student 表，如图 5-36 所示。

```
[zk: master:2181,slave1:2181,slave2:2181(CONNECTED) 0] ls /
[zookeeper, hbase]
[zk: master:2181,slave1:2181,slave2:2181(CONNECTED) 1] ls /hbase
[replication, meta-region-server, rs, splitWAL, backup-masters, table-lock, flush-table-pr
oc, master-maintenance, region-in-transition, online-snapshot, master, switch, running, re
covering-regions, draining, namespace, hbaseid, table]
[zk: master:2181,slave1:2181,slave2:2181(CONNECTED) 2] ls /hbase/table
[hbase:meta, hbase:namespace, student]
[zk: master:2181,slave1:2181,slave2:2181(CONNECTED) 3]
```

图 5-36　从 ZooKeeper 存储树中可查看 student 表

(9) 由于 HBase 底层存储采用 HDFS，因此打开 HDFS Web UI，也可以查看到建立的 student 表，如图 5-37 所示。

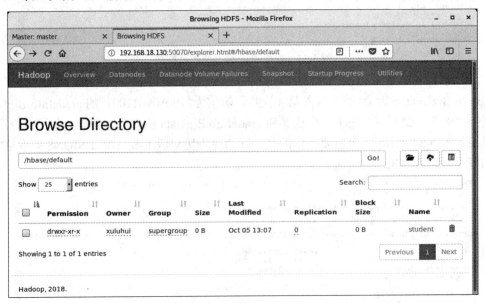

图 5-37　从底层存储 HDFS Web UI 界面上可查看 student 表

(10) 删除表 student。这里需要注意，不能直接使用命令"drop"删除表，表在删除之前必须处于"disable"状态。所以删除表首先要使用命令"disable"使表不可用，然后再使用命令"drop"进行删除，使用命令及执行结果如图 5-38 所示。

```
hbase(main):011:0> drop 'student'

ERROR: Table student is enabled. Disable it first.

Here is some help for this command:
Drop the named table. Table must first be disabled:
  hbase> drop 't1'
  hbase> drop 'ns1:t1'

hbase(main):012:0> disable 'student'
0 row(s) in 2.3220 seconds

hbase(main):013:0> drop 'student'
0 row(s) in 1.2700 seconds

hbase(main):014:0>
```

图 5-38 使用 disable + drop 命令删除表

(11) 退出 HBase Shell。使用命令"quit"退出 HBase Shell，使用命令及执行结果如图 5-39 所示。

```
hbase(main):014:0> quit
[xuluhui@master ~]$
```

图 5-39 使用 quit 命令退出 HBase Shell

5.3.6 关闭全分布模式 HBase 集群

使用命令"stop-hbase.sh"关闭 HBase 集群，使用命令及执行结果如图 5-40 所示。

```
[xuluhui@master ~]$ stop-hbase.sh
stopping hbase..................
[xuluhui@master ~]$
```

图 5-40 关闭 HBase 集群

按照本实验设置，关闭 HBase 集群后，HBase 主节点 master 上的主进程 HMaster、HBase 从节点 slave1、slave2 上的从进程 HRegionServer 消失，同时 HBase 主从节点上所有与 HBase 相关的 ZooKeeper 节点文件 *.znode 和进程号文件 *.pid 也依次消失。

5.3.7 实验报告要求

实验报告以电子版和打印版双重形式提交。

实验报告主要内容包括实验名称、实验类型、实验地点、学时、实验环境、实验原理、实验步骤、实验结果、总结与思考等。实验报告格式如表 1-9 所示。

5.4　拓　展　训　练

本节将通过一些简单实例来介绍如何使用 HBase API 编写应用程序。若要深入学习 HBase 编程，读者可以访问 HBase 官方网站提供的完整 HBase API 文档。

为了提高程序编写和调试效率，本书采用 Eclipse 工具编写 Java 程序，采用版本为适用于 64 位 Linux 操作系统的 Eclipse IDE 2018-09 for Java Developers。

5.4.1　搭建 HBase 的开发环境 Eclipse

在 HBase 集群的主节点上搭建 HBase 开发环境 Eclipse，具体过程请读者参考本书 2.3.4 节，此处不再赘述。

5.4.2　HBase 编程实践：HBase 表的增删改

【案例 5-2】　使用 HBase Java API 实现对 HBase 表的增删改。

分析如下：

创建 Java 项目"HBaseExample"，在其下创建包"com.xijing.hbase"，在该包中新建类"TableCMD"，具体新建过程与前面章节相同，此处不再赘述。实现对 HBase 表的增删改操作的完整代码如下所示：

```
package com.xijing.hbase;

import java.io.IOException;

import org.apache.hadoop.conf.Configuration;
import org.apache.hadoop.fs.Path;
import org.apache.hadoop.hbase.HBaseConfiguration;
import org.apache.hadoop.hbase.HColumnDescriptor;
import org.apache.hadoop.hbase.HConstants;
import org.apache.hadoop.hbase.HTableDescriptor;
import org.apache.hadoop.hbase.TableName;
import org.apache.hadoop.hbase.client.Admin;
import org.apache.hadoop.hbase.client.Connection;
import org.apache.hadoop.hbase.client.ConnectionFactory;
import org.apache.hadoop.hbase.io.compress.Compression.Algorithm;

public class TableCMD {

    private static final String TABLE_NAME = "MY_TABLE_NAME_TOO";
    private static final String CF_DEFAULT = "DEFAULT_COLUMN_FAMILY";
```

```java
public static void createOrOverwrite(Admin admin, HTableDescriptor table) throws IOException {
    if (admin.tableExists(table.getTableName())) {
        admin.disableTable(table.getTableName());
        admin.deleteTable(table.getTableName());
    }
    admin.createTable(table);
}

public static void createSchemaTables(Configuration config) throws IOException {
    try (Connection connection = ConnectionFactory.createConnection(config);
    Admin admin = connection.getAdmin()) {

        HTableDescriptor table = new HTableDescriptor(TableName.valueOf(TABLE_NAME));
        table.addFamily(new HColumnDescriptor(CF_DEFAULT).
                    setCompressionType(Algorithm.NONE));

        System.out.print("Creating table. ");
        createOrOverwrite(admin, table);
        System.out.println(" Done.");
    }
}

public static void modifySchema (Configuration config) throws IOException {
    try (Connection connection = ConnectionFactory.createConnection(config);
    Admin admin = connection.getAdmin()) {

        TableName tableName = TableName.valueOf(TABLE_NAME);
        if (!admin.tableExists(tableName)) {
            System.out.println("Table does not exist.");
            System.exit(-1);
        }

        HTableDescriptor table = admin.getTableDescriptor(tableName);

        //Update existing table
        HColumnDescriptor newColumn = new HColumnDescriptor("NEWCF");
        newColumn.setCompactionCompressionType(Algorithm.GZ);
        newColumn.setMaxVersions(HConstants.ALL_VERSIONS);
        admin.addColumn(tableName, newColumn);

        //Update existing column family
```

```
        HColumnDescriptor existingColumn = new HColumnDescriptor(CF_DEFAULT);
        existingColumn.setCompactionCompressionType(Algorithm.GZ);
        existingColumn.setMaxVersions(HConstants.ALL_VERSIONS);
        table.modifyFamily(existingColumn);
        admin.modifyTable(tableName, table);

        //Disable an existing table
        admin.disableTable(tableName);

        //Delete an existing column family
        admin.deleteColumn(tableName, CF_DEFAULT.getBytes("UTF-8"));

        //Delete a table (Need to be disabled first)
        admin.deleteTable(tableName);
      }
    }

    public static void main(String[]... args) throws IOException {
      Configuration config = HBaseConfiguration.create();

      //Add any necessary configuration files (hbase-site.xml, core-site.xml)
      config.addResource(new Path(System.getenv("HBASE_CONF_DIR"), "hbase-site.xml"));
      config.addResource(new Path(System.getenv("HADOOP_CONF_DIR"), "core-site.xml"));
      createSchemaTables(config);
      modifySchema(config);
    }
  }
```

<h1 style="text-align:center">思考与练习题</h1>

　　使用 HBase Java API 编程程序，实现新建 HBase 表、插入数据的功能，打成 JAR 包并提交集群执行，观察运行结果。

<h1 style="text-align:center">参 考 文 献</h1>

[1]　GEORGE L. HBase 权威指南[M]. 代志远, 译. 北京：人民邮电出版社, 2013.

[2]　CHANG F, DEAN J, GHEMAWAT S, et al. Bigtable: A Distributed Storage System for Structured Data[C]//Proceedings of the 7th USENIX Symposium on Operating Systems Design and Implementation (OSDI'06), USENIX, 2006: 205-218.

[3]　Apache HBase[EB/OL]. [2016-8-17]. https://hbase.apache.org/.

[4] GitHub-Apache HBase[EB/OL]. [2017-6-12]. https://github.com/apache/hbase.

[5] Apache Software Foundation. Apache HBase Reference Guide[EB/OL]. [2018-8-17]. https:// hbase.apache.org/book.html.

[6] Apache Software Foundation. Apache HBase Download[EB/OL]. [2017-12-17]. http://hbase. apache.org/downloads.html.

[7] Apache Software Foundation. Apache HBase API[EB/OL]. [2019-1-12]. https:// hbase. apache. org/apidocs/index.html.

[8] Carol McDonald. An In-Depth Look at the HBase Architecture[EB/OL]. [2015-8-7]. https://mapr.com/blog/in-depth-look-hbase-architecture/.

实验 6　部署本地模式 Hive 和实战 Hive

本实验的知识结构图如图 6-1 所示(★表示重点，▶表示难点)。

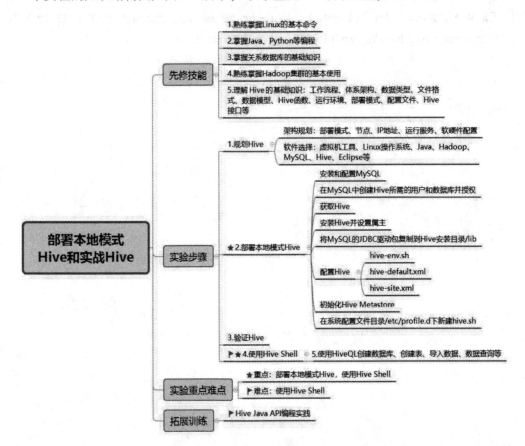

图 6-1　部署本地模式 Hive 和实战 Hive 的知识结构图

6.1　实验目的、实验环境和实验内容

一、实验目的

(1) 理解 Hive 的工作原理。

(2) 理解 Hive 的体系架构。

(3) 熟悉 Hive 的运行模式，熟练掌握本地模式 Hive 的部署。

(4) 了解 Hive Web UI 的配置和使用方法。

(5) 熟练掌握 Hive Shell 常用命令的使用。

(6) 了解 Hive Java API，能编写简单的 Hive 程序。

二、实验环境

本实验所需的软件环境包括全分布模式 Hadoop 集群、MySQL 安装包、MySQL JDBC 驱动包、Hive 安装包、Eclipse。

三、实验内容

(1) 规划 Hive。

(2) 部署本地模式 Hive。

(3) 启动 Hive。

(4) 验证 Hive。

(5) 配置和使用 Hive Web UI。

(6) 使用 Hive Shell 常用命令。

(7) 关闭 Hive。

6.2　实　验　原　理

6.2.1　初识 Hive

Hive 由 Facebook 公司开源，主要用于解决海量结构化日志数据的离线分析。Hive 是基于 Hadoop 的一个数据仓库工具，可以将结构化的数据文件映射为一张表，并提供类 SQL 查询功能。Hive 的本质是将 HQL(Hive SQL)语句转化成 MapReduce 程序，并提交到 Hadoop 集群上运行，其基本工作流程如图 6-2 所示。Hive 可让不熟悉 MapReduce 的开发人员直接编写 SQL 语句来实现对大规模数据的统计分析操作，大大降低了学习门槛，同时也提升了开发效率。Hive 处理的数据存储在 HDFS 上。Hive 分析数据底层的实现是 MapReduce，执行程序运行在 YARN 上。

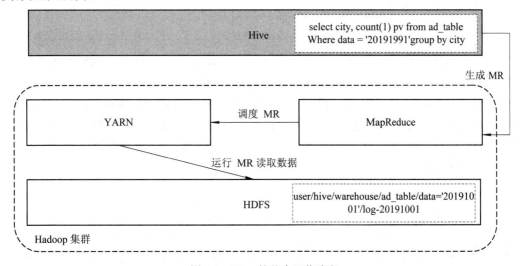

图 6-2　Hive 的基本工作流程

Hive 的优点包括以下几个方面：

(1) 操作接口采用类 SQL 语法，简单易学，提供快速开发的能力。

(2) 避免编写 MapReduce 应用程序，减少开发人员的学习成本。

(3) Hive 执行延迟比较高，常用于对实时性要求不高的海量数据分析场合中。

(4) Hive 支持用户自定义函数，用户可以根据自己的需求来定义自己的函数。

同时，Hive 也有自身缺陷，包括以下几个方面：

(1) Hive 的 HQL 表达能力有限，例如迭代式算法无法表达，不擅长数据挖掘等。

(2) Hive 效率比较低，例如 Hive 自动生成的 MapReduce 作业，通常情况下不够智能化；另外 Hive 粒度较粗，调优比较困难。

6.2.2　Hive 的体系架构

Hive 通过给用户提供的一系列交互接口，接收到用户提交的 Hive 脚本后，使用自身的驱动器 Driver，结合元数据 Metastore，将这些脚本翻译成 MapReduce，并提交到 Hadoop 集群中执行，最后将执行返回的结果输出到用户交互接口。Hive 的体系架构如图 6-3 所示。

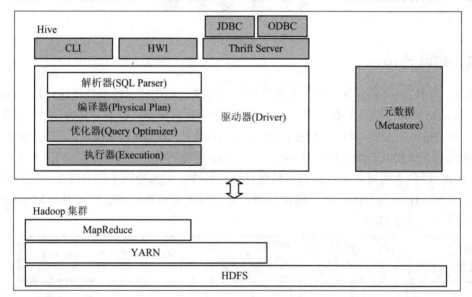

图 6-3　Hive 的体系架构

由图 6-3 可知，Hive 的体系架构中主要包括如下组件：CLI、JDBC/ODBC、Thrift Server、HWI、Metastore 和 Driver。这些组件可以分为客户端组件和服务端组件两类。另外，Hive 还需要 Hadoop 的支持，它使用 HDFS 进行存储，使用 MapReduce 进行计算。

1. 客户端组件

1) CLI

CLI(Commmand Line Interface)是 Hive 命令行接口，是最常用的一种用户接口。CLI 启动时会同时启动一个 Hive 副本。CLI 是和 Hive 交互的最简单也是最常用的方式，只需要在一个具备完整 Hive 环境下的 Shell 终端中键入"hive"即可启动服务。用户可以在 CLI 上输入 HQL 来执行创建表、更改属性以及查询等操作。不过 Hive CLI 不适应于高并发的生产环境，仅仅是 Hive 管理员的好工具。

2) JDBC/ODBC

JDBC 是 Java Database Connection 规范，它定义了一系列 Java 访问各类数据库的访问接口，因此 Hive-JDBC 其实本质上扮演了一个协议转换的角色，把 JDBC 标准协议转换为访问 Hive Server 服务的协议。Hive-JDBC 除了扮演网络协议转化的工作，并不承担其他工作，比如 SQL 的合法性校验和解析等。ODBC 是一组对数据库访问的标准 API，它的底层实现源码是采用 C/C++编写的。JDBC/ODBC 都是通过 Hive Client 与 Hive Server 保持通信的，借助 Thrift RPC 协议来实现交互。

3) HWI

HWI(Hive Web Interface)是 Hive 的 Web 访问接口，提供了一种可以通过浏览器来访问 Hive 服务的功能。

2. 服务端组件

1) Thrift Server

Thrift 是 Facebook 开发的一个软件框架，它用来进行可扩展且跨语言的服务开发。Hive 集成了 Thrift Server 服务，能让 Java、Python 等不同的编程语言调用 Hive 接口。

2) 元数据

元数据(Metastore)组件用于存储 Hive 的元数据，包括表名、表所属的数据库(默认是 default)、表的拥有者、列/分区字段、表的类型(是否是外部表)、表的数据所在目录等。Hive 元数据默认存储在自带的 Derby 数据库中，推荐使用 MySQL 存储 Metastore。元数据对于 Hive 十分重要，因此 Hive 支持把 Metastore 服务独立出来，安装到远程的服务器集群里，从而解耦 Hive 服务和 Metastore 服务，保证 Hive 运行的健壮性。

3) 驱动器

驱动器(Driver)组件的作用是将用户编写的 HiveQL 语句进行解析、编译、优化，生成执行计划，然后调用底层的 MapReduce 计算框架。Hive 驱动器由四部分组成：

(1) 解析器(SQL Parser)：将 SQL 字符串转换成抽象语法树 AST，这一步一般都用第三方工具库完成，例如 antlr；对 AST 进行语法分析，例如表是否存在、字段是否存在、SQL 语义是否有误。

(2) 编译器(Physical Plan)：将 AST 编译生成逻辑执行计划。

(3) 优化器(Query Optimizer)：对逻辑执行计划进行优化。

(4) 执行器(Execution)：把逻辑执行计划转换成可以运行的物理计划，对于 Hive 来说，就是 MapReduce/Spark。

这里需要说明一下 Hive Server 和 Hive Server 2 两者的联系和区别。Hive Server 和 Hive Server 2 都是基于 Thrift 的，但 Hive Sever 有时被称为 Thrift Server，而 Hive Server 2 却不会；两者都允许远程客户端使用多种编程语言在不启动 CLI 的情况下通过 Hive Server 和 Hive Server 2 对 Hive 中的数据进行操作。但是官方表示从 Hive 0.15 起就不再支持 Hive Server 了。为什么不再支持 Hive Server 了呢？这是因为 Hive Server 不能处理多于一个客户端的并发请求，究其原因是由于 Hive Server 使用 Thrift 接口而导致的限制，不能通过修改 Hive Server 代码的方式进行修正。因此在 Hive 0.11.0 版本中重写了 Hive Server 代码得到了 Hive Server 2，进而解决了该问题。Hive Server 2 支持多客户端的并发和认证，为开放 API 客户端如 JDBC、ODBC 提供了更好的支持。

另外，还需要说明一下 Hive 元数据 Metastore。Hive 元数据是数据仓库的核心数据，完成 HDFS 中表数据的读/写和管理功能，元数据作为一个服务进程运行。如上文所述，元数据默认存储在自带的 Derby 数据库中，但推荐使用关系型数据库如 MySQL 来存储，采用关系数据库存储元数据的根本原因在于快速响应数据存取的需求。Hive 元数据通常有嵌入式元数据、本地元数据和远程元数据三种存储位置形式。根据元数据存储位置的不同，Hive 部署模式也不同，具体参考 6.2.7 节。

6.2.3　Hive 的数据类型

Hive 的数据类型分为基本数据类型和集合数据类型两类。

1. 基本数据类型

基本类型又称为原始类型，与大多数关系数据库中的数据类型相同。Hive 的基本数据类型及说明如表 6-1 所示。

表 6-1　Hive 的基本数据类型

数据类型		长　度	说　明
数字类	TINYINT	1 字节	有符号的整型，-128～127
	SMALLINT	2 字节	有符号的整型，-32 768～32 767
	INT	4 字节	有符号的整型，-2 147 483 648～2 147 483 647
	BIGINT	8 字节	有符号的整型，-9 223 372 036 854 775 808～9 223 372 036 854 775 807
	FLOAT	4 字节	有符号的单精度浮点数
	DOUBLE	8 字节	有符号的双精度浮点数
	DOUBLE PRECISION	8 字节	同 DOUBLE，Hive 2.2.0 开始可用
	DECIMAL	--	可带小数的精确数字字符串
	NUMERIC	--	同 DECIMAL，Hive 3.0.0 开始可用
日期时间类	TIMESTAMP	--	时间戳，内容格式为 yyyy-mm-dd hh:mm:ss[.f...]
	DATE	--	日期，内容格式为 YYYY-MM-DD
	INTERVAL	--	--
字符串类	STRING	--	字符串
	VARCHAR	字符数范围 1～65 535	长度不定的字符串
	CHAR	最大的字符数：255	长度固定的字符串
Misc 类	BOOLEAN	--	布尔类型 TRUE/FALSE
	BINARY	--	字节序列

Hive 的基本数据类型是可以进行隐式转换的，类似于 Java 类型转换。例如某表达式使用 INT 类型，TINYINT 会自动转换为 INT 类型。但是 Hive 不会进行反向转换，例如，

某表达式使用 TINYINT 类型，INT 不会自动转换为 TINYINT 类型，它会返回错误，除非使用 CAST 函数。隐式类型转换规则如下所示：

(1) 任何整数类型都可以隐式地转换为一个范围更广的类型，如 TINYINT 可以转换成 INT，INT 可以转换成 BIGINT。

(2) 所有整数类型、FLOAT 和 STRING 类型都可以隐式地转换成 DOUBLE。

(3) TINYINT、SMALLINT、INT 都可以转换为 FLOAT。

(4) BOOLEAN 类型不可以转换为任何其他类型。

我们可以使用 CAST 函数对数据类型进行显式转换，例如 CAST('1' AS INT)把字符串 '1' 转换成整数 1。如果强制类型转换失败，例如执行 CAST('X' AS INT)，则表达式返回空值 NULL。

2. 集合数据类型

除了基本数据类型，Hive 还提供了 ARRAY、MAP、STRUCT、UNIONTYPE 四种集合数据类型。所谓集合类型是指该字段可以包含多个值，有时也称复杂数据类型。Hive 集合数据类型说明如表 6-2 所示。

表 6-2　Hive 的集合数据类型

数据类型	长度	说　　明
ARRAY	--	数组，存储相同类型的数据，索引从 0 开始，可以通过下标获取数据
MAP	--	字典，存储键值对数据。键或者值的数据类型必须相同，通过键获取数据，MAP<primitive_type, data_type>
STRUCT	--	结构体，存储多种不同类型的数据，一旦生命好结构体，各字段的位置不能改变，STRUCT<col_name : data_type [COMMENT col_comment], ...>
UNIONTYPE	--	联合体，UNIONTYPE<data_type, data_type, ...>

6.2.4　Hive 的文件格式

Hive 支持多种文件格式，常用的有以下几种：

1. TEXTFILE

说明：TEXTFILE 是默认文件格式，建表时用户需要指定分隔符。

存储方式：行存储。

优点：最简单的数据格式，便于和其他工具(Pig、Grep、sed、AWK)共享数据，便于查看和编辑；加载较快。

缺点：耗费存储空间，I/O 性能较低；Hive 不能对其进行数据切分合并，不能进行并行操作，查询效率低。

适用场景：适用于小型查询以及查看具体数据内容的测试操作。

2. SEQUENCEFILE

说明：SEQUENCEFILE 是二进制键值对序列化文件格式。

存储方式：行存储。

优点：可压缩，可分割，优化磁盘利用率和 I/O；可并行操作数据，查询效率高。

缺点：存储空间消耗最大；对于 Hadoop 生态系统之外的工具不适用，需要通过 text 文件转化加载。

适用场景：适用于数据量较小、大部分列的查询。

3. RCFILE

说明：RCFILE 是 Hive 推出的一种专门面向列的数据格式，它遵循"先按列划分，再垂直划分"的设计理念。

存储方式：行列式存储。

优点：可压缩，列存取高效；查询效率较高。

缺点：加载时性能消耗较大，需要通过 text 文件转化加载；读取全量数据性能低。

4. ORC

说明：ORC 是优化后的 RCFILE。

存储方式：行列式存储。

优缺点：优缺点与 RCFILE 类似，查询效率最高。

适用场景：适用于 Hive 中大型的存储和查询。

Hive 的文件格式除了以上 4 种之外，还有 PARQUET、AVRO 等格式。其中，ORC 的压缩率最高。

6.2.5 Hive 的数据模型

Hive 没有专门的数据存储格式，也没有为数据建立索引，用户可以非常自由地组织 Hive 中的表，只需在创建表时告诉 Hive 数据中的列分隔符和行分隔符，Hive 就可以解析数据。Hive 中所有的数据都存储在 HDFS 中，根据对数据的划分粒度，Hive 包含表(Table)、分区(Partition)和桶(Bucket)三种数据模型。如图 6-4 所示，表→分区→桶，对数据的划分粒度越来越小。

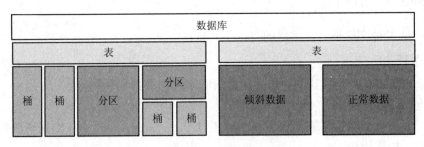

图 6-4　Hive 的数据模型

1. 表(Table)

Hive 的表和关系数据库中的表相同，具有各种关系代数操作。Hive 中有内部表(Table)和外部表(External Table)两种表。

1) 内部表(Table)

Hive 默认创建的表都是内部表，因为对于这种表，Hive 会(或多或少地)控制着数据的生命周期。默认情况下，Hive 会将这些表的数据存储在由配置项 hive.metastore.warehouse.dir(例如/user/hive/warehouse)所定义的 HDFS 目录的子目录下，每一个 Table 在该数据仓库目录下都拥有一个对应的目录存储数据。当删除一个内部表时，Hive 会同时删除这个数据目录。内部表不适合和其他工具共享数据。

2) 外部表(External Table)

Hive 创建外部表时需要指定数据读取的目录。外部表仅记录数据所在的路径，不对数据的位置做任何改变；而内部表创建时就把数据存放到默认路径下。当删除表时，内部表会将数据和元数据全部删除；而外部表只删除元数据，数据文件不会删除。外部表和内部表在元数据的组织上是相同的，外部表加载数据和创建表同时完成，并不会将数据移动到数据仓库目录中。

2. 分区(Partition)

分区表通常分为静态分区表和动态分区表两种，前者导入数据时需要静态指定分区，后者可以直接根据导入数据进行分区。

分区表实际上就是一个对应 HDFS 文件系统上的独立文件夹，该文件夹下是该分区所有的数据文件。Hive 中的分区就是分目录，把一个大的数据集根据业务需要分割成小的数据集。分区的好处是可以让数据按照区域进行分类，避免了查询时的全表扫描。

3. 桶(Bucket)

分桶就是将同一个目录下的一个文件拆分成多个文件，每个文件包含一部分数据，方便获取值，提高检索效率。

分区针对的是数据的存储路径，分桶针对的是数据文件。分区提供一个隔离数据和优化查询的便利方式，但并非所有的数据集都可形成合理的分区；分桶是将数据集分解成更容易管理的若干部分的另一种技术。

6.2.6　Hive 函数

Hive 支持多种内置运算符和内置函数，方便开发人员调用。在 Hive 命令行中使用命令“show functions”可以查看所有函数列表。如果要查看某个函数的帮助信息，可以使用“describe function”加函数名来显示。另外，对于部分高级用户，可能需要开发自定义函数来实现特定功能。

1. 内置运算符

内置运算符包括算术运算符、关系运算符、逻辑运算符和复杂运算符。关于 Hive 内置运算符的说明如表 6-3 所示。

表 6-3　Hive 的内置运算符

类型	运算符	说明
算术运算符	+、-、*、/	加、减、乘、除
	%	求余
	&、|、^、~	按位与、或、异或、非

类型	运　算　符	说　　明
关系运算符	=、!=(或<>)、<、<=、>、>=	等于、不等于、小于、小于等于、大于、大于等于
	IS NULL、IS NOT NULL	判断值是否为"NULL"
	LIKE、RLIKE、REGEXP	LIKE 进行 SQL 匹配，RLIKE 进行 Java 匹配，REGEXP 与 RLIKE 相同
逻辑运算符	AND、&&	逻辑与
	OR、|	逻辑或
	NOT、!	逻辑非
复杂运算符	A[n]	A 是一个数组，n 为 int 型。返回数组 A 的第 n 个元素，第一个元素的索引为 0
	M[key]	M 是 Map，关键值是 key，返回关键值对应的值
	S.x	S 为 struct，返回 x 字符串在结构 S 中的存储位置

2. 内置函数

常用内置函数包括数学函数、字符串函数、条件函数、日期函数、聚集函数、XML 和 JSON 函数。关于 Hive 部分内置函数的说明如表 6-4、表 6-5 所示。

表 6-4　Hive 内置函数之字符串函数

函　　数	说　　明
length(string A)	返回字符串的长度
reverse(string A)	返回倒序字符串
concat(string A, string B…)	连接多个字符串，合并为一个字符串，可以接受任意数量的输入字符串
concat_ws(string SEP, string A, string B…)	连接多个字符串，字符串之间以指定的分隔符分开
substr(string A, int start) 回车键 substring(string A, int start)	从文本字符串中截取指定的起始位置后的字符
substr(string A, int start, int len) substring(string A, int start, int len)	从文本字符串中截取指定位置指定长度的字符
upper(string A) 回车键 ucase(string A)	将文本字符串转换成字母全部大写形式
lower(string A) 回车键 lcase(string A)	将文本字符串转换成字母全部小写形式
trim(string A)	删除字符串两端的空格，字符之间的空格保留
ltrim(string A)	删除字符串左边的空格，其他的空格保留
rtrim(string A)	删除字符串右边的空格，其他的空格保留
regexp_replace(string A, string B, string C)	字符串 A 中的 B 字符被 C 字符替换
regexp_extract(string subject, string pattern, int index)	通过下标返回正则表达式指定的部分
parse_url(string urlString, string partToExtract [, string keyToExtract])	返回 URL 指定的部分

续表

函　　数	说　　明
get_json_object(string json_string, string path)	select a.timestamp, get_json_object(a.appevents, '$. eventid'), get_json_object(a.appenvets, '$.eventname')　　from log a;
space(int n)	返回指定数量的空格
repeat(string str, int n)	重复 N 次字符串
ascii(string str)	返回字符串中首字符的数字值
lpad(string str, int len, string pad)	返回指定长度的字符串，给定字符串长度小于指定长度时，由指定字符从左侧填补
rpad(string str, int len, string pad)	返回指定长度的字符串，给定字符串长度小于指定长度时，由指定字符从右侧填补
split(string str, string pat)	将字符串转换为数组
find_in_set(string str, string strList)	返回字符串 str 第一次在 strlist 出现的位置。如果任一参数为 NULL，返回 NULL；如果第一个参数包含逗号，返回 0
sentences(string str, string lang, string locale)	将字符串中内容按语句分组，每个单词间以逗号分隔，最后返回数组
ngrams(array>, int N, int K, int pf)	SELECT ngrams(sentences(lower(tweet)), 2, 100 [, 1000]) FROM twitter;
context_ngrams(array>, array, int K, int pf)	SELECT context_ngrams(sentences(lower(tweet)), array(null,null), 100, [, 1000]) FROM twitter;

表 6-5　Hive 内置函数之日期函数

函　　数	说　　明
from_UNIXtime(bigint UNIXtime[, string format])	UNIX_TIMESTAMP 参数表示返回一个值 YYYY- MM-DD HH：MM：SS 或 YYYYMMDDHHMMSS.uuuuuu 格式，这取决于是否是在一个字符串或数字语境中使用的功能。该值表示在当前的时区
UNIX_timestamp()	如果不带参数的调用，返回一个 UNIX 时间戳(从"1970-01 - 0100:00:00"到现在的 UTC 秒数)为无符号整数
UNIX_timestamp(string date)	指定日期参数调用 UNIX_TIMESTAMP()，它返回参数值"1970- 01 - 0100:00:00"到指定日期的秒数
UNIX_timestamp(string date, string pattern)	指定时间输入格式，返回到 1970 年秒数
to_date(string timestamp)	返回时间中的年月日
to_dates(string date)	给定一个日期 date，返回一个天数(0 年以来的天数)
year(string date)	返回指定时间的年份，范围为 1000~9999，或为"零"日期的 0
month(string date)	返回指定时间的月份，范围为 1~12 月，或为"零"月份的 0

续表

函　　数	说　　明
day(string date) dayofmonth(date)	返回指定时间的日期
hour(string date)	返回指定时间的小时，范围为 0～23
minute(string date)	返回指定时间的分钟，范围为 0～59
second(string date)	返回指定时间的秒，范围为 0～59
weekofyear(string date)	返回指定日期所在一年中的星期号，范围为 0～53
datediff(string enddate, string startdate)	两个时间参数的日期之差
date_add(string startdate, int days)	给定时间，在此基础上加上指定的时间段
date_sub(string startdate, int days)	给定时间，在此基础上减去指定的时间段

读者可以使用命令"describe function <函数名>"查看该函数的英文帮助，效果如图 6-5 所示。

```
hive> describe function from_unixtime;
OK
from_unixtime(unix_time, format) - returns unix_time in the specified format
Time taken: 0.064 seconds, Fetched: 1 row(s)
hive> describe function date_sub;
OK
date_sub(start_date, num_days) - Returns the date that is num_days before start_
date.
Time taken: 0.033 seconds, Fetched: 1 row(s)
hive>
```

图 6-5　使用命令 describe function 查看函数帮助

3. 自定义函数

虽然 HiveQL 内置了许多函数，但是在某些特殊场景下，可能还是需要自定义函数。Hive 自定义函数包括普通自定义函数(UDF)、表生成自定义函数(UDTF)和聚集自定义函数(UDAF)三种。

1) 普通自定义函数(UDF)

普通 UDF 支持一个输入产生一个输出。普通自定义函数需要继承 org.apache.hadoop. hive.ql.exec.UDF，重写类 UDF 中的 evaluate()方法。

2) 表生成自定义函数(UDTF)

表生成自定义函数 UDTF 支持一个输入多个输出。实现表生成自定义函数需要继承类 org.apache.hadoop.hive.ql.udf.generic.GenericUDTF，需要依次实现以下三个方法：

- initialize()：行初始化，返回 UDTF 的输出结果的行信息(行数，类型等)。
- process()：对传入的参数进行处理，可以通过 forward()返回结果。
- close()：清理资源。

3) 聚集自定义函数(UDAF)

当系统自带的聚集函数不能满足用户需求时，就需要自定义聚合函数。UDAF 支持多个输入一个输出。自定义聚集函数需要继承类 org.apache.hadoop.hive.ql.exec.UDAF，自定义的内部类要实现接口 org.apache.hadoop.hive.ql.exec.UDAFEvaluator。相对于普通自定义函数，聚集自定义函数较为复杂，需要依次实现以下五个方法：

- init()：初始化中间结果。
- iterate()：接收传入的参数，并进行内部转化，定义聚合规则，返回值为 boolean 类型。
- terminatePartial()：iterate 结束后调用，返回当前 iterate 迭代结果，类似于 Hadoop 的 Combiner。
- merge()：用于接收 terminatePartial()返回的数据，进行合并操作。
- terminate()：用于返回最后聚合结果。

6.2.7　部署 Hive

1. 运行环境

对于大部分 Java 开源产品而言，在部署与运行之前，总是需要搭建一个合适的环境，通常包括操作系统和 Java 环境两方面。同时，Hive 依赖于 Hadoop，因此 Hive 部署与运行所需要的系统环境包括以下几个方面：

1) 操作系统

Hive 支持不同平台，在当前绝大多数主流的操作系统上都能够运行，例如 UNIX/Linux、Windows 等。本书采用的操作系统为 Linux 发行版 CentOS 7。

2) Java 环境

Hive 使用 Java 语言编写，因此它的运行环境需要 Java 环境的支持。

3) Hadoop

Hive 需要 Hadoop 的支持，它使用 HDFS 进行存储，使用 MapReduce 进行计算。

2. 部署模式

根据元数据 Metastore 存储位置的不同，Hive 部署模式共有以下三种。

1) 内嵌模式

内嵌模式(Embedded Metastore)是 Hive Metastore 最简单的部署方式，使用 Hive 内嵌的 Derby 数据库来存储元数据。但是 Derby 只能接受一个 Hive 会话的访问，试图启动第二个 Hive 会话就会导致 Metastore 连接失败。Hive 官方并不推荐使用内嵌模式，此模式通常用于开发者调试环境中，真正生产环境中很少使用。Hive 内嵌模式示例如图 6-6 所示。

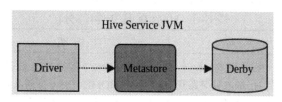

图 6-6　Hive 内嵌模式示例

2) 本地模式

本地模式(Local Metastore)是 Metastore 的默认模式。在该模式下，单 Hive 会话(一个 Hive 服务 JVM)以组件方式调用 Metastore 和 Driver，允许同时存在多个 Hive 会话，即多个用户可以同时连接到元数据库中。常见 JDBC 兼容的数据库如 MySQL 都可以使用，数据库运行在一个独立的 Java 虚拟机上。Hive 本地模式示例如图 6-7 所示。

3) 远程模式

远程模式(Remote Metastore)将 Metastore 分离出来，成为一个独立的 Hive 服务，而不是和 Hive 服务运行在同一个虚拟机上。这种模式使得多个用户之间不需要共享 JDBC 登录账户信息就可以存取元数据，避免了认证信息的泄漏，同时可以部署多个 Metastore 服务，以提高数据仓库可用性。Hive 远程模式示例如图 6-8 所示。

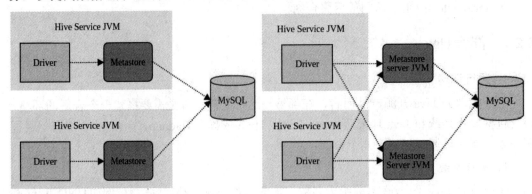

图 6-7　Hive 本地模式示例　　　　　图 6-8　Hive 远程模式示例

3. 配置文件

Hive 所有配置文件位于$HIVE_HOME/conf 下，具体的配置文件如图 6-9 所示。

```
[xuluhui@master ~]$ ls /usr/local/hive-2.3.4/conf
beeline-log4j2.properties.template    ivysettings.xml
hive-default.xml.template             llap-cli-log4j2.properties.template
hive-env.sh.template                  llap-daemon-log4j2.properties.template
hive-exec-log4j2.properties.template  parquet-logging.properties
hive-log4j2.properties.template
[xuluhui@master ~]$
```

图 6-9　Hive 配置文件的位置

用户在部署 Hive 时，经常编辑的配置文件有 hive-site.xml 和 hive-env.sh 两个，它们可以在原始模板配置文件 hive-env.sh.template、hive-default.xml.template 的基础上创建并进行修改；另外，还需要将 hive-default.xml.template 复制为 hive-default.xml。Hive 会先加载 hive-default.xml 文件，再加载 hive-site.xml 文件；如果两个文件里有相同的配置，那么以 hive-site.xml 为准。Hive 常用配置文件的说明如表 6-6 所示。

表 6-6　Hive 配置文件(部分)

文件名称	文 件 描 述
hive-env.sh	Bash 脚本，设置 Linux/UNIX 环境下运行 Hive 要用的环境变量，主要包括 Hadoop 安装路径 HADOOP_HOME、Hive 配置文件的存放路径 HIVE_CONF_DIR、Hive 运行资源库路径 HIVE_AUX_JARS_PATH 等
hive-default.xml	XML 文件，Hive 核心配置文件，包括 Hive 数据存放的位置、Metastore 的连接 URL、JDO 连接驱动类、JDO 连接用户名、JDO 连接密码等配置项
hive-site.xml	XML 文件，其配置项会覆盖默认配置 hive-default.xml

关于 Hive 配置参数的详细信息，读者请参考官方文档 https://cwiki.apache.org/confluence/display/Hive/GettingStarted#GettingStarted-ConfigurationManagementOverview。其中，配置文件 hive-site.xml 中涉及的主要配置参数如表 6-7 所示。

表 6-7　配置文件 hive-site.xml 涉及的主要参数

配置参数	功　能
hive.exec.scratchdir	HDFS 路径，用于存储不同 map/reduce 阶段的执行计划和这些阶段的中间输出结果，默认值为/tmp/hive。对于每个连接用户，都会创建目录$\{hive.exec.scratchdir\}/<username&gt；该目录的权限为 733
hive.metastore.warehouse.dir	Hive 默认数据文件的存储路径，通常为 HDFS 可写路径，默认值为/user/hive/warehouse
hive.metastore.uris	远程模式下 Metastore 的 URI 列表
javax.jdo.option.ConnectionURL	Metastore 的连接 URL
javax.jdo.option.ConnectionDriverName	JDO 连接驱动类
javax.jdo.option.ConnectionUserName	JDO 连接用户名
javax.jdo.option.ConnectionPassword	JDO 连接密码
hive.hwi.war.file	HWI 的 war 文件所在的路径

部署内嵌模式 Hive 时，配置文件 hive-site.xml 中需要设置的属性选项及示例如表 6-8 所示。

表 6-8　内嵌模式 Hive 配置文件 hive-site.xml 所需配置属性示例

配置参数	设置值示例
javax.jdo.option.ConnectionURL	jdbc:derby:;databaseName=metastore_db;create=true
javax.jdo.option.ConnectionDriverName	org.apache.derby.jdbc.EmbeddedDriver
javax.jdo.option.ConnectionUserName	hiveEmbedded
javax.jdo.option.ConnectionPassword	hiveEmbedded

部署本地模式 Hive 时，配置文件 hive-site.xml 中需要设置的属性选项及示例如表 6-9 所示。

表 6-9　本地模式 Hive 配置文件 hive-site.xml 所需配置属性示例

配置参数	设置值示例
javax.jdo.option.ConnectionURL	jdbc:mysql://localhost:3306/hive?createDatabaseIfNotExist=true&useSSL=false
javax.jdo.option.ConnectionDriverName	com.mysql.jdbc.Driver
javax.jdo.option.ConnectionUserName	hiveLocal
javax.jdo.option.ConnectionPassword	hiveLocal

部署远程模式 Hive 时，配置文件 hive-site.xml 中需要设置的属性选项如表 6-10 所示。

表 6-10　远程模式 Hive 配置文件 hive-site.xml 所需配置属性示例

配置参数	设置值示例
hive.metastore.uris	thrift://192.168.18.130:9083
javax.jdo.option.ConnectionURL	jdbc:mysql://192.168.18.131:3306/hiveremote?createDataba seIfNotExist=true&useSSL=false
javax.jdo.option.ConnectionDriverName	com.mysql.jdbc.Driver
javax.jdo.option.ConnectionUserName	hiveremote
javax.jdo.option.ConnectionPassword	hiveremote

6.2.8　Hive 接口

Hive 用户接口主要包括 CLI、Client 和 HWI 三类。其中，CLI(Commmand Line Interface) 是 Hive 的命令行接口；Client 是 Hive 的客户端，用户连接至 HiveServer，在启动 Client 模式的时候，需要指出 HiveServer 所在节点，并且在该节点启动 HiveServer；HWI 是通过 浏览器访问 Hive，使用之前要启动 hwi 服务。

1. Hive Shell

Hive Shell 命令是通过$HIVE_HOME/bin/hive 文件进行控制的，通过该文件可以进行 Hive 当前会话的环境管理、Hive 表管理等操作。Hive 命令需要使用 “;” 进行结束标示。 通过命令 “hive -H” 可以查看帮助信息，如图 6-10 所示。

图 6-10　通过命令 “hive -H” 查看帮助

1) Hive Shell 的基本命令

Hive Shell 常用的基本命令主要包含退出客户端、添加文件、修改/查看环境变量、执 行 linux 命令、执行 dfs 命令等，命令包括：quit、exit、set、add JAR[S] <filepath> <filepath>*、 list JAR[S]、delete JAR[S] <filepath>*、! <linux-command>、dfs <dfs command>等。

除了 Hive Shell 的基本命令外，其他的命令主要是 DDL、DML、select 等 HiveQL 语 句。HiveQL 简称 HQL，是一种类 SQL 的查询语言，绝大多数语法和 SQL 类似。

2) HiveQL

(1) HiveQL DDL。

HiveQL DDL 主要有数据库、表等模式的创建(CREATE)、修改(ALTER)、删除(DROP)、

显示(SHOW)、描述(DESCRIBE)等命令，详细参考官方文档(网站是最新版本 Hive 的参考文档)https://cwiki.apache.org/confluence/display/Hive/LanguageManual+DDL。HiveQL DDL 具体包括的语句如图 6-11 所示。

Overview

HiveQL DDL statements are documented here, including:

- CREATE DATABASE/SCHEMA, TABLE, VIEW, FUNCTION, INDEX
- DROP DATABASE/SCHEMA, TABLE, VIEW, INDEX
- TRUNCATE TABLE
- ALTER DATABASE/SCHEMA, TABLE, VIEW
- MSCK REPAIR TABLE (or ALTER TABLE RECOVER PARTITIONS)
- SHOW DATABASES/SCHEMAS, TABLES, TBLPROPERTIES, VIEWS, PARTITIONS, FUNCTIONS, INDEX[ES], COLUMNS, CREATE TABLE
- DESCRIBE DATABASE/SCHEMA, table_name, view_name, materialized_view_name

PARTITION statements are usually options of TABLE statements, except for SHOW PARTITIONS.

图 6-11 HiveQL DDL 概览

例如，创建数据库的语法如图 6-12 所示。

Create Database

```
CREATE (DATABASE|SCHEMA) [IF NOT EXISTS] database_name
  [COMMENT database_comment]
  [LOCATION hdfs_path]
  [WITH DBPROPERTIES (property_name=property_value, ...)];
```

The uses of SCHEMA and DATABASE are interchangeable – they mean the same thing. CREATE DATABASE was added in Hive 0.6 (HIVE-675). The WITH DBPROPERTIES clause was added in Hive 0.7 (HIVE-1836).

图 6-12 HiveQL CREATE DATABASE 语法

再如，创建表的语法如图 6-13 所示。

Create Table

```
CREATE [TEMPORARY] [EXTERNAL] TABLE [IF NOT EXISTS] [db_name.]table_name    -- (Note: TEMPORARY available in Hive 0.14.0 and later)
  [(col_name data_type [column_constraint_specification] [COMMENT col_comment], ... [constraint_specification])]
  [COMMENT table_comment]
  [PARTITIONED BY (col_name data_type [COMMENT col_comment], ...)]
  [CLUSTERED BY (col_name, col_name, ...) [SORTED BY (col_name [ASC|DESC], ...)] INTO num_buckets BUCKETS]
  [SKEWED BY (col_name, col_name, ...)                  -- (Note: Available in Hive 0.10.0 and later)]
     ON ((col_value, col_value, ...), (col_value, col_value, ...), ...)
       [STORED AS DIRECTORIES]
  [
   [ROW FORMAT row_format]
   [STORED AS file_format]
     | STORED BY 'storage.handler.class.name' [WITH SERDEPROPERTIES (...)]  -- (Note: Available in Hive 0.6.0 and later)
  ]
  [LOCATION hdfs_path]
  [TBLPROPERTIES (property_name=property_value, ...)]   -- (Note: Available in Hive 0.6.0 and later)
  [AS select_statement];   -- (Note: Available in Hive 0.5.0 and later; not supported for external tables)

CREATE [TEMPORARY] [EXTERNAL] TABLE [IF NOT EXISTS] [db_name.]table_name
  LIKE existing_table_or_view_name
  [LOCATION hdfs_path];
```

图 6-13 HiveQL CREATE TABLE 语法

关于创建表语法的几点说明如下：

① CREATE TABLE：创建一个指定名字的表。如果相同名字的表已经存在，则抛出异常；用户可以用 IF NOT EXISTS 选项来忽略这个异常。

② EXTERNAL：创建一个外部表，在建表的同时指定一个指向实际数据的路径(LOCATION)。

③ COMMENT：为表和列添加注释。

④ PARTITIONED BY：创建分区表。

⑤ CLUSTERED BY：创建分桶表。

⑥ ROW FORMAT：指定数据切分格式，如下所示：

```
DELIMITED [FIELDS TERMINATED BY char [ESCAPED BY char]] [COLLECTION ITEMS TERMINATED BY char] [MAP KEYS TERMINATED BY char] [LINES TERMINATED BY char] [NULL DEFINED AS char]
SERDE serde_name [WITH SERDEPROPERTIES (property_name=property_value, property_name=property_value, ...)]
```

用户在建表的时候可以自定义 SerDe 或者使用自带的 SerDe。如果没有指定 ROW FORMAT 或者 ROW FORMAT DELIMITED，将会使用自带的 SerDe。在建表的时候，用户还需要为表指定列及自定义的 SerDe，Hive 通过 SerDe 确定表的具体列的数据。

⑦ STORED AS：指定存储文件的类型。常用的存储文件类型有 SEQUENCEFILE (二进制序列文件)、TEXTFILE(文本)、RCFILE(列式存储格式文件)。

⑧ LOCATION：指定表在 HDFS 上的存储位置。

(2) HiveQL DML。

HiveQL DML 主要有数据导入(LOAD)、数据插入(INSERT)、数据更新(UPDATE)、数据删除(DELETE)等命令，详细内容可参考官方文档(网站是最新版本 Hive 的参考文档)https://cwiki.apache.org/confluence/display/Hive/LanguageManual+DML。HiveQL DDL 具体包括的语句如图 6-14 所示。

There are multiple ways to modify data in Hive:

- LOAD
- INSERT
    - into Hive tables from queries
    - into directories from queries
    - into Hive tables from SQL
- UPDATE
- DELETE
- MERGE

EXPORT and IMPORT commands are also available (as of Hive 0.8).

图 6-14　HiveQL DML 概览

(3) HiveQL SECLET。

HiveQL SECLET 主要用于数据查询，详细内容可参考官方文档(网站是最新版本 Hive 的参考文档 https://cwiki.apache.org/confluence/display/Hive/LanguageManual+Select。HiveQL SECLET 具体语法如图 6-15 所示。

Select Syntax

```
[WITH CommonTableExpression (, CommonTableExpression)*]    (Note: Only available starting with Hive 0.13.0)
SELECT [ALL | DISTINCT] select_expr, select_expr, ...
  FROM table_reference
  [WHERE where_condition]
  [GROUP BY col_list]
  [ORDER BY col_list]
  [CLUSTER BY col_list
    | [DISTRIBUTE BY col_list] [SORT BY col_list]
  ]
 [LIMIT [offset,] rows]
```

图 6-15　HiveQL SELECT 的语法

2. Hive Web Interface

Hive Web Interface(HWI)是 Hive 自带的一个 Web-GUI，功能不多，可用于效果展示。由于 Hive 的 bin 目录中没有包含 HWI 的页面，因此需要首先下载源码从中提取 jsp 文件并打包成 war 文件到 Hive 安装目录下的 lib 目录中；然后编辑配置文件 hive-site.xml，添加属性参数"hive.hwi.war.file"。这时在浏览器中输入<IP>:9999/hwi 会出现错误"JSP support not configured"以及后续的"Unable to find a javac compiler"，原因是还需要 commons-el.jar、jasper-compiler-X.X.XX.jar、jasper-runtime-X.X.XX.jar、jdk 下的 tools.jar 四个 jar 包。将这些 jar 包拷贝到 Hive 的 lib 目录下，并使用命令"hive --service hwi"启动 HWI，在浏览器中输入<IP>:9999/hwi 即可看到 Hive Web 页面。

3. Hive API

Hive 支持 Java、Python 等语言编写的 JDBC/ODBC 应用程序访问 Hive。Hive API 详细内容可参考官方文档 http://hive.apache.org/javadocs/，其中有各种版本的 Hive Java API，其中 Hive 2.3.6 API 如图 6-16 所示。

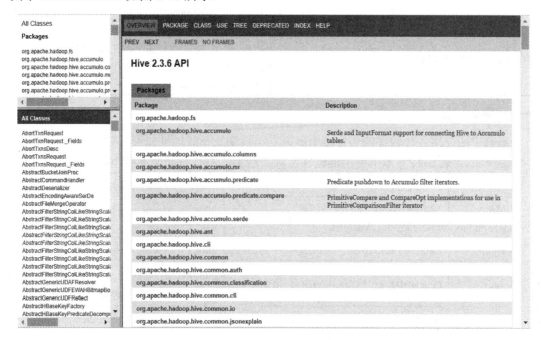

图 6-16　Hive 2.3.6 API 官方参考指南首页

6.3　实　验　步　骤

6.3.1　规划 Hive

1. 部署规划

本实验拟部署本地模式 Hive，使用 MySQL 存储元数据 Metastore，使用全分布模式 Hadoop 集群。本实验使用 3 台安装有 Linux 操作系统的机器，主机名分别为 master、slave1、 slave2，将 Hive 和 MySQL 部署在 master(192.168.18.131)节点上，全分布模式 Hadoop 集群部署在 3 个节点上。Hive 具体部署规划表如表 6-11 所示。

表 6-11　本地模式 Hive 部署规划表

主机名	IP 地址	运行服务	软硬件配置
master	192.168.18.130	NameNode SecondaryNameNode ResourceManager JobHistoryServer MySQL Hive	内存：4 GB　　　CPU：1 个 2 核 硬盘：40 GB　　　操作系统：CentOS 7.6.1810 Java：Oracle JDK 8u191 Hadoop：Hadoop 2.9.2 MySQL：MySQL 5.7.27 Hive：Hive 2.3.4 Eclipse：Eclipse IDE 2018-09 for Java Developers
slave1	192.168.18.131	DataNode NodeManager	内存：1 GB　　　CPU：1 个 1 核 硬盘：20 GB　　　操作系统：CentOS 7.6.1810 Java：Oracle JDK 8u191 Hadoop：Hadoop 2.9.2
slave2	192.168.18.132	DataNode NodeManager	内存：1 GB　　　CPU：1 个 1 核 硬盘：20 GB　　　操作系统：CentOS 7.6.1810 Java：Oracle JDK 8u191 Hadoop：Hadoop 2.9.2

2. 软件选择

本书中所使用各种软件的名称、版本、发布日期及下载地址如表 6-12 所示。

表 6-12　本书使用的软件名称、版本、发布日期及下载地址

软件名称	软件版本	发布日期	下载地址
VMware Workstation Pro	VMware Workstation 14.5.7 Pro for Windows	2017 年 6 月 22 日	https://www.vmware.com/products/workstation-pro.html
CentOS	CentOS 7.6.1810	2018 年 11 月 26 日	https://www.centos.org/download/
Java	Oracle JDK 8u191	2018 年 10 月 16 日	http://www.oracle.com/technetwork/java/javase/downloads/index.html
Hadoop	Hadoop 2.9.2	2018 年 11 月 19 日	http://hadoop.apache.org/releases.html
MySQL Connector/J	MySQL Connector/J 5.1.48	2019 年 7 月 29 日	https://dev.mysql.com/downloads/connector/j/
MySQL Community Server	MySQL Community 5.7.27	2019 年 7 月 22 日	http://dev.mysql.com/get/mysql57-community-release-el7-11.noarch.rpm
Hive	Hive 2.3.4	2018 年 11 月 7 日	https://hive.apache.org/downloads.html
Eclipse	Eclipse IDE 2018-09 for Java Developers	2018 年 9 月	https://www.eclipse.org/downloads/packages/

注意：本书采用的 Hive 版本是 2.3.4，3 个节点的机器名分别为 master、slave1、slave2，IP 地址依次为 192.168.18.130、192.168.18.131、192.168.18.132，后续内容均在表 6-11 的规划基础上完成，请读者务必确认自己的 Hive 版本、机器名等信息。

6.3.2 部署本地模式 Hive

Hive 目前有 1.x、2.x、3.x 三个系列的版本，建议读者使用当前的稳定版本。本书采用稳定版本 Hive 2.3.4，因此本章的讲解都是针对这个版本进行的。尽管如此，由于 Hive 各个版本在部署和运行方式上变化不大，因此本章的大部分内容也适用于 Hive 其他版本。

1. 初始软硬件环境准备

(1) 准备三台机器，安装操作系统，本书使用 CentOS Linux 7。

(2) 对集群内每一台机器配置静态 IP、修改机器名、添加集群级别域名映射、关闭防火墙。

(3) 对集群内每一台机器安装和配置 Java，要求 Java 1.7 或更高版本，本书使用 Oracle JDK 8u191。

(4) 安装和配置 Linux 集群中主节点到从节点的 SSH 免密登录。

(5) 在 Linux 集群上部署全分布模式 Hadoop 集群，本书采用 Hadoop 2.9.2。

以上步骤已在本书实验 1 中详细介绍，具体操作过程请读者参见实验 1，此处不再赘述。本实验从按照 MySQL 开始讲述。

2. 安装和配置 MySQL

MySQL 在 Linux 下提供多种安装方式，例如二进制方式、源码编译方式、YUM 方式等，其中 YUM 方式比较简便，但需要网速的支持。本书采用 YUM 方式安装 MySQL 5.7。

1) 下载 MySQL 官方的 Yum Repository

CentOS 7 不支持 MySQL，其 Yum 源中默认没有 MySQL。为了解决这个问题，需要先下载 MySQL 的 Yum Repository。读者可以直接使用浏览器到 http://dev.mysql.com/get/mysql57-community-release-el7-11.noarch.rpm 网站进行下载；或者使用命令 wget 完成，假设当前目录是"/home/xuluhui/Downloads"，下载到该目录下，使用命令如下所示：

```
wget http://dev.mysql.com/get/mysql57-community-release-el7-11.noarch.rpm
```

该命令运行效果如图 6-17 所示。

```
[root@master Downloads]# wget http://dev.mysql.com/get/mysql57-community-release
-el7-11.noarch.rpm
--2019-08-11 05:40:29--  http://dev.mysql.com/get/mysql57-community-release-el7-
11.noarch.rpm
Resolving dev.mysql.com (dev.mysql.com)... 137.254.60.11
Connecting to dev.mysql.com (dev.mysql.com)|137.254.60.11|:80... connected.
HTTP request sent, awaiting response... 301 Moved Permanently
Location: https://dev.mysql.com/get/mysql57-community-release-el7-11.noarch.rpm
[following]
--2019-08-11 05:40:29--  https://dev.mysql.com/get/mysql57-community-release-el7
-11.noarch.rpm
Connecting to dev.mysql.com (dev.mysql.com)|137.254.60.11|:443... connected.
HTTP request sent, awaiting response... 302 Found
Location: https://repo.mysql.com/mysql57-community-release-el7-11.noarch.rpm [f
ollowing]
--2019-08-11 05:40:31--  https://repo.mysql.com/mysql57-community-release-el7-1
1.noarch.rpm
Resolving repo.mysql.com (repo.mysql.com)... 23.220.145.218
Connecting to repo.mysql.com (repo.mysql.com)|23.220.145.218|:443... connected.
HTTP request sent, awaiting response... 200 OK
Length: 25680 (25K) [application/x-redhat-package-manager]
Saving to: 'mysql57-community-release-el7-11.noarch.rpm'

100%[===================================>] 25,680      12.5KB/s   in 2.0s

2019-08-11 05:40:35 (12.5 KB/s) - 'mysql57-community-release-el7-11.noarch.rpm'
saved [25680/25680]

[root@master Downloads]#
```

图 6-17 使用 wget 下载 MySQL 的 Yum Repository

2) 安装 MySQL 官方的 Yum Repository

安装 MySQL 官方的 Yum Repository，使用命令如下所示：

```
rpm -ivh mysql57-community-release-el7-11.noarch.rpm
```

运行效果如 6-18 所示。

```
[root@master Downloads]# rpm -ivh mysql57-community-release-el7-11.noarch.rpm
Preparing...                          ############################### [100%]
Updating / installing...
   1:mysql57-community-release-el7-11 ############################### [100%]
[root@master Downloads]#
```

图 6-18　使用 rpm 安装 MySQL 的 Yum Repository

安装完这个包后，会获得两个 MySQL 的 yum repo 源：/etc/yum.repos.d/mysql-community.repo 和/etc/yum.repos.d/mysql-community-source.repo。

检查 MySQL 的 yum repo 源是否安装成功，也可使用如下命令：

```
yum repolist enabled | grep "mysql.*-community.*"
```

运行效果如图 6-20 所示，看到图 6-19 即表示安装成功。

```
[root@master Downloads]# yum repolist enabled | grep "mysql.*-community.*"
mysql-connectors-community/x86_64      MySQL Connectors Community        118
mysql-tools-community/x86_64           MySQL Tools Community              95
mysql57-community/x86_64               MySQL 5.7 Community Server         364
[root@master Downloads]#
```

图 6-19　使用 yum repolist 检查 MySQL 的 yum repo 源是否安装成功

3) 查看提供的 MySQL 版本

查看有哪些版本的 MySQL，可使用如下命令：

```
yum repolist all | grep mysql
```

命令运行效果如图 6-20 所示。从图 6-20 可以看出，MySQL 5.5、5.6、5.7、8.0 均有。

```
[root@master Downloads]# yum repolist all | grep mysql
mysql-cluster-7.5-community/x86_64 MySQL Cluster 7.5 Community    disabled
mysql-cluster-7.5-community-source MySQL Cluster 7.5 Community -  disabled
mysql-cluster-7.6-community/x86_64 MySQL Cluster 7.6 Community    disabled
mysql-cluster-7.6-community-source MySQL Cluster 7.6 Community -  disabled
mysql-connectors-community/x86_64  MySQL Connectors Community     enabled:   118
mysql-connectors-community-source  MySQL Connectors Community -   disabled
mysql-tools-community/x86_64       MySQL Tools Community          enabled:    95
mysql-tools-community-source       MySQL Tools Community - Sourc  disabled
mysql-tools-preview/x86_64         MySQL Tools Preview            disabled
mysql-tools-preview-source         MySQL Tools Preview - Source   disabled
mysql55-community/x86_64           MySQL 5.5 Community Server     disabled
mysql55-community-source           MySQL 5.5 Community Server     disabled
mysql56-community/x86_64           MySQL 5.6 Community Server     disabled
mysql56-community-source           MySQL 5.6 Community Server     disabled
mysql57-community/x86_64           MySQL 5.7 Community Server     enabled:   364
mysql57-community-source           MySQL 5.7 Community Server     disabled
mysql80-community/x86_64           MySQL 8.0 Community Server     disabled
mysql80-community-source           MySQL 8.0 Community Server     disabled
[root@master Downloads]#
```

图 6-20　使用 yum repolist 查看有哪些版本的 MySQL

4) 安装 MySQL

本书采用默认的 MySQL 5.7 进行安装。mysql-community-server 安装成功后，其他相关的依赖库 mysql-community-client、mysql-community-common 和 mysql-community-libs 均会自动安装。使用命令如下所示：

```
yum install -y mysql-community-server
```

运行效果如图 6-21 所示。

```
[root@master Downloads]# yum install -y mysql-community-server
Loaded plugins: fastestmirror, langpacks
Loading mirror speeds from cached hostfile
 * base: mirrors.huaweicloud.com
 * extras: mirrors.cqu.edu.cn
 * updates: mirrors.cqu.edu.cn
Resolving Dependencies
--> Running transaction check
---> Package mysql-community-server.x86_64 0:5.7.27-1.el7 will be installed
--> Processing Dependency: mysql-community-common(x86-64) = 5.7.27-1.el7 for pac
kage: mysql-community-server-5.7.27-1.el7.x86_64
--> Processing Dependency: mysql-community-client(x86-64) >= 5.7.9 for package:
mysql-community-server-5.7.27-1.el7.x86_64
--> Running transaction check
---> Package mysql-community-client.x86_64 0:5.7.27-1.el7 will be installed
--> Processing Dependency: mysql-community-libs(x86-64) >= 5.7.9 for package: my
sql-community-client-5.7.27-1.el7.x86_64
---> Package mysql-community-common.x86_64 0:5.7.27-1.el7 will be installed
--> Running transaction check
---> Package mysql-community-libs.x86_64 0:5.7.27-1.el7 will be installed
--> Finished Dependency Resolution

Dependencies Resolved

================================================================================
 Package                Arch      Version          Repository          Size
================================================================================
Installing:
 mysql-community-server  x86_64    5.7.27-1.el7    mysql57-community    165 M
Installing for dependencies:
 mysql-community-client  x86_64    5.7.27-1.el7    mysql57-community     24 M
 mysql-community-common  x86_64    5.7.27-1.el7    mysql57-community    275 k
 mysql-community-libs    x86_64    5.7.27-1.el7    mysql57-community    2.2 M

Transaction Summary
================================================================================
Install  1 Package (+3 Dependent packages)
```

图 6-21   使用 yum repolist 安装 MySQL

当看到"Complete!"提示后，MySQL 就安装完成了。接下来启动 MySQL 并进行登录数据库的测试。

5) 启动 MySQL

使用以下命令启动 MySQL。读者请注意，CentOS 6 使用"service mysqld start"启动 MySQL。

```
systemctl start mysqld
```

还可以使用命令"systemctl status mysqld"查看状态，命令运行效果如图 6-22 所示。从图 6-22 中可以看出，MySQL 已经启动了。

```
[root@master Downloads]# systemctl start mysqld
[root@master Downloads]# systemctl status mysqld
● mysqld.service - MySQL Server
   Loaded: loaded (/usr/lib/systemd/system/mysqld.service; enabled; vendor prese
t: disabled)
   Active: active (running) since Sun 2019-08-11 23:29:58 EDT; 3s ago
     Docs: man:mysqld(8)
           http://dev.mysql.com/doc/refman/en/using-systemd.html
  Process: 24865 ExecStart=/usr/sbin/mysqld --daemonize --pid-file=/var/run/mysq
ld/mysqld.pid $MYSQLD_OPTS (code=exited, status=0/SUCCESS)
  Process: 24839 ExecStartPre=/usr/bin/mysqld_pre_systemd (code=exited, status=0
/SUCCESS)
 Main PID: 24868 (mysqld)
    Tasks: 27
   CGroup: /system.slice/mysqld.service
           └─24868 /usr/sbin/mysqld --daemonize --pid-file=/var/run/mysqld/my...

Aug 11 23:29:57 master systemd[1]: Starting MySQL Server...
Aug 11 23:29:58 master systemd[1]: Started MySQL Server.
[root@master Downloads]#
```

图 6-22   启动 MySQL 和查看状态

6) 测试 MySQL

(1) 使用 root 和空密码登录测试。

使用 root 用户和空密码登录数据库服务器，使用的命令如下所示：

```
mysql -u root -p
```

效果如图 6-23 所示。

```
[root@master Downloads]# mysql -u root -p
Enter password:
ERROR 1045 (28000): Access denied for user 'root'@'localhost' (using password: N
O)
[root@master Downloads]#
```

图 6-23　第一次启动 MySQL 后使用 root 和空密码登录

从图 6-24 中可看出系统报错，这是因为 MySQL 5.7 调整了策略。新安装数据库之后，默认 root 密码不是空的了，在启动时随机生成了一个密码。可以/var/log/mysqld.log 中找到临时密码，方法是使用命令 "grep 'temporary password' /var/log/mysqld.log"，效果如图 6-24 所示。

```
[root@master Downloads]# grep 'temporary password' /var/log/mysqld.log
2019-08-12T04:44:44.131023Z 1 [Note] A temporary password is generated for root@
localhost: gwsGsJSiN8_o
[root@master Downloads]#
```

图 6-24　使用 grep 命令查看 root 的初始临时密码

(2) 使用 root 和初始化临时密码登录测试

使用 root 和其临时密码再次登录数据库，此时可以成功登录，但是不能做任何事情，如图 6-25 所示。输入命令 "show databases;" 显示出错信息 "ERROR 1820 (HY000): You must reset your password using ALTER USER statement before executing this statement."，这是因为 MySQL 5.7 默认必须修改密码之后才能操作数据库。

```
[root@master Downloads]# mysql -u root -p
Enter password:
ERROR 1045 (28000): Access denied for user 'root'@'localhost' (using password: Y
ES)
[root@master Downloads]# mysql -u root -p
Enter password:
Welcome to the MySQL monitor.  Commands end with ; or \g.
Your MySQL connection id is 5
Server version: 5.7.27

Copyright (c) 2000, 2019, Oracle and/or its affiliates. All rights reserved.

Oracle is a registered trademark of Oracle Corporation and/or its
affiliates. Other names may be trademarks of their respective
owners.

Type 'help;' or '\h' for help. Type '\c' to clear the current input statement.

mysql> show databases;
ERROR 1820 (HY000): You must reset your password using ALTER USER statement befo
re executing this statement.
mysql>
```

图 6-25　第一次启动 MySQL 后使用 root 和初始临时密码登录

(3) 修改 root 的初始化临时密码。

在 MySQL 下使用如下命令修改 root 密码(例如新密码为 "xijing")：

```
ALTER USER 'root'@'localhost' IDENTIFIED BY 'xijing';
```

执行效果如图 6-26 所示。

```
mysql> ALTER USER 'root'@'localhost' IDENTIFIED BY 'xijing';
ERROR 1819 (HY000): Your password does not satisfy the current policy requiremen
ts
mysql>
```

图 6-26　修改 root 的初始化临时密码失败

从图 6-26 中可以看出，系统提示错误"ERROR 1819 (HY000): Your password does not satisfy the current policy requirements"，这是由于 MySQL 5.7 默认安装了密码安全检查插件(validate_password)。默认密码检查策略要求密码必须包含大小写字母、数字和特殊符号，并且长度不能少于 8 位。读者若按此密码策略修改 root 密码成功后，可以使用如下命令通过 MySQL 环境变量查看默认密码策略的相关信息：

```
show variables like '%password%';
```

命令运行效果如图 6-27 所示。

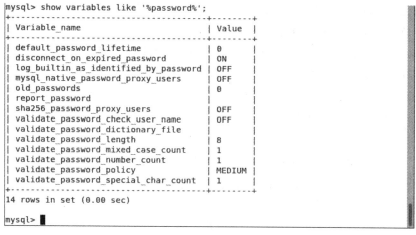

图 6-27　MySQL 5.7 默认的密码策略

关于 MySQL 密码策略中部分常用相关参数的说明如表 6-13 所示。

表 6-13　MySQL 密码策略中相关参数的说明(部分)

参　　数	说　　明
validate_password_dictionary_file	指定密码验证的密码字典文件路径
validate_password_length	固定密码的总长度，默认为 8，至少为 4
validate_password_mixed_case_count	整个密码中至少要包含大/小写字母的个数，默认为 1
validate_password_number_count	整个密码中至少要包含阿拉伯数字的个数，默认为 1
validate_password_special_char_count	整个密码中至少要包含特殊字符的个数，默认为 1
validate_password_policy	指定密码的强度验证等级，默认为 MEDIUM。validate_password_policy 的取值有 3 种： (1) 0/LOW：只验证长度； (2) 1/MEDIUM：验证长度、数字、大小写、特殊字符； (3) 2/STRONG：验证长度、数字、大小写、特殊字符、字典文件

读者可以通过修改密码策略使密码"xijing"有效，步骤如下：

① 设置密码的验证强度等级"validate_password_policy"为"LOW"。**注意**：选择"STRONG"时需要提供密码字典文件。方法是：修改配置文件/etc/my.cnf，在最后添加"validate_password_policy"配置，并指定密码策略。为了使密码"xijing"有效，本书选择"LOW"，具体内容如下所示：

```
validate_password_policy=LOW
```

② 设置密码长度"validate_password_length"为"6"。**注意**：密码长度最少为 4。方法是：继续修改配置文件/etc/my.cnf，在最后添加"validate_password_length"配置，具体内容如下所示：

```
validate_password_length=6
```

③ 保存配置/etc/my.cnf 并退出，重新启动 MySQL 服务使配置生效，使用的命令如下所示：

```
systemctl restart mysqld
```

(4) 再次修改 root 的初始化临时密码。

使用 root 和初始化临时密码登录 MySQL，再次修改 root 密码，新密码为"xijing"，执行效果如图 6-28 所示。从图 6-28 中可以看出，本次修改成功，密码"xijing"符合当前的密码策略。

```
mysql> ALTER USER 'root'@'localhost' IDENTIFIED BY 'xijing';
Query OK, 0 rows affected (0.00 sec)

mysql>
```

图 6-28　修改 MySQL 密码策略后成功修改 root 密码为"xijing"

使用命令"flush privileges;"刷新 MySQL 的系统权限相关表。

(5) 使用 root 和新密码登录测试。

使用 root 和新密码"xijing"登录 MySQL，效果如图 6-29 所示。从图 6-29 中可以看出，成功登录且可以使用命令"show databases;"。

```
[root@master Downloads]# mysql -u root -p
Enter password:
Welcome to the MySQL monitor.  Commands end with ; or \g.
Your MySQL connection id is 4
Server version: 5.7.27 MySQL Community Server (GPL)

Copyright (c) 2000, 2019, Oracle and/or its affiliates. All rights reserved.

Oracle is a registered trademark of Oracle Corporation and/or its
affiliates. Other names may be trademarks of their respective
owners.

Type 'help;' or '\h' for help. Type '\c' to clear the current input statement.

mysql> show databases;
+--------------------+
| Database           |
+--------------------+
| information_schema |
| mysql              |
| performance_schema |
| sys                |
+--------------------+
4 rows in set (0.00 sec)

mysql>
```

图 6-29　使用 root 和新密码登录测试成功

3. 在 MySQL 中创建 Hive 所需的用户和数据库并授权

本小节将带领读者在 MySQL 中创建用户 hive 和数据库 hive，并授予数据库 hive 的所有权限给用户 xijing。

(1) 在 MySQL 中创建用户 hive，密码为 hive，使用的命令及运行效果如图 6-30 所示。

```
mysql> create user 'hive' identified by 'xijing';
Query OK, 0 rows affected (0.02 sec)

mysql>
```

图 6-30   创建 MySQL 用户 hive

(2) 创建数据库 hive，使用的命令及运行效果如图 6-31 所示。

```
mysql> create database hive;
Query OK, 1 row affected (0.00 sec)

mysql> show databases;
+--------------------+
| Database           |
+--------------------+
| information_schema |
| hive               |
| mysql              |
| performance_schema |
| sqoop              |
| sys                |
+--------------------+
6 rows in set (0.00 sec)

mysql>
```

图 6-31   创建并查看 MySQL 数据库 hive

(3) 将数据库 hive 的所有权限授权于用户 hive，使用的命令及运行效果如图 6-32 所示。

```
mysql> grant all privileges on hive.* to 'hive'@'localhost' identified by 'xijing';
Query OK, 0 rows affected, 1 warning (0.00 sec)

mysql>
```

图 6-32   授予数据库 hive 所有权限给用户 hive

(4) 刷新权限，使其立即生效，使用的命令及运行效果如图 6-33 所示。

```
mysql> flush privileges;
Query OK, 0 rows affected (0.01 sec)

mysql>
```

图 6-33   刷新权限

(5) 使用 hive 用户登录，并查看是否能看到数据库 hive，使用的命令及运行效果如图 6-34 所示。从图 6-34 中可以看出，hive 用户可以成功看到数据库 hive。

```
[xuluhui@master ~]$ mysql -u hive -p
Enter password:
Welcome to the MySQL monitor.  Commands end with ; or \g.
Your MySQL connection id is 3
Server version: 5.7.27 MySQL Community Server (GPL)

Copyright (c) 2000, 2019, Oracle and/or its affiliates. All rights reserved.

Oracle is a registered trademark of Oracle Corporation and/or its
affiliates. Other names may be trademarks of their respective
owners.

Type 'help;' or '\h' for help. Type '\c' to clear the current input statement.

mysql> show databases;
+--------------------+
| Database           |
+--------------------+
| information_schema |
| hive               |
+--------------------+
2 rows in set (0.00 sec)

mysql>
```

图 6-34   使用 hive 用户登录

4. 获取 Hive

Hive 官方下载地址为 https://hive.apache.org/downloads.html，建议读者下载 stable 目录下的当前稳定版本。本书采用的 Hive 稳定版本是 2018 年 11 月 7 日发布的 Hive 2.3.4，其安装包文件 apache-hive-2.3.4-bin.tar.gz 存放在 master 机器的/home/xuluhui/Downloads 中。

5. 安装 Hive 并设置属主

(1) 在 master 机器上，切换到 root，解压 apache-hive-2.3.4-bin.tar.gz 到安装目录/usr/local 下，依次使用的命令如下所示：

```
su root
cd /usr/local
tar -zxvf /home/xuluhui/Downloads/apache-hive-2.3.4-bin.tar.gz
```

(2) 由于 Hive 的安装目录名字过长，可以使用 mv 命令将安装目录重命名为 hive-2.3.4，命令如下所示：

```
mv apache-hive-2.3.4-bin hive-2.3.4
```

此步骤可以省略，但下文配置时 Hive 的安装目录就是"apache-hive-2.3.4-bin"。

(3) 为了在普通用户下使用 Hive，将 Hive 安装目录的属主设置为 Linux 普通用户 xuluhui，使用以下命令完成：

```
chown -R xuluhui /usr/local/hive-2.3.4
```

6. 将 MySQL 的 JDBC 驱动包复制到 Hive 安装目录/lib 下

(1) 获取 MySQL 的 JDBC 驱动包，并保存至/home/xlh/Downloads 下，下载地址为 https://dev.mysql.com/downloads/connector/j/。本书使用的版本是 2019 年 7 月 29 日发布的 MySQL Connector/J 5.1.48，文件名是 mysql-connector-java-5.1.48.tar.gz。

(2) 将 mysql-connector-java-5.1.48.tar.gz 解压至/home/xlh/Downloads 下，使用的命令如下所示：

```
cd /home/xlh/Downloads
tar -zxvf /home/xuluhui/Downloads/mysql-connector-java-5.1.48.tar.gz
```

(3) 将解压文件下的 MySQL JDBC 驱动包 mysql-connector-java-5.1.48-bin.jar 移动至 Hive 安装目录/usr/local/hive-2.3.4/lib 下，并删除目录 mysql-connector-java-5.1.41，依次使用的命令如下所示：

```
mv mysql-connector-java-5.1.48/mysql-connector-java-5.1.48-bin.jar /usr/local/hive-2.3.4/lib
rm -rf mysql-connector-java-5.1.48
```

7. 配置 Hive

Hive 所有配置文件位于$HIVE_HOME/conf 下，具体的配置文件如前文图 6-9 所示。本实验在原始模板配置文件 hive-env.sh.template、hive-default.xml.template 的基础上创建并配置 hive-env.sh、hive-site.xml 两个配置文件。

假设当前目录为"/usr/local/hive-1.4.10/conf"，切换到普通用户 xuluhui 下，在主节点 master 上配置 Hive 的具体过程如下所述：

1) 配置文件 hive-env.sh

环境配置文件 hive-env.sh 用于指定 Hive 运行时的各种参数，主要包括 Hadoop 安装路径 HADOOP_HOME、Hive 配置文件的存放路径 HIVE_CONF_DIR、Hive 运行资源库的路径 HIVE_AUX_JARS_PATH 等。

(1) 使用命令"cp hive-env.sh.template hive-env.sh"复制模板配置文件 hive-env.sh. template 并命名为"hive-env.sh"。

(2) 使用命令"vim hive-env.sh"编辑配置文件 hive-env.sh，步骤如下：

① 将第 48 行 HADOOP_HOME 的注释去掉，并指定为个人机器上的 Hadoop 安装路径，本书修改后的内容如图 6-35 所示。

```
# Set HADOOP_HOME to point to a specific hadoop install directory
HADOOP_HOME=/usr/local/hadoop-2.9.2
-- INSERT --                                          48,36        85%
```

图 6-35 配置 HADOOP_HOME

② 将第 51 行 HIVE_CONF_DIR 的注释去掉，并指定为个人机器上的 Hive 配置文件存放路径，编者修改后的内容如图 6-36 所示。

```
# Hive Configuration Directory can be controlled by:
export HIVE_CONF_DIR=/usr/local/hive-2.3.4/conf
-- INSERT --                                          51,48        92%
```

图 6-36 配置 HIVE_CONF_DIR

② 将第 51 行 HIVE_AUX_JARS_PATH 的注释去掉，并指定为个人机器上的 Hive 运行资源库路径，编者修改后的内容如图 6-37 所示。

```
# Folder containing extra libraries required for hive compilation/execution can
be controlled by:
export HIVE_AUX_JARS_PATH=/usr/local/hive-2.3.4/lib
-- INSERT --                                          54,52        Bot
```

图 6-37 配置 HIVE_AUX_JARS_PATH

2) 配置文件 hive-default.xml

使用命令"cp hive-default.xml.template hive-default.xml"复制模板配置文件为 hive-default.xml，这是 Hive 默认加载的文件。

3) 配置文件 hive-site.xml

新建 hive-site.xml，写入 MySQL 的配置信息。读者请注意，此处不必复制配置文件模板"hive-default.xml.template"为"hive-site.xml"，模板中参数过多，不宜读。hive-site.xml 中添加的内容如下所示：

```xml
<?xml version="1.0" encoding="UTF-8" standalone="no"?>
<?xml-stylesheet type="text/xsl" href="configuration.xsl"?>
<configuration>
    <property>
        <name>javax.jdo.option.ConnectionURL</name>
<value>jdbc:mysql://localhost:3306/hive?createDatabaseIfNotExist=true&amp;useSSL=false</value>
    </property>
    <property>
        <name>javax.jdo.option.ConnectionDriverName</name>
        <value>com.mysql.jdbc.Driver</value>
    </property>
```

```
      <property>
        <name>javax.jdo.option.ConnectionUserName</name>
        <value>hive</value>
      </property>
      <property>
        <name>javax.jdo.option.ConnectionPassword</name>
        <value>xijing</value>
      </property>
    </configuration>
```

8. 初始化 Hive Metastore

此时，启动 Hive CLI，若输入 Hive Shell 命令例如"show databases;"，会出现错误，如图 6-38 所示，说明不能初始化 Hive Metastore。

```
[xuluhui@master ~]$ hive
SLF4J: Class path contains multiple SLF4J bindings.
SLF4J: Found binding in [jar:file:/usr/local/hive-2.3.4/lib/log4j-slf4j-impl-2.6
.2.jar!/org/slf4j/impl/StaticLoggerBinder.class]
SLF4J: Found binding in [jar:file:/usr/local/hadoop-2.9.2/share/hadoop/common/li
b/slf4j-log4j12-1.7.25.jar!/org/slf4j/impl/StaticLoggerBinder.class]
SLF4J: See http://www.slf4j.org/codes.html#multiple_bindings for an explanation.
SLF4J: Actual binding is of type [org.apache.logging.slf4j.Log4jLoggerFactory]

Logging initialized using configuration in jar:file:/usr/local/hive-2.3.4/lib/hi
ve-common-2.3.4.jar!/hive-log4j2.properties Async: true
Hive-on-MR is deprecated in Hive 2 and may not be available in the future versio
ns. Consider using a different execution engine (i.e. spark, tez) or using Hive
1.X releases.
hive> show databases;
FAILED: SemanticException org.apache.hadoop.hive.ql.metadata.HiveException: java
.lang.RuntimeException: Unable to instantiate org.apache.hadoop.hive.ql.metadata
.SessionHiveMetaStoreClient
hive>
```

图 6-38　未初始化启动 Hive CLI 出错

解决方法是使用命令"schemaTool -initSchema -dbType mysql"初始化元数据，将元数据写入 MySQL 中，执行效果如图 6-39 所示。若出现信息"schemaTool completed"，即表示初始化成功。

```
[xuluhui@master ~]$ cd /usr/local/hive-2.3.4/bin
[xuluhui@master bin]$ schematool -initSchema -dbType mysql
SLF4J: Class path contains multiple SLF4J bindings.
SLF4J: Found binding in [jar:file:/usr/local/hive-2.3.4/lib/log4j-slf4j-impl-2.6
.2.jar!/org/slf4j/impl/StaticLoggerBinder.class]
SLF4J: Found binding in [jar:file:/usr/local/hadoop-2.9.2/share/hadoop/common/li
b/slf4j-log4j12-1.7.25.jar!/org/slf4j/impl/StaticLoggerBinder.class]
SLF4J: See http://www.slf4j.org/codes.html#multiple_bindings for an explanation.
SLF4J: Actual binding is of type [org.apache.logging.slf4j.Log4jLoggerFactory]
Metastore connection URL:        jdbc:mysql://localhost:3306/hive?createDatabase
IfNotExist=true&useSSL=false
Metastore Connection Driver :    com.mysql.jdbc.Driver
Metastore connection User:       hive
Starting metastore schema initialization to 2.3.0
Initialization script hive-schema-2.3.0.mysql.sql
Initialization script completed
schemaTool completed
[xuluhui@master bin]$
```

图 6-39　使用命令 schemaTool 初始化元数据

至此，本地模式 Hive 已安装和配置完毕。

9. 在系统配置文件目录/etc/profile.d 下新建 hive.sh

另外，为了方便使用 Hive 各种命令，可以在 Hive 所安装的机器上使用"vim /etc/

profile.d/hive.sh"命令在/etc/profile.d 文件夹下新建文件 hive.sh,并添加如下内容:

> export HIVE_HOME=/usr/local/hive-2.3.4
>
> export PATH=$HIVE_HOME/bin:$PATH

重启机器,使之生效。

此步骤可省略,之所以将$HIVE_HOME/bin 目录加入到系统环境变量 PATH 中,是因为当输入启动和管理 Hive 命令时,无需再切换到$HIVE_HOME/bin 目录,否则会出现错误信息"bash: ****: command not found..."。

6.3.3 验证 Hive

1. 启动 Hadoop 集群

启动全分布模式 Hadoop 集群的守护进程,只需在主节点 master 上依次执行以下三条命令即可:

> start-dfs.sh
>
> start-yarn.sh
>
> mr-jobhistory-daemon.sh start historyserver

start-dfs.sh 命令会在节点上启动 NameNode、DataNode 和 SecondaryNameNode 服务,start-yarn.sh 命令会在节点上启动 ResourceManager、NodeManager 服务,mr-jobhistory-daemon.sh 命令会在节点上启动 JobHistoryServer 服务。请注意,即使对应的守护进程没有启动成功,Hadoop 也不会在控制台显示错误消息。读者可以利用 jps 命令一步一步查询,逐步核实对应的进程是否启动成功。

2. 启动 Hive CLI

启动 Hive CLI 测试 Hive 是否部署成功,方法是使用 Hive Shell 的统一入口命令"hive"进入,并使用"show databases"等命令测试。依次使用的命令及执行结果如图 6-40 所示。

```
[xuluhui@master ~]$ hive
SLF4J: Class path contains multiple SLF4J bindings.
SLF4J: Found binding in [jar:file:/usr/local/hive-2.3.4/lib/log4j-slf4j-impl-2.6
.2.jar!/org/slf4j/impl/StaticLoggerBinder.class]
SLF4J: Found binding in [jar:file:/usr/local/hadoop-2.9.2/share/hadoop/common/li
b/slf4j-log4j12-1.7.25.jar!/org/slf4j/impl/StaticLoggerBinder.class]
SLF4J: See http://www.slf4j.org/codes.html#multiple_bindings for an explanation.
SLF4J: Actual binding is of type [org.apache.logging.slf4j.Log4jLoggerFactory]

Logging initialized using configuration in jar:file:/usr/local/hive-2.3.4/lib/hi
ve-common-2.3.4.jar!/hive-log4j2.properties Async: true
Hive-on-MR is deprecated in Hive 2 and may not be available in the future versio
ns. Consider using a different execution engine (i.e. spark, tez) or using Hive
1.X releases.
hive> show databases;
OK
default
Time taken: 4.032 seconds, Fetched: 1 row(s)
hive> show tables;
OK
Time taken: 0.064 seconds
hive> show functions;
OK
!
!=
$sum0
%
```

图 6-40 Hive Shell 统一入口命令 hive

读者可以观察到,当 Hive CLI 启动时,在 master 节点上会多出一个进程"RunJar";

若启动两个 Hive CLI，会多出两个进程"RunJar"，效果如图 6-41 所示。

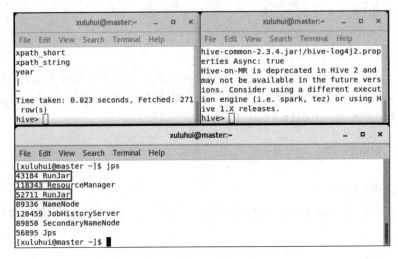

图 6-41   master 节点多出两个进程"RunJar"

另外，读者也可以查看 HDFS 文件，可以看到在目录/tmp 下生成了目录 hive，且该目录权限为 733，如图 6-42 所示。此时，还没有自动生成 HDFS 目录/user/hive/warehouse。

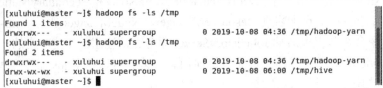

图 6-42   启动 Hive CLI 后 HDFS 上的文件效果

6.3.4 使用 Hive Shell

【案例 6-1】   使用 Hive Shell 完成以下操作：

(1) 进入 Hive 命令行接口。

(2) 在 Hive 默认数据库 default 下新建 student 表，并将表 6-14 中的数据载入 Hive 里的 student 表中。

(3) 编写 HiveQL SELECT 语句，完成以下查询：查询 student 表中所有记录，查询 student 表中所有女生记录，统计 student 中男女生人数。

表 6-14   Hive 表 student 的数据

学号	姓名	性别	年龄	院系
190809011001	xuluhui	female	18	bigdata
190809011002	zhouxiangzhen	female	19	bigdata
190809011003	liyuejun	female	18	bigdata
190809011004	zhangsan	male	19	bigdata
190809101001	lisi	male	20	AI
190809101002	wangwu	female	18	AI

分析如下：

(1) 使用命令"hive"进入 Hive 命令行，如图 6-43 所示。

```
[xuluhui@master ~]$ hive
SLF4J: Class path contains multiple SLF4J bindings.
SLF4J: Found binding in [jar:file:/usr/local/hive-2.3.4/lib/log4j-slf4j-impl-2.6
.2.jar!/org/slf4j/impl/StaticLoggerBinder.class]
SLF4J: Found binding in [jar:file:/usr/local/hadoop-2.9.2/share/hadoop/common/li
b/slf4j-log4j12-1.7.25.jar!/org/slf4j/impl/StaticLoggerBinder.class]
SLF4J: See http://www.slf4j.org/codes.html#multiple_bindings for an explanation.
SLF4J: Actual binding is of type [org.apache.logging.slf4j.Log4jLoggerFactory]

Logging initialized using configuration in jar:file:/usr/local/hive-2.3.4/lib/hi
ve-common-2.3.4.jar!/hive-log4j2.properties Async: true
Hive-on-MR is deprecated in Hive 2 and may not be available in the future versio
ns. Consider using a different execution engine (i.e. spark, tez) or using Hive
1.X releases.
hive>
```

图 6-43　进入 Hive 命令行

(2) 使用"create table"命令在 Hive 默认数据库中创建表 student，使用的 HiveQL 命令及结果如图 6-44 所示。

```
hive> create table student(
    > id string,
    > name string,
    > sex string,
    > age tinyint,
    > dept string)
    > row format delimited fields terminated by '\t';
OK
Time taken: 0.127 seconds
hive> show tables;
OK
student
Time taken: 0.05 seconds, Fetched: 1 row(s)
hive> describe student;
OK
id                      string
name                    string
sex                     string
age                     tinyint
dept                    string
Time taken: 0.08 seconds, Fetched: 5 row(s)
hive>
```

图 6-44　创建 Hive 表 student

然后准备数据，输入数据时中间用 tab 键相隔。例如，在/usr/local/hive-2.3.4/testData 目录下新建文件 hiveStudentData.txt，以存放表中的学生数据。使用的命令如下所示：

mkdir /usr/local/hive-2.3.4/testData

vim /usr/local/hive-2.3.4/testData/hiveStudentData.txt

在 hiveStudentData.txt 中手工输入以下学生数据：

190809011001	xuluhui	female	18	bigdata
190809011002	zhouxiangzhen	female	19	bigdata
190809011003	liyuejun	female	18	bigdata
190809011004	zhangsan	male	19	bigdata
190809101001	lisi	male	20	AI
190809101002	wangwu	female	18	AI

请注意，各数据间用"\t"相隔，这是因为创建表 student 时使用了语句"row format delimited fields terminated by '\t';"。

最后，使用"load"命令将文件/usr/local/hive-2.3.4/testData/hiveStudentData.txt 中的数

据导入到 Hive 表 student 中。使用的 HiveQL 命令及结果如图 6-45 所示。

```
hive> load data local inpath '/usr/local/hive-2.3.4/testData/hiveStudentData.txt
' into table student;
Loading data to table default.student
OK
Time taken: 0.414 seconds
hive>
```

图 6-45　使用 "load" 命令导入数据到 Hive 表 student 中

（3）首先，查询 member 表中的所有记录。使用的 HiveQL 命令及结果如图 6-46 所示。

```
hive> select * from student;
OK
190809011001    xuluhui female  18      bigdata
190809011002    zhouxiangzhen   female  19      bigdata
190809011003    liyuejun        female  18      bigdata
190809011004    zhangsan        male    19      bigdata
190809101001    lisi    male    20      AI
190809101002    wangwu  female  18      AI
Time taken: 0.291 seconds, Fetched: 6 row(s)
hive>
```

图 6-46　查询 student 表中的所有记录

其次，查询 student 表中所有女生记录，使用的 HiveQL 命令及结果如图 6-47 所示。

```
hive> select * from student where sex='female';
OK
190809011001    xuluhui female  18      bigdata
190809011002    zhouxiangzhen   female  19      bigdata
190809011003    liyuejun        female  18      bigdata
190809101002    wangwu  female  18      AI
Time taken: 0.488 seconds, Fetched: 4 row(s)
hive>
```

图 6-47　查询 student 表中所有女生记录

最后，统计 student 中男女生人数，使用的 HiveQL 命令及结果如图 6-48 所示。可以看到 HiveQL 已转换为 MapReduce 操作。

```
hive> select sex,count(*)
    > from student
    > group by sex;
WARNING: Hive-on-MR is deprecated in Hive 2 and may not be available in the futu
re versions. Consider using a different execution engine (i.e. spark, tez) or us
ing Hive 1.X releases.
Query ID = xuluhui_20191008065249_7746df49-d245-4ea0-b4ec-453178b6a28b
Total jobs = 1
Launching Job 1 out of 1
Number of reduce tasks not specified. Estimated from input data size: 1
In order to change the average load for a reducer (in bytes):
  set hive.exec.reducers.bytes.per.reducer=<number>
In order to limit the maximum number of reducers:
  set hive.exec.reducers.max=<number>
In order to set a constant number of reducers:
  set mapreduce.job.reduces=<number>
Starting Job = job_1570523741425_0001, Tracking URL = http://master:8088/proxy/a
pplication_1570523741425_0001/
Kill Command = /usr/local/hadoop-2.9.2/bin/hadoop job  -kill job_1570523741425_0
001
Hadoop job information for Stage-1: number of mappers: 1; number of reducers: 1
2019-10-08 06:53:47,408 Stage-1 map = 0%,  reduce = 0%
2019-10-08 06:54:13,429 Stage-1 map = 100%,  reduce = 0%, Cumulative CPU 2.73 se
c
2019-10-08 06:54:27,847 Stage-1 map = 100%,  reduce = 100%, Cumulative CPU 5.23
sec
MapReduce Total cumulative CPU time: 5 seconds 230 msec
Ended Job = job_1570523741425_0001
MapReduce Jobs Launched:
Stage-Stage-1: Map: 1  Reduce: 1   Cumulative CPU: 5.23 sec   HDFS Read: 8751 HD
FS Write: 127 SUCCESS
Total MapReduce CPU Time Spent: 5 seconds 230 msec
OK
female  4
male    2
Time taken: 99.811 seconds, Fetched: 2 row(s)
hive>
```

图 6-48　统计 student 中男女生人数

　　实际上，创建表和导入数据到 Hive 表 student 后，即会递归生成 HDFS 目录 /user/hive/warehouse/student，如图 6-49 所示。这是因为 hive-default.xml 配置文件中参数 hive.metastore.warehouse.dir 默认值为"/user/hive/warehouse"，我们在 hive-site.xml 文件中并未修改。

```
[xuluhui@master ~]$ hadoop fs -ls /user/hive/warehouse
Found 1 items
drwxr-xr-x   - xuluhui supergroup          0 2019-10-08 06:48 /user/hive/warehou
se/student
[xuluhui@master ~]$ hadoop fs -ls /user/hive/warehouse/student
Found 1 items
-rwxr-xr-x   3 xuluhui supergroup        224 2019-10-08 06:48 /user/hive/warehou
se/student/hiveStudentData.txt
[xuluhui@master ~]$
```

图 6-49　创建表和导入数据后 HDFS 文件的变化

　　此时，我们可使用 hive 用户进入 MySQL。hive 数据库下拥有 57 个表，这些表用于存放 Hive 的元数据，如图 6-50 所示。

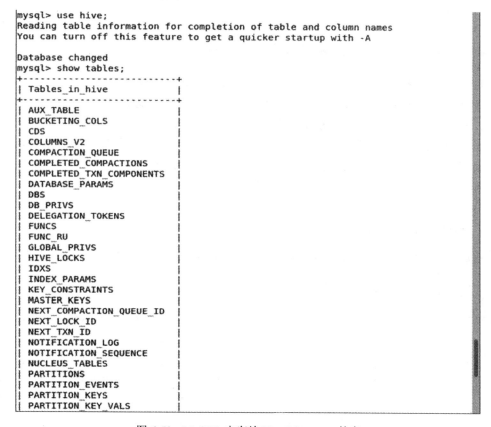

```
mysql> use hive;
Reading table information for completion of table and column names
You can turn off this feature to get a quicker startup with -A

Database changed
mysql> show tables;
+---------------------------+
| Tables_in_hive            |
+---------------------------+
| AUX_TABLE                 |
| BUCKETING_COLS            |
| CDS                       |
| COLUMNS_V2                |
| COMPACTION_QUEUE          |
| COMPLETED_COMPACTIONS     |
| COMPLETED_TXN_COMPONENTS  |
| DATABASE_PARAMS           |
| DBS                       |
| DB_PRIVS                  |
| DELEGATION_TOKENS         |
| FUNCS                     |
| FUNC_RU                   |
| GLOBAL_PRIVS              |
| HIVE_LOCKS                |
| IDXS                      |
| INDEX_PARAMS              |
| KEY_CONSTRAINTS           |
| MASTER_KEYS               |
| NEXT_COMPACTION_QUEUE_ID  |
| NEXT_LOCK_ID              |
| NEXT_TXN_ID               |
| NOTIFICATION_LOG          |
| NOTIFICATION_SEQUENCE     |
| NUCLEUS_TABLES            |
| PARTITIONS                |
| PARTITION_EVENTS          |
| PARTITION_KEYS            |
| PARTITION_KEY_VALS        |
```

图 6-50　MySQL 中存放 Hive Metastore 的表

　　(4) 使用命令"quit;"退出 Hive CLI。

6.3.5　实验报告要求

　　实验报告以电子版和打印版双重形式提交。

实验报告主要内容包括实验名称、实验类型、实验地点、学时、实验环境、实验原理、实验步骤、实验结果、总结与思考等。实验报告格式如表 1-9 所示。

<h2 style="text-align:center">6.4　拓　展　训　练</h2>

本节将通过一些实例来介绍如何使用 Hive API 编写应用程序。若要深入学习 Hive 编程，读者可以访问 Hive 官方网站提供的完整 Hive API 文档。为了提高程序编写和调试效率，本书采用 Eclipse 工具编写 Java 程序，采用版本为适用于 64 位 Linux 操作系统的 Eclipse IDE 2018-09 for Java Developers。

6.4.1　搭建 Hive 的开发环境 Eclipse

在安装 Hive 的节点上搭建 Hive 开发环境 Eclipse，具体过程请读者参考本书 2.3.4 节，此处不再赘述。

6.4.2　Hive 编程实践：操纵 Hive 数据库和表

Java 想要访问 Hive，需要通过 beeline 的方式连接 Hive。Hive Server 2 提供了一个新的命令行工具 beeline，并对之前的 Hive Server 做了升级，功能更加强大。它增加了权限控制，要使用 beeline 需要先启动 Hive Server 2，再使用 beeline 进行连接。

【案例 6-2】　通过 Hive Java API 操作 Hive，实现加载驱动、创建连接、创建数据库、查询所有数据库、创建表、查询所有表、查看表结构、加载数据、查询数据、统计查询(会运行 MapReduce 作业)、删除数据库表、删除数据库、释放资源等一系列功能。

分析过程如下所示：

1. 启动 Hive Server 2

通过命令"hive -service hiveserver2"启动 Hive Server 2，执行效果如图 6-51 所示。

```
[xuluhui@master ~]$ hive --service hiveserver2
2019-10-08 09:08:04: Starting HiveServer2
SLF4J: Class path contains multiple SLF4J bindings.
SLF4J: Found binding in [jar:file:/usr/local/hive-2.3.4/lib/log4j-slf4j-impl-2.6
.2.jar!/org/slf4j/impl/StaticLoggerBinder.class]
SLF4J: Found binding in [jar:file:/usr/local/hadoop-2.9.2/share/hadoop/common/li
b/slf4j-log4j12-1.7.25.jar!/org/slf4j/impl/StaticLoggerBinder.class]
SLF4J: See http://www.slf4j.org/codes.html#multiple_bindings for an explanation.
SLF4J: Actual binding is of type [org.apache.logging.slf4j.Log4jLoggerFactory]
```

图 6-51　启动 Hive Server 2

2. 使用 beeline 连接 Hive

使用如下命令通过 beeline 连接 Hive：

```
beeline -u jdbc:hive2://192.168.18.130:10000/hive -n xuluhui -p
```

执行效果如图 6-52 所示。

```
[xuluhui@master ~]$ beeline -u jdbc:hive2://192.168.18.130:10000/hive -n xuluhui
 -p
SLF4J: Class path contains multiple SLF4J bindings.
SLF4J: Found binding in [jar:file:/usr/local/hive-2.3.4/lib/log4j-slf4j-impl-2.6
.2.jar!/org/slf4j/impl/StaticLoggerBinder.class]
SLF4J: Found binding in [jar:file:/usr/local/hadoop-2.9.2/share/hadoop/common/li
b/slf4j-log4j12-1.7.25.jar!/org/slf4j/impl/StaticLoggerBinder.class]
SLF4J: See http://www.slf4j.org/codes.html#multiple_bindings for an explanation.
SLF4J: Actual binding is of type [org.apache.logging.slf4j.Log4jLoggerFactory]
Connecting to jdbc:hive2://192.168.18.130:10000/hive;user=xuluhui
Enter password for jdbc:hive2://192.168.18.130:10000/hive: ******
19/10/08 09:12:44 [main]: WARN jdbc.HiveConnection: Failed to connect to 192.168
.18.130:10000
Error: Could not open client transport with JDBC Uri: jdbc:hive2://192.168.18.13
0:10000/hive;user=xuluhui: Failed to open new session: java.lang.RuntimeExceptio
n: org.apache.hadoop.ipc.RemoteException(org.apache.hadoop.security.authorize.Au
thorizationException): User: xuluhui is not allowed to impersonate xuluhui (stat
e=08S01,code=0)
Beeline version 2.3.4 by Apache Hive
beeline>
```

图 6-52　使用 beeline 连接 Hive

关于上述命令的各个参数说明如下:

- -u: 连接 url, 可以使用 IP, 也可以使用主机名, 端口默认为 10000。
- -n: 连接的用户名。请注意, 它不是登录 Hive 的用户名, 是 Hive 所在服务器的登录用户名。
- -p: 密码。

如图 6-52 所示, 使用 beeline 连接时出现如下错误:

> User: xuluhui is not allowed to impersonate xuluhui (state=08S01,code=0)

这是因为 Hive Server 2 增加了权限控制, 需要在 Hadoop 的配置文件 core-site.xml 中添加如下内容, 然后重启 Hadoop, 再使用 beeline 连接即可:

```
<property>
    <name>hadoop.proxyuser.hadoop.hosts</name>
    <value>*</value>
</property>
<property>
    <name>hadoop.proxyuser.hadoop.groups</name>
    <value>*</value>
</property>
```

连接成功后, 可执行与 Hive Shell 命令相同的命令, 如果要退出连接可以使用 "!q" 或 "!quit" 命令。

若读者不熟悉 beeline 怎么使用, 可以使用命令 "beeline --help" 来查看 beeline 的使用帮助信息, 帮助信息如下所示。由于信息过多, 只显示部分帮助, 读者可部署 Hive 后自行查看。

```
Usage: java org.apache.hive.cli.beeline.BeeLine
    -u <database url>              the JDBC URL to connect to
    -r                            reconnect to last saved connect url (in conjunction with !save)
    -n <username>                 the username to connect as
    -p <password>                 the password to connect as
    -d <driver class>             the driver class to use
    -i <init file>                script file for initialization
```

```
-e <query>                          query that should be executed
-f <exec file>                      script file that should be executed
-w (or) --password-file <password file>   the password file to read password from
--hiveconf property=value           Use value for given property
--hivevar name=value                hive variable name and value
                                    This is Hive specific settings in which variables
                                    can be set at session level and referenced in Hive
                                    commands or queries.
--property-file=<property-file>     the file to read connection properties (url, driver, user,
                                        password) from
--color=[true/false]                control whether color is used for display
--showHeader=[true/false]           show column names in query results
--headerInterval=ROWS;              the interval between which heades are displayed
--fastConnect=[true/false]          skip building table/column list for tab-completion
--autoCommit=[true/false]           enable/disable automatic transaction commit
--verbose=[true/false]              show verbose error messages and debug info
--showWarnings=[true/false]         display connection warnings
--showDbInPrompt=[true/false]       display the current database name in the prompt
--showNestedErrs=[true/false]       display nested errors
--numberFormat=[pattern]            format numbers using DecimalFormat pattern
--force=[true/false]                continue running script even after errors
--maxWidth=MAXWIDTH                 the maximum width of the terminal
--maxColumnWidth=MAXCOLWIDTH        the maximum width to use when displaying columns
--silent=[true/false]               be more silent
--autosave=[true/false]             automatically save preferences
--outputformat=[table/vertical/csv2/tsv2/dsv/csv/tsv]    format mode for result display
Note that csv, and tsv are deprecated - use csv2, tsv2 instead
--incremental=[true/false]          Defaults to false. When set to false, the entire result set
                                    is fetched and buffered before being displayed, yielding optimal
                                    display column sizing. When set to true, result rows are displayed
                                    immediately as they are fetched, yielding lower latency and
                                    memory usage at the price of extra display column padding.
        Setting --incremental=true is recommended if you encounter an OutOfMemory
        on the client side (due to the fetched result set size being large).
        Only applicable if --outputformat=table.
--incrementalBufferRows=NUMROWS     the number of rows to buffer when printing rows on
                                        stdout, defaults to 1000; only applicable if --incremental=true
                                        and --outputformat=table
--truncateTable=[true/false]        truncate table column when it exceeds length
```

--delimiterForDSV=DELIMITER　　　　　specify the delimiter for delimiter-separated values output format (default: |)

--isolation=LEVEL　　　　　　　set the transaction isolation level

--nullemptystring=[true/false]　set to true to get historic behavior of printing null as empty string

--maxHistoryRows=MAXHISTORYROWS The maximum number of rows to store beeline history.

--help　　　　　　　　　　　display this message

3. 创建 maven 项目

在 Eclipse 中创建一个 maven 项目，pom.xml 文件配置如下：

```xml
<?xml version="1.0" encoding="UTF-8"?>
<project xmlns="http://maven.apache.org/POM/4.0.0"
    xmlns:xsi="http://www.w3.org/2001/XMLSchema-instance"
    xsi:schemaLocation="http://maven.apache.org/POM/4.0.0    http://maven.apache.org/xsd/maven-4.0.0.xsd">

    <modelVersion>4.0.0</modelVersion>

    <groupId>com.xijing</groupId>
    <artifactId>hive</artifactId>
    <version>1.0-SNAPSHOT</version>

    <properties>
        <project.build.sourceEncoding>UTF-8</project.build.sourceEncoding>
    </properties>

    <dependencies>
        <dependency>
            <groupId>org.apache.hive</groupId>
            <artifactId>hive-jdbc</artifactId>
            <version>2.3.4</version>
        </dependency>

        <dependency>
            <groupId>junit</groupId>
            <artifactId>junit</artifactId>
            <version>4.9</version>
        </dependency>
    </dependencies>

    <build>
        <plugins>
            <plugin>
                <groupId>org.apache.maven.plugins</groupId>
```

```
                <artifactId>maven-compiler-plugin</artifactId>
                <version>3.5.1</version>
                <configuration>
                    <source>1.8</source>
                    <target>1.8</target>
                </configuration>
            </plugin>
        </plugins>
    </build>
</project>
```

4. 编写 Hive Java API 程序

创建 Java 类 HiveJDBC，完整代码如下所示：

```java
package com.xijing.hive;

import org.junit.After;
import org.junit.Before;
import org.junit.Test;

import java.sql.*;

/**
 * JDBC 操作 Hive(注：JDBC 访问 Hive 前需要先启动 HiveServer2)
 */
public class HiveJDBC {

    private static String driverName = "org.apache.hive.jdbc.HiveDriver";
    private static String url = "jdbc:hive2://192.168.18.130:10000/hive";
    private static String user = "xuluhui";
    private static String password = "";

    private static Connection conn = null;
    private static Statement stmt = null;
    private static ResultSet rs = null;

    // 加载驱动、创建连接
    @Before
    public void init() throws Exception {
        Class.forName(driverName);
        conn = DriverManager.getConnection(url,user,password);
        stmt = conn.createStatement();
    }
```

```
// 创建数据库
@Test
public void createDatabase() throws Exception {
    String sql = "create database hive_jdbc_test";
    System.out.println("Running: " + sql);
    stmt.execute(sql);
}

//查询所有数据库
@Test
public void showDatabases() throws Exception {
    String sql = "show databases";
    System.out.println("Running: " + sql);
    rs = stmt.executeQuery(sql);
    while (rs.next()) {
        System.out.println(rs.getString(1));
    }
}

// 创建表
@Test
public void createTable() throws Exception {
    String sql = "create table student(\n" +
            "id string,\n" +
            "name string,\n" +
            "sex string,\n" +
            "age tinyint,\n" +
            "dept string,\n" +
            ")\n" +
        "row format delimited fields terminated by '\\t'";
    System.out.println("Running: " + sql);
    stmt.execute(sql);
}

//查询所有表
@Test
public void showTables() throws Exception {
    String sql = "show tables";
    System.out.println("Running: " + sql);
    rs = stmt.executeQuery(sql);
    while (rs.next()) {
```

```
                System.out.println(rs.getString(1));
            }
        }

        // 查看表结构
        @Test
        public void descTable() throws Exception {
            String sql = "desc student";
            System.out.println("Running: " + sql);
            rs = stmt.executeQuery(sql);
            while (rs.next()) {
                System.out.println(rs.getString(1) + "\t" + rs.getString(2));
            }
        }

        //加载数据
        @Test
        public void loadData() throws Exception {
            String filePath = "/usr/local/hive-2.3.4/testData/hiveStudentData.txt ";
            String sql = "load data local inpath '" + filePath + "' overwrite into table emp";
            System.out.println("Running: " + sql);
            stmt.execute(sql);
        }

        //查询数据
        @Test
        public void selectData() throws Exception {
            String sql = "select * from emp";
            System.out.println("Running: " + sql);
            rs = stmt.executeQuery(sql);
            System.out.println("学号" + "\t" + "姓名" + "\t" + "性别");
            while (rs.next()) {
                System.out.println(rs.getString("id") + "\t\t" + rs.getString("name") + "\t\t" + rs.
getString("sex"));
            }
        }

        //统计查询(会运行 MapReduce 作业)
        @Test
        public void countData() throws Exception {
            String sql = "select count(1) from student";
            System.out.println("Running: " + sql);
```

```
        rs = stmt.executeQuery(sql);
        while (rs.next()) {
            System.out.println(rs.getInt(1) );
        }
    }

//删除数据库
@Test
public void dropDatabase() throws Exception {
    String sql = "drop database if exists hive_jdbc_test";
    System.out.println("Running: " + sql);
    stmt.execute(sql);
}

// 删除数据库表
@Test
public void deopTable() throws Exception {
    String sql = "drop table if exists student";
    System.out.println("Running: " + sql);
    stmt.execute(sql);
}

// 释放资源
@After
public void destory() throws Exception {
    if ( rs != null) {
        rs.close();
    }
    if (stmt != null) {
        stmt.close();
    }
    if (conn != null) {
        conn.close();
    }
    }
}
```

思考与练习题

1. 配置和使用 HWI(Hive Web Interface)。
2. 在本实验案例的基础上创建外部表、分区表、分桶表，体会它们之间的区别。

参 考 文 献

[1] CAPRIOLO E, WAMPLER D, RUTHERGLEN J. Hive 编程指南[M]. 曹坤，译. 北京：人民邮电出版社，2013.

[2] Apache Hive[EB/OL]. [2018-1-27]. https://hive.apache.org/.

[3] GitHub-Apache Hive[EB/OL]. [2019-2-15]. https://github.com/apache/hive.

[4] Apache Software Foundation. Apache Hive WIKI Confluence[EB/OL]. [2018-12-17]. https:// cwiki.apache.org/confluence/display/Hive/.

[5] Apache Software Foundation. Apache Hive Download[EB/OL].[2019-2-7]. https://hive.apache.org/downloads.html.

[6] Apache Software Foundation. Apache Hive API[EB/OL]. [2017-10-24]. http://hive. apache. org/javadocs/.

下篇 拓展实验篇

- ❖ 实验 7　部署 Spark 集群和 Spark 编程
- ❖ 实验 8　实战 Sqoop
- ❖ 实验 9　实战 Flume
- ❖ 实验 10　实战 Kafka

实验 7 部署 Spark 集群和 Spark 编程

本实验的知识结构图如图 7-1 所示(★表示重点，▶表示难点)。

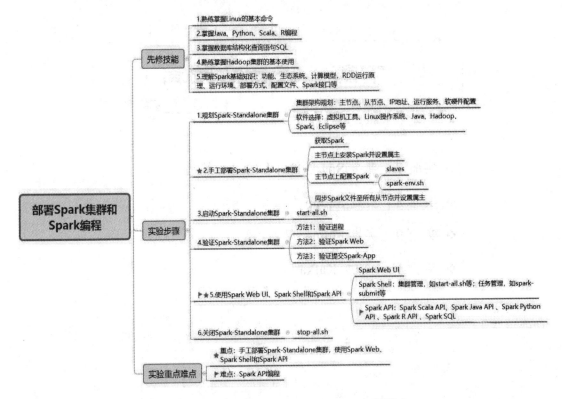

图 7-1 部署 Spark 集群和 Spark 编程的知识结构图

7.1 实验目的、实验环境和实验内容

一、实验目的

(1) 了解 Spark 及其生态系统。

(2) 理解 Spark 的体系架构。

(3) 理解 Spark 的计算模型，了解 RDD 的设计与运行原理。

(4) 熟悉 Spark 的部署方式，熟练掌握部署 Spark 集群的方法。

(5) 熟练掌握 Spark Web UI 界面的使用。

(6) 熟练掌握 Spark Shell 常用命令的使用。

(7) 了解 Spark API，掌握简单 Spark-App 的编写，能在 Spark 集群上运行 Spark-App

并会查看运行结果。

二、实验环境

本实验所需的软件环境包括 HDFS 集群(三台机器)、Spark 安装包、Eclipse。

三、实验内容

(1) 规划 Spark-Standalone 集群。

(2) 手工部署 Spark-Standalone 集群。

(3) 启动 Spark-Standalone 集群。

(4) 验证 Spark-Standalone 集群。

(5) 使用 Spark Shell 和 Spark Web UI 完成以下两个任务：使用命令 "spark-submit" 向 Spark 集群提交 Spark 经典实例计算圆周率 SparkPi，并通过终端窗口和 Spark Web UI 观察运行过程；查看 Spark 自带的单词计数 Spark-App 源代码，然后在 Spark 集群上运行，查看运行结果，并通过终端窗口和 Spark Web UI 观察运行过程。

(6) 关闭 Spark-Standalone 集群。

7.2　实　验　原　理

Apache Spark 是一个处理大规模数据的高速通用型集群计算框架，其内部内嵌了一个用于执行 DAG 的(有向无环图)工作流引擎，能够将 DAG 类型的 Spark-App 拆分成 Task 序列并在底层框架上并行运行。

7.2.1　初识 Spark

Spark 于 2009 年诞生于伯克利大学 AMPLab。AMP 实验室的研究人员发现机器在学习迭代算法时，Hadoop MapReduce 表现得效率低下。为了适应迭代算法和交互式查询两种典型的场景，Matei Zaharia 和合作伙伴开发了 Spark 系统的最初版本。2009 年关于 Spark 的论文发布；2010 年 Spark 正式开源；2013 年，伯克利将其捐赠给 Apach 基金会；2014 年，Spark 成为 Apach 基金会的顶级项目，目前已广泛应用于工业界。

在程序接口层，可以使用 Java、Scala、Python、R 等高级语言直接编写 Spark-App。在核心层之上，Spark 提供了 SQL、Streaming、MLlib、GraphX 等专用组件，这些组件内置了大量专用算法，充分利用这些组件，能够大大加快 Spark-App 的开发进度。

目前，Spark 生态系统主要包括 Spark Core 和基于 Spark Core 的独立组件 Spark SQL、Spark Streaming、MLlib、GraphX，使开发者可以在同一个 Spark 体系中方便地组合使用这些库。Spark 的生态系统如图 7-2 所示。

Spark Core 是 Spark 的核心基础，包含了弹性分布式数据集(即 RDD)等核心组件。但需要注意的是，Spark Core 是离线计算的，这点类似于 MapReduce 的处理过程。而 Spark Streaming 则是将连续的数据转换为不连续的离散流(DStream)，从而实现快速的数据处理功能。Spark SQL 则用于简化 Spark 库，就好比可以使用 Hive 简化 MapReduce 一样，我们也可以使用 Spark SQL 快速实现 Spark 开发。具体地讲，Spark SQL 可以将 DStream 转为

Spark 处理时的 RDD，然后运行 RDD 程序。

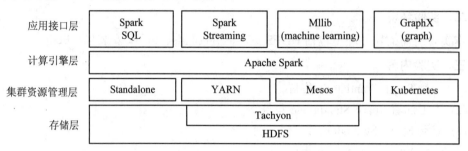

图 7-2　Spark 生态系统

关于 Spark 生态系统的详细介绍如下：

1. 存储层

Hadoop 诞生以来，其资源管理框架从无到 Mesos，再到 YARN；并行化范式由 M-S-R 发展到 DAG 型 M-S-R，唯一未改变的就是 HDFS。虽然 HDFS 在小文件存储上存在着性能缺陷，但 HDFS 无疑已成为分布式存储的事实标准。故在 Spark 开发过程中，伯克利并未开发一套独立的分布式底层存储系统，而是直接使用了 HDFS。当然，Spark 也可以运行在本地文件系统或内存型文件系统如 Tachyon 或 Amazon S3 上。不过在典型应用模式中，持久层依旧是 HDFS。

2. 集群资源管理层

Spark 支持的集群资源管理器主要有 Standalone 模式和 ThirdPlatform 模式。其中，Standalone 模式指的是伯克利为 Spark 原生开发的 Master/Worker 资源管理器，ThirdPlatform 模式指的是当前主流的第二方集群资源管理器 YARN、Mesos、Kubernetes。

3. 计算引擎层

Spark Core 包含 Spark 的基本功能，如内存计算、任务调度、部署模式、故障恢复、存储管理等功能，主要面向批数据处理。Spark Core 的核心功能是将用户提交的 DAG 型 Spark-App 任务拆分成 Task 序列并在底层框架上并行运行。在编程接口方面，Spark 通过 RDD 将框架功能和操作函数优雅地结合起来，大大方便了用户编程。

4. 应用接口层

1）Spark SQL

在 Spark 早期开发过程中，为了支持结构化查询，开发人员在 Spark 和 Hive 的基础上开发了结构化查询模块，称为 Shark。不过由于 Shark 的编译器和优化器都依赖于 Hive，使得 Shark 不得不维护一套 Hive 分支，执行速度也受到 Hive 编译器的制约，目前已停止开发。

Spark SQL 的功能与 Shark 类似，不过它直接使用 Catalyst 做查询优化器，不再依赖 Hive 解析器，其底层也可以直接使用 Spark 作为执行引擎。通过对 Shark 的重构，不仅使用户能够直接在 Spark 上书写标准的 SQL 语句，大大加快了 SQL 执行速度，还为 Spark SQL 的发展开拓了广阔空间。

2）Spark Streaming

Streaming 是基于 Spark 内核开发的一套可扩展、高通用、可容错的实时数据量处理框架。Streaming 的数据源可以是 Kafka、Flume、Twitter 等。Streaming 通过复杂的高层函数直接处理这些数据，在完成数据转换后，Streaming 会将数据自动输出到持久层。目前 Streaming 支持的持久层为 HDFS、数据库和实时控制台。特别地，用户可以在数据流上使用 MLlib 和 GraphX 里的所有算法。

3) MLlib

MLlib 是 Spark 上的一个机器学习库，其设计目标是开发一套高可用、高扩展的并行机器学习库，以方便用户直接调用。目前，MLlib 下已经开发了大量的常见机器学习算法，如分类 classification、回归 regression、聚类 clustering、协同过滤 collaborative filtering 等。为方便用户使用，MLlib 还提供了一套实用工具集。

4) GraphX

GraphX 是 Spark 上一个图处理和图并行化计算的组件。为实现图计算，GraphX 引入了一个继承自 RDD 的新抽象数据集——Graph。该类是一个有向的带权图谱，用户可以自定义 Graph 的顶点和边属性。目前，GraphX 已经开发了一系列关于图的基本操作，如 subgraph、joinVertices、aggregateMessages 等，以及一些优化的 Pregel 变体 API。用户只需要将样本数据填充到 I/O 类，然后直接调用图算法，即可完成图的并行化计算。图计算主要应用于社交网络分析等场景。

需要说明的是，无论是 Spark SQL、Spark Streaming、MLlib 还是 GraphX，都可以使用 Spark Core 的 API 处理问题，它们的方法几乎是通用的；处理的数据也可以共享，不同应用之间的数据可以无缝集成。

7.2.2　Spark 的体系架构

Spark 采用两层 master/slave 架构，第一层为集群资源管理层，第二层为 Spark-App 执行层。

当前，Spark 支持的集群资源管理器主要有 Standalone 模式和 ThirdPlatform 模式。其中，Standalone 模式指的是伯克利为 Spark 原始开发的 Master/Worker 资源管理器，ThirdPlatform 模式指的是当前主流的第三方集群资源管理器 YARN 和 Mesos。这两种模式的区别在于资源划分粒度不同，Standalone 管理器的颗粒更细，ThirdPlatform 的优势在于很容易将不同组件集成到一个平台上。针对这两种不同的集群资源管理器，下面分两部分讲述 Spark 体系架构。

1. Standalone 模式

Standalone 资源管理器资源划分颗粒细，执行效率高，是目前对 Spark 支持度最好的资源管理器。

1) 集群资源管理层

Standalone 资源管理模式采用 master/slave 架构，其主服务称为 Master，从服务称为 Worker。集群资源整合者 Master 进程主要负责汇总各 Worker 进程汇报的单机资源，还提供 Web UI 功能、Spark-App 注册功能、任务调度功能；单机上驻守的 Worker 进程主要负责管理本机资源，还提供启动和监管 Executor 进程的功能。Standalone 模式集群资源管理层的体系架构如图 7-3 所示。

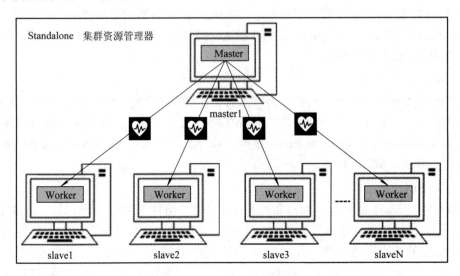

图 7-3　Standalone 模式集群资源管理层的体系架构

2) 应用程序执行层

在集群上执行 Spark-App 时，其执行过程依旧采用 master/slave 架构，主服务称为 Driver，从服务称为 Executor。Driver 进程负责控制程序整个执行流，Executor 进程负责并行执行某个具体任务。

实际上，在 Client 提交 Spark-App 前，集群中并不存在 Driver 和 Executor 进程，只存在 Master、Worker 进程。当 Client 向 Master 提交任务后，Worker 才会启动 Executor 来执行用户任务。Standalone 模式应用程序执行层的体系架构如图 7-4 所示。

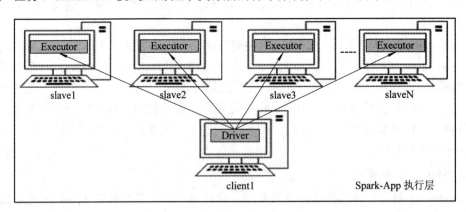

图 7-4　Standalone 模式应用程序执行层的体系架构

3) 应用程序执行过程

当集群资源由 Standalone 管理时，Spark-App 的执行过程如图 7-5 所示，包括如下 6 个步骤：

第 1 步：Client 向 Master 注册应用程序(图 7-5 中步骤①)。

第 2 步：Master 指示 Worker 启动 Executor(图 7-5 中步骤②)。

第 3 步：Worker 启动从属于本应用的 Executor(图 7-5 中步骤③)。

第 4 步：各个 Executor 向 Driver 的 ScheduleBackend 注册(图 7-5 中步骤④)。

第 5 步：TaskSchedule 将任务分发到各 Executor 上执行(图 7-5 中步骤④)。

第 6 步：各个 Executor 定时向 Driver 汇报本 Task 的执行进度(图 7-5 中步骤④)。

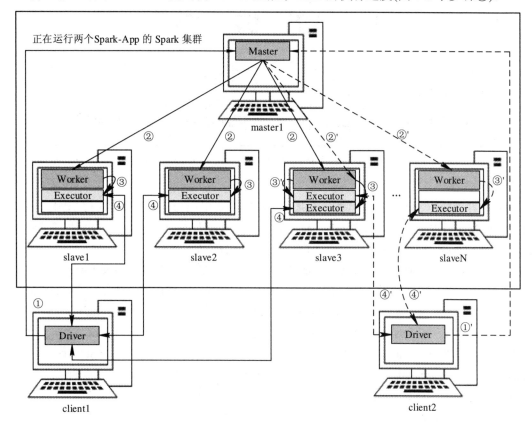

图 7-5　正在运行两个 Spark-App 的 Spark 集群

2. ThirdPlatform 模式

在 ThirdPlatform 模式下，当前主流的集群资源管理器有 YARN 和 Mesos。Mesos 是 Apache 使用 C++自主开发的一款高性能集群资源管理器，其显著特征是执行效率高；缺点是资源划分太细致，参数较多不易控制。YARN 是 Hortonworks 开发的集群资源管理器，现 Hortonworks 已经捐赠给 Apache。由于 Apache 和 Hortonworks 的大力推广，加之 YARN 自身优异的性能，目前 YARN 已成为集群资源管理器事实上的标准，不但用户群广阔，YARN 上支持的组件也非常多。本书讲述的第三方资源管理器仅以 YARN 为例。

1) 集群资源管理层

YARN 采用 master/slave 架构，其主服务称为 ResourceManager，从服务称为 NodeManager。集群资源管理者 ResourceManager 进程主要负责汇总各 NodeManager 进程汇报的单机资源情况，还提供 Web UI 功能、应用程序注册、任务调度、资源仲裁等功能；单机上的驻守进程 NodeManager 主要负责管理本机资源，还提供启动和监管 SparkExecutor 进程的功能。ThirdPlatform 模式 YARN 集群资源管理层的体系架构如图 7-6 所示。

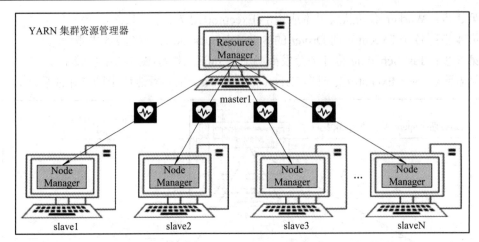

图 7-6　ThirdPlatform 模式 YARN 集群资源管理层的体系架构

2) 应用程序执行层

在集群上执行 Spark-App 时，其执行过程依旧采用 master/slave 架构，主服务称为 SparkAppMaster，从服务称为 SparkExecutor。SparkAppMaster 进程负责控制程序整个执行流，各个 SparkExecutor 进程负责并行执行某个具体任务。

实际上，在 client 提交 Spark-App 前，YARN 集群中并不存在 SparkAppMaster 和 SparkExecutor 进程，只存在 ResourceManager 和 NodeManager 进程。当 client 向 ResourceManager 提交任务后，ResourceManager 会选中一个 Container 来执行 SparkAppMaster；待 SparkAppMaster 启动后，ResourceManager 会接管 Spark-App，首先向 RM 申请一系列 Container；接着向 NM 发出命令要求它们启动这些 Container；最后，SparkAppMaster 和 SparkExecutor 协作完成用户提交的 Spark-App。ThirdPlatform 模式 YARN 资源管理下应用程序执行层的体系架构如图 7-7 所示。

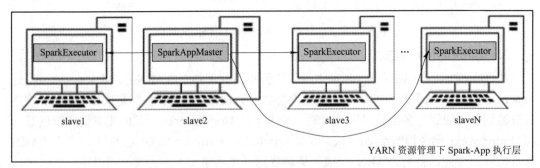

图 7-7　ThirdPlatform 模式 YARN 资源管理下应用程序执行层的体系架构

3) 应用程序执行过程

当集群资源由 YARN 管理时，Spark-App 的执行过程如图 7-8 所示。以 client1 提交的 Spark-App1 为例，执行过程包括如下 9 个步骤：

第 1 步：client1 向 ResourceManager 注册应用程序(图 7-8 中步骤①)。

第 2 步：ResourceManager 查看集群资源配置表，选定一个空闲 Container，比如选中 slave1 上的 Container(图 7-8 中步骤②)。

　　第 3 步：ResourceManager 指示 slave1 上的 NodeManager 在选定 Container 中启动 SparkAppMaster1(图 7-8 中步骤③)。

　　第 4 步：SparkAppMaster1 根据 SparkAppBusinessLogic 向 ResourceManager 申请一定数量的 Container(图 7-8 中步骤④)。

　　第 5 步：SparkAppMaster1 指示 NodeManager 在这些 Container 上启动 SparkExecutor。

　　第 6 步：隶属于本 SparkAppMaster1 的 SparkExecutor 向本 SparkAppMaster 注册(图 7-8 步骤⑤)。

　　第 7 步：SparkAppMaster1 根据用户编写的 SparkAppBusinessLogic 指挥 SparkExecutor 并行执行用户任务(图 7-8 步骤⑤)。

　　第 8 步：任务执行过程中，各 SparkExecutor 向 SparkAppMaster1 汇报任务执行进度(图 7-8 步骤⑤)。

　　第 9 步：任务执行过程中，SparkAppMaster1 向 SparkClient1 汇报任务执行进度(图 7-8 步骤⑥)。

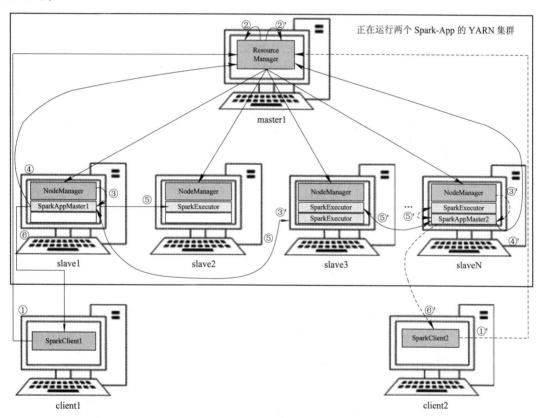

图 7-8　正在运行两个 Spark-App 的 YARN 集群

　　这里，我们需要说明一下 Spark on YARN 集群模式(YARN cluster)和 Spark on YARN 客户端模式(YARN client)的区别。

　　我们知道，当在 YARN 上运行 Spark 作业时，每个 SparkExecutor 作为一个 YARN 容器(Container)运行，可以使多个 Tasks 在同一个容器里运行。YARN cluster 和 YARN client

模式的区别其实就在于 ApplicationMaster 进程的区别。在 YARN cluster 模式下，Driver 运行在 AM(ApplicationMaster)中，它负责向 YARN 申请资源，并监督作业的运行状况。当用户提交了作业之后，就可以关掉 Client，作业会继续在 YARN 上运行。然而 YARN client 模式不适合运行交互类型的作业。在 YARN client 模式下，ApplicationMaster 仅仅向 YARN 请求 Executor，Client 会和请求的 Container 通信来调度它们工作。也就是说，Client 不能离开。图 7-9 和图 7-10 形象表示了 YARN cluster 和 YARN client 的区别。

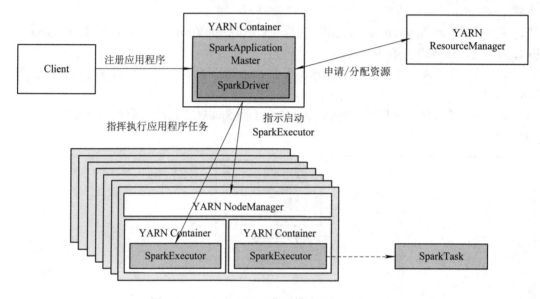

图 7-9　Spark on YARN 集群模式(YARN cluster)

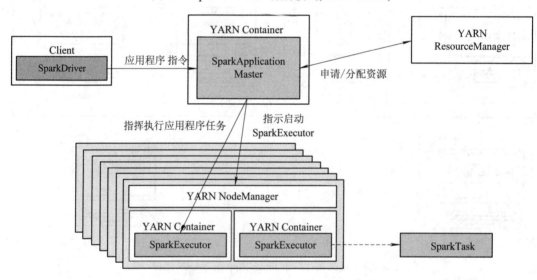

图 7-10　Spark on YARN 客户端模式(YARN client)

7.2.3　Spark 的计算模型

Spark 是一个用于并行处理海量数据的分布式计算框架，其内部对任务的并行策略是

M-S-R 范式。一个标准的 Spark-App 可拆分成一系列 M-S-R 任务，Spark 内置了 DAGSchedule，直接将 DAG 型 M-S-R 任务调度到集群上执行。Spark 的计算模型是对分散于集群内各个计算节点的数据进行如下操作：

(1) 如果需要对这些数据进行若干次本地计算，那就进行若干次本地计算(Map)。

(2) 如果需要将不同机器上的数据进行若干次合并，那就进行若干次网络合并(Shuffle)。

(3) 对于 Shuffle 后的数据，如果还需要进行若干次 Map 或 Shuffle 操作，那就进行若干次 Map 或 Shuffle 操作。

(4) 可按业务需求，对上述(1)、(2)、(3)步进行任意组合，直到任务结束。

例如，现有一个原始文件 file1，要求将 file1 均匀加载到 slave1、slave2 和 slave3 中，然后对 file1 中数据执行过滤操作，过滤时要求只保留"hello"、"xijing"这两种字符；接着，将"xijing"全部发往 slave1 上，"hello"全部发往 slave2 上；最后统计"hello"、"xijing"这两个单词出现的次数。其执行流程图如图 7-11 所示。

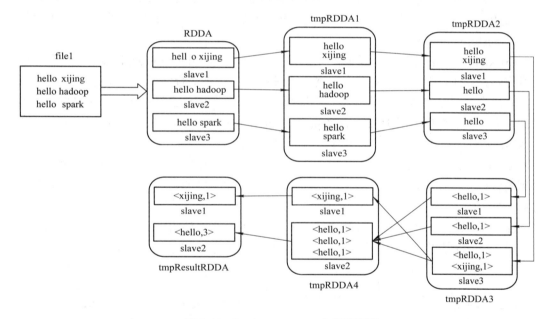

图 7-11　Spark-WordCount 执行流程图

7.2.4　RDD 的设计与运行原理

RDD 是 Spark 的核心。向下 RDD 以一组 Partition 方式将数据分散到集群中，向上 RDD 提供了一系列用户级别的操作接口，RDD 的 Partition 更是并行化所在地。不过在 Spark 程序执行过程中，好像看不到 RDD 存在的痕迹，这是因为 RDD 是数据层、用户 API 层和并行执行层这三者的实际结合体，必须高度抽象。用户编写的 RDD 序列，实际上就是 Driver 进程里用户程序的执行流程。

1. 设计背景

许多迭代式算法(比如机器学习、图算法等)和交互式数据挖掘工具的共同之处是：不同计算阶段之间会重用中间结果。目前的 MapReduce 框架都是把中间结果写入到 HDFS 中，带来了大量的数据复制、磁盘 IO 和序列化开销。

RDD 就是为了满足这种需求而出现的，它提供了一个抽象的数据架构。我们不必担心底层数据的分布式特性，只需将具体的应用逻辑表达为一系列转换处理，不同 RDD 之间的转换操作形成依赖关系，就可以实现管道化，避免中间数据存储。

2. RDD 的概念

一个 RDD 就是一个分布式对象集合，本质上是一个只读的分区记录集合。每个 RDD 可分成多个分区，每个分区就是一个数据集片段，并且一个 RDD 的不同分区可以被保存到集群中不同的节点上，从而可以在集群中的不同节点上进行并行计算。

RDD 具有以下特征：

(1) RDD 提供了一种高度受限的共享内存模型，即 RDD 是只读的记录分区的集合，不能直接修改，只能基于稳定的物理存储中的数据集创建 RDD，或者通过在其他 RDD 上执行确定的转换操作(如 map、join 和 group by)而创建得到新的 RDD。

(2) RDD 提供了一组丰富的操作以支持常见的数据运算，分为"动作"(Action)和"转换"(Transformation)两种类型。

(3) RDD 提供的转换接口都非常简单，都是类似 map、filter、groupBy、join 等粗粒度的数据转换操作，而不是针对某个数据项的细粒度修改(不适合网页爬虫)。

表面上看，RDD 的功能很受限，不够强大，实际上 RDD 已经被实践证明可以高效地表达许多框架的编程模型(比如 MapReduce、SQL、Pregel)。Spark 用 Scala 语言实现了 RDD 的 API，程序员可以通过调用 API 实现对 RDD 的各种操作。

RDD 的典型执行过程为：首先 RDD 读入外部数据源进行创建；其次 RDD 会经过一系列的转换(Transformation)操作，每一次都会产生不同的 RDD，供给下一个转换操作使用；最后一个 RDD 经过"动作"操作进行转换，并输出到外部数据源。这一系列处理称为一个 Lineage(血缘关系)，即 DAG 拓扑排序的结果，其优点为惰性调用，管道化，避免同步等待，不需要保存中间结果，每次操作变得简单。RDD 典型执行过程的一个示例如图 7-12 所示。

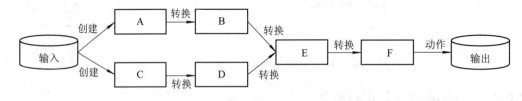

图 7-12　RDD 典型执行过程的一个示例

3. RDD 特性

Spark 采用 RDD 以后能够实现高效计算的原因主要在于：

(1) 高效的容错性。现有容错机制为数据复制或者记录日志。RDD 的特点是具备血缘关系，可重新计算丢失分区，无需回滚系统，重算过程在不同节点之间并行，只记录粗粒度的操作。

(2) 中间结果持久化到内存。数据在内存中的多个 RDD 操作之间进行传递，避免了不必要的读/写磁盘开销。

(3) 存放的数据可以是 Java 对象，避免了不必要的对象序列化和反序列化。

4. RDD 之间的依赖关系

RDD 之间的依赖关系分为窄依赖和宽依赖。窄依赖表现为一个父 RDD 的分区对应于一个子 RDD 的分区或多个父 RDD 的分区对应于一个子 RDD 的分区；宽依赖则表现为一个父 RDD 的一个分区对应一个子 RDD 的多个分区。窄依赖与宽依赖的区别如图 7-13 所示。

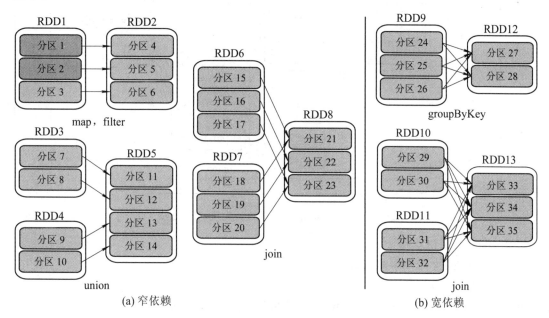

图 7-13 窄依赖与宽依赖的区别

5. Stage 的划分

Spark 通过分析各个 RDD 的依赖关系生成 DAG，再通过分析各个 RDD 中分区之间的依赖关系来决定如何划分 Stage。具体划分方法是：在 DAG 中进行反向解析，遇到宽依赖就断开，遇到窄依赖就把当前的 RDD 加入到当前 Stage 中；将窄依赖尽量划分在同一个 Stage 中，以实现流水线计算。

如图 7-14 所示，根据 RDD 分区的依赖关系可以分成三个 Stage。在 Stage2 中，从 map 到 union 都是窄依赖，这两步操作可以形成一个流水线操作。

Stage 的类型包括 ShuffleMapStage 和 ResultStage 两种，具体如下所述。

(1) ShuffleMapStage：不是最终的 Stage，在它之后还有其他 Stage，所以，它的输出一定需要经过 Shuffle 过程，并作为后续 Stage 的输入。这种 Stage 以 Shuffle 为输出边界，其输入边界可以是从外部获取数据，也可以是另一个 ShuffleMapStage 的输出；其输出可以是另一个 Stage 的开始。在一个 Job 里可能有该类型的 Stage，也可能没有该类型 Stage。

(2) ResultStage：最终的 Stage，没有输出，而是直接产生结果或存储。这种 Stage 是直接输出结果，其输入边界可以是从外部获取数据，也可以是另一个 ShuffleMapStage 的输出。在一个 Job 里必定有该类型 Stage。

因此，一个 Job 含有一个或多个 Stage，其中至少含有一个 ResultStage。

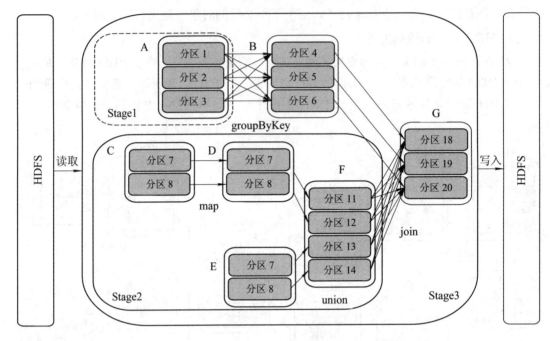

图 7-14　根据 RDD 分区的依赖关系划分 Stage

6. RDD 的运行过程

RDD 在 Spark 架构中的运行过程包括以下步骤：

(1) 创建 RDD 对象。

(2) SparkContext 负责计算 RDD 之间的依赖关系，构建 DAG。

(3) DAGScheduler 负责把 DAG 图分解成多个 Stage，每个 Stage 中包含多个 Task，每个 Task 会被 TaskScheduler 分发给各个 Worker 节点上的 Executor 去执行。

RDD 在 Spark 架构中的运行过程如图 7-15 所示。

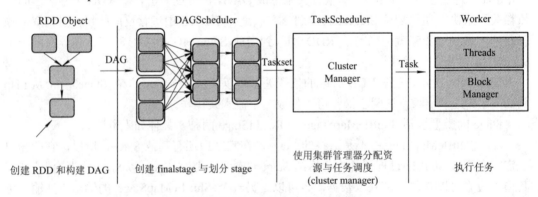

图 7-15　RDD 在 Spark 中的运行过程

7.2.5　Spark 集群部署

1. 运行环境

Spark 支持 Windows 和类 UNIX(例如 Linux、Mac OS)操作系统。

Spark 采用 Scala 语言编写。Scala 是一种函数式编程和面向对象的编程语言，可以运行在 JVM 上面，运行时需要 Java 环境的支持。Spark 2.2.0 及以后版本运行在 Java 8+、Python 2.7+/3.4+和 R 3.1+。对于 Scala，Spark 2.3.0 及以后版本支持 Scala 2.11，不再支持 Scala 2.10，这里需要说明的是，Spark 2.4.2 支持的是 Scala 2.12。

2. 部署方式

在部署 Spark 集群时，根据集群资源管理器的类型，可以将 Spark 部署分为 Standalone 部署和 ThirdPlatform 部署；根据部署工具的不同，可以将 Spark 部署分为手工部署和工具部署，具体部署方式如表 7-1 所示。

表 7-1　Spark 集群的部署方式

部署工具　　　集群资源管理器	手工部署	工具部署	
		Ambari	Cloudera Manager
Standalone	手工部署 Spark-Standalone	Ambari 部署 Spark-Standalone	Cloudera Manager 部署 Spark-Standalone
ThirdPlatform 模式　Hadoop YARN	手工部署 Spark-YARN	Ambari 部署 Spark-YARN	Cloudera Manager 部署 Spark-YARN
Apache Mesos	手工部署 Spark-Mesos	Ambari 部署 Spark-Mesos	Cloudera Manager 部署 Spark-Mesos
Kubernetes	手工部署 Spark-Kubernetes	Ambari 部署 Spark-Kubernetes	Cloudera Manager 部署 Spark-Kubernetes

3. 配置文件

Spark 配置文件数量不多，都存放在$SPARK_HOME/conf 路径下，具体的配置文件如图 7-16 所示。

```
[xuluhui@master ~]$ ls -all /usr/local/spark-2.3.3-bin-hadoop2.7/conf
total 36
drwxr-xr-x.  2 xuluhui xuluhui  230 Feb  4 2019 .
drwxr-xr-x. 13 xuluhui xuluhui  211 Feb  4 2019 ..
-rw-r--r--.  1 xuluhui xuluhui  996 Feb  4 2019 docker.properties.template
-rw-r--r--.  1 xuluhui xuluhui 1105 Feb  4 2019 fairscheduler.xml.template
-rw-r--r--.  1 xuluhui xuluhui 2025 Feb  4 2019 log4j.properties.template
-rw-r--r--.  1 xuluhui xuluhui 7801 Feb  4 2019 metrics.properties.template
-rw-r--r--.  1 xuluhui xuluhui  865 Feb  4 2019 slaves.template
-rw-r--r--.  1 xuluhui xuluhui 1292 Feb  4 2019 spark-defaults.conf.template
-rwxr-xr-x.  1 xuluhui xuluhui 4221 Feb  4 2019 spark-env.sh.template
[xuluhui@master ~]$
```

图 7-16　Spark 配置文件模板列表

图 7-16 中显示的所有文件均是 Spark 配置文件的模板，Spark 配置文件中最重要的是 slaves 和 spark-env.sh。其中，配置文件 slaves 用于指定 Spark 集群的从节点，配置简单；环境配置文件 spark-env.sh 用于指定 Spark 运行时的各种参数，主要包括 Java 安装路径 JAVA_HOME、Spark 安装路径 SPARK_HOME 等，部分参数及其说明如表 7-2 所示，因参数较多，其他参数及其说明读者可以查阅 spark-env.sh.template 文件。

表 7-2　spark-env.sh 的配置参数(部分)

参 数 名	说　　　　明
JAVA_HOME	指定 Java 的安装路径
SPARK_HOME	指定 Spark 的安装路径
SPARK_CONF_DIR	指定 Spark 集群配置文件的位置，默认为${SPARK_HOME}/conf
SPARK_LOG_DIR	指定 Spark 日志文件的保存位置，默认为${SPARK_HOME}/logs
SPARK_PID_DIR	指定 Spark 守护进程号的保存位置，默认为/tmp
SPARK_WORKER_CORES	作业可用的 CPU 内核数量
SPARK_WORKER_MEMORY	作业可使用的内存容量
HADOOP_CONF_DIR	指定 Hadoop 集群配置文件的位置
YARN_CONF_DIR	当使用 YARN 作为集群资源管理器时，指定 YARN 集群配置文件位置

7.2.6　Spark 接口

Spark 接口指的是用户取得 Spark 服务的途径。针对不同的上层应用，Spark 框架提供了 7 类统一访问接口。

1. Spark Web UI

Spark Web UI 主要面向管理员。在该页面上，管理员可以看到正在执行的和已完成的所有 Spark-App 执行过程中的统计信息。该页面只支持读操作，不支持写操作。Spark Web UI 地址为 http://MasterIP:8080，效果如图 7-17 所示。

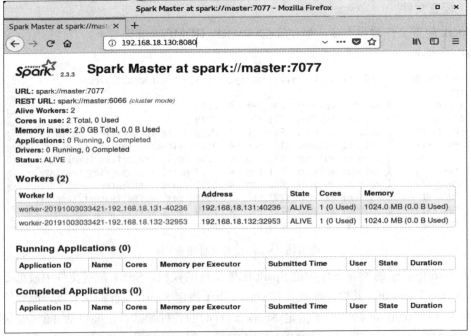

图 7-17　Spark Web UI 效果图

2. Spark Shell

Spark Shell 主要针对 Spark 程序员和 Spark 数据分析师。通过 Shell 接口，程序员能够向 Spark 集群提交 Spark-App、查看正在运行的 Spark-App；数据分析师可以通过 Shell 接口以交互式方式对数据进行实时分析。

Shell 接口是 Spark 功能的实际体现，用户可以使用 Spark Shell 命令完成集群管理和任务管理。

1) 集群管理

集群管理的命令主要在"sbin"目录下，可以通过此类命令启动或关闭集群中的某服务或者整个集群，"sbin"目录下的所有集群管理命令如图 7-18 所示。

```
[xuluhui@master ~]$ ls /usr/local/spark-2.3.3-bin-hadoop2.7/sbin
slaves.sh                         start-slaves.sh
spark-config.sh                   start-thriftserver.sh
spark-daemon.sh                   stop-all.sh
spark-daemons.sh                  stop-history-server.sh
start-all.sh                      stop-master.sh
start-history-server.sh           stop-mesos-dispatcher.sh
start-master.sh                   stop-mesos-shuffle-service.sh
start-mesos-dispatcher.sh         stop-shuffle-service.sh
start-mesos-shuffle-service.sh    stop-slave.sh
start-shuffle-service.sh          stop-slaves.sh
start-slave.sh                    stop-thriftserver.sh
[xuluhui@master ~]$
```

图 7-18 Spark Shell 集群管理命令

在此，编者仅选择几个集群管理 Shell 命令进行功能说明，具体如表 7-3 所示。

表 7-3 Spark Shell 集群管理命令功能说明(部分)

集群管理 Shell 命令	功　能
start-all.sh	启动 Spark 集群。**注意**：该命令在 Spark 主节点机器上执行，且命令执行的前提条件是主节点到本身和其他从节点 ssh 时皆无需密钥
stop-all.sh	关闭 Spark 集群
start-master.sh	在 Spark 主节点机器上执行，启动 Master 进程
start-slave.sh	在 Spark 所有从节点机器上执行，启动 Worker 进程
stop-master.sh	在 Spark 主节点机器上执行，关闭 Master 进程
stop-slave.sh	在 Spark 所有从节点机器上执行，关闭 Worker 进程

2) 任务管理

任务管理的命令主要在"bin"目录下，可以通过此类命令向 Spark 集群提交、管理 Spark-App，"bin"目录下的所有任务管理命令如图 7-19 所示，其中，cmd 后缀的文件为 Windows 平台脚本。

```
[xuluhui@master ~]$ ls /usr/local/spark-2.3.3-bin-hadoop2.7/bin
beeline              pyspark            spark-class.cmd     spark-sql
beeline.cmd          pyspark2.cmd       sparkR              spark-sql2.cmd
docker-image-tool.sh pyspark.cmd        sparkR2.cmd         spark-sql.cmd
find-spark-home      run-example        sparkR.cmd          spark-submit
find-spark-home.cmd  run-example.cmd    spark-shell         spark-submit2.cmd
load-spark-env.cmd   spark-class        spark-shell2.cmd    spark-submit.cmd
load-spark-env.sh    spark-class2.cmd   spark-shell.cmd
[xuluhui@master ~]$
```

图 7-19 Spark Shell 任务管理命令

在此，编者也仅选择几个任务管理 Shell 命令进行功能说明，具体如表 7-4 所示。

表 7-4　Spark Shell 任务管理命令功能说明(部分)

任务管理 Shell 命令	功　　能
spark-submit	向 Spark 集群提交 Spark-App
pyspark	以交互式方式编写并执行 Spark-App，且书写语法为 Python
sparkR	以交互式方式编写并执行 Spark-App，且书写语法为 R
spark-shell	以交互式方式编写并执行 Spark-App，且书写语法为 Scala
spark-sql	以交互式方式编写并执行 Spark SQL，且书写语法为类 SQL
run-example	运行 Spark 示例程序。实际上，该脚本内部调用了 spark-submit，读者不必掌握该命令

关于 Spark Shell 任务管理命令的具体用法编者仅列出"spark-submit"，如图 7-20 所示，由于输入太多，编者并未截取完整图片，其余命令自行查看官方帮助。

```
[xuluhui@master spark-2.3.3-bin-hadoop2.7]$ bin/spark-submit --help
Usage: spark-submit [options] <app jar | python file | R file> [app arguments]
Usage: spark-submit --kill [submission ID] --master [spark://...]
Usage: spark-submit --status [submission ID] --master [spark://...]
Usage: spark-submit run-example [options] example-class [example args]

Options:
  --master MASTER_URL         spark://host:port, mesos://host:port, yarn,
                              k8s://https://host:port, or local (Default: local[*]).
  --deploy-mode DEPLOY_MODE   Whether to launch the driver program locally ("client") or
                              on one of the worker machines inside the cluster ("cluster")
                              (Default: client).
  --class CLASS_NAME          Your application's main class (for Java / Scala apps).
  --name NAME                 A name of your application.
  --jars JARS                 Comma-separated list of jars to include on the driver
                              and executor classpaths.
  --packages                  Comma-separated list of maven coordinates of jars to include
                              on the driver and executor classpaths. Will search the local
                              maven repo, then maven central and any additional remote
                              repositories given by --repositories. The format for the
                              coordinates should be groupId:artifactId:version.
  --exclude-packages          Comma-separated list of groupId:artifactId, to exclude while
                              resolving the dependencies provided in --packages to avoid
                              dependency conflicts.
  --repositories              Comma-separated list of additional remote repositories to
                              search for the maven coordinates given with --packages.
  --py-files PY_FILES         Comma-separated list of .zip, .egg, or .py files to place
                              on the PYTHONPATH for Python apps.
  --files FILES               Comma-separated list of files to be placed in the working
                              directory of each executor. File paths of these files
                              in executors can be accessed via SparkFiles.get(fileName).

  --conf PROP=VALUE           Arbitrary Spark configuration property.
  --properties-file FILE      Path to a file from which to load extra properties. If not
                              specified, this will look for conf/spark-defaults.conf.

  --driver-memory MEM         Memory for driver (e.g. 1000M, 2G) (Default: 1024M).
  --driver-java-options       Extra Java options to pass to the driver.
  --driver-library-path       Extra library path entries to pass to the driver.
```

图 7-20　spark-submit 命令用法(部分)

Spark 程序由谁来调度执行，是由 Spark 程序提交时决定的。上述"spark-submit"命令中，参数 --master 决定了调度方式。如果该参数的值以 spark://开头，则使用 Spark 自己的 Master 节点来调度；如果其值是 yarn，则使用 YARN 来调度。参数 --master 的具体取值如下所示：

> --master MASTER_URL　　　　　　spark://host:port, mesos://host:port, yarn,
> 　　　　　　　　　　　　　　　　k8s://https://host:port, or local (Default: local[*]).

3. Spark API

Spark API 面向 Java、Scala、Python、R、SQL 工程师和分析师，程序员可以通过该接口编写 Spark-App 用户层代码 ApplicationBusinessLogic。

具体的 API 接口请参考官方文档，各网址如表 7-5 所示。

表 7-5　Spark API 官方参考网址

API Docs	网　　　　址
Spark Scala API (Scaladoc)	https://spark.apache.org/docs/latest/api/scala/index.html#org.apache.spark.package
Spark Java API (Javadoc)	https://spark.apache.org/docs/latest/api/java/index.html
Spark Python API (Sphinx)	https://spark.apache.org/docs/latest/api/python/index.html
Spark R API (Roxygen2)	https://spark.apache.org/docs/latest/api/R/index.html
Spark SQL, Built-in Functions (MkDocs)	https://spark.apache.org/docs/latest/api/sql/index.html

4. Spark SQL

由于篇幅所限，关于 Spark SQL 的更多信息，读者可参考官网 https://spark.apache.org/docs/latest/sql-programming-guide.html。

5. Spark Streaming

由于篇幅所限，关于 Spark Streaming 的更多信息，读者可参考官网 https://spark.apache.org/docs/latest/streaming-programming-guide.html。

6. Spark MLlib

由于篇幅所限，关于 Spark MLlib 的更多信息，读者可参考官网 https://spark.apache.org/docs/latest/ml-guide.html。

7. Spark GraphX

由于篇幅所限，关于 Spark GraphX 的更多信息，读者可参考官网 https://spark.apache.org/docs/latest/graphx-programming-guide.html。

7.3　实　验　步　骤

7.3.1　规划 Spark-Standalone 集群

1. Spark 集群架构规划

本实验拟选用手工方式部署 Standalone 资源管理模式下的 Spark 集群。关于第三方集群资源管理器如 YARN、Mesos、Kubernetes 下的 Spark 集群部署，读者可参考其他资料自行实践，本书不做叙述。

受实验所用硬件资源限制，本实验的 Spark 集群欲使用 3 台安装有 Linux 操作系统的虚拟机器，机器名分别为 master、slave1、slave2，其中 master 机器充当主节点，部署主服务 Master 进程；slave1 和 slave2 机器充当从节点，部署从服务 Worker 进程。受实验节点数量限制，本书同时将 master 机器作为向集群提交 Spark-App 的客户端使用。另外，本实验的 Spark 集群拟直接使用 HDFS 作为分布式底层存储系统，所以也需要搭建好 Hadoop 集群，并启动 HDFS 相关进程。具体部署规划如表 7-6 所示。

表 7-6　Spark-Standalone 集群部署规划表

主机名	IP 地址	运行服务	软硬件配置
master	192.168.18.130	Master(Spark 主进程) NameNode(HDFS 主进程) SecondaryNameNode(与 NameNode 协同工作)	内存：4 GB　　CPU：1 个 2 核 硬盘：40 GB　　操作系统：CentOS 7.6.1810 Java：Oracle JDK 8u191 Hadoop：Hadoop 2.9.2 Spark：Spark 2.3.3 Eclipse：Eclipse IDE 2018-09 for Java Developers
slave1	192.168.18.131	Worker(Spark 从进程) DataNode(HDFS 从进程)	内存：1 GB　　CPU：1 个 1 核 硬盘：20 GB　　操作系统：CentOS 7.6.1810 Java：Oracle JDK 8u191 Hadoop：Hadoop 2.9.2 Spark：Spark 2.3.3
slave2	192.168.18.132	Worker(Spark 从进程) DataNode(HDFS 从进程)	内存：1 GB　　CPU：1 个 1 核 硬盘：20 GB　　操作系统：CentOS 7.6.1810 Java：Oracle JDK 8u191 Hadoop：Hadoop 2.9.2 Spark：Spark 2.3.3

2. 软件选择

本实验中所使用的各种软件的名称、版本、发布日期及下载地址如表 7-7 所示。

表 7-7　本书使用软件的名称、版本、发布日期及下载地址

软件名称	软件版本	发布日期	下载地址
VMware Workstation Pro	VMware Workstation 14.5.7 Pro for Windows	2017 年 6 月 22 日	https://www.vmware.com/products/workstation-pro.html
CentOS	CentOS 7.6.1810	2018 年 11 月 26 日	https://www.centos.org/download/
Java	Oracle JDK 8u191	2018 年 10 月 16 日	https://www.oracle.com/technetwork/java/javase/downloads/index.html
Hadoop	Hadoop 2.9.2	2018 年 11 月 19 日	https://hadoop.apache.org/releases.html
Spark	Spark 2.3.3	2019 年 2 月 15 日	https://spark.apache.org/downloads.html
Eclipse	Eclipse IDE 2018-09 for Java Developers	2018 年 9 月	https://www.eclipse.org/downloads/packages/

注意：本书采用的 Spark 版本是 2.3.3，三个节点的机器名分别为 master、slave1、slave2，IP 地址依次为 192.168.18.130、192.168.18.131、192.168.18.132，后续内容均在表 7-6 的规划基础上完成，请读者务必确认自己的 Spark 版本、机器名等信息。

7.3.2　手工部署 Spark-Standalone 集群

本书采用的 Spark 版本是 2.3.3，因此本章的讲解都是针对这个版本进行的。尽管如此，由于 Spark 各个版本在部署和运行方式上的变化不大，因此本章的大部分内容也适用于 Spark 其他版本。

1．初始软硬件环境准备

(1) 准备三台机器，安装操作系统，本书使用 CentOS Linux 7。

(2) 对集群内每一台机器配置静态 IP、修改机器名、添加集群级别域名映射、关闭防火墙。

(3) 对集群内每一台机器安装和配置 Java，要求为 Java 8 或更高版本，本书使用 Oracle JDK 8u191。

(4) 安装和配置 Linux 集群中各节点间的 SSH 免密登录。

(5) 在 Linux 集群上部署全分布模式 Hadoop 集群(可选，若 Spark 底层存储采用 HDFS，或资源管理器采用 YARN，则需要部署 Hadoop 集群)。

以上步骤已在本书实验 1 中详细介绍，具体操作过程请读者参见实验 1，此处不再赘述。

2．获取 Spark

Spark 官方下载地址为 https://spark.apache.org/downloads.html，建议读者到官网下载最新的稳定版，本书采用 2019 年 2 月 15 日发布的稳定版 Spark 2.3.3，安装包名称为"spark-2.3.3-bin-hadoop2.7.tgz"，可存放在 master 机器的/home/xuluhui/Downloads 中。

3．在主节点上安装 Spark 并设置属主

在 master 机器上，切换到 root，解压 spark-2.3.3-bin-hadoop2.7.tgz 到安装目录 /usr/local 下，依次使用的命令如下所示：

```
su root
cd /usr/local
tar -zxvf /home/xuluhui/Downloads/spark-2.3.3-bin-hadoop2.7.tgz
```

使用命令及运行效果如图 7-21 所示。

```
[xuluhui@master ~]$ su root
Password:
[root@master xuluhui]# cd /usr/local
[root@master local]# tar -zxvf /home/xuluhui/Downloads/spark-2.3.3-bin-hadoop2.7
.tgz
spark-2.3.3-bin-hadoop2.7/
spark-2.3.3-bin-hadoop2.7/bin/
spark-2.3.3-bin-hadoop2.7/bin/beeline
spark-2.3.3-bin-hadoop2.7/bin/beeline.cmd
spark-2.3.3-bin-hadoop2.7/bin/docker-image-tool.sh
spark-2.3.3-bin-hadoop2.7/bin/find-spark-home
spark-2.3.3-bin-hadoop2.7/bin/find-spark-home.cmd
spark-2.3.3-bin-hadoop2.7/bin/load-spark-env.cmd
spark-2.3.3-bin-hadoop2.7/bin/load-spark-env.sh
spark-2.3.3-bin-hadoop2.7/bin/pyspark
spark-2.3.3-bin-hadoop2.7/bin/pyspark.cmd
```

图 7-21　安装 Spark-2.3.3-bin-hadoop2.7.tgz

为了在普通用户下使用 Spark 集群，可将 Spark 安装目录的属主设置为 Linux 普通用户 xuluhui，使用以下命令完成：

```
chown -R xuluhui /usr/local/spark-2.3.3-bin-hadoop2.7
```

4. 在主节点上配置 Spark

Spark 配置文件数量不多，都存放在 Spark 安装目录/conf 下，具体的配置文件如前面图 7-16 所示。本实验中仅修改 slaves 和 spark-env.sh 两个配置文件。

假设当前目录为"/usr/local/spark-2.3.3-bin-hadoop2.7/conf"，切换到普通用户 xuluhui 下，在主节点 master 上配置 Spark 的具体过程如下所述：

1) 配置 slaves

配置文件 slaves 用于指定 Spark 集群的从节点。

(1) 使用命令"cp slaves.template slaves"复制模板配置文件 slaves.template 并命名为"slaves"。

(2) 使用命令"vim slaves"编辑配置文件 slaves，将其中的"localhost"替换为如下内容：

```
slave1

slave2
```

效果如图 7-22 所示。

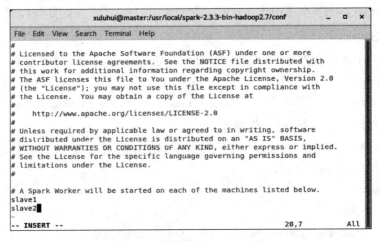

图 7-22　配置文件 slaves 内容

上述内容表示当前的 Spark 集群共有两个从节点，这两个从节点的机器名分别为 slave1、slave2。Spark 配置文件中无需指定主节点是哪台机器，这是因为 Spark 默认为执行命令"start-all.sh"的那台机器就是主节点。

2) 配置 spark-env.sh

环境配置文件 spark-env.sh 用于指定 Spark 运行时的各种参数，主要包括 Java 安装路径 JAVA_HOME、Spark 安装路径 SPARK_HOME 等，另外，Spark 集群若要存取 HDFS 文件，必须设置 Spark 使用 HDFS，需要配置 Hadoop 集群的配置文件位置 HADOOP_CONF_DIR。

(1) 使用命令"cp spark-env.sh.template spark-env.sh"复制模板配置文件 spark-env.sh.template 并命名为"spark-env.sh"。

(2) 使用命令"vim spark-env.sh"编辑配置文件 spark-env.sh，将以下内容追加到文件最后。

```
export JAVA_HOME=/usr/java/jdk1.8.0_191
export SPARK_HOME=/usr/local/spark-2.3.3-bin-hadoop2.7
export SPARK_PID_DIR=${SPARK_HOME}/pids
export HADOOP_CONF_DIR=/usr/local/hadoop-2.9.2/etc/hadoop
```

其中，参数 HADOOP_CONF_DIR 非必需，只有 Spark 集群存取 HDFS 文件时才需要配置。由于本实验的下文需要读取 HDFS 上的文件进行单词计数，因此此处配置了该参数。

参数 SPARK_PID_DIR 用于指定 Spark 守护进程号的保存位置，默认为"/tmp"。由于该文件夹用以存放临时文件，系统定时会自动清理，因此本实验将"SPARK_PID_DIR"设置为 Spark 安装目录下的目录 pids，其中目录 pids 会随着 Spark 守护进程的启动而由系统自动创建，无需用户手工创建。若使用/tmp 作为 Spark 守护进程号的保存位置，则需要将此目录的写权限赋予普通用户 xuluhui，否则在启动 Spark 集群时会出现问题，如图 7-23 所示。

```
[xuluhui@master ~]$ /usr/local/spark-2.3.3-bin-hadoop2.7/sbin/start-all.sh
starting org.apache.spark.deploy.master.Master, logging to /usr/local/spark-2.3.
3-bin-hadoop2.7/logs/spark-xuluhui-org.apache.spark.deploy.master.Master-1-maste
r.out
/usr/local/spark-2.3.3-bin-hadoop2.7/sbin/spark-daemon.sh: line 131: /tmp/spark-
xuluhui-org.apache.spark.deploy.master.Master-1.pid: Permission denied
slave1: starting org.apache.spark.deploy.worker.Worker, logging to /usr/local/sp
ark-2.3.3-bin-hadoop2.7/logs/spark-xuluhui-org.apache.spark.deploy.worker.Worker
-1-slave1.out
slave2: starting org.apache.spark.deploy.worker.Worker, logging to /usr/local/sp
ark-2.3.3-bin-hadoop2.7/logs/spark-xuluhui-org.apache.spark.deploy.worker.Worker
-1-slave2.out
[xuluhui@master ~]$ █
```

图 7-23   普通用户对于 Spark 守护进程号默认保存位置/tmp 无写权限

修改后的配置文件 spark-env.sh 内容如图 7-24 所示。

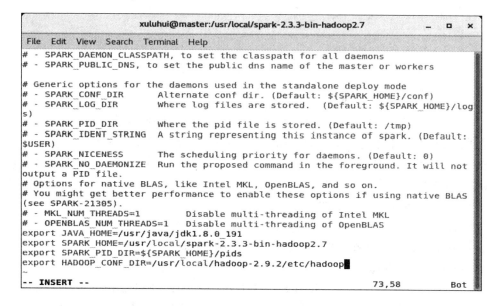

```
xuluhui@master:/usr/local/spark-2.3.3-bin-hadoop2.7                    _  □  ×
File  Edit  View  Search  Terminal  Help
# - SPARK_DAEMON_CLASSPATH, to set the classpath for all daemons
# - SPARK_PUBLIC_DNS, to set the public dns name of the master or workers

# Generic options for the daemons used in the standalone deploy mode
# - SPARK_CONF_DIR       Alternate conf dir. (Default: ${SPARK_HOME}/conf)
# - SPARK_LOG_DIR        Where log files are stored.  (Default: ${SPARK_HOME}/log
s)
# - SPARK_PID_DIR        Where the pid file is stored. (Default: /tmp)
# - SPARK_IDENT_STRING   A string representing this instance of spark. (Default:
$USER)
# - SPARK_NICENESS       The scheduling priority for daemons. (Default: 0)
# - SPARK_NO_DAEMONIZE   Run the proposed command in the foreground. It will not
output a PID file.
# Options for native BLAS, like Intel MKL, OpenBLAS, and so on.
# You might get better performance to enable these options if using native BLAS
(see SPARK-21305).
# - MKL_NUM_THREADS=1      Disable multi-threading of Intel MKL
# - OPENBLAS_NUM_THREADS=1    Disable multi-threading of OpenBLAS
export JAVA_HOME=/usr/java/jdk1.8.0_191
export SPARK_HOME=/usr/local/spark-2.3.3-bin-hadoop2.7
export SPARK_PID_DIR=${SPARK_HOME}/pids
export HADOOP_CONF_DIR=/usr/local/hadoop-2.9.2/etc/hadoop█

-- INSERT --                                              73,58          Bot
```

图 7-24   配置文件 spark-env.sh 内容

5. 同步 Spark 文件至所有从节点并设置属主

首先切换到 root 下，使用 scp 命令将 master 机器中配置好的目录"spark-2.3.3-bin-hadoop2.7"及下属子目录和文件全部拷贝至所有从节点 slave1 和 slave2 上，依次使用的命令如下所示：

    scp -r /usr/local/spark-2.3.3-bin-hadoop2.7 root@slave1:/usr/local/spark-2.3.3-bin-hadoop2.7

    scp -r /usr/local/spark-2.3.3-bin-hadoop2.7 root@slave2:/usr/local/spark-2.3.3-bin-hadoop2.7

以 slave1 为例，使用命令及运行效果如图 7-25 所示。

```
[root@master conf]# scp -r /usr/local/spark-2.3.3-bin-hadoop2.7 root@slave1:/usr
/local/spark-2.3.3-bin-hadoop2.7
root@slave1's password:
beeline                                 100% 1089       1.2MB/s    00:00
beeline.cmd                             100% 1064       1.2MB/s    00:00
docker-image-tool.sh                    100% 3844       4.3MB/s    00:00
find-spark-home                         100% 1933       2.5MB/s    00:00
find-spark-home.cmd                     100% 2681       3.5MB/s    00:00
load-spark-env.cmd                      100% 1892       2.6MB/s    00:00
load-spark-env.sh                       100% 2025       2.9MB/s    00:00
pyspark                                 100% 2987       4.7MB/s    00:00
pyspark.cmd                             100% 1170       1.1MB/s    00:00
pyspark2.cmd                            100% 1540     773.9KB/s    00:00
run-example                             100% 1030       1.6MB/s    00:00
run-example.cmd                         100% 1223       1.7MB/s    00:00
spark-class                             100% 3196       4.3MB/s    00:00
```

图 7-25　同步 Spark 目录至 slave1

然后，依次将所有从节点 slave1、slave2 上的 Spark 安装目录的属主也设置为 Linux 普通用户 xuluhui，使用以下命令完成：

    chown -R xuluhui /usr/local/spark-2.3.3-bin-hadoop2.7

读者可以使用 ssh 命令直接在 master 节点上远程连接从节点，以修改 Spark 安装目录的属主。以 slave1 为例，依次使用的命令及效果如图 7-26 所示。

```
[xuluhui@master conf]$ ssh slave1
Last login: Thu Oct  3 02:39:00 2019
[xuluhui@slave1 ~]$ su root
Password:
[root@slave1 xuluhui]# chown -R xuluhui /usr/local/spark-2.3.3-bin-hadoop2.7
[root@slave1 xuluhui]# exit
exit
[xuluhui@slave1 ~]$ exit
logout
Connection to slave1 closed.
[xuluhui@master conf]$
```

图 7-26　通过 ssh 直接在 master 节点上修改 slave1 上 Spark 安装目录属主

至此，Linux 集群中各个节点的 Spark 均已安装和配置完毕。

另外，为了方便使用 Spark 的各种命令，而无需切换到$SPARK_HOME/bin 和 $SPARK_HOME/sbin 目录下，可以使用"vim /etc/profile.d/spark.sh"命令在/etc/profile.d 文件夹下新建文件 spark.sh。添加如下内容：

    export SPARK_HOME=/usr/local/spark-2.3.3-bin-hadoop2.7

    export PATH=$SPARK_HOME/bin: $SPARK_HOME/sbin:$PATH

重启机器，使之生效。

需要注意的是，本书并未将$SPARK_HOME/bin 和$SPARK_HOME/sbin 加入到系统环境变量 PATH 中，这是因为实验 1 时已将$HADOOP_HOME/bin 和$HADOOP_HOME/sbin 加入到 PATH 中。$SPARK_HOME/sbin 下的命令"start-all.sh"和"stop-all.sh"与 $HADOOP_HOME/sbin 下的命令相同，会造成机器混淆，读者必须注意这一点。

7.3.3 启动 Spark-Standalone 集群

在 master 机器上使用命令"start-all.sh"启动集群，具体效果如图 7-27 所示。

```
[xuluhui@master ~]$ /usr/local/spark-2.3.3-bin-hadoop2.7/sbin/start-all.sh
starting org.apache.spark.deploy.master.Master, logging to /usr/local/spark-2.3.
3-bin-hadoop2.7/logs/spark-xuluhui-org.apache.spark.deploy.master.Master-1-maste
r.out
slave1: starting org.apache.spark.deploy.worker.Worker, logging to /usr/local/sp
ark-2.3.3-bin-hadoop2.7/logs/spark-xuluhui-org.apache.spark.deploy.worker.Worker
-1-slave1.out
slave2: starting org.apache.spark.deploy.worker.Worker, logging to /usr/local/sp
ark-2.3.3-bin-hadoop2.7/logs/spark-xuluhui-org.apache.spark.deploy.worker.Worker
-1-slave2.out
[xuluhui@master ~]$ █
```

图 7-27 命令"start-all.sh"启动 Spark-Standalone 集群的过程

应当注意的是，此命令只能在 master 机器上执行，不可以在其他 slave 机器和客户端机器上执行，脚本默认本机即为 Spark 主节点。

7.3.4 验证 Spark-Standalone 集群

启动 Spark 集群后，可通过以下三种方法验证 Spark 集群是否成功部署。

1. 验证进程(方法 1)

在 Spark 集群启动后，若集群部署成功，通过 jps 命令在 master 机器上可以看到 Spark 主进程 Master，在 slave1、slave2 机器上可以看到 Spark 从进程 Worker，具体效果如图 7-28 所示。

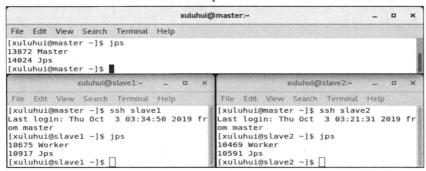

图 7-28 验证 Spark 进程

2. 验证 Spark Web UI(方法 2)

在 Spark 集群启动后，若集群部署成功，可以通过浏览器输入地址 http://MasterIP:8080 即可看到 Spark Web UI，效果如前面图 7-17 所示。

3. 验证提交 Spark-App(方法 3)

在 Spark 集群启动后，若集群部署成功，还可以通过 Spark Shell 命令"spark-submit"向 Spark 集群提交 Spark-App，例如经典实例计算圆周率 Pi。关于 Spark-App 的提交、运行和查看结果的详细过程可参见下面 7.3.5 小节。

7.3.5 使用 Spark Web UI、Spark Shell 和 Spark API

【案例 7-1】 以 Spark 经典实例计算圆周率 SparkPi 为例，使用命令"spark-submit"

向 Spark 集群提交该 Spark-App，并通过终端窗口和 Spark Web UI 观察运行过程。

分析如下：

1) 查看 SparkPi 的 class 文件的位置

Spark 经典实例计算圆周率 SparkPi 的 class 文件是 org.apache.spark.examples.SparkPi，位于/usr/local/spark-2.3.3-bin-hadoop2.7/examples/jars/spark-examples_2.11-2.3.0.jar 中，如图 7-29 所示。

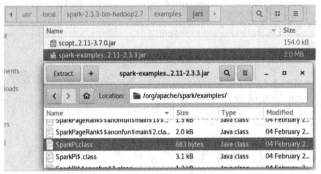

图 7-29　Spark 经典实例计算圆周率 SparkPi 的 class 文件位置

2) 提交 SparkPi 到 Spark 集群运行

提交 SparkPi 到 Spark 集群上运行，使用如下 Spark Shell 命令：

[xuluhui@master spark-2.3.3-bin-hadoop2.7]$ bin/spark-submit --master spark://master:7077 --class org.apache.spark.examples.SparkPi examples/jars/spark-examples_2.11-2.3.3.jar

SparkPi 执行过程如图 7-30 所示。

```
[xuluhui@master spark-2.3.3-bin-hadoop2.7]$ bin/spark-submit --master spark://ma
ster:7077 --class org.apache.spark.examples.SparkPi examples/jars/spark-examples
_2.11-2.3.3.jar
2019-10-03 04:05:25 WARN  NativeCodeLoader:62 - Unable to load native-hadoop lib
rary for your platform... using builtin-java classes where applicable
2019-10-03 04:05:25 INFO  SparkContext:54 - Running Spark version 2.3.3
2019-10-03 04:05:25 INFO  SparkContext:54 - Submitted application: Spark Pi
2019-10-03 04:05:25 INFO  SecurityManager:54 - Changing view acls to: xuluhui
2019-10-03 04:05:25 INFO  SecurityManager:54 - Changing modify acls to: xuluhui
2019-10-03 04:05:25 INFO  SecurityManager:54 - Changing view acls groups to:
2019-10-03 04:05:25 INFO  SecurityManager:54 - Changing modify acls groups to:
2019-10-03 04:05:25 INFO  SecurityManager:54 - SecurityManager: authentication d
isabled; ui acls disabled; users  with view permissions: Set(xuluhui); groups wi
th view permissions: Set(); users  with modify permissions: Set(xuluhui); groups
 with modify permissions: Set()
2019-10-03 04:05:25 INFO  Utils:54 - Successfully started service 'sparkDriver'
on port 40582.
2019-10-03 04:05:25 INFO  SparkEnv:54 - Registering MapOutputTracker
2019-10-03 04:05:25 INFO  SparkEnv:54 - Registering BlockManagerMaster
2019-10-03 04:05:25 INFO  BlockManagerMasterEndpoint:54 - Using org.apache.spark
.storage.DefaultTopologyMapper for getting topology information
2019-10-03 04:05:25 INFO  BlockManagerMasterEndpoint:54 - BlockManagerMasterEndp
oint up
2019-10-03 04:05:25 INFO  DiskBlockManager:54 - Created local directory at /tmp/
blockmgr-b6c2e4ff-39cc-4b0d-b869-3e57dafde76c
2019-10-03 04:05:25 INFO  MemoryStore:54 - MemoryStore started with capacity 366
.3 MB
2019-10-03 04:05:25 INFO  SparkEnv:54 - Registering OutputCommitCoordinator
2019-10-03 04:05:25 INFO  log:192 - Logging initialized @1801ms
2019-10-03 04:05:25 INFO  Server:351 - jetty-9.3.z-SNAPSHOT, build timestamp: un
known, git hash: unknown
2019-10-03 04:05:25 INFO  Server:419 - Started @1903ms
2019-10-03 04:05:25 INFO  AbstractConnector:278 - Started ServerConnector@677dbd
89{HTTP/1.1,[http/1.1]}{0.0.0.0:4040}
2019-10-03 04:05:25 INFO  Utils:54 - Successfully started service 'SparkUI' on p
ort 4040.
```

图 7-30　SparkPi 执行过程

3）通过 Spark Web UI 查看 SparkPi 运行过程

SparkPi 执行过程中或执行完毕后可通过 Spark Web UI 查看，图 7-31 为 SparkPi 执行完毕后的效果图。从图 7-31 中可以看出，Spark 应用程序 app-20191003040526-0000 已处于"FINISHED"状态。SparkPi 执行时所用到的 Executor 如图 7-32 所示。

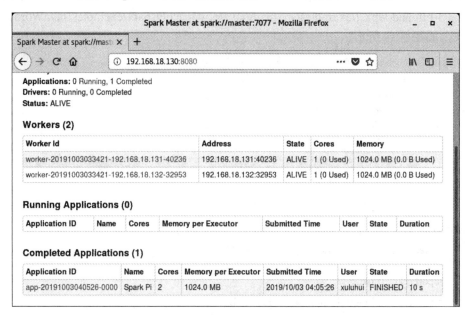

图 7-31　SparkPi 执行完毕后的 Spark Web UI 效果

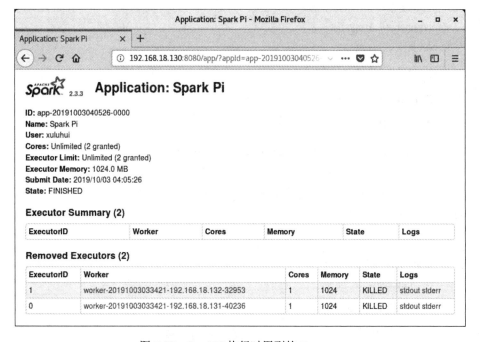

图 7-32　SparkPi 执行时用到的 Executor

【案例 7-2】　查看 Spark 自带的单词计数的 Spark-App 源代码，在 Spark 集群上运行和查看运行结果，并通过终端窗口和 Spark Web UI 观察运行过程。

分析如下：

1）查看单词计数的 Spark-App 源代码

Spark 自带的单词计数示例程序有很多语言版本，其中 Java 源代码位于“/usr/local/spark-2.3.3-bin-hadoop2.7/examples/src/main/java/org/apache/spark/examples/JavaWordCount.java”下，如图 7-33 所示。

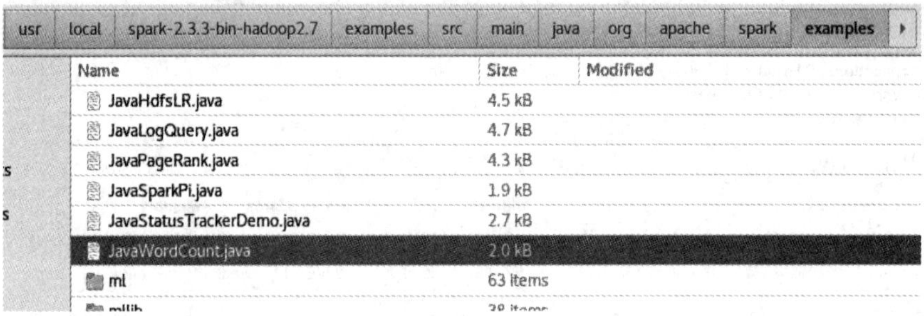

图 7-33　Java 版单词计数 Spark-App 源代码的文件位置

Java 版本的单词计数 Spark-App 完整源代码如下所示：

```java
package org.apache.spark.examples;

import scala.Tuple2;
import org.apache.spark.api.java.JavaPairRDD;
import org.apache.spark.api.java.JavaRDD;
import org.apache.spark.sql.SparkSession;
import java.util.Arrays;
import java.util.List;
import java.util.regex.Pattern;

public final class JavaWordCount {
    private static final Pattern SPACE = Pattern.compile(" ");

    public static void main(String[] args) throws Exception {
        if (args.length < 1) {
            System.err.println("Usage: JavaWordCount <file>");
            System.exit(1);
        }

        SparkSession spark = SparkSession
            .builder()
            .appName("JavaWordCount")
            .getOrCreate();

        JavaRDD<String> lines = spark.read().textFile(args[0]).javaRDD();
        JavaRDD<String> words = lines.flatMap(s -> Arrays.asList(SPACE.split(s)).iterator());
```

```
JavaPairRDD<String, Integer> ones = words.mapToPair(s -> new Tuple2<>(s, 1));
JavaPairRDD<String, Integer> counts = ones.reduceByKey((i1, i2) -> i1 + i2);

List<Tuple2<String, Integer>> output = counts.collect();
for (Tuple2<?,?> tuple : output) {
    System.out.println(tuple._1() + ": " + tuple._2());
}
spark.stop();
}
```

Python 版本的单词计数 Spark-App 源代码位于 "/usr/local/spark-2.3.3-bin-hadoop2.7/examples/src/main/python/wordcount.py" 下，其完整源代码如下所示：

```
from __future__ import print_function

import sys
from operator import add
from pyspark.sql import SparkSession

if __name__ == "__main__":
    if len(sys.argv) != 2:
        print("Usage: wordcount <file>", file=sys.stderr)
        exit(-1)

    spark = SparkSession\
        .builder\
        .appName("PythonWordCount")\
        .getOrCreate()

    lines = spark.read.text(sys.argv[1]).rdd.map(lambda r: r[0])
    counts = lines.flatMap(lambda x: x.split(' ')) \
            .map(lambda x: (x, 1)) \
            .reduceByKey(add)
    output = counts.collect()
    for (word, count) in output:
        print("%s: %i" % (word, count))

    spark.stop()
```

2) 向 Spark 集群提交运行 Spark-App 单词计数

本书仅以 Java 版本为例，向 Spark 提交 JavaWordCount，假定该程序统计 HDFS 上目录/InputDataTest 下三个文件的单词频次，目录在 HDFS 中的完整路径为 "hdfs://master/InputData"，应注意提交前需确保 Hadoop 集群已启动。使用 Spark Shell 命令如下所示：

```
[xuluhui@master spark-2.3.3-bin-hadoop2.7]$ bin/spark-submit --master spark://master:7077 --class
org.apache.spark.examples.JavaWordCount examples/jars/spark-examples_2.11-2.3.3.jar /InputDataTest
```

JavaWordCount 的执行过程如图 7-34 所示。

```
[xuluhui@master spark-2.3.3-bin-hadoop2.7]$ bin/spark-submit --master spark://ma
ster:7077 --class org.apache.spark.examples.JavaWordCount examples/jars/spark-ex
amples_2.11-2.3.3.jar /InputDataTest
2019-10-03 04:27:02 WARN  NativeCodeLoader:62 - Unable to load native-hadoop lib
rary for your platform... using builtin-java classes where applicable
2019-10-03 04:27:02 INFO  SparkContext:54 - Running Spark version 2.3.3
2019-10-03 04:27:02 INFO  SparkContext:54 - Submitted application: JavaWordCount
2019-10-03 04:27:02 INFO  SecurityManager:54 - Changing view acls to: xuluhui
2019-10-03 04:27:02 INFO  SecurityManager:54 - Changing modify acls to: xuluhui
2019-10-03 04:27:02 INFO  SecurityManager:54 - Changing view acls groups to:
2019-10-03 04:27:02 INFO  SecurityManager:54 - Changing modify acls groups to:
2019-10-03 04:27:02 INFO  SecurityManager:54 - SecurityManager: authentication d
isabled; ui acls disabled; users  with view permissions: Set(xuluhui); groups wi
th view permissions: Set(); users  with modify permissions: Set(xuluhui); groups
 with modify permissions: Set()
2019-10-03 04:27:02 INFO  Utils:54 - Successfully started service 'sparkDriver'
on port 42838.
2019-10-03 04:27:02 INFO  SparkEnv:54 - Registering MapOutputTracker
2019-10-03 04:27:02 INFO  SparkEnv:54 - Registering BlockManagerMaster
```

图 7-34　JavaWordCount 的执行过程

3) 通过控制台查看 JavaWordCount 的运行结果

JavaWordCount 的执行结果会直接输出到控制台上，如图 7-35 所示。

```
unt.java:53) finished in 1.020 s
2019-10-03 04:27:24 INFO  DAGScheduler:54 - Job 0 finished: collect at JavaWordC
ount.java:53, took 10.664388 s
!=: 3
Unless: 3
under: 12
priority: 1
HADOOP_PORTMAP_OPTS="-Xmx512m: 1
policy: 1
handled: 1
#echo: 1
express: 3
NOTE:: 1
HADOOP_LOG_DIR=/var/log/hadoop/hdfs: 1
"Error:: 1
IFS: 1
This: 5
export: 32
Jsvc: 2
setting: 4
HADOOP_MAPRED_LOG_DIR=/var/log/hadoop/mapred: 1
IS": 3
any: 5
implementation: 2
ANY: 3
&: 1
amount: 1
Resource: 1
file: 11
HADOOP_JHS_LOGGER=INFO,RFA: 1
ports : 2
```

图 7-35　JavaWordCount 单词频次的统计结果(部分)

4) 通过 Spark Web UI 查看 JavaWordCount 的运行过程

JavaWordCount 执行过程中或执行完毕后可通过 Spark Web UI 查看，图 7-36 为 JavaWordCount 执行过程中的效果图。从图 7-36 中可以看出，Spark 应用程序 app-20191003042704-0003 正处于“RUNNING”状态。该 Spark-App 执行时所用到的 Executor 如图 7-37 所示。

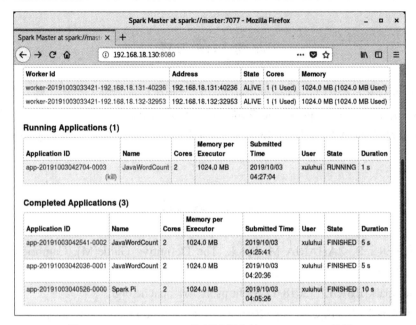

图 7-26　JavaWordCount 执行过程中的 Spark Web UI 效果

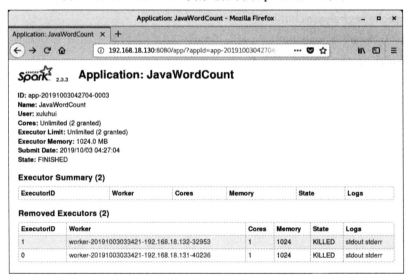

图 7-37　JavaWordCount 执行时用到的 Executor

7.3.6　关闭 Spark-Standalone 集群

和 start 命令类似，用户可以使用 "stop-all.sh" 命令关闭整个 Spark 集群。关闭 Spark 集群的具体效果如图 7-38 所示。

```
[xuluhui@master spark-2.3.3-bin-hadoop2.7]$ sbin/stop-all.sh
slave2: stopping org.apache.spark.deploy.worker.Worker
slave1: stopping org.apache.spark.deploy.worker.Worker
stopping org.apache.spark.deploy.master.Master
[xuluhui@master spark-2.3.3-bin-hadoop2.7]$ █
```

图 7-38　命令 "stop-all.sh" 关闭 Spark 集群的过程

思考与练习题

1. 模仿 Spark 自带的 JavaWordCount 源代码，使用 Java 自编一个用于统计单词频次的 Spark-App，并提交 Spark-Standalone 集群运行，查看结果。

2. 使用 Hadoop YARN 作为 Spark 的集群资源管理器，尝试手工部署 Spark-YARN 集群。

参 考 文 献

[1] CHAMBERS B, ZAHARIA M. Spark: The Definitive Guide[M]. Cambridge: O'Reilly Media, 2018.

[2] Apache Spark[EB/OL]. [2018-12-8]. https://spark.apache.org/.

[3] GitHub-Apache Spark[EB/OL]. [2019-8-18]. https://github.com/apache/spark.

[4] Apache Software Foundation. Apache Spark Download[EB/OL]. [2017-7-28]. https://spark.apache.org/releases.html.

[5] Apache Software Foundation. Apache Spark 2.3.3 官方参考指南[EB/OL]. [2019-1-8]. https://spark.apache.org/docs/2.3.3/.

实验 8　实战 Sqoop

本实验的知识结构图如图 8-1 所示(★表示重点，▶表示难点)。

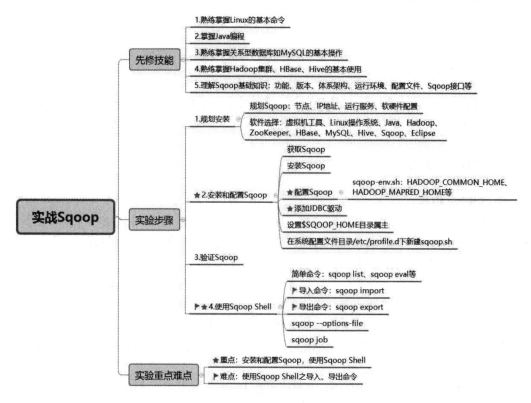

图 8-1　实战 Sqoop 的知识结构图

8.1　实验目的、实验环境和实验内容

一、实验目的

(1) 了解 Sqoop 的功能、版本。

(2) 理解 Sqoop 的体系架构。

(3) 熟练掌握 Sqoop 的安装方法。

(4) 熟练掌握 Sqoop Shell 常用命令的使用。

(5) 了解 Sqoop API 编程。

二、实验环境

本实验所需的软件环境包括 CentOS、Oracle JDK 1.6+、全分布模式 Hadoop 集群、

MySQL、HBase、Hive、Sqoop 1 安装包、Eclipse。

三、实验内容

(1) 规划安装。

(2) 安装和配置 Sqoop。

(3) 验证 Sqoop。

(4) 使用 Sqoop Shell 完成数据从关系数据库(Oracle、MySQL、PostgreSQL 等)到 Hadoop(HDFS/Hive/HBase)的导入和导出。

8.2　实　验　原　理

Apache Sqoop 是一个基于 Hadoop 的开源数据迁移工具,是 Apache 的顶级项目,主要用于在 Hadoop 和结构化存储器之间传递数据。Sqoop 即 SQL-to-Hadoop。

8.2.1　初识 Sqoop

1. Sqoop 概述

Hadoop 平台的最大优势在于它支持使用不同形式的数据。HDFS 能够可靠地存储日志和来自不同渠道的其他数据;MapReduce 程序能够解析多种特定的数据格式,抽取相关信息并将多个数据集组合成有用的结果。

为了能够和 HDFS 之外的数据存储库进行交互,必须开发 MapReduce 应用程序使用外部 API 来访问数据。这样一来,每次都需要编写 MapReduce 程序,非常麻烦。在没有出现 Sqoop 之前,实际生产中有许多类似的需求,都需要通过编写 MapReduce 程序然后形成一个工具去解决,后来慢慢就将该工具代码整理出一个框架并逐步完善,最终就有了 Sqoop 的诞生。

Apache Sqoop 是一个开源工具,主要用于在 Hadoop 和关系数据库、数据仓库、NoSQL 之间传递数据。通过 Sqoop,可以方便地将数据从关系数据库(Oracle、MySQL、PostgreSQL 等)导入到 Hadoop(HDFS/Hive/HBase),用于进一步的处理。一旦生成最终的分析结果,便可以再将这些结果导出到结构化数据存储如关系数据库中,供其他客户端使用。使用 Sqoop 导入/导出数据的处理流程如图 8-2 所示。

图 8-2　Sqoop 工作流程

Sqoop 是连接传统关系型数据库和 Hadoop 的桥梁,它不需要开发人员编写 MapReduce 程序,只需要编写简单的配置脚本即可,大大提升了开发效率。

Sqoop 的核心设计思想是利用 MapReduce 加快数据传输速度。也就是说,Sqoop 的导入和导出功能是通过 MapReduce 作业实现的，所以它是一种进行数据传输的批处理方式，难以实现实时数据的导入和导出。

2. Sqoop 的版本

Sqoop 项目开始于 2009 年，最早是作为 Hadoop 的一个第三方模块存在的。为了让使用者能够快速部署，也为了让开发人员能够更快速地迭代开发，2012 年，Sqoop 独立出来，成为 Apache 的顶级项目。Sqoop 版本的发布历程如图 8-3 所示。

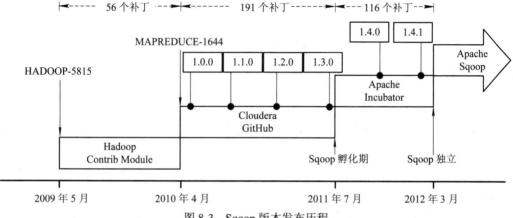

图 8-3　Sqoop 版本发布历程

目前，Sqoop 的版本主要分为 Sqoop 1 和 Sqoop 2，1.4.X 版本称为 Sqoop 1，1.99.X 版本称为 Sqoop 2。Sqoop 1 和 Sqoop 2 在架构和使用上有很大区别，Sqoop 2 对 Sqoop 1 进行了重写，以解决 Sqoop 1 架构上的局限性。Sqoop 1 是命令行工具，不提供 Java API，因此很难嵌入到其他程序中；另外，Sqoop 1 的所有连接器都必须掌握所有输出格式，因此，编写新的连接器就需要做大量的工作。Sqoop 2 具有以运行作业的服务器组件和一整套客户端，包括命令行接口(CLI)、网站用户界面、REST API 和 Java API。此外，Sqoop 2 还能使用其他执行引擎，例如 Spark。读者应注意的是，Sqoop 2 的 CLI 和 Sqoop 1 的 CLI 并不兼容。

最新的 Sqoop 1 为 2017 年 12 月发布的稳定版 Sqoop 1.4.7，最新的 Sqoop 2 为 2016 年 7 月发布的 Sqoop 1.99.7。

Sqoop 1 是目前比较稳定的发布版本，本章围绕 Sqoop 1 展开描述。Sqoop 2 正处于开发期间，可能并不具备 Sqoop 1 的所有功能。

8.2.2　Sqoop 的体系架构

Sqoop 1 的架构非常简单，它整合了 Hive、HBase，通过 Map Task 来传输数据，Map 负责数据的加载、转换。Sqoop 1 的体系架构如图 8-4 所示。

从工作模式角度来看 Sqoop 1 架构，Sqoop 是基于客户端模式的，用户使用客户端模式，只需在一台机器上即可完成。

从 MapReduce 角度来看 Sqoop 1 架构，Sqoop 只提交一个 MapReduce 作业，数据的传输和转换都是使用 Mapper 来完成的；而且该 MapReduce 作业仅有 Mapper，并不需要 Reducer。

从安全角度来看 Sqoop 1 架构，需要在执行时将用户名或密码显式指定，也可以固定写在配置文件中。总体来说，安全性不高。

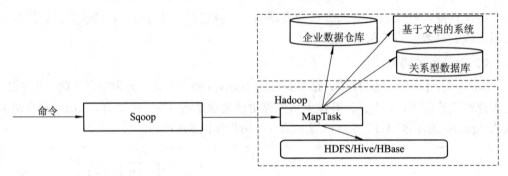

图 8-4　Sqoop 1 体系架构

8.2.3　安装 Sqoop

1. 运行环境

部署与运行 Sqoop 所需要的系统环境包括操作系统、Java 环境、Hadoop 环境三部分。

1) 操作系统

Sqoop 支持不同平台，在当前绝大多数主流的操作系统上都能够运行，例如 GNU/Linux、Windows、Mac OS X 等。但是在 Mac OS X 上存在兼容性错误；若采用 Windows，需要使用 cygwin 完成 Sqoop 的安装和使用；因此 Sqoop 主要在 Linux 上完成操作和测试，官方推荐使用 Linux。本书采用的操作系统为 Linux 发行版 CentOS 7。

2) Java 环境

Sqoop 采用 Java 语言编写，因此它的运行环境需要 Java 环境的支持。本书采用的 Java 为 Oracle JDK 1.8。

3) Hadoop 环境

Sqoop 是基于 Hadoop 的数据迁移工具，因此还需要部署好 Hadoop 集群。目前 Sqoop 支持 4 个版本的 Hadoop，分别是 0.20、0.23、1.0 和 2.0。本书采用的 Hadoop 为 Hadoop 2.9.2。

2. 配置文件

Sqoop 启动时，默认读取$SQOOP_HOME/conf/sqoop-env.sh 文件。该文件需要配置 Sqoop 的运行参数，即 Hadoop 相关的环境变量。

Sqoop 安装后，在安装目录下有一个示例配置文件 sqoop-env-template.sh。该模板中已有 HADOOP_COMMON_HOME、HADOOP_MAPRED_HOME、HBASE_HOME、HIVE_HOME、ZOOCFGDIR 这些相关配置项的注释行，Sqoop 配置参数及其含义如表 8-1 所示。

表 8-1　sqoop-env.sh 配置参数

参　数　名	说　　　　明
HADOOP_COMMON_HOME	指定 bin/hadoop 的路径
HADOOP_MAPRED_HOME	指定 hadoop-*-core.jar 的路径
HBASE_HOME	指定 bin/hbase 的路径
HIVE_HOME	指定 bin/hive 的路径
ZOOCFGDIR	指定 ZooKeeper 配置文件的路径

8.2.4　Sqoop Shell

1. 命令入口

Sqoop 命令的语法格式如下所示：

```
sqoop COMMAND [ARGS]
```

使用命令"sqoop help"可查看完整帮助信息，如图 8-5 所示。

```
usage: sqoop COMMAND [ARGS]

Available commands:
  codegen            Generate code to interact with database records
  create-hive-table  Import a table definition into Hive
  eval               Evaluate a SQL statement and display the results
  export             Export an HDFS directory to a database table
  help               List available commands
  import             Import a table from a database to HDFS
  import-all-tables  Import tables from a database to HDFS
  import-mainframe   Import datasets from a mainframe server to HDFS
  job                Work with saved jobs
  list-databases     List available databases on a server
  list-tables        List available tables in a database
  merge              Merge results of incremental imports
  metastore          Run a standalone Sqoop metastore
  version            Display version information

See 'sqoop help COMMAND' for information on a specific command.
```

图 8-5　命令 sqoop 帮助信息

Sqoop 1.4.7 中提供的参数 COMMAND 具体描述如表 8-2 所示。

表 8-2　Sqoop 1.4.7 中提供的参数 COMMAND

命　　令	功　能　描　述
codegen	将关系数据库的表映射为 Java 文件、Java Class 文件以及 jar 包
create-hive-table	生成与关系数据库表的表结构对应的 Hive 表
eval	预先了解 SQL 语句是否正确，并查看 SQL 执行结果
export	将数据从 HDFS 导出到关系数据库某个表
help	显示 Sqoop 帮助信息
import	将数据从关系数据库某个表导入到 HDFS
import-all-tables	导入某个数据库下所有表到 HDFS
import-mainframe	将数据集从某个主机导入到 HDFS
job	用来生成一个 Sqoop Job。生成后，该任务并不执行，除非使用命令执行该任务
list-databases	列出所有数据库名
list-tables	列出某个数据库下的所有表
merge	将 HDFS 中不同目录下的数据整合一起，并存放在指定目录中
metastore	记录 Sqoop Job 的元数据信息。如果不启动 metastore 实例，则默认的元数据存储目录为～/.sqoop。如果要更改存储目录，可在配置文件 sqoop-site.xml 中进行更改
version	显示 Sqoop 版本信息

2. 导入命令 sqoop import

通过命令"sqoop import"，可以方便地将数据从关系数据库(Oracle、MySQL、PostgreSQL 等)导入到 Hadoop(HDFS/Hive/HBase)。该命令的参数众多，此处使用"sqoop import"帮助仅列出部分参数，如下所示：

```
[xuluhui@master ～]$ sqoop help import
usage: sqoop import [GENERIC-ARGS] [TOOL-ARGS]

//通用参数
Common arguments:
   --connect <jdbc-uri>                Specify JDBC connect string
   --password <password>               Set authentication password
   --username <username>               Set authentication username

//导入控制参数
Import control arguments:
   --as-parquetfile                    Imports data to Parquet files
   --as-sequencefile                   Imports data to SequenceFiles
   --columns <col,col,col...>          Columns to import from table
   --compression-codec <codec>         Compression codec to use for import
   --delete-target-dir                 Imports data in delete mode
   --direct                            Use direct import fast path
   -e,--query <statement>              Import results of SQL 'statement'
   -m,--num-mappers <n>                Use 'n' map tasks to import in parallel
   --mapreduce-job-name <name> Set name for generated mapreduce job
   --table <table-name>                Table to read
   --target-dir <dir>                  HDFS plain table destination
   --where <where clause>              WHERE clause to use during import
   -z,--compress                       Enable compression

//输出格式参数控制
Output line formatting arguments:
   --fields-terminated-by <char>   Sets the field separator character
   --lines-terminated-by <char>    Sets the end-of-line character

//输入格式参数控制
Input parsing arguments:
   --input-enclosed-by <char>          Sets a required field encloser
   --input-escaped-by <char>           Sets the input escape character
   --input-fields-terminated-by <char>  Sets the input field separator
   --input-lines-terminated-by <char>   Sets the input end-of-line char

//导入到 Hive 表相关参数
Hive arguments:
   --create-hive-table                 Fail if the target hive table exists
```

--hive-database <database-name>	Sets the database name to use when importing to hive
--hive-import	Import tables into Hive (Uses Hive's default delimiters if none are set.)
--hive-overwrite	Overwrite existing data in the Hive table
--hive-partition-key <partition-key>	Sets the partition key to use when importing to hive
--hive-partition-value <partition-value>	Sets the partition value to use when importing to hive
--hive-table <table-name>	Sets the table name to use when importing to hive

//导入到 HBase 表相关参数

HBase arguments:

--column-family <family>	Sets the target column family for the import
--hbase-bulkload	Enables HBase bulk loading
--hbase-create-table	If specified, create missing HBase tables
--hbase-row-key <col>	Specifies which input column to use as the row key
--hbase-table <table>	Import to <table> in HBase

命令"sqoop import"使用时的注意事项如下：

(1) 使用 --connect 指定要导入数据的数据库。

(2) 使用 --username 和--password 指定数据库的用户名和密码。

(3) 使用 --as-sequencefile 指定导出文件为 SequenceFile 格式，当然也支持 Avro、Parquet、Text 等其他格式，默认为--as-textfile。

(4) 使用 --columns 指定要导入的字段，字段名中间用逗号相隔，且不加空格。

(5) 使用 --compression-codec 指定压缩使用的 codec 编码，在 Sqoop 中默认是使用压缩的，所以此处只需要指定 codec 即可。

(6) 使用 --delete-target-dir 可以自动删除已存在的导入路径。

(7) 使用 --query 指定查询语句，就能将 query 中的查询结果导入到 HDFS 中，具体 SQL 语句需要使用单引号引起来。若--query 指定的 SQL 语句存在条件子句，需要添加 $CONDITIONS，这是固定写法。参数--query 和--table 不能同时使用，也不能同时使用 --columns 指定输出列。

(8) 使用 --mapreduce-job-name 指定该作业的名称，可以通过 YARN Web 或 MapReduce Web 界面查看。

(9) 使用 --num-mappers 指定导入数据的并行度即 Map Task 个数，Sqoop 默认的并行度是 4。有多少个并行度，在 HDFS 上最终输出的文件个数就是几个。

(10) 使用 --table 指定需要导入的数据表。

(11) 使用 --target-dir 指定导入到 HDFS 上的目标目录。

(12) 使用 --where 指定筛选条件，具体条件需要使用单引号引起来。

(13) 使用 Sqoop 从关系数据库 MySQL 中导入数据到 HDFS 时，默认导入路径是 /user/用户名/表名。

(14) 使用 --fields-terminated-by 指定字段之间的分隔符。

(15) 使用 --lines-terminated-by 指定行之间的分隔符。

(16) Sqoop 从关系型数据库 MySQL 导入数据到 HDFS 时，默认的字段分隔符是"，"，

行分隔符是 "\n"。

3. 导出命令 sqoop export

通过命令 "sqoop export"，可以方便地将数据从 Hadoop(HDFS/Hive/HBase)导出到关系数据库(Oracle、MySQL、PostgreSQL 等)。该命令的参数众多，此处使用 "sqoop export" 帮助仅列出部分参数，如下所示：

```
[xuluhui@master ~]$ sqoop help export
usage: sqoop export [GENERIC-ARGS] [TOOL-ARGS]

//通用参数
Common arguments:
   --connect <jdbc-uri>                 Specify JDBC connect string
   --password <password>                Set authentication password
   --username <username>                Set authentication username

//导出控制参数
Export control arguments:
   --batch                              Indicates underlying statements to be executed in batch mode
   --columns <col,col,col...>           Columns to export to table
   --direct                             Use direct export fast path
   --export-dir <dir>                   HDFS source path for the export
   -m,--num-mappers <n>                 Use 'n' map tasks to export in parallel
   --mapreduce-job-name <name>          Set name for generated mapreduce job
   --table <table-name>                 Table to populate

//输入文件参数设置
   --input-fields-terminated-by <char>  Sets the input field separator
   --input-lines-terminated-by <char>   Sets the input end-of-line char

//输出文件参数设置
   --fields-terminated-by <char>        Sets the field separator character
   --lines-terminated-by <char>         Sets the end-of-line character
```

命令 "sqoop import" 使用时的注意事项(与 "sqoop import" 重复的不再赘述)如下：

(1) 使用 --export-dir 指定待导出的 HDFS 数据的路径。

(2) 使用 --fields-terminated-by 指定数据列的分隔符。

(3) 使用 --lines-terminated-by 指定数据行的分隔符。

(4) 默认情况下读取一行 HDFS 文件的数据，就插入一条记录到关系数据库中，造成性能低下。可以使用参数 -Dsqoop.export.records.pre.statement 指定批量导出，依次导出指定行数的数据到关系数据库中。

4. sqoop --options-file

Sqoop 导入和导出功能的 Sqoop 命令行方式使用起来比较麻烦，重用性差。在 Sqoop 中还提供了参数 --options-file，允许先将 Sqoop 命令封装到一个 .opt 文件中，然后使用参数--options-file 执行封装后的脚本,这样更加方便后期维护。

5.sqoop job

为方便他人调用,可以将常用的 Sqoop 命令定义成 Sqoop Job。命令"sqoop job"的帮助信息如下所示:

```
[xuluhui@master  ~]$ sqoop help job
usage: sqoop job [GENERIC-ARGS] [JOB-ARGS] [-- [<tool-name>] [TOOL-ARGS]]

Job management arguments:
   --create <job-id>              Create a new saved job
   --delete <job-id>              Delete a saved job
   --exec <job-id>                Run a saved job
   --help                         Print usage instructions
   --list                         List saved jobs
   --meta-connect <jdbc-uri>      Specify JDBC connect string for the metastore
   --show <job-id>                Show the parameters for a saved job
   --verbose                      Print more information while working
```

8.2.5　Sqoop API

关于 Sqoop API 的介绍,读者请参考 Sqoop 开发者指南 http://sqoop.apache.org/docs/1.4.7/SqoopDevGuide.html。

8.3　实　验　步　骤

8.3.1　规划安装

1. 规划 Sqoop

安装 Sqoop 仅需要一台机器,但需要操作系统、Java 环境和 Hadoop 环境作为支撑。本实验拟将 Sqoop 运行在 Linux 上,在成功部署全分布模式 Hadoop 集群(实验 1)、HBase(实验 5、MySQL(实验 6)、Hive(实验 6)的基础上,在主机名为 master 的机器上安装 Sqoop。Sqoop 的具体规划表如表 8-3 所示。

表 8-3　Sqoop 部署规划表

主机名	IP 地址	运行服务(必需)	软硬件配置
master	192.168.18.130	NameNode SecondaryNameNode ResourceManager JobHistoryServer	内存:4 GB　　　　　　CPU:1 个 2 核 硬盘:40 GB　　　　　　操作系统:CentOS 7.6.1810 Java:Oracle JDK 8u191　Hadoop:Hadoop 2.9.2 ZooKeeper:ZooKeeper 3.4.13 HBase:HBase 1.4.8　　　MySQL:MySQL 5.7 Hive:Hive 2.3.4　　　　Sqoop:Sqoop 1.4.7 Eclipse:Eclipse IDE 2018-09 for Java Developers

续表

主机名	IP 地址	运行服务(必需)	软硬件配置
slave1	192.168.18.131	DataNode NodeManager	内存：1 GB　　　　　CPU：1 个 1 核 硬盘：20 GB　　　　操作系统：CentOS 7.6.1810 Java：Oracle JDK 8u191 Hadoop：Hadoop 2.9.2 ZooKeeper：ZooKeeper 3.4.13 HBase：HBase 1.4.8
slave2	192.168.18.132	DataNode NodeManager	内存：1 GB　　　　　CPU：1 个 1 核 硬盘：20 GB　　　　操作系统：CentOS 7.6.1810 Java：Oracle JDK 8u191 Hadoop：Hadoop 2.9.2 ZooKeeper：ZooKeeper 3.4.13 HBase：HBase 1.4.8

2. 软件选择

本实验中所使用的各种软件的名称、版本、发布日期及下载地址如表 8-4 所示。

表 8-4　本实验使用的软件名称、版本、发布日期及下载地址

软件名称	软件版本	发布日期	下载地址
VMware Workstation Pro	VMware Workstation 14.5.7 Pro for Windows	2017 年 6 月 22 日	https://www.vmware.com/products/worksta-tion-pro.html
CentOS	CentOS 7.6.1810	2018 年 11 月 26 日	https://www.centos.org/download/
Java	Oracle JDK 8u191	2018 年 10 月 16 日	http://www.oracle.com/technetwork/java/javase/downloads/index.html
Hadoop	Hadoop 2.9.2	2018 年 11 月 19 日	http://hadoop.apache.org/releases.html
ZooKeeper	ZooKeeper 3.4.13	2018 年 7 月 15 日	http://zookeeper.apache.org/releases.html
HBase	HBase 1.4.8	2018 年 10 月 2 日	https://hbase.apache.org/downloads.html
MySQL Connector/J	MySQL Connector/J 5.1.48	2019 年 7 月 29 日	https://dev.mysql.com/downloads/connector/j/
MySQL Community Server	MySQL Community 5.7.27	2019 年 7 月 22 日	http://dev.mysql.com/get/mysql57-community-release-el7-11.noarch.rpm
Hive	Hive 2.3.4	2018 年 11 月 7 日	https://hive.apache.org/downloads.html
Sqoop	Sqoop 1.4.7	2017 年 12 月	http://www.apache.org/dyn/closer.lua/sqoop/
Eclipse	Eclipse IDE 2018-09 for Java Developers	2018 年 9 月	https://www.eclipse.org/downloads/packages

由于本章之前已完成 VMware Workstation Pro、CentOS、Java、Hadoop 集群、HBase 集群、MySQL、Hive 的安装，故本实验可以直接从安装 Sqoop 开始。

8.3.2 安装和配置 Sqoop

1. 初始软硬件环境准备

(1) 准备三台机器，安装操作系统，本书使用 CentOS Linux 7。

(2) 对集群内每一台机器配置静态 IP、修改机器名、添加集群级别域名映射、关闭防火墙。

(3) 对集群内每一台机器安装和配置 Java，本书使用 Oracle JDK 8u191。

(4) 安装和配置 Linux 集群中各节点间的 SSH 免密登录。

(5) 在 Linux 集群上部署全分布模式 Hadoop 集群。

(6) 在 Hadoop 主节点上安装关系型数据库如 MySQL。

(7) 在 Linux 集群上部署所需组件，例如 ZooKeeper、HBase、Hive。此步可选，要根据实际需要解决的问题决定是否部署、部署哪些组件和启动服务。

以上步骤已在本书实验 1、实验 4、实验 5、实验 6 中详细介绍，具体操作过程请读者参见相关实验，此处不再赘述。

2. 获取 Sqoop

Sqoop 官方下载地址为 http://www.apache.org/dyn/closer.lua/sqoop/，建议读者下载 Sqoop 1，本书选用的 Sqoop 版本是 2017 年 12 月发布的稳定版 Sqoop 1.4.7，其安装包文件 sqoop-1.4.7.bin__hadoop-2.6.0.tar.gz 可存放在 master 机器的/home/xuluhui/Downloads 中。

3. 安装 Sqoop

Sqoop 仅在一台机器上安装即可。本书采用在 master 机器上安装，以下所有步骤均在 master 一台机器上完成。

方法为切换到 root，解压 sqoop-1.4.7.bin__hadoop-2.6.0.tar.gz 到安装目录/usr/local 下，使用命令如下所示：

```
su root
cd /usr/local
tar -zxvf /home/xuluhui/Downloads/sqoop-1.4.7.bin__hadoop-2.6.0.tar.gz
```

默认解压后的 Sqoop 目录为"sqoop-1.4.7.bin__hadoop-2.6.0"。名字过长，本书为了方便，将此目录重命名为"sqoop-1.4.7"，使用命令如下所示：

```
mv sqoop-1.4.7.bin__hadoop-2.6.0 sqoop-1.4.7
```

注意：读者可以不用重命名 Sqoop 安装目录，采用默认目录名，但请注意，后续步骤中关于 Sqoop 安装目录的设置与此步骤保持一致。

4. 配置 Sqoop

安装 Sqoop 后，在$SQOOP_HOME/conf 中有一个示例配置文件 sqoop-env-template.sh。Sqoop 启动时，默认读取$SQOOP_HOME/conf/sqoop-env.sh 文件。该文件需要配置 Sqoop 的运行参数，即 Hadoop 相关的环境变量。

1) 复制模板配置文件 sqoop-env-template.sh 为 sqoop-env.sh

使用命令"cp"将 Sqoop 示例配置文件 sqoop-env-template.sh 复制并重命名为 sqoop-env.sh。使用如下命令完成，假设当前目录为"/usr/local/sqoop-1.4.7"：

```
cp conf/sqoop-env-template.sh conf/sqoop-env.sh
```

2) 修改配置文件 sqoop-env.sh

读者可以发现，模板中已有 HADOOP_COMMON_HOME、HADOOP_MAPRED_HOME、HBASE_HOME、HIVE_HOME、ZOOCFGDIR 这些相关配置项的注释行，此处本书仅设置 HADOOP_COMMON_HOME 和 HADOOP_MAPRED_HOME。使用命令"vim conf/sqoop-env.sh"修改 Sqoop 配置文件，修改后的配置文件 sqoop-env.sh 内容如下所示：

```
# Set Hadoop-specific environment variables here.

#Set path to where bin/hadoop is available
export HADOOP_COMMON_HOME=/usr/local/hadoop-2.9.2

#Set path to where hadoop-*-core.jar is available
export HADOOP_MAPRED_HOME=/usr/local/hadoop-2.9.2
```

5. 添加 JDBC 驱动

由于本书采用的关系型数据库为 MySQL，因此需要添加 MySQL JDBC 驱动的 jar 包，关于 MySQL 的安装请读者参见本书实验 6。若读者使用的数据库是 Microsoft SQL Server 或是 Oracle，就需要添加它们的 JDBC 驱动包。

首先，下载 MySQL Connector/J，其官方下载地址是 https://dev.mysql.com/downloads/connector/j/，本书下载的是 2019 年 7 月 29 日发布的 MySQL Connector/J 5.1.48，文件名为 mysql-connector-java-5.1.48.tar.gz，采用的 MySQL JDBC 驱动 jar 包是 mysql-connector-java-5.1.48.jar。

其次，解压 mysql-connector-java-5.1.48.tar.gz，可解压到/home/xuluhui/Downloads 下，使用的命令如下所示：

```
tar -zxvf mysql-connector-java-5.1.48.tar.gz
```

然后，将目录/home/xuluhui/Downloads/mysql-connector-java-5.1.48 下的 MySQL JDBC 驱动 jar 包文件 mysql-connector-java-5.1.48.jar 拷贝至目录/usr/local/sqoop-1.4.7/lib 下，使用的命令如下所示：

```
cp /home/xuluhui/Downloads/mysql-connector-java-5.1.48/mysql-connector-java-5.1.48.jar /usr/local/sqoop-1.4.7/lib/
```

6. 设置$SQOOP_HOME 目录属主

为了在普通用户下使用 Sqoop，将$SQOOP_HOME 目录属主设置为 Linux 普通用户 xuluhui，使用以下命令完成：

```
chown -R xuluhui /usr/local/sqoop-1.4.7
```

7. 在系统配置文件目录/etc/profile.d 下新建 sqoop.sh

使用"vim /etc/profile.d/sqoop.sh"命令在/etc/profile.d 文件夹下新建文件 sqoop.sh，添加如下内容：

```
export SQOOP_HOME=/usr/local/sqoop-1.4.7
export PATH=$SQOOP_HOME/bin:$PATH
```

其次，重启机器，使之生效。

此步骤可省略，之所以将$SQOOP_HOME/bin 加入到系统环境变量 PATH 中，是因为当输入 Sqoop 命令时，无需再切换到$SQOOP_HOME/bin，这样使用起来会更加方便，否则会出现错误信息"bash: ****: command not found..."，如图 8-6 所示。

```
[xuluhui@master ~]$ sqoop help
bash: sqoop: command not found...
[xuluhui@master ~]$
```

图 8-6　$SQOOP_HOME/bin 未加入系统环境变量 PATH 前 sqoop 命令无法直接输入使用

8.3.3　验证 Sqoop

切换到普通用户 xuluhui 下，可以通过命令"sqoop help"来验证 Sqoop 配置是否正确，运行效果如图 8-7 所示。从图 8-7 中可以看出，Sqoop 已部署成功。

```
[xuluhui@master ~]$ sqoop help
Warning: /usr/local/sqoop-1.4.7/../hbase does not exist! HBase imports will fail
.
Please set $HBASE_HOME to the root of your HBase installation.
Warning: /usr/local/sqoop-1.4.7/../hcatalog does not exist! HCatalog jobs will f
ail.
Please set $HCAT_HOME to the root of your HCatalog installation.
Warning: /usr/local/sqoop-1.4.7/../accumulo does not exist! Accumulo imports wil
l fail.
Please set $ACCUMULO_HOME to the root of your Accumulo installation.
19/08/11 00:18:37 INFO sqoop.Sqoop: Running Sqoop version: 1.4.7
usage: sqoop COMMAND [ARGS]

Available commands:
  codegen            Generate code to interact with database records
  create-hive-table  Import a table definition into Hive
  eval               Evaluate a SQL statement and display the results
  export             Export an HDFS directory to a database table
  help               List available commands
  import             Import a table from a database to HDFS
  import-all-tables  Import tables from a database to HDFS
  import-mainframe   Import datasets from a mainframe server to HDFS
  job                Work with saved jobs
  list-databases     List available databases on a server
  list-tables        List available tables in a database
  merge              Merge results of incremental imports
  metastore          Run a standalone Sqoop metastore
  version            Display version information

See 'sqoop help COMMAND' for information on a specific command.
[xuluhui@master ~]$
```

图 8-7　通过命令"sqoop help"验证 Sqoop

8.3.4　使用 Sqoop Shell

1. 练习 Sqoop 简单命令

【案例 8-1】　使用 Sqoop 获取指定 URL 的数据库。

分析如下：

此案例要求 MySQL 数据库服务是启动状态。访问数据库时，有几个参数必不可少，包括数据库 URL、用户名和密码。使用 Sqoop 操作数据库也是一样的，必须要指定这几个参数。所使用的命令如下所示：

```
sqoop list-databases --connect jdbc:mysql://localhost:3306 --username root --password xijing
```

命令运行效果如图 8-8 所示。从图 8-8 中可以看出，MySQL 上的 4 个数据库全部被显示出来。

```
[xuluhui@master ~]$ sqoop list-databases --connect jdbc:mysql://localhost:3306/
--username root --password xijing
Warning: /usr/local/sqoop-1.4.7/../hbase does not exist! HBase imports will fail
.
Please set $HBASE_HOME to the root of your HBase installation.
Warning: /usr/local/sqoop-1.4.7/../hcatalog does not exist! HCatalog jobs will f
ail.
Please set $HCAT_HOME to the root of your HCatalog installation.
Warning: /usr/local/sqoop-1.4.7/../accumulo does not exist! Accumulo imports wil
l fail.
Please set $ACCUMULO_HOME to the root of your Accumulo installation.
19/08/12 05:38:31 INFO sqoop.Sqoop: Running Sqoop version: 1.4.7
19/08/12 05:38:31 WARN tool.BaseSqoopTool: Setting your password on the command-
line is insecure. Consider using -P instead.
19/08/12 05:38:31 INFO manager.MySQLManager: Preparing to use a MySQL streaming
resultset.
Mon Aug 12 05:38:32 EDT 2019 WARN: Establishing SSL connection without server's
identity verification is not recommended. According to MySQL 5.5.45+, 5.6.26+ an
d 5.7.6+ requirements SSL connection must be established by default if explicit
option isn't set. For compliance with existing applications not using SSL the ve
rifyServerCertificate property is set to 'false'. You need either to explicitly
disable SSL by setting useSSL=false, or set useSSL=true and provide truststore f
or server certificate verification.
information_schema
mysql
performance_schema
sys
[xuluhui@master ~]$ ▮
```

图 8-8　sqoop list-databases 命令的运行效果

若此时通过 Sqoop 远程访问 MySQL，输入以下命令：

sqoop list-databases --connect jdbc:mysql://192.168.18.130:3306/ --username root --password xijing

命令运行效果如图 8-9 所示。从图 8-9 中可以看出，出现错误。

```
[xuluhui@master ~]$ sqoop list-databases --connect jdbc:mysql://192.168.18.130:3
306/ --username root --password xijing
Warning: /usr/local/sqoop-1.4.7/../hbase does not exist! HBase imports will fail
.
Please set $HBASE_HOME to the root of your HBase installation.
Warning: /usr/local/sqoop-1.4.7/../hcatalog does not exist! HCatalog jobs will f
ail.
Please set $HCAT_HOME to the root of your HCatalog installation.
Warning: /usr/local/sqoop-1.4.7/../accumulo does not exist! Accumulo imports wil
l fail.
Please set $ACCUMULO_HOME to the root of your Accumulo installation.
19/08/12 05:40:25 INFO sqoop.Sqoop: Running Sqoop version: 1.4.7
19/08/12 05:40:25 WARN tool.BaseSqoopTool: Setting your password on the command-
line is insecure. Consider using -P instead.
19/08/12 05:40:25 INFO manager.MySQLManager: Preparing to use a MySQL streaming
resultset.
19/08/12 05:40:25 ERROR manager.CatalogQueryManager: Failed to list databases
java.sql.SQLException: null,  message from server: "Host 'master' is not allowed
 to connect to this MySQL server"
        at com.mysql.jdbc.SQLError.createSQLException(SQLError.java:965)
        at com.mysql.jdbc.SQLError.createSQLException(SQLError.java:898)
        at com.mysql.jdbc.SQLError.createSQLException(SQLError.java:887)
        at com.mysql.jdbc.MysqlIO.doHandshake(MysqlIO.java:1031)
        at com.mysql.jdbc.ConnectionImpl.coreConnect(ConnectionImpl.java:2189)
```

图 8-9　sqoop list-databases 命令远程访问 MySQL 失败

要解决这个问题，就是要让机器 192.168.18.130(master)的数据库允许被远程访问。以 root 身份登录 MySQL，依次使用如下命令完成：

use mysql;

update user set host='%' where user='root';

退出 MySQL，使用"systemctl restart mysqld"重启 MySQL，再次通过 Sqoop 远程访问机器 192.168.18.130(master)上的 MySQL，此次成功，效果如图 8-10 所示。从图 8-10 中可以看出，MySQL 上的 4 个数据库全部被显示出来。

```
[xuluhui@master ~]$ sqoop list-databases --connect jdbc:mysql://192.168.18.130:3
306/ --username root --password xijing
Warning: /usr/local/sqoop-1.4.7/../hbase does not exist! HBase imports will fail
.
Please set $HBASE_HOME to the root of your HBase installation.
Warning: /usr/local/sqoop-1.4.7/../hcatalog does not exist! HCatalog jobs will f
ail.
Please set $HCAT_HOME to the root of your HCatalog installation.
Warning: /usr/local/sqoop-1.4.7/../accumulo does not exist! Accumulo imports wil
l fail.
Please set $ACCUMULO_HOME to the root of your Accumulo installation.
19/08/12 05:49:31 INFO sqoop.Sqoop: Running Sqoop version: 1.4.7
19/08/12 05:49:31 WARN tool.BaseSqoopTool: Setting your password on the command-
line is insecure. Consider using -P instead.
19/08/12 05:49:31 INFO manager.MySQLManager: Preparing to use a MySQL streaming
resultset.
Mon Aug 12 05:49:32 EDT 2019 WARN: Establishing SSL connection without server's
identity verification is not recommended. According to MySQL 5.5.45+, 5.6.26+ an
d 5.7.6+ requirements SSL connection must be established by default if explicit
option isn't set. For compliance with existing applications not using SSL the ve
rifyServerCertificate property is set to 'false'. You need either to explicitly
disable SSL by setting useSSL=false, or set useSSL=true and provide truststore f
or server certificate verification.
information_schema
mysql
performance_schema
sys
[xuluhui@master ~]$
```

图 8-10　配置后 sqoop list-databases 命令远程访问 MySQL 成功

【案例 8-2】　使用 Sqoop 获取指定 URL 的数据库中的所有表。

分析如下：

此案例要求 MySQL 数据库服务是启动状态。使用 Sqoop 获取机器 192.168.18.130 (master)上的 MySQL 数据库中的所有表，使用的命令如下所示：

sqoop list-tables --connect jdbc:mysql://192.168.18.130:3306/mysql --username root --password xijing

命令运行效果如图 8-11 所示。从图 8-11 中可以看出，MySQL 上的数据库"mysql"中的所有表全部被显示出来。由于表数目众多，截图仅截取了部分数据库表。

```
[xuluhui@master ~]$ sqoop list-tables --connect jdbc:mysql://192.168.18.130:3306
/mysql --username root --password xijing
Warning: /usr/local/sqoop-1.4.7/../hbase does not exist! HBase imports will fail
.
Please set $HBASE_HOME to the root of your HBase installation.
Warning: /usr/local/sqoop-1.4.7/../hcatalog does not exist! HCatalog jobs will f
ail.
Please set $HCAT_HOME to the root of your HCatalog installation.
Warning: /usr/local/sqoop-1.4.7/../accumulo does not exist! Accumulo imports wil
l fail.
Please set $ACCUMULO_HOME to the root of your Accumulo installation.
19/08/12 06:06:50 INFO sqoop.Sqoop: Running Sqoop version: 1.4.7
19/08/12 06:06:50 WARN tool.BaseSqoopTool: Setting your password on the command-
line is insecure. Consider using -P instead.
19/08/12 06:06:50 INFO manager.MySQLManager: Preparing to use a MySQL streaming
resultset.
Mon Aug 12 06:06:50 EDT 2019 WARN: Establishing SSL connection without server's
identity verification is not recommended. According to MySQL 5.5.45+, 5.6.26+ an
d 5.7.6+ requirements SSL connection must be established by default if explicit
option isn't set. For compliance with existing applications not using SSL the ve
rifyServerCertificate property is set to 'false'. You need either to explicitly
disable SSL by setting useSSL=false, or set useSSL=true and provide truststore f
or server certificate verification.
columns_priv
db
engine_cost
event
func
general_log
gtid_executed
help_category
help_keyword
```

图 8-11　sqoop list-tables 命令的运行效果

【案例 8-3】　使用 eval 执行一个 SQL 语句，将 MySQL 中表 mysql.user 的 Host、User 两个字段数据显示出来。

分析如下：

此案例要求 MySQL 数据库服务是启动状态。使用的命令如下所示：

```
sqoop eval \
--connect jdbc:mysql://192.168.18.130:3306/mysql \
--username root \
--password xijing \
--query 'select Host,User from user'
```

命令运行效果如图 8-12 所示。从图 8-12 中可以看出，MySQL 上表 mysql.user 的 Host、User 两个字段数据被显示出来。

```
[xuluhui@master ~]$ sqoop eval \
> --connect jdbc:mysql://192.168.18.130:3306/mysql \
> --username root \
> --password xijing \
> --query 'select Host,User from user'
Warning: /usr/local/sqoop-1.4.7/../hbase does not exist! HBase imports will fail
.
Please set $HBASE_HOME to the root of your HBase installation.
Warning: /usr/local/sqoop-1.4.7/../hcatalog does not exist! HCatalog jobs will f
ail.
Please set $HCAT_HOME to the root of your HCatalog installation.
Warning: /usr/local/sqoop-1.4.7/../accumulo does not exist! Accumulo imports wil
l fail.
Please set $ACCUMULO_HOME to the root of your Accumulo installation.
19/08/13 03:58:04 INFO sqoop.Sqoop: Running Sqoop version: 1.4.7
19/08/13 03:58:04 WARN tool.BaseSqoopTool: Setting your password on the command-
line is insecure. Consider using -P instead.
19/08/13 03:58:04 INFO manager.MySQLManager: Preparing to use a MySQL streaming
resultset.
Tue Aug 13 03:58:05 EDT 2019 WARN: Establishing SSL connection without server's
identity verification is not recommended. According to MySQL 5.5.45+, 5.6.26+ an
d 5.7.6+ requirements SSL connection must be established by default if explicit
option isn't set. For compliance with existing applications not using SSL the ve
rifyServerCertificate property is set to 'false'. You need either to explicitly
disable SSL by setting useSSL=false, or set useSSL=true and provide truststore f
or server certificate verification.
------------------------------------------------
| Host            | User            |
------------------------------------------------
| %               | root            |
| localhost       | mysql.session   |
| localhost       | mysql.sys       |
------------------------------------------------
[xuluhui@master ~]$ 
```

图 8-12　sqoop eval 命令的运行效果

2. 使用 Sqoop 导入 MySQL 数据到 HDFS

【案例 8-4】　使用"sqoop import"命令将 MySQL 中的数据导入到 HDFS 中。

分析如下：

本案例的实现要求 MySQL 和 Hadoop 集群都处于启动状态，具体实现过程如下所示：

1) MySQL 数据准备

在 MySQL 下建立数据库 sqoop，并建立学生表 student 和插入数据。在 MySQL 下使用的 SQL 语句依次如下所示：

```
//创建数据库 sqoop
```

```
CREATE DATABASE sqoop;

//创建学生表 student
CREATE TABLE sqoop.student(
id int(4) primary key auto_increment,
name varchar(50),
sex varchar(10)
);

//向学生表 student 中插入数据
INSERT INTO sqoop.student(name,sex) VALUES('Thomas','Male');
INSERT INTO sqoop.student(name,sex) VALUES('Tom','Male');
INSERT INTO sqoop.student(name,sex) VALUES('Mary','Female');
INSERT INTO sqoop.student(name,sex) VALUES('James','Male');
INSERT INTO sqoop.student(name,sex) VALUES('Alice','Female');
```

执行完以上 SQL 语句后，sqoop 数据库中 student 表的结构和记录如图 8-13 所示。

```
mysql> desc sqoop.student;
+-------+-------------+------+-----+---------+----------------+
| Field | Type        | Null | Key | Default | Extra          |
+-------+-------------+------+-----+---------+----------------+
| id    | int(4)      | NO   | PRI | NULL    | auto_increment |
| name  | varchar(50) | YES  |     | NULL    |                |
| sex   | varchar(10) | YES  |     | NULL    |                |
+-------+-------------+------+-----+---------+----------------+
3 rows in set (0.00 sec)

mysql> select * from sqoop.student;
+----+--------+--------+
| id | name   | sex    |
+----+--------+--------+
|  1 | Thomas | Male   |
|  2 | Tom    | Male   |
|  3 | Mary   | Female |
|  4 | James  | Male   |
|  5 | Alice  | Female |
+----+--------+--------+
5 rows in set (0.00 sec)

mysql>
```

图 8-13　MySQL 中 sqoop.student 表的结构和记录

2) 导入表的所有字段

使用 Sqoop 将 MySQL 中表 sqoop.student 所有数据导入到 HDFS，并采用默认路径。使用的命令如下所示：

```
sqoop import \
--connect jdbc:mysql://192.168.18.130:3306/sqoop \
--username root \
--password xijing \
--table student \
```

```
--num-mappers 1
```

其中导入的并行度为 1，即在 HDFS 上最终输出的文件个数为 1。

上述命令的运行过程及效果如图 8-14 和图 8-15 所示。从图 8-14 和图 8-15 中可以看出，Sqoop 将命令转换成了一个 MapReduce Job，数据的传输和转换都通过 Mapper 来完成，并不需要 Reducer。

```
[xuluhui@master ~]$ sqoop import \
> --connect jdbc:mysql://192.168.18.130:3306/sqoop \
> --username root \
> --password xijing \
> --table student \
> --num-mappers 1
Warning: /usr/local/sqoop-1.4.7/../hbase does not exist! HBase imports will fail
.
Please set $HBASE_HOME to the root of your HBase installation.
Warning: /usr/local/sqoop-1.4.7/../hcatalog does not exist! HCatalog jobs will f
ail.
Please set $HCAT_HOME to the root of your HCatalog installation.
Warning: /usr/local/sqoop-1.4.7/../accumulo does not exist! Accumulo imports wil
l fail.
Please set $ACCUMULO_HOME to the root of your Accumulo installation.
19/08/12 10:16:56 INFO sqoop.Sqoop: Running Sqoop version: 1.4.7
19/08/12 10:16:56 WARN tool.BaseSqoopTool: Setting your password on the command-
line is insecure. Consider using -P instead.
19/08/12 10:16:56 INFO manager.MySQLManager: Preparing to use a MySQL streaming
resultset.
19/08/12 10:16:56 INFO tool.CodeGenTool: Beginning code generation
Mon Aug 12 10:16:56 EDT 2019 WARN: Establishing SSL connection without server's
```

图 8-14　使用命令"sqoop import"导入表所有字段的运行过程(1)

```
19/08/12 10:17:04 INFO mapreduce.JobSubmitter: number of splits:1
19/08/12 10:17:04 INFO Configuration.deprecation: yarn.resourcemanager.system-me
trics-publisher.enabled is deprecated. Instead, use yarn.system-metrics-publishe
r.enabled
19/08/12 10:17:04 INFO mapreduce.JobSubmitter: Submitting tokens for job: job_15
65619226271_0001
19/08/12 10:17:05 INFO impl.YarnClientImpl: Submitted application application_15
65619226271_0001
19/08/12 10:17:05 INFO mapreduce.Job: The url to track the job: http://master:80
88/proxy/application_1565619226271_0001/
19/08/12 10:17:05 INFO mapreduce.Job: Running job: job_1565619226271_0001
19/08/12 10:17:17 INFO mapreduce.Job: Job job_1565619226271_0001 running in uber
 mode : false
19/08/12 10:17:17 INFO mapreduce.Job:  map 0% reduce 0%
19/08/12 10:17:30 INFO mapreduce.Job:  map 100% reduce 0%
19/08/12 10:17:30 INFO mapreduce.Job: Job job_1565619226271_0001 completed succe
ssfully
19/08/12 10:17:30 INFO mapreduce.Job: Counters: 30
        File System Counters
                FILE: Number of bytes read=0
                FILE: Number of bytes written=206799
                FILE: Number of read operations=0
                FILE: Number of large read operations=0
                FILE: Number of write operations=0
                HDFS: Number of bytes read=87
                HDFS: Number of bytes written=67
                HDFS: Number of read operations=4
                HDFS: Number of large read operations=0
                HDFS: Number of write operations=2
        Job Counters
                Launched map tasks=1
                Other local map tasks=1
                Total time spent by all maps in occupied slots (ms)=9916
```

图 8-15　使用命令"sqoop import"导入表所有字段的运行过程(2)

上述命令执行完毕后，可以使用"hadoop fs"或"hdfs dfs"命令在 HDFS 上查看导入的结果，如图 8-16 所示。从图 8-16 中可以看出，默认导入路径是/user/用户名/表名，本例中即"/user/xuluhui/student"。

```
[xuluhui@master ~]$ hadoop fs -ls /user/xuluhui/student
Found 2 items
-rw-r--r--   3 xuluhui supergroup          0 2019-08-12 10:17 /user/xuluhui/stud
ent/_SUCCESS
-rw-r--r--   3 xuluhui supergroup         67 2019-08-12 10:17 /user/xuluhui/stud
ent/part-m-00000
[xuluhui@master ~]$ hadoop fs -cat /user/xuluhui/student/part-m-00000
1,Thomas,Male
2,Tom,Male
3,Mary,Female
4,James,Male
5,Alice,Female
[xuluhui@master ~]$
```

图 8-16　使用命令"hadoop fs"在 HDFS 上查看导入表所有字段的导入结果

也可以使用 HDFS Web UI 界面查看导入结果，方法是浏览器中输入"192.168.18.130:
50070"进入窗口【Browsing HDFS】，单击菜单『Utilities』→『Browse the file system』，
可以看到在目录/user/xuluhui 下自动生成了 student 目录及相关文件，其中文件
"part-m-00000"就是导入数据所存放的位置，效果如图 8-17 和图 8-18 所示。

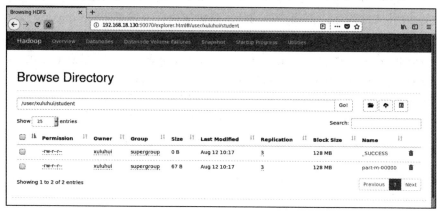

图 8-17　使用 HDFS Web 查看导入表所有字段的导入结果

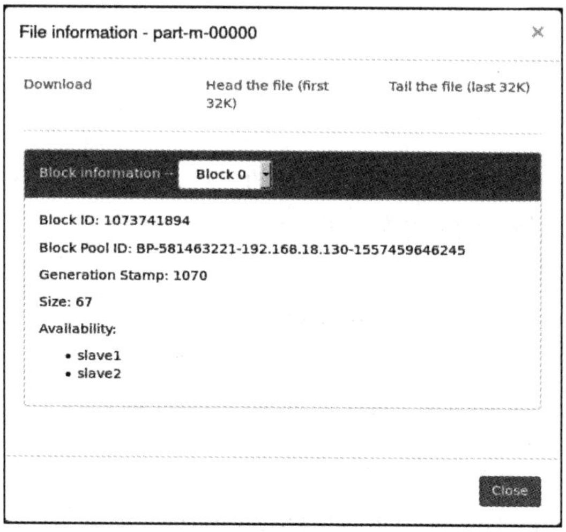

图 8-18　导入结果存放文件 part-m-00000 在 HDFS 上的存储信息

另外，从 MapReduce Web UI 上也可以看到该 MapReduce Job 的执行历史信息，如图
8-19 所示。从图 8-19 中也可以看出，该 MapReduce Job 只有 Map 任务，而没有 Reduce 任
务，MapReduce Job 名称为"student.jar"。同时，也可以通过 YARN Web UI 查看该 MapReduce

应用程序的执行情况。

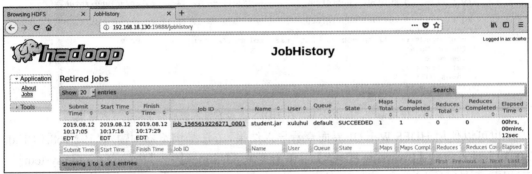

图 8-19　使用 MapReduce Web 查看 sqoop import 命令导入表所有字段转换成的 MapReduce Job 执行历史

从图 8-16 和图 8-17 中均可以看出，从 MySQL 导入数据到 HDFS 上时，数据默认存储路径是/user/用户名/表名。需要注意的是，当再次执行上述 "sqoop import" 命令时，会抛出文件已存在的错误，具体错误信息为：

> ERROR tool.ImportTool: Import failed: org.apache.hadoop.mapred.FileAlreadyExistsException:
>
> Output directory hdfs://192.168.18.130:9000/user/xuluhui/student already exists

这是因为当 MapReduce 作业输出时，如果输出结果已经存在，那么就会报错。解决方法是手工将该路径删除，但是每次都手工删除非常麻烦，Sqoop 中提供了参数 "--delete-target-dir" 用于自动删除已存在的输出路径。上述 "sqoop import" 可以修改为下面内容：

```
sqoop import \
--connect jdbc:mysql://192.168.18.130:3306/sqoop \
--username root \
--password xijing \
--table student \
--num-mappers 1 \
--delete-target-dir
```

3) 导入表的指定字段

使用 Sqoop 将 MySQL 中表 sqoop.student 的字段 name 和 sex 导入到 HDFS，并保存在 student_column 文件中，使用的命令如下所示：

```
sqoop import \
--connect jdbc:mysql://192.168.18.130:3306/sqoop \
--username root \
--password xijing \
--target-dir student_column \
--delete-target-dir \
--mapreduce-job-name FromMySQLToHDFS_column \
--columns name,sex \
--table student \
--num-mappers 1
```

上述命令执行完毕后，可以使用 "hadoop fs" 或 "hdfs dfs" 命令在 HDFS 上查看导入的结果，如图 8-20 所示。从图 8-20 中可以看到，并没有采用默认导入路径是/user/用户名/表名，而是本例中参数"--target-dir student_column"的指定路径即"/user/xuluhui/student_column"。

```
[xuluhui@master ~]$ hadoop fs -ls /user/xuluhui
Found 2 items
drwxr-xr-x   - xuluhui supergroup          0 2019-08-12 10:17 /user/xuluhui/stud
ent
drwxr-xr-x   - xuluhui supergroup          0 2019-08-12 23:20 /user/xuluhui/stud
ent_column
[xuluhui@master ~]$ hadoop fs -ls /user/xuluhui/student_column
Found 2 items
-rw-r--r--   3 xuluhui supergroup          0 2019-08-12 23:20 /user/xuluhui/stud
ent_column/_SUCCESS
-rw-r--r--   3 xuluhui supergroup         57 2019-08-12 23:20 /user/xuluhui/stud
ent_column/part-m-00000
[xuluhui@master ~]$ hadoop fs -cat /user/xuluhui/student_column/part-m-00000
Thomas,Male
Tom,Male
Mary,Female
James,Male
Alice,Female
[xuluhui@master ~]$
```

图 8-20　使用命令"hadoop fs"在 HDFS 上查看导入表指定字段的导入结果

另外，从 MapReduce Web UI 上查看该 MapReduce Job 的执行历史信息，如图 8-21 所示。从图 8-21 中也可以看出，该 MapReduce Job 名称为"FromMySQLToHDFS_column"。

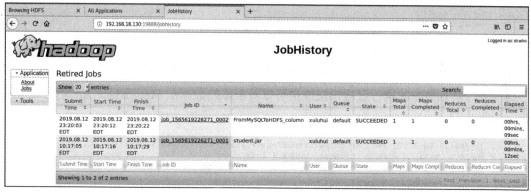

图 8-21　使用 MapReduce Web 查看 sqoop import 命令导入表指定字段转换成的 MapReduce Job 执行历史

4）导入指定条件的数据

使用 Sqoop 将 MySQL 中表 sqoop.student 的男性数据信息导入到 HDFS，并保存在 student_where 文件中。使用的命令如下所示：

```
sqoop import \
--connect jdbc:mysql://192.168.18.130:3306/sqoop \
--username root \
--password xijing \
--target-dir student_where \
--delete-target-dir \
--mapreduce-job-name FromMySQLToHDFS_where \
--table student \
```

--where 'sex="Male"'

其中未指定--num-mappers。

上述命令执行完毕后，可以使用"hadoop fs"或"hdfs dfs"命令在 HDFS 上查看导入的结果，如图 8-22 所示。从图 8-22 中可以看到，并没有使用--num-mappers 并指定为 1，所以在 HDFS 上输出 part-m-00000 ～ part-m-00003 四个文件。另外，由于使用"--where 'sex="Male"'"指定了筛选条件，因此导入的数据中只能看到 3 条男性(Male)数据，本例导入到 HDFS 上的指定路径为"/user/xuluhui/student_where"。

图 8-22　使用命令"hadoop fs"在 HDFS 上查看导入表指定字段的导入结果

另外，从该命令的执行过程信息中也可以看出原始数据被 MapReduce Job 切分成了 4份，如图 8-23 所示。

图 8-23　使用命令"sqoop import"导入指定条件数据的运行过程(2)

　　另外，从 MapReduce Web UI 上查看 MapReduce Job "FromMySQLToHDFS_where" 的执行历史信息，如图 8-24 所示。从图中也可以看出，该 MapReduce Job 分配了 4 个 Map 任务。

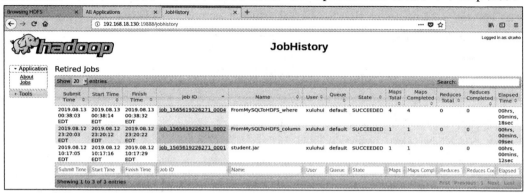

图 8-24　使用 MapReduce Web 查看 sqoop import 命令导入指定条件数据转换成 MapReduce Job 的执行历史

5) 导入指定查询语句的数据

　　使用 Sqoop 将 MySQL 中表 sqoop.student 的 "SELECT * FROM sqoop.student WHERE sex="Female"" 数据导入到 HDFS，并保存在 student_query 文件中。使用的命令如下所示：

```
sqoop import \
--connect jdbc:mysql://192.168.18.130:3306/sqoop \
--username root \
--password xijing \
--target-dir student_query \
--delete-target-dir \
--mapreduce-job-name FromMySQLToHDFS_query \
--query 'SELECT * FROM sqoop.student WHERE sex="Female" AND $CONDITIONS' \
--num-mappers 1
```

　　上述命令执行完毕后，可以使用 "hadoop fs" 或 "hdfs dfs" 命令在 HDFS 上查看导入的结果，如图 8-25 所示。从图 8-25 中可以看到，导入到 HDFS 上的指定路径为 "/user/xuluhui/student_query"，数据为 query 的查询结果，即 sqoop.student 表中的女性(Female)数据。

```
[xuluhui@master ~]$ hadoop fs -ls /user/xuluhui
Found 4 items
drwxr-xr-x   - xuluhui supergroup          0 2019-08-12 10:17 /user/xuluhui/stud
ent
drwxr-xr-x   - xuluhui supergroup          0 2019-08-12 23:20 /user/xuluhui/stud
ent_column
drwxr-xr-x   - xuluhui supergroup          0 2019-08-13 01:35 /user/xuluhui/stud
ent_query
drwxr-xr-x   - xuluhui supergroup          0 2019-08-13 00:38 /user/xuluhui/stud
ent_where
[xuluhui@master ~]$ hadoop fs -ls /user/xuluhui/student_query
Found 2 items
-rw-r--r--   3 xuluhui supergroup          0 2019-08-13 01:35 /user/xuluhui/stud
ent_query/_SUCCESS
-rw-r--r--   3 xuluhui supergroup         29 2019-08-13 01:35 /user/xuluhui/stud
ent_query/part-m-00000
[xuluhui@master ~]$ hadoop fs -cat /user/xuluhui/student_query/part-m-00000
3,Mary,Female
5,Alice,Female
[xuluhui@master ~]$
```

图 8-25　使用命令 "hadoop fs" 在 HDFS 上查看导入指定查询语句数据的导入结果

6) 使用指定压缩格式和存储格式导入表数据

使用 Sqoop 将 MySQL 中表 sqoop.student 的 "SELECT * FROM sqoop.student WHERE sex="Female"" 数据导入到 HDFS，保存在 student_compress 文件中，并要求存储格式为 "SequenceFile"，压缩使用 codec 编码。使用的命令如下所示：

```
sqoop import \
--connect jdbc:mysql://192.168.18.130:3306/sqoop \
--username root \
--password xijing \
--target-dir student_compress \
--delete-target-dir \
--mapreduce-job-name FromMySQLToHDFS_compress \
--as-sequencefile \
--compression-codec org.apache.hadoop.io.compress.SnappyCodec \
--query 'SELECT * FROM sqoop.student WHERE sex="Female" AND $CONDITIONS' \
--num-mappers 1
```

上述命令执行完毕后，可以使用 "hadoop fs" 或 "hdfs dfs" 命令在 HDFS 上查看导入的结果，如图 8-26 所示。从图 8-26 中可以看到，导入到 HDFS 上的指定路径为 "/user/xuluhui/student_compress"，使用-cat 查看数据内容时为乱码。

```
[xuluhui@master ~]$ hadoop fs -ls /user/xuluhui
Found 5 items
drwxr-xr-x   - xuluhui supergroup          0 2019-08-12 10:17 /user/xuluhui/stud
ent
drwxr-xr-x   - xuluhui supergroup          0 2019-08-12 23:20 /user/xuluhui/stud
ent_column
drwxr-xr-x   - xuluhui supergroup          0 2019-08-13 01:52 /user/xuluhui/stud
ent_compress
drwxr-xr-x   - xuluhui supergroup          0 2019-08-13 01:35 /user/xuluhui/stud
ent_query
drwxr-xr-x   - xuluhui supergroup          0 2019-08-13 00:38 /user/xuluhui/stud
ent_where
[xuluhui@master ~]$ hadoop fs -ls /user/xuluhui/student_compress
Found 2 items
-rw-r--r--   3 xuluhui supergroup          0 2019-08-13 01:52 /user/xuluhui/stud
ent_compress/_SUCCESS
-rw-r--r--   3 xuluhui supergroup        237 2019-08-13 01:52 /user/xuluhui/stud
ent_compress/part-m-00000
[xuluhui@master ~]$ hadoop fs -cat /user/xuluhui/student_compress/part-m-00000
SEQ org.apache.hadoop.io.LongWritable
                              QueryResult org.apache.hadoop.io.compres
, ████bbb% ████
                  ████
                  ███████'('H██Mary██Female███Alice██Female[xuluhui@master ~]$
```

图 8-26　使用命令 "hadoop fs" 在 HDFS 上查看指定压缩和存储格式的导入结果

7) 使用指定分隔符导入表数据

使用 Sqoop 将 MySQL 中表 sqoop.student 所有数据导入到 HDFS，保存在 student_delimiter 文件中，要求输出结果的字段分隔符为 "\t"。本例使用的命令如下所示：

```
sqoop import \
```

```
--connect jdbc:mysql://192.168.18.130:3306/sqoop \
--username root \
--password xijing \
--target-dir student_delimiter \
--delete-target-dir \
--mapreduce-job-name FromMySQLToHDFS_delimiter \
--fields-terminated-by '\t' \
--table student \
--num-mappers 1
```

上述命令执行完毕后，可以使用"hadoop fs"或"hdfs dfs"命令在 HDFS 上查看导入的结果，如图 8-27 所示。从图 8-27 中可以看到，导入到 HDFS 上的指定路径为"/user/xuluhui/student_delimiter"，输出结果字段之间的分隔符为"\t"。

```
[xuluhui@master ~]$ hadoop fs -ls /user/xuluhui
Found 6 items
drwxr-xr-x   - xuluhui supergroup          0 2019-08-12 10:17 /user/xuluhui/stud
ent
drwxr-xr-x   - xuluhui supergroup          0 2019-08-12 23:20 /user/xuluhui/stud
ent_column
drwxr-xr-x   - xuluhui supergroup          0 2019-08-13 01:52 /user/xuluhui/stud
ent_compress
drwxr-xr-x   - xuluhui supergroup          0 2019-08-13 03:21 /user/xuluhui/stud
ent_delimiter
drwxr-xr-x   - xuluhui supergroup          0 2019-08-13 01:35 /user/xuluhui/stud
ent_query
drwxr-xr-x   - xuluhui supergroup          0 2019-08-13 00:38 /user/xuluhui/stud
ent_where
[xuluhui@master ~]$ hadoop fs -ls /user/xuluhui/student_delimiter
Found 2 items
-rw-r--r--   3 xuluhui supergroup          0 2019-08-13 03:21 /user/xuluhui/stud
ent_delimiter/_SUCCESS
-rw-r--r--   3 xuluhui supergroup         67 2019-08-13 03:21 /user/xuluhui/stud
ent_delimiter/part-m-00000
[xuluhui@master ~]$ hadoop fs -cat /user/xuluhui/student_delimiter/part-m-00000
1       Thomas  Male
2       Tom     Male
3       Mary    Female
4       James   Male
5       Alice   Female
[xuluhui@master ~]$
```

图 8-27　使用命令"hadoop fs"在 HDFS 上查看指定压缩和存储格式的导入结果

3. 使用 Sqoop 导出 HDFS 数据到 MySQL

【案例 8-5】　使用"sqoop export"命令将 HDFS 中的数据导入到 MySQL 中。

分析如下：

本案例的实现要求 MySQL 和 Hadoop 集群都处于启动状态，具体实现过程如下所述：

1）MySQL 导出准备

在 MySQL 下创建待导出的表，若导出的表在数据库中不存在，则报错；若重复导出数据多次，表中的数据则会重复。在 MySQL 下使用 SQL 语句创建一个跟上文 sqoop.student 表结构相同的表，具体使用的语句如下所示：

```
CREATE TABLE sqoop.student_export AS SELECT * FROM sqoop.student WHERE 1=2;
```

执行完上述 SQL 语句后，sqoop 数据库中 student_export 表的结构和记录如图 8-28 所示。

```
mysql> desc sqoop.student_export;
+-------+-------------+------+-----+---------+-------+
| Field | Type        | Null | Key | Default | Extra |
+-------+-------------+------+-----+---------+-------+
| id    | int(4)      | NO   |     | 0       |       |
| name  | varchar(50) | YES  |     | NULL    |       |
| sex   | varchar(10) | YES  |     | NULL    |       |
+-------+-------------+------+-----+---------+-------+
3 rows in set (0.00 sec)

mysql> select * from sqoop.student_export;
Empty set (0.00 sec)

mysql>
```

图 8-28　MySQL 中 sqoop.student_export 表的结构和记录

2) 导出表的所有字段

使用 Sqoop 将 HDFS 上/user/xuluhui/student 数据导出到 MySQL 中表 sqoop.student_export 中。使用的命令如下所示，其中导出的并行度为 1：

```
sqoop export \
--connect jdbc:mysql://192.168.18.130:3306/sqoop \
--username root \
--password xijing \
--table student_export \
--export-dir /user/xuluhui/student \
--num-mappers 1
```

上述命令的运行过程及效果如图 8-29 和图 8-30 所示。从图 8-29 和图 8-30 中可以看出，Sqoop 将命令转换成了一个 MapReduce Job，数据的传输和转换都是通过 Mapper 来完成的，并不需要 Reducer。

```
[xuluhui@master ~]$ sqoop export \
> --connect jdbc:mysql://192.168.18.130:3306/sqoop \
> --username root \
> --password xijing \
> --table student_export \
> --export-dir /user/xuluhui/student \
> --num-mappers 1
Warning: /usr/local/sqoop-1.4.7/../hbase does not exist! HBase imports will fail.
Please set $HBASE_HOME to the root of your HBase installation.
Warning: /usr/local/sqoop-1.4.7/../hcatalog does not exist! HCatalog jobs will fail.
Please set $HCAT_HOME to the root of your HCatalog installation.
Warning: /usr/local/sqoop-1.4.7/../accumulo does not exist! Accumulo imports will fail.
Please set $ACCUMULO_HOME to the root of your Accumulo installation.
19/08/13 05:03:14 INFO sqoop.Sqoop: Running Sqoop version: 1.4.7
19/08/13 05:03:14 WARN tool.BaseSqoopTool: Setting your password on the command-line is insecure. Consider using -P instead.
19/08/13 05:03:14 INFO manager.MySQLManager: Preparing to use a MySQL streaming resultset.
19/08/13 05:03:14 INFO tool.CodeGenTool: Beginning code generation
```

图 8-29　使用命令"sqoop export"导出表所有字段的运行过程(1)

```
19/08/13 05:03:19 INFO client.RMProxy: Connecting to ResourceManager at master/1
92.168.18.130:8032
19/08/13 05:03:22 INFO input.FileInputFormat: Total input files to process : 1
19/08/13 05:03:22 INFO input.FileInputFormat: Total input files to process : 1
19/08/13 05:03:22 INFO mapreduce.JobSubmitter: number of splits:1
19/08/13 05:03:22 INFO Configuration.deprecation: mapred.map.tasks.speculative.e
xecution is deprecated. Instead, use mapreduce.map.speculative
19/08/13 05:03:22 INFO Configuration.deprecation: yarn.resourcemanager.system-me
trics-publisher.enabled is deprecated. Instead, use yarn.system-metrics-publishe
r.enabled
19/08/13 05:03:22 INFO mapreduce.JobSubmitter: Submitting tokens for job: job_15
65619226271_0008
19/08/13 05:03:23 INFO impl.YarnClientImpl: Submitted application application_15
65619226271_0008
19/08/13 05:03:23 INFO mapreduce.Job: The url to track the job: http://master:80
88/proxy/application_1565619226271_0008/
19/08/13 05:03:23 INFO mapreduce.Job: Running job: job_1565619226271_0008
19/08/13 05:03:34 INFO mapreduce.Job: Job job_1565619226271_0008 running in uber
 mode : false
19/08/13 05:03:34 INFO mapreduce.Job:  map 0% reduce 0%
19/08/13 05:03:45 INFO mapreduce.Job:  map 100% reduce 0%
19/08/13 05:03:45 INFO mapreduce.Job: Job job_1565619226271_0008 completed succe
ssfully
19/08/13 05:03:45 INFO mapreduce.Job: Counters: 30
        File System Counters
                FILE: Number of bytes read=0
                FILE: Number of bytes written=206472
                FILE: Number of read operations=0
                FILE: Number of large read operations=0
                FILE: Number of write operations=0
                HDFS: Number of bytes read=211
                HDFS: Number of bytes written=0
                HDFS: Number of read operations=4
                HDFS: Number of large read operations=0
```

图 8-30　使用命令 "sqoop export" 导出表所有字段的运行过程(2)

上述命令执行完毕后，进入 MySQL 使用 SELECT 语句查看导出的结果，如图 8-31 所示。从图 8-31 中可以看出，数据已从 HDFS 文件 "/user/xuluhui/student" 导出到 MySQL 表 sqoop.student_export 中。

```
mysql> select * from sqoop.student_export;
+----+--------+--------+
| id | name   | sex    |
+----+--------+--------+
|  1 | Thomas | Male   |
|  2 | Tom    | Male   |
|  3 | Mary   | Female |
|  4 | James  | Male   |
|  5 | Alice  | Female |
+----+--------+--------+
5 rows in set (0.01 sec)

mysql>
```

图 8-31　使用 SELECT 语句在 MYSQL 上查看导出表所有字段的导出结果

另外，从 MapReduce Web UI 上可以看到该 MapReduce Job 的执行历史信息，如图 8-32 所示。从图 8-32 中也可以看出，该 MapReduce Job 只有 Map 任务，而没有 Reduce 任务，MapReduce Job 名称为 "student_export.jar"。

图 8-32　使用 MapReduce Web 查看 sqoop export 命令导出表所有字段转换成的 MapReduce Job 的执行历史

　　同时，从 YARN Web UI 上也可以看到该 MapReduce 应用程序的执行历史信息，如图 8-33 所示。从图 8-33 中也可以看出，该 MapReduce 应用程序的名称为"student_export.jar"。

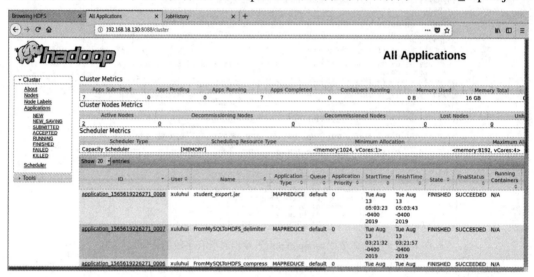

图 8-33　使用 YARN Web 查看 sqoop export 命令导出表所有字段转换成的 MapReduce Job 的执行历史

　　需要注意的是，当再次执行上述"sqoop export"命令时，不会出现错误，数据会再次插入到 MySQL 中，所以在实际工作中要先根据条件将表中的数据删除后再导出。

3) 导出表的指定字段

　　使用 Sqoop 将 HDFS 上/user/xuluhui/student_column 指定字段数据导出到 MySQL 中表 sqoop.student_export 中。

　　为了测试出效果，建议首先删除目标表 sqoop.student_export 的所有数据，在 MySQL 上使用如下 SQL 语句完成：

```
DELETE FROM sqoop.student_export;
```

使用的命令如下所示：

```
sqoop export \
--connect jdbc:mysql://192.168.18.130:3306/sqoop \
--username root \
--password xijing \
--table student_export \
--columns name,sex \
--export-dir /user/xuluhui/student_column \
--mapreduce-job-name FromHDFSToMySQL_column
```

其中并未指定--num-mappers，采用默认的 4。

　　上述命令执行完毕后，进入 MySQL 使用 SELECT 语句查看导出的结果，如图 8-34 所示。从图 8-34 中可以看出，数据已从 HDFS 文件"/user/xuluhui/student_column"导出到 MySQL 表 sqoop.student_export 中，且只导出 name 和 sex 两个字段。由于 id 不能为空，因此用默认值 0 填充了。

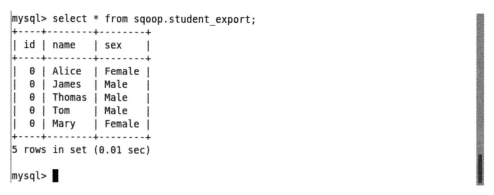

图 8-34　使用 SELECT 语句查看导出结果

另外，从 MapReduce Web UI 上查看该 MapReduce Job 的执行历史信息，如图 8-35 所示。从图 8-35 中也可以看出，该 MapReduce Job 名称为 "FromHDFSToMySQL_column"，且使用 4 个 Map Task 完成。

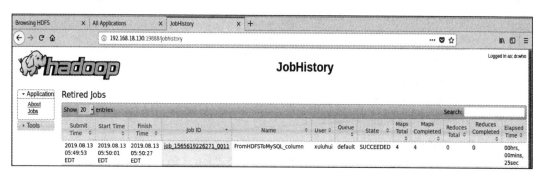

图 8-35　使用 MapReduce Web 查看 sqoop export 命令导出表指定字段转换成的 MapReduce Job 的执行历史

4）导出表时指定分隔符

使用 Sqoop 将 HDFS 上 /user/xuluhui/student_delimiter 数据导出到 MySQL 中表 sqoop.student_export 中，并指定数据列的分隔符为 "\t"。

首先删除目标表 sqoop.student_export 的所有数据，然后使用如下命令：

```
sqoop export \
--connect jdbc:mysql://192.168.18.130:3306/sqoop \
--username root \
--password xijing \
--table student_export \
--export-dir /user/xuluhui/student_delimiter \
--fields-terminated-by '\t' \
--num-mappers 1
```

上述命令执行完毕后，进入 MySQL 使用 SELECT 语句查看导出的结果，如图 8-36 所示。从图 8-36 中可以看出，数据已从 HDFS 文件 "/user/xuluhui/student_delimiter" 导出到 MySQL 表 sqoop.student_export 中。

```
mysql> select * from sqoop.student_export;
+----+--------+--------+
| id | name   | sex    |
+----+--------+--------+
|  1 | Thomas | Male   |
|  2 | Tom    | Male   |
|  3 | Mary   | Female |
|  4 | James  | Male   |
|  5 | Alice  | Female |
+----+--------+--------+
5 rows in set (0.01 sec)

mysql>
```

图 8-36　使用 SELECT 语句在 MYSQL 上查看导出表时指定分隔符的导出结果

5) 批量导出

使用 Sqoop 将 HDFS 上 /user/xuluhui/student 数据批量导出到 MySQL 中表 sqoop.student_export 中。

首先删除目标表 sqoop.student_export 的所有数据，然后使用如下命令：

```
sqoop export \
-Dsqoop.export.records.pre.statement=10 \
--connect jdbc:mysql://192.168.18.130:3306/sqoop \
--username root \
--password xijing \
--table student_export \
--export-dir /user/xuluhui/student \
--num-mappers 1
```

从 MapReduce Web 上对比该 MapReduce Job "job_1565619226271_0015" 和上文 "job_1565619226271_0008" 的执行历史信息，如图 8-37 所示。从图 8-37 中也可以看出，job_1565619226271_0015 的完成时间是 8 秒，job_1565619226271_0008 的完成时间是 9 秒，HDFS 文件相同，都使用 1 个 Map Task。也就是说，加入批量导出参数 -Dsqoop.export.records.pre.statement 后速度快一些。当然，本案例中的 HDFS 数据量很少。若待导出的 HDFS 数据量很大时，批量导出的优势会大大地呈现出来。

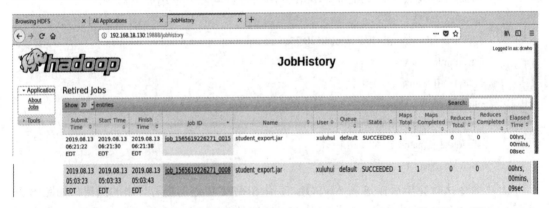

图 8-37　"job_1565619226271_0015" 和 "job_1565619226271_0008" 执行信息对比

关于使用 Sqoop 将数据从 MySQL 到 Hive/HBase 的导入/导出操作、从 Oracle 等其他关系数据库到 HDFS/Hive/HBase 的导入/导出操作此处将不再赘述，读者可以使用"sqoop help import"和"sqoop help export"查阅帮助，自行实践。

4. 使用 sqoop --options-file

【案例 8-6】　将上文任意 Sqoop 命令例如【案例 8-4】中"2)导入表的所有字段"保存在/usr/local/sqoop-1.4.7/scriptsTest/import_student.opt 文件中，并使用 sqoop --options-file 执行该脚本文件。

分析如下：

(1) 创建目录/usr/local/sqoop-1.4.7/scriptsTest。

(2) 新建文件/usr/local/sqoop-1.4.7/scriptsTest/import_student.opt，并在该文件中输入以下内容：

```
import
--connect
jdbc:mysql://192.168.18.130:3306/sqoop
--username
root
--password
xijing
--table
student
--target-dir
student_options_file
--num-mappers
1
```

(3) 使用如下命令执行脚本文件 import_student.opt：

```
sqoop --options-file /usr/local/sqoop-1.4.7/scriptsTest/import_student.opt
```

(4) 上述命令执行完毕后，可以使用"hadoop fs"或"hdfs dfs"命令在 HDFS 上查看导入的结果，如图 8-38 所示。

```
[xuluhui@master ~]$ hadoop fs -ls /user/xuluhui/student_options_file
Found 2 items
-rw-r--r--   3 xuluhui supergroup          0 2019-08-13 09:01 /user/xuluhui/stud
ent_options_file/_SUCCESS
-rw-r--r--   3 xuluhui supergroup         67 2019-08-13 09:01 /user/xuluhui/stud
ent_options_file/part-m-00000
[xuluhui@master ~]$ hadoop fs -cat /user/xuluhui/student_options_file/part-m-000
00
1,Thomas,Male
2,Tom,Male
3,Mary,Female
4,James,Male
5,Alice,Female
[xuluhui@master ~]$
```

图 8-38　使用 sqoop --options-file 脚本方式进行数据导入的结果

5. 使用 sqoop job

【案例 8-7】　将上文任意 Sqoop 命令如【案例 8-4】中"2)导入表的所有字段"定义成 Sqoop Job，并尝试执行、查看等功能。

分析如下：

(1) 创建 Sqoop Job，使用的命令如下所示：

```
sqoop job --create sqoop_job    -- \
import --connect jdbc:mysql://192.168.18.130:3306/sqoop \
--username root \
--password xijing \
--table student \
--target-dir student_sqoop_job \
--num-mappers 1
```

读者需要注意的是，上述命令中"import"和其前的"--"中间必须有 1 个空格，否则会出错。

另外，上述命令执行过程中可能会出现异常"Exception in thread "main" java.lang.NoClassDefFoundError: org/json/JSONObject"，这是因为 Sqoop 缺少 java-json.jar 包，解决方法是下载 java-json.jar，并把 java-json.jar 添加到$SQOOP_HOME/lib 下。

(2) 列出 Sqoop Job，使用的命令如下所示：

```
sqoop job --list
```

上述两条命令的执行过程及结果如图 8-39 所示。

```
[xuluhui@master ~]$ sqoop job --create sqoop_job  -- \
> import --connect jdbc:mysql://192.168.18.130:3306/sqoop \
> --username root \
> --password xijing \
> --table student \
> --target-dir student_sqoop_job \
> --num-mappers 1
Warning: /usr/local/sqoop-1.4.7/../hbase does not exist! HBase imports will fail
.
Please set $HBASE_HOME to the root of your HBase installation.
Warning: /usr/local/sqoop-1.4.7/../hcatalog does not exist! HCatalog jobs will f
ail.
Please set $HCAT_HOME to the root of your HCatalog installation.
Warning: /usr/local/sqoop-1.4.7/../accumulo does not exist! Accumulo imports wil
l fail.
Please set $ACCUMULO_HOME to the root of your Accumulo installation.
19/08/13 09:57:25 INFO sqoop.Sqoop: Running Sqoop version: 1.4.7
19/08/13 09:57:26 WARN tool.BaseSqoopTool: Setting your password on the command-
line is insecure. Consider using -P instead.
[xuluhui@master ~]$ sqoop job --list
Warning: /usr/local/sqoop-1.4.7/../hbase does not exist! HBase imports will fail
.
Please set $HBASE_HOME to the root of your HBase installation.
Warning: /usr/local/sqoop-1.4.7/../hcatalog does not exist! HCatalog jobs will f
ail.
Please set $HCAT_HOME to the root of your HCatalog installation.
Warning: /usr/local/sqoop-1.4.7/../accumulo does not exist! Accumulo imports wil
l fail.
Please set $ACCUMULO_HOME to the root of your Accumulo installation.
19/08/13 10:02:32 INFO sqoop.Sqoop: Running Sqoop version: 1.4.7
Available jobs:
  sqoop_job
[xuluhui@master ~]$
```

图 8-39　使用命令 sqoop job 定义和查看 Sqoop Job

(3) 执行 Sqoop Job，使用的命令如下所示：

```
sqoop job --exec sqoop_job
```

命令的执行效果如图 8-40 所示。从图 8-40 中可以看到，执行 Sqoop Job 过程中需要输入 MySQL 密码，主要原因是在执行 Job 时使用--password 参数会发出警告，并且需要输入密码才能执行 Job。当采用--password-file 参数时，执行 Job 时就无需输入数据库密码。

```
[xuluhui@master ~]$ sqoop job --exec sqoop_job
Warning: /usr/local/sqoop-1.4.7/../hbase does not exist! HBase imports will fail
.
Please set $HBASE_HOME to the root of your HBase installation.
Warning: /usr/local/sqoop-1.4.7/../hcatalog does not exist! HCatalog jobs will f
ail.
Please set $HCAT_HOME to the root of your HCatalog installation.
Warning: /usr/local/sqoop-1.4.7/../accumulo does not exist! Accumulo imports wil
l fail.
Please set $ACCUMULO_HOME to the root of your Accumulo installation.
19/08/13 10:09:15 INFO sqoop.Sqoop: Running Sqoop version: 1.4.7
Enter password:
19/08/13 10:10:28 INFO manager.MySQLManager: Preparing to use a MySQL streaming
resultset.
19/08/13 10:10:28 INFO tool.CodeGenTool: Beginning code generation
Tue Aug 13 10:10:28 EDT 2019 WARN: Establishing SSL connection without server's
identity verification is not recommended. According to MySQL 5.5.45+, 5.6.26+ an
d 5.7.6+ requirements SSL connection must be established by default if explicit
option isn't set. For compliance with existing applications not using SSL the ve
rifyServerCertificate property is set to 'false'. You need either to explicitly
disable SSL by setting useSSL=false, or set useSSL=true and provide truststore f
or server certificate verification.
19/08/13 10:10:29 INFO manager.SqlManager: Executing SQL statement: SELECT t.* F
ROM `student` AS t LIMIT 1
19/08/13 10:10:29 INFO manager.SqlManager: Executing SQL statement: SELECT t.* F
ROM `student` AS t LIMIT 1
19/08/13 10:10:29 INFO orm.CompilationManager: HADOOP_MAPRED_HOME is /usr/local/
hadoop-2.9.2
Note: /tmp/sqoop-xuluhui/compile/e93ec6fe42492ab0a87a60604e8ccb8a/student.java u
ses or overrides a deprecated API.
Note: Recompile with -Xlint:deprecation for details.
19/08/13 10:10:30 INFO orm.CompilationManager: Writing jar file: /tmp/sqoop-xulu
```

图 8-40　使用命令 sqoop job 执行 Sqoop Job

（4）上述所有命令执行完毕后，可以使用"hadoop fs"或"hdfs dfs"命令在 HDFS 上查看导入的结果，如图 8-41 所示。

```
[xuluhui@master ~]$ hadoop fs -ls /user/xuluhui/student_sqoop_job
Found 2 items
-rw-r--r--   3 xuluhui supergroup          0 2019-08-13 10:10 /user/xuluhui/stud
ent_sqoop_job/_SUCCESS
-rw-r--r--   3 xuluhui supergroup         67 2019-08-13 10:10 /user/xuluhui/stud
ent_sqoop_job/part-m-00000
[xuluhui@master ~]$ hadoop fs -cat /user/xuluhui/student_sqoop_job/part-m-00000
1,Thomas,Male
2,Tom,Male
3,Mary,Female
4,James,Male
5,Alice,Female
[xuluhui@master ~]$
```

图 8-41　在 HDFS 上查看导入结果

思考与练习题

1. 尝试使用"sqoop import/export"命令实现数据从 HBase 到 MySQL 的导入、导出。
2. 尝试使用"sqoop import/export"命令实现数据从 Hive 到 MySQL 的导入、导出。

参 考 文 献

[1] Apache Sqoop[EB/OL]. [2019-3-18]. https://sqoop.apache.org/.
[2] GitHub-Apache Sqoop[EB/OL]. [2018-11-28]. https://github.com/apache/sqoop.
[3] Apache Software Foundation. Apache Sqoop 1.4.7 官方参考指南[EB/OL]. [2017-12]. https://sqoop.apache.org/docs/1.4.7/.

实验9　实战 Flume

本实验的知识结构图如图 9-1 所示(★表示重点，▶表示难点)。

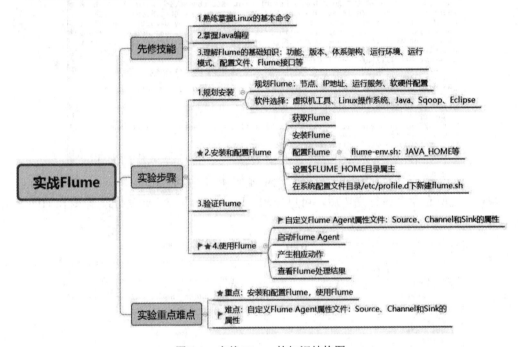

图 9-1　实战 Flume 的知识结构图

9.1　实验目的、实验环境和实验内容

一、实验目的

(1) 了解 Flume 的功能、版本。

(2) 理解 Flume 的体系架构。

(3) 熟练掌握 Flume 的安装方法。

(4) 熟练掌握 Flume Agent 的自定义及 Flume Shell 常用命令的使用。

(5) 了解 Flume API 编程。

二、实验环境

本实验所需的软件环境包括 CentOS、Oracle JDK 1.6+、Flume 安装包、Eclipse。

三、实验内容

(1) 规划安装。

(2) 安装和配置 Flume。

(3) 验证 Fume。

(4) 使用 Flume。

9.2 实 验 原 理

Apache Flume 是 Cloudera 公司提供的一个开源的、分布式的、高可靠的、高可用的海量日志采集、聚合和传输系统，是 Apache 的顶级项目。

9.2.1 初识 Flume

1. Flume 概述

日志是大数据分析领域的主要数据来源之一，如何将线上大量的业务系统日志高效、可靠地迁移到 HDFS 呢？解决方法是使用 shell 编写脚本，采用 crontab 进行调度。但是，如果日志量太大，涉及存储格式、压缩格式、序列化等问题时，如何解决呢？从不同的源端收集日志是不是要写多个脚本呢？若要存放到不同的地方，该如何处理？Flume 提供了一个很好的解决方案。

Flume 是 Cloudera 开发的实时日志收集系统，受到了业界的认可和广泛使用，于 2009 年7 月开源，后变成 Apache 的顶级项目之一。Flume 采用 Java 语言编写，致力于解决大量日志流数据的迁移问题，可以高效地收集、聚合和移动海量日志，是一个纯粹为流式数据迁移而产生的分布式服务。Flume 支持在日志系统中定制各类数据发送方，用于收集数据，同时 Flume 提供对数据进行简单处理并写到各类数据接收方的能力。Flume 具有基于数据流的简单灵活的架构、高可靠性机制、故障转移和恢复机制，使用简单的可扩展数据模型，允许在线分析应用程序。

Flume 具有以下特征：

(1) 高可靠性。Flume 提供了端到端的数据可靠性机制。

(2) 易于扩展。Agent 为分布式架构，可水平扩展。

(3) 易于恢复。Channel 中保存了与数据源有关的事件，用于操作失败时的恢复。

(4) 功能丰富。Flume 内置了多种组件，包括不同的数据源和不同的存储方式。

2. Flume 版本

Flume 目前有 0.9.x 和 1.x 两种版本。第一代指 0.9.x 版本，隶属于 Cloudera，称为 Flume OG(Original Generation)。随着 Flume 功能的不断扩展，其代码工程臃肿、核心组件设计不合理、核心配置不标准等缺点一一暴露出来。尤其是在 Flume OG 最后一个发行版本 0.94.0 中，日志传输不稳定的现象尤为严重。为了解决这些问题，2011 年 10 月 Cloudera 重构了 Flume 的核心组件、核心配置和代码架构，形成 1.x 版本。重构后的版本统称为 Flume NG (Next Generation)，即第二代 Flume，并将 Flume 贡献给了 Apache，Cloudera Flume 改名为 Apache Flume。Flume 变成一种更纯粹的流数据传输工具。

本章内容是围绕 Flume NG 展开讨论的。

9.2.2　Flume 的体系架构

Apache Flume 由一组以分布式拓扑结构相互连接的代理构成，Flume 代理是由持续运行的 Source(数据来源)、Sink(数据目标)以及 Channel(用于连接 Source 和 Sink)三个 Java 进程构成。Flume 的 Source 产生事件，并将其传送给 Channel；Channel 存储这些事件直至转发给 Sink。可以把 Source-Channel-Sink 的组合看作是 Flume 的基本构件。Apache Flume 的体系架构如图 9-2 所示。

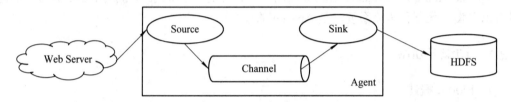

图 9-2　Apache Flume 的体系架构

关于 Flume 体系架构中涉及的重要内容说明如下：

1. Event

Event 是 Flume 事件处理的最小单元。Flume 在读取数据源时，会将一行数据包封装成一个 Event。它主要有 Header 和 Body 两个部分。Header 主要以<Key,Value>形式来记录该数据的一些冗余信息，可用来标记数据唯一信息。利用 Header 的信息可以对数据做出一些额外的操作，如对数据进行一个简单过滤。Body 则是存入真正数据的地方。

2. Agent

Agent 代表一个独立的 Flume 进程，包含组件 Source、Channel 和 Sink。Agent 使用 JVM 运行 Flume，每台机器运行一个 Agent，但是可以在一个 Agent 中包含多个 Source、Channel 和 Sink。Flume 之所以强大，是源于它自身的一个设计——Agent。Agent 本身是一个 Java 进程，运行在日志收集节点。

3. Source

Source 组件是专门用来收集数据的，可以处理各种类型、各种格式的日志数据，包括 Avro、Thrift、Exec、JMS、Spooling Directory、Netcat、Sequence Generator、Syslog、HTTP 等，并将接收的数据以 Flume 的 Event 格式传递给一个或者多个 Channel。

4. Channel

Channel 组件是一种短暂的存储容器，它将从 Source 处接收到的 Event 格式的数据缓存起来，可对数据进行处理，直到它们被 Sink 消费掉，它在 Source 和 Sink 间起着桥梁的作用。Channal 是一个完整的事务，这一点保证了数据在收发时的一致性，并且它可以和任意数量的 Source 和 Sink 连接，存放数据支持的类型包括 JDBC、File、Memory 等。

5. Sink

Sink 组件用于处理 Channel 中数据发送到目的地，包括 HDFS、Logger、Avro、Thrift、IRC、File Roll、HBase、Solr 等。

总之，Flume 处理数据的最小单元是 Event，一个 Agent 代表一个 Flume 进程，一个

Agent=Source+Channel+Sink。Flume 可以进行各种组合选型。

值得注意的是，Flume 提供了大量内置的 Source、Channel 和 Sink 类型，它们的简单介绍如表 9-1 所示。关于这些组件配置和使用的更多信息，请参考 Flume 用户指南，网址为 http://flume.apache.org/releases/content/1.9.0/FlumeUserGuide.html。

表 9-1　Flume 内置 Source、Channel 和 Sink 的类型

类型	组件	描　述
Source	Avro	监听由 Avro Sink 或 Flume SDK 通过 Avro RPC 发送的事件所抵达的端口
	Exec	运行一个 UNIX 命令，并把从标准输出上读取的行转换为事件。请注意，此类 Source 不能保证事件被传递到 Channel，更好的选择可以参考 Spooling Directory Source 或 Flume SDK
	HTTP	监听一个端口，并使用可插拔句柄把 HTTP 请求转换为事件
	JMS	读取来自 JMS Queue 或 Topic 的消息，并将其转换为事件
	Kafka	Apache Kafka 的消费者，读取来自 Kafka Topic 的消息
	Legacy	允许 Flume 1.x Agent 接收来自 Flume 0.9.4 的 Agent 的事件
	Netcat	监听一个端口，并把每行文本转换为一个事件
	Sequence Generator	依据增量计数器来不断生成事件
	Scribe	另一种摄取系统。要采用现有的 Scribe 摄取系统，Flume 应该使用基于 Thrift 的 ScribeSource 和兼容的传输协议
	Spooling Directory	按行读取保存在文件缓冲目录中的文件，并将其转换为事件
	Syslog	从日志中读取行，并将其转换为事件
	Taildir	该 Source 不能用于 Windows
	Thrift	监听由 Thrift Sink 或 Flume SDK 通过 Thrift RPC 发送的事件所抵达的端口
	Twitter 1% firehose	连接的 Streaming API(firehose 的 1%)，并将 tweet 转换为事件
	Custom	用户自定义 Source
Sink	Avro	通过 Avro RPC 发送事件到一个 Avro Source
	ElasticSearchSink	使用 Logstash 格式将事件写到 Elasticsearch 集群
	File Roll	将事件写到本地文件系统
	HBase	使用某种序列化工具将事件写到 HBase
	HDFS	以文本、序列文件将事件写到 HDFS
	Hive	以分割文本或 JSON 格式将事件写到 Hive
	HTTP	从 Channel 获取事件，并使用 HTTP POST 请求将事件发送到远程服务
	IRC	将事件发送给 IRC 通道

续表

类型	组件	描　　述
Sink	Kafka	导出数据到一个 Kafka Topic
	Kite Dataset	将事件写到 Kite Dataset
	Logger	使用 SLF4J 记录 INFO 级别的时间
	MorphlineSolrSink	从 Flume 事件提取数据并转换，在 Apache Solr 服务端实时加载
	Null	丢弃所有事件
	Thrift	通过 Thrift RPC 发送事件到 Thrift Source
	Custom	用户自定义 Sink
Channel	Memory	将事件存储在一个内存队列中
	JDBC	将事件存储在数据库中(嵌入式 Derby)
	Kafka	将事件存储在 Kafka 集群中
	File	将事件存储在一个本地文件系统上的事务日志中
	Spillable Memory	将事件存储在内存缓存中或者磁盘上，内存缓存作为主要存储，磁盘则是接收溢出时的事件
	Pseudo Transaction	只用于单元测试，不用于生产环境

　　Flume 允许表中不同类型的 Source、Channel 和 Sink 自由组合，组合方式基于用户设置的配置文件，非常灵活。例如，Channel 可以把事件暂存在内存里，也可以持久化到本地硬盘上；Sink 可以把日志写入 HDFS、HBase、ElasticSearch 甚至是另外一个 Source 等。Flume 支持用户建立多级流，也就是说多个 Agent 可以协同工作，如图 9-3 所示。

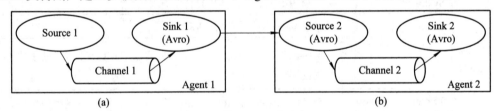

图 9-3　多个 Agent 协同工作

9.2.3　安装 Flume

1. 运行环境

运行 Flume 所需要的系统环境包括操作系统和 Java 环境两部分。

1) 操作系统

Flume 支持不同平台，在当前绝大多数主流的操作系统上都能够运行，例如 Linux、Windows、Mac OS X 等。本书采用的操作系统为 Linux 发行版 CentOS 7。

2) Java 环境

Flume 采用 Java 语言编写，因此它的运行环境需要 Java 环境的支持，Flume 1.9.0 需要 Java 1.8 及以上版本支持。本书采用的 Java 为 Oracle JDK 1.8。

另外，需要为 Source、Channel、Sink 配置足够的内存和为 Channel、Sink 配置足够的磁盘，还需要设置 Agent 监控目录的读/写权限。

2. 运行模式

Flume 支持完全分布模式和单机模式，本书采用单机模式。

3. 配置文件

Flume 启动时，默认读取 $FLUME_HOME/conf/flume-env.sh 文件，该文件用于配置 Flume 的运行参数。

Flume 安装后，在安装目录下有一个示例配置文件 flume-env-template.sh，该模板中已有 JAVA_HOME 等配置项的注释行。Flume 的基本配置很简单，添加 Java 安装路径即可。

9.2.4　Flume Shell

Flume 命令的语法格式如下所示：

```
flume-ng <command> [options]...
```

通过命令"flume-ng help"可查看 flume-ng 命令使用方法，具体如下所示：

```
[xuluhui@master ~]$ flume-ng help
Usage: /usr/local/flume-1.9.0/bin/flume-ng <command> [options]...

commands:
    help                    display this help text
    agent                   run a Flume agent
    avro-client             run an avro Flume client
    version                 show Flume version info

global options:
    --conf,-c <conf>        use configs in <conf> directory
    --classpath,-C <cp>     append to the classpath
    --dryrun,-d             do not actually start Flume, just print the command
    --plugins-path <dirs>   colon-separated list of plugins.d directories. See the plugins.d
section in the user guide for more details. Default: $FLUME_HOME/plugins.d
    -Dproperty=value        sets a Java system property value
    -Xproperty=value        sets a Java -X option

agent options:
    --name,-n <name>        the name of this agent (required)
    --conf-file,-f <file>   specify a config file (required if -z missing)
    --zkConnString,-z <str> specify the ZooKeeper connection to use (required if -f missing)
    --zkBasePath,-p <path>  specify the base path in ZooKeeper for agent configs
    --no-reload-conf        do not reload config file if changed
```

```
    --help,-h                    display help text

avro-client options:
    --rpcProps,-P <file>         RPC client properties file with server connection params
    --host,-H <host>             hostname to which events will be sent
    --port,-p <port>             port of the avro source
    --dirname <dir>              directory to stream to avro source
    --filename,-F <file>         text file to stream to avro source (default: std input)
    --headerFile,-R <file>       File containing event headers as key/value pairs on each new line
    --help,-h                    display help text
```

其中，参数 --conf(或 -c)用于指定 Flume 通用配置，例如环境设置；命令"flume-ng agent"的选项"--name"或者"-n"必须指定；参数--conf-file(或-f)用于指定 Flume 属性文件；参数--name(或-n)用于指定代理的名称，一个 Flume 属性文件可以定义多个代理，因此必须指明运行的是哪一个代理；命令"flume-ng avro-client"的选项"--rpcProps"或者"--host"和"--port"必须指定。

使用命令"flume-ng agent"之前，需要在$FLUME_HOME/conf 下创建 Agent 属性文件，该属性文件内容的一般格式如下所示：

```
#Name the components on this agent
agent1.sources = source1
agent1.sinks = sink1
agent1.channels = channel1

#Describe/configure the source
agent1.sources.source1.type = XXX

#Describe the sink
agent1.sinks.sink1.type = XXX

#Use a channel which buffers events in file
agent1.channels.channel1.type = XXX

#Bind the source and sink to the channel
agent1.sources.source1.channels = channel1
agent1.sinks.sink1.channel = channel1
```

上述属性文件中，只定义了一个 Flume Agent，其名称为 agent1。agent1 中运行一个 Source(即 source1)、一个 Sink(即 sink1)和一个 Channel(即 channel1)。接下来分别定义了 source1、sink1、channel1 的属性，最后定义了 Source、Sink 连接 Channel 的属性。本例的 source1 连接 channel1，sink1 连接 channel1。

读者请注意，Source 的属性是"channels"(复数)，Sink 的属性是"channel"(单数)，这是因为一个 Source 可以向一个以上的 Channel 输送数据，而一个 Sink 只能吸纳来自一个 Channel 的数据。另外，一个 Channel 可以向多个 Sink 输入数据。

9.2.5　Flume API

关于 Flume API 的介绍，读者请参考 Flume 开发者指南 http://flume.apache.org/FlumeDeveloperGuide.html。

9.3　实　验　步　骤

9.3.1　规划安装

1. 规划 Flume

Flume 支持完全分布模式和单机模式。本实验采用单机模式，因此安装 Flume 仅需要一台机器，需要操作系统、Java 环境作为支撑。本实验拟将 Flume 运行在 Linux 上，在主机名为 master 的机器上安装 Flume。Flume 的具体规划表如表 9-2 所示。

表 9-2　Sqoop 部署规划表

主机名	IP 地址	运行服务	软硬件配置
master	192.168.18.130	根据 Source、Sink、Channel 的属性部署组件和启动相应服务	内存：4 GB　　　CPU：1 个 2 核 硬盘：40 GB　　　操作系统：CentOS 7.6.1810 Java：Oracle JDK 8u191 Flume：Flume 1.9.0 Eclipse：Eclipse IDE 2018-09 for Java Developers

2. 软件选择

本实验中所使用的各种软件的名称、版本、发布日期及下载地址如表 9-3 所示。

表 9-3　本书使用软件名称、版本、发布日期及下载地址

软件名称	软件版本	发布日期	下载地址
VMware Workstation Pro	VMware Workstation 14.5.7 Pro for Windows	2017 年 6 月 22 日	https://www.vmware.com/products/workstation-pro.html
CentOS	CentOS 7.6.1810	2018 年 11 月 26 日	https://www.centos.org/download/
Java	Oracle JDK 8u191	2018 年 10 月 16 日	http://www.oracle.com/technetwork/java/javase/downloads/index.html
Flume	Flume 1.9.0	2019 年 1 月 8 日	http://flume.apache.org/download.html
Eclipse	Eclipse IDE 2018-09 for Java Developers	2018 年 9 月	https://www.eclipse.org/downloads/packages

由于本章之前已完成 VMware Workstation Pro、CentOS、Java 的安装，故本实验直接从安装 Flume 开始讲述。

9.3.2　安装和配置 Flume

1. 初始软硬件环境准备

(1) 准备机器，安装操作系统。本书使用 CentOS Linux 7，请读者参见本书实验 1。

(2) 安装和配置 Java，本书使用 Oracle JDK 8u191，请读者参见本书实验 1。

(3) 部署所需组件，例如 MySQL、HBase、Hive、Avro、Kafka、Scribe、Elasticsearch 等。此步可选，要根据实际需要解决的问题决定部署哪些组件和启动服务，请读者参见本书其他相关实验或者查阅其他资料。

2. 获取 Flume

Flume 官方下载地址为 http://flume.apache.org/download.html，本书选用的 Flume 版本是 2019 年 1 月 8 日发布的 Flume 1.9.0，其安装包文件 apache-flume-1.9.0-bin.tar.gz 可存放在 master 机器的/home/xuluhui/Downloads 中。

3. 安装 Flume

Flume 支持完全分布模式和单机模式。本书采用单机模式，在 master 一台机器上安装，以下所有步骤均在 master 一台机器上完成。

首先切换到 root，解压 apache-flume-1.9.0-bin.tar.gz 到安装目录/usr/local 下，使用命令如下所示：

```
su root
cd /usr/local
tar -zxvf /home/xuluhui/Downloads/apache-flume-1.9.0-bin.tar.gz
```

默认解压后的 Flume 目录为 "apache-flume-1.9.0-bin"。名字过长，本书为了方便，将此目录重命名为 "flume-1.9.0"，使用命令如下所示：

```
mv apache-flume-1.9.0-bin flume-1.9.0
```

注意：读者可以不用重命名 Flume 安装目录，采用默认目录名即可，但请注意，后续步骤中关于 Flume 安装目录的设置与此步骤保持一致。

4. 配置 Flume

安装 Flume 后，在$FLUME_HOME/conf 中有一个示例配置文件 flume-env.sh.template。Flume 启动时，默认读取$FLUME_HOME/conf/flume-env.sh 文件，该文件用于配置 Flume 的运行参数。

1) 复制模板配置文件 flume-env.sh.template 为 flume-env.sh

使用命令 "cp" 将 Flume 示例配置文件 flume-env-template.sh 复制并重命名为 flume-env.sh。使用如下命令完成，假设当前目录为 "/usr/local/flume-1.9.0"：

```
cp conf/flume-env.sh.template conf/flume-env.sh
```

2) 修改配置文件 flume-env.sh

读者可以发现，模板中已有 JAVA_HOME 等配置项的注释行，使用命令 "vim conf/flume-env.sh"修改 Flume 配置文件，添加Java安装路径,修改后的配置文件 flume-env.sh 内容如下所示：

```
export JAVA_HOME=/usr/java/jdk1.8.0_191
```

5. 设置$FLUME_HOME 目录属主

为了在普通用户下使用 Flume，将$FLUME_HOME 目录属主设置为 Linux 普通用户
xuluhui，使用以下命令完成：

```
chown -R xuluhui /usr/local/flume-1.9.0
```

6. 在系统配置文件目录/etc/profile.d 下新建 flume.sh

使用 "vim /etc/profile.d/flume.sh" 命令在/etc/profile.d 文件夹下新建文件 flume.sh，添
加如下内容：

```
export FLUME_HOME=/usr/local/flume-1.9.0
export PATH=$FLUME_HOME/bin:$PATH
```

重启机器，使之生效。

此步骤可省略，之所以将$FLUME_HOME/bin 加入到系统环境变量 PATH 中，是因为
当输入 Flume 命令时，无需再切换到$FLUME_HOME/bin，这样使用起来会更加方便，否
则会出现错误信息 "bash: ****: command not found..."。

9.3.3   验证 Flume

切换到普通用户 xuluhui 下，可以使用命令 "flume-ng version" 来查看 Flume 版本，
进而达到测试 Flume 是否安装成功的目的。命令运行效果如图 9-4 所示。从图 9-4 中可以
看出，Flume 安装成功。

```
[xuluhui@master ~]$ flume-ng version
Flume 1.9.0
Source code repository: https://git-wip-us.apache.org/repos/asf/flume.git
Revision: d4fcab4f501d41597bc616921329a4339f73585e
Compiled by fszabo on Mon Dec 17 20:45:25 CET 2018
From source with checksum 35db629a3bda49d23e9b3690c80737f9
[xuluhui@master ~]$
```

图 9-4   验证 Flume

9.3.4   使用 Flume

【案例 9-1】   使用 Flume 实现以下功能：监视本地服务器上的指定目录。每当该目
录下有新增文件时，文件中的每一行都将被发往控制台。其中，新增文件由手工完成。

分析如下：

在本案例中，Flume 仅运行一个 Source-Channel-Sink 组合，Source 类型是 Spooling
Directory，Channel 类型是 File，Sink 类型是 Logger，即 Spooling Directory Source - File
Channel - Logger Sink。整个系统如图 9-5 所示。

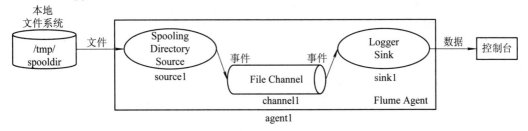

图 9-5   通过 File Channel 连接的 Spooling Directory Source 和 Logger Sink 的 Flume Agent

1. 创建 Agent 属性文件

在$FLUME_HOME/conf 下创建 Agent 属性文件 spool-to-logger.properties，使用如下命令完成：

```
cd /usr/local/flume-1.9.0

vim conf/spool-to-logger.properties
```

然后在 spool-to-logger.properties 文件中写入以下内容：

```
#Name the components on this agent
agent1.sources = source1
agent1.sinks = sink1
agent1.channels = channel1

#Describe/configure the source
agent1.sources.source1.type = spooldir
agent1.sources.source1.spoolDir = /tmp/spooldir

#Describe the sink
agent1.sinks.sink1.type = logger

#Use a channel which buffers events in file
agent1.channels.channel1.type = file

#Bind the source and sink to the channel
agent1.sources.source1.channels = channel1
agent1.sinks.sink1.channel = channel1
```

上述属性文件中只有一个 Flume Agent，其名称为 agent1。agent1 中运行一个 Source(即 source1)、一个 Sink(即 sink1)和一个 Channel(即 channel1)。接下来分别定义了 source1、sink1、channel1 的属性，本例的 source1 的类型是"spooldir"，它是一个 Spooling Directory Source，用于监视缓冲目录中的新增文件。source1 的缓冲目录是"/tmp/spooldir"；sink1 的类型是"logger"，它是一个 Logger Sink，用于将事件记录到控制台；channel1 的类型是"file"，它是一个 File Channel，用于将事件持久存储在磁盘上。最后定义了 Source、Sink 连接 Channel 的属性，本例的 source1 连接 channel1，sink1 连接 channel1。

2. 启动 Flume Agent

在启动 Flume Agent 前，首先切换到 root 下，在本地文件系统上创建一个待监视的缓冲目录"/tmp/spooldir"，使用如下命令完成：

```
mkdir /tmp/spooldir
```

其次，在 root 下将缓冲目录"/tmp/spooldir"的属主赋予给 Flume 普通用户 xuluhui，使用如下命令完成：

```
chown -R xuluhui /tmp/spooldir
```

接着，打开第二个终端，在 Flume 普通用户 xuluhui 下通过 flume-ng 命令启动 Agent，使用如下命令完成：

```
flume-ng agent \
--conf-file $FLUME_HOME/conf/spool-to-logger.properties \
--name agent1 \
--conf $FLUME_HOME/conf \
-Dflume.root.logger=INFO,console
```

执行该命令后若屏幕上会出现信息“Component type: SOURCE, name: source1 started”，就证明该 Flume Agent 成功启动，效果如图 9-6 所示。

```
queueHead: 0
2019-08-16 05:02:46,106 (lifecycleSupervisor-1-0) [INFO - org.apache.flume.chann
el.file.Log.writeCheckpoint(Log.java:1065)] Updated checkpoint for file: /home/x
uluhui/.flume/file-channel/data/log-2 position: 0 logWriteOrderID: 1565946165928
2019-08-16 05:02:46,106 (lifecycleSupervisor-1-0) [INFO - org.apache.flume.chann
el.file.FileChannel.start(FileChannel.java:289)] Queue Size after replay: 0 [cha
nnel=channel1]
2019-08-16 05:02:46,348 (conf-file-poller-0) [INFO - org.apache.flume.node.Appli
cation.startAllComponents(Application.java:196)] Starting Sink sink1
2019-08-16 05:02:46,348 (conf-file-poller-0) [INFO - org.apache.flume.node.Appli
cation.startAllComponents(Application.java:207)] Starting Source source1
2019-08-16 05:02:46,349 (lifecycleSupervisor-1-4) [INFO - org.apache.flume.sourc
e.SpoolDirectorySource.start(SpoolDirectorySource.java:85)] SpoolDirectorySource
 source starting with directory: /tmp/spooldir
2019-08-16 05:02:46,359 (lifecycleSupervisor-1-4) [INFO - org.apache.flume.instr
umentation.MonitoredCounterGroup.register(MonitoredCounterGroup.java:119)] Monit
ored counter group for type: SOURCE, name: source1: Successfully registered new
MBean.
2019-08-16 05:02:46,359 (lifecycleSupervisor-1-4) [INFO - org.apache.flume.instr
umentation.MonitoredCounterGroup.start(MonitoredCounterGroup.java:95)] Component
 type: SOURCE, name: source1 started
```

图 9-6　启动 agent1 后的终端窗口信息(部分)

3. 在缓冲目录中新增一个文件

在第一个终端下，在缓冲目录“/tmp/spooldir”中新增一个文件。Spooling Directory Source 不允许文件被编辑改动，因此为了防止写了一半的文件被 Source 读取，应当先把全部内容写到一个隐藏文件中，然后再重命名文件，使 Source 能够读取到完整文件。依次使用的命令如下所示：

```
echo "Hello,Hadoop" > /tmp/spooldir/.spool-to-logger-test.txt
echo "Hello,Flume" >> /tmp/spooldir/.spool-to-logger-test.txt
mv /tmp/spooldir/.spool-to-logger-test.txt /tmp/spooldir/spool-to-logger-test.txt
```

上述命令的前两条实现了向隐藏文件写入两行数据的功能。

4. 查看 Flume 处理结果

这时，就可以看到日志控制台终端窗口(第二个终端窗口)显示如图 9-7 所示的信息。从图 9-7 中可以看出，Flume 已经检测到该文件并对其进行了处理。

```
there is one.
2019-08-16 05:04:13,808 (pool-4-thread-1) [INFO - org.apache.flume.client.avro.R
eliableSpoolingFileEventReader.rollCurrentFile(ReliableSpoolingFileEventReader.j
ava:497)] Preparing to move file /tmp/spooldir/spool-to-logger-test.txt to /tmp/
spooldir/spool-to-logger-test.txt.COMPLETED
2019-08-16 05:04:15,908 (Log-BackgroundWorker-channel1) [INFO - org.apache.flume
.channel.file.EventQueueBackingStoreFile.beginCheckpoint(EventQueueBackingStoreF
ile.java:230)] Start checkpoint for /home/xuluhui/.flume/file-channel/checkpoint
/checkpoint, elements to sync = 2
2019-08-16 05:04:15,962 (Log-BackgroundWorker-channel1) [INFO - org.apache.flume
.channel.file.EventQueueBackingStoreFile.checkpoint(EventQueueBackingStoreFile.j
ava:255)] Updating checkpoint metadata: logWriteOrderID: 1565946165932, queueSiz
e: 2, queueHead: 999998
2019-08-16 05:04:15,975 (Log-BackgroundWorker-channel1) [INFO - org.apache.flume
.channel.file.Log.writeCheckpoint(Log.java:1065)] Updated checkpoint for file: /
home/xuluhui/.flume/file-channel/data/log-2 position: 147 logWriteOrderID: 15659
46165932
2019-08-16 05:04:16,377 (SinkRunner-PollingRunner-DefaultSinkProcessor) [INFO -
org.apache.flume.sink.LoggerSink.process(LoggerSink.java:95)] Event: { headers:{
} body: 48 65 6C 6C 6F 2C 48 61 64 6F 6F 70             Hello,Hadoop }
2019-08-16 05:04:16,379 (SinkRunner-PollingRunner-DefaultSinkProcessor) [INFO -
org.apache.flume.sink.LoggerSink.process(LoggerSink.java:95)] Event: { headers:{
} body: 48 65 6C 6C 6F 2C 46 6C 75 6D 65                Hello,Flume }
```

图 9-7　日志控制台的终端窗口信息(部分)

　　Spooling Directory Source 导入文件的方式是把文件按行拆分,并为每行创建一个 Flume 事件。事件由一个可选的 headers 和一个二进制的 body 组成,其中 body 是 UTF-8 编码的文本行。Logger Sink 使用十六进制和字符串两种形式来记录 body,如图 9-7 所示,十六进制为"48 65 6C 6C 6F 2C 48 61 64 6F 6F 70",字符串为"Hello,Hadoop"。由于本例中缓冲目录中的文件仅包含两行内容,因此被记录的事件有两个。从图 9-7 中还可以看出,文件 spool-to-logger-test.txt 被 Source 重命名为 spool-to-logger-test.txt.COMPLETED,这表明 Flume 已经完成文件的处理,并且对它不会再有任何动作。

　　【案例 9-2】　使用 Flume 实现以下功能:监视本地服务器上的指定目录,每当该目录中有新文件出现时,就把该文件采集到 HDFS 中。其中,新增文件由手工完成。

　　分析如下:

　　在本案例中,Flume 仅运行一个 Source-Channel-Sink 组合,Source 类型是 Spooling Directory,Channel 类型是 Memory,Sink 类型是 HDFS,即 Spooling Directory Source - Memory Channel - HDFS Sink。整个系统如图 9-8 所示。

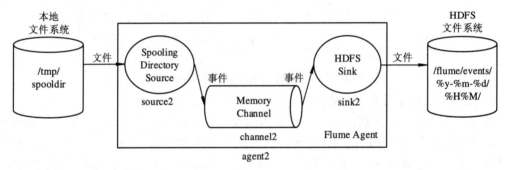

图 9-8　通过 Memory Channel 连接的 Spooling Directory Source 和 HDFS Sink 的 Flume Agent

1) 创建 Agent 属性文件

　　在$FLUME_HOME/conf 下创建 Agent 属性文件 spool-to-hdfs.properties,使用如下命令完成:

```
cd /usr/local/flume-1.9.0
vim conf/spool-to-hdfs.properties
```

然后在 spool-to-hdfs.properties 文件中写入以下内容:

```
#Name the components on this agent
agent2.sources = source2
agent2.sinks = sink2
agent2.channels = channel2


#Describe/configure the source
agent2.sources.source2.type = spooldir
agent2.sources.source2.spoolDir = /tmp/spooldir
agent2.sources.source2.fileHeader = true    #不能向监控目录中新增同名文件
```

```
#Describe the sink
agent2.sinks.sink2.type = hdfs
agent2.sinks.sink2.hdfs.path = /flume/events/%y-%m-%d/%H%M/
agent2.sinks.sink2.hdfs.filePrefix = events-
agent2.sinks.sink2.hdfs.round = true
agent2.sinks.sink2.hdfs.roundValue = 10
agent2.sinks.sink2.hdfs.roundUnit = minute
agent2.sinks.sink2.hdfs.rollInterval = 3
agent2.sinks.sink2.hdfs.rollSize = 20
agent2.sinks.sink2.hdfs.rollCount = 5
agent2.sinks.sink2.hdfs.batchSize = 1
agent2.sinks.sink2.hdfs.useLocalTimeStamp = true
#生成的文件类型，默认是 Sequencefile，DataStream 则为普通文本
agent2.sinks.sink2.hdfs.fileType = DataStream

#Use a channel which buffers events in file
agent2.channels.channel2.type = memory
agent2.channels.channel2.capacity = 1000
agent2.channels.channel2.transactionCapacity = 100

#Bind the source and sink to the channel
agent2.sources.source2.channels = channel2
agent2.sinks.sink2.channel = channel2
```

本案例中 source2 的类型是"spooldir"，它是一个 Spooling Directory Source，用于监视缓冲目录中的新增文件，其缓冲目录是"/tmp/spooldir"；sink2 的类型是"hdfs"，它是一个 HDFS Sink，用于将事件以文本、序列文件形式写到 HDFS 中；channel2 的类型是"memory"，它是一个 Memory Channel，用于将事件存储在一个内存队列中。

2) 启动 Flume Agent

假设已在本地文件系统上创建了一个待监视的缓冲目录"/tmp/spooldir"，且属主是普通用户 xuluhui，然后再打开第二个终端，并在普通用户下使用 flume-ng 命令启动 Agent，使用如下命令完成：

```
flume-ng agent \
--conf-file $FLUME_HOME/conf/spool-to-hdfs.properties \
--name agent2 \
--conf $FLUME_HOME/conf \
-Dflume.root.logger=INFO,console
```

执行该命令后当屏幕上会出现信息"Component type: SOURCE, name: source2 started"，就证明该 Flume Agent 成功启动，效果如图 9-9 所示。

```
2019-09-30 08:35:59,385 (lifecycleSupervisor-1-2) [INFO - org.apache.flume.instr
umentation.MonitoredCounterGroup.start(MonitoredCounterGroup.java:95)] Component
 type: CHANNEL, name: channel2 started
2019-09-30 08:35:59,824 (conf-file-poller-0) [INFO - org.apache.flume.node.Appli
cation.startAllComponents(Application.java:196)] Starting Sink sink2
2019-09-30 08:35:59,827 (lifecycleSupervisor-1-0) [INFO - org.apache.flume.instr
umentation.MonitoredCounterGroup.register(MonitoredCounterGroup.java:119)] Monit
ored counter group for type: SINK, name: sink2: Successfully registered new MBea
n.
2019-09-30 08:35:59,827 (lifecycleSupervisor-1-0) [INFO - org.apache.flume.instr
umentation.MonitoredCounterGroup.start(MonitoredCounterGroup.java:95)] Component
 type: SINK, name: sink2 started
2019-09-30 08:35:59,828 (conf-file-poller-0) [INFO - org.apache.flume.node.Appli
cation.startAllComponents(Application.java:207)] Starting Source source2
2019-09-30 08:35:59,829 (lifecycleSupervisor-1-2) [INFO - org.apache.flume.sourc
e.SpoolDirectorySource.start(SpoolDirectorySource.java:85)] SpoolDirectorySource
 source starting with directory: /tmp/spooldir
2019-09-30 08:35:59,900 (lifecycleSupervisor-1-2) [INFO - org.apache.flume.instr
umentation.MonitoredCounterGroup.register(MonitoredCounterGroup.java:119)] Monit
ored counter group for type: SOURCE, name: source2: Successfully registered new
MBean.
2019-09-30 08:35:59,900 (lifecycleSupervisor-1-2) [INFO - org.apache.flume.instr
umentation.MonitoredCounterGroup.start(MonitoredCounterGroup.java:95)] Component
 type: SOURCE, name: source2 started
```

图 9-9　启动 agent2 后的终端窗口信息(部分)

3) 在缓冲目录中新增一个文件

在第一个终端下，在缓冲目录"/tmp/spooldir"中新增一个文件。例如，使用 cp 命令把文件/usr/local/flume-1.9.0/conf/spool-to-hdfs.properties 复制到缓冲目录"/tmp/spooldir"下，使用命令如下所示：

```
cp /usr/local/flume-1.9.0/conf/spool-to-hdfs.properties /tmp/spooldir
```

4) 查看 Flume 处理结果

这时，就可以看到，第二个终端窗口显示如图 9-10 所示的信息。从图 9-10 中可以看出，Flume 已经检测到该文件并对其进行了处理。

```
/flume/events/19-09-30/0830//events-.1569847062870.tmp
2019-09-30 08:37:48,482 (hdfs-sink2-call-runner-9) [INFO - org.apache.flume.sink
.hdfs.BucketWriter$7.call(BucketWriter.java:681)] Renaming /flume/events/19-09-3
0/0830/events-.1569847062870.tmp to /flume/events/19-09-30/0830/events-.15698470
62870
2019-09-30 08:37:48,526 (SinkRunner-PollingRunner-DefaultSinkProcessor) [INFO -
org.apache.flume.sink.hdfs.BucketWriter.open(BucketWriter.java:246)] Creating /f
lume/events/19-09-30/0830//events-.1569847062871.tmp
2019-09-30 08:37:48,572 (SinkRunner-PollingRunner-DefaultSinkProcessor) [ERROR -
 org.apache.flume.sink.hdfs.BucketWriter.append(BucketWriter.java:584)] Hit max
consecutive under-replication rotations (30); will not continue rolling files un
der this path due to under-replication
2019-09-30 08:37:51,555 (hdfs-sink2-roll-timer-0) [INFO - org.apache.flume.sink.
hdfs.HDFSEventSink$1.run(HDFSEventSink.java:393)] Writer callback called.
2019-09-30 08:37:51,555 (hdfs-sink2-roll-timer-0) [INFO - org.apache.flume.sink.
hdfs.BucketWriter.doClose(BucketWriter.java:438)] Closing /flume/events/19-09-30
/0830//events-.1569847062871.tmp
2019-09-30 08:37:51,571 (hdfs-sink2-call-runner-8) [INFO - org.apache.flume.sink
.hdfs.BucketWriter$7.call(BucketWriter.java:681)] Renaming /flume/events/19-09-3
0/0830/events-.1569847062871.tmp to /flume/events/19-09-30/0830/events-.15698470
62871
```

图 9-10　第二个终端的窗口信息(部分)

与案例 9-1 相同，Spooling Directory Source 导入文件的方式是把文件按行拆分，并为每行创建一个 Flume 事件。HDFS Sink 将事件以 DataStream 即普通文本文件形式写到了 HDFS 中，从图 9-10 中可以看出，自动在 HDFS 上创建了目录/flume/events/19-09-30/0830/，并在该目录下生成了很多文件：events-.1569847062841～events-.1569847062871。

　　我们可以使用"hadoop fs -ls"命令查看 HDFS 上目录和文件的变化，如图 9-11 所示，也可以看出，HDFS 上自动创建了目录/flume/events/19-09-30/0830/，并在该目录下生成了很多文件：events-.1569847062841～events-.1569847062871。

```
[xuluhui@master ~]$ hadoop fs -ls /flume/events
Found 1 items
drwxr-xr-x   - xuluhui supergroup          0 2019-09-30 08:37 /flume/events/19-0
9-30
[xuluhui@master ~]$ hadoop fs -ls /flume/events/19-09-30
Found 1 items
drwxr-xr-x   - xuluhui supergroup          0 2019-09-30 08:37 /flume/events/19-0
9-30/0830
[xuluhui@master ~]$ hadoop fs -ls /flume/events/19-09-30/0830
Found 31 items
-rw-r--r--   3 xuluhui supergroup         35 2019-09-30 08:37 /flume/events/19-0
9-30/0830/events-.1569847062841
-rw-r--r--   3 xuluhui supergroup         25 2019-09-30 08:37 /flume/events/19-0
9-30/0830/events-.1569847062842
-rw-r--r--   3 xuluhui supergroup         21 2019-09-30 08:37 /flume/events/19-0
9-30/0830/events-.1569847062843
-rw-r--r--   3 xuluhui supergroup         27 2019-09-30 08:37 /flume/events/19-0
9-30/0830/events-.1569847062844
-rw-r--r--   3 xuluhui supergroup          1 2019-09-30 08:37 /flume/events/19-0
9-30/0830/events-.1569847062845
-rw-r--r--   3 xuluhui supergroup         31 2019-09-30 08:37 /flume/events/19-0
9-30/0830/events-.1569847062846
-rw-r--r--   3 xuluhui supergroup         39 2019-09-30 08:37 /flume/events/19-0
9-30/0830/events-.1569847062847
-rw-r--r--   3 xuluhui supergroup         48 2019-09-30 08:37 /flume/events/19-0
9-30/0830/events-.1569847062848
-rw-r--r--   3 xuluhui supergroup         86 2019-09-30 08:37 /flume/events/19-0
9-30/0830/events-.1569847062849
-rw-r--r--   3 xuluhui supergroup          1 2019-09-30 08:37 /flume/events/19-0
9-30/0830/events-.1569847062850
-rw-r--r--   3 xuluhui supergroup         19 2019-09-30 08:37 /flume/events/19-0
9-30/0830/events-.1569847062851
```

图 9-11　启动 agent2 后 HDFS 上的目录和文件变化

　　使用"hadoop fs -cat"命令查看具体文件的内容，如图 9-12 所示。例如文件 events-.1569847062841 的内容是缓冲目录下新增文件 spool-to-hdfs.properties 的第 1 行，文件 events-.1569847062871 的内容是缓冲目录下新增文件 sspool-to-hdfs.properties 的最后 3 行。

```
[xuluhui@master ~]$ hadoop fs -cat /flume/events/19-09-30/0830/events-.156984706
2841
#Name the components on this agent
[xuluhui@master ~]$ hadoop fs -cat /flume/events/19-09-30/0830/events-.156984706
2871
#Bind the source and sink to the channel
agent2.sources.source2.channels = channel2
agent2.sinks.sink2.channel = channel2
[xuluhui@master ~]$
```

图 9-12　启动 agent2 后 HDFS 上自动生成的文件具体内容

　　我们还可以使用 HDFS Web UI 查看 Flume 的处理结果，如图 9-13 所示。可以看出，HDFS 上自动创建了目录/flume/events/19-09-30/0830/，并在该目录下生成了很多文件。

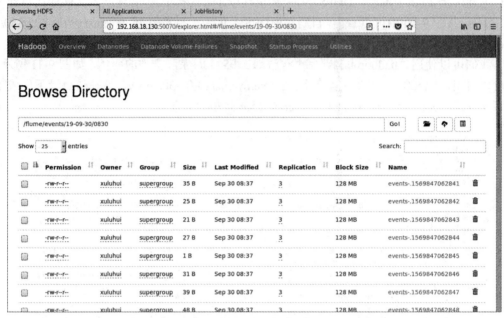

图 9-13　使用 HDFS Web UI 查看 Flume 的处理结果

思考与练习题

使用 Flume 实现以下功能：监视业务系统生成的日志文件，该日志内容不断增加，将追加到日志文件中的数据实时采集到 HDFS 中。(提示：Exec Source - Memory Channel – HDFS Sink)

参 考 文 献

[1]　Apache Flume[EB/OL]. [2018-12-1].=. https://flume.apache.org/.

[2]　GitHub-Apache Flume[EB/OL]. [2017-3-28]. https://github.com/apache/flume.

[3]　Apache Software Foundation. Apache Flume 1.9.0 官方参考指南[EB/OL]. [2019-1-8]. https://flume.apache.org/releases/content/1.9.0/.

实验 10　实战 Kafka

本实验的知识结构图如图 10-1 所示(★表示重点，▶表示难点)。

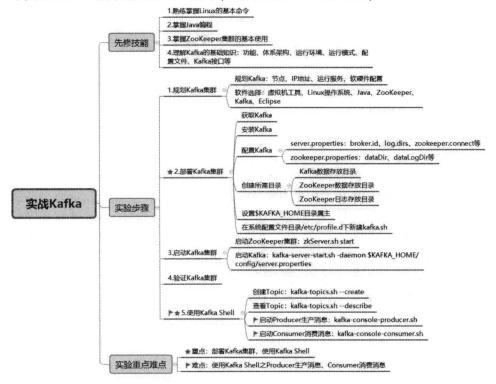

图 10-1　实战 Kafka 的知识结构图

10.1　实验目的、实验环境和实验内容

一、实验目的

(1) 了解 Kafka 的功能。

(2) 了解 Kafka 的体系架构。

(3) 熟练掌握 Kafka 集群的部署方法。

(4) 熟练掌握 Kafka Shell 常用命令的使用。

(5) 了解 Kafka API 编程。

二、实验环境

本实验所需的软件环境包括 CentOS、Oracle JDK 1.6+、ZooKeeper 集群、Kafka 安装包、Eclipse。

三、实验内容

(1) 规划 Kafka 集群。

(2) 部署 Kafka 集群。

(3) 启动 Kafka 集群。

(4) 验证 Kafka 集群。

(5) 使用 Kafka Shell 创建 Topic，查看 Topic，启动 Producer 生产消息，启动 Consumer 消费消息。

10.2　实　验　原　理

Apache Kafka 是一个分布式流平台，允许发布和订阅记录流，用于在不同系统之间传递数据，是 Apache 的顶级项目。

10.2.1　初识 Kafka

Apache Kafka 是一个分布式的、支持分区的、多副本的、基于 ZooKeeper 的发布/订阅消息系统，起源于 LinkedIn 开源出来的分布式消息系统，2011 年成为 Apache 开源项目，2012 年成为 Apache 顶级项目，目前被多家公司采用。Kafka 采用 Scala 和 Java 编写，其设计目的是通过 Hadoop 和 Spark 等并行加载机制来统一在线和离线消息的处理。Kafka 构建在 ZooKeeper 上，目前与越来越多的分布式处理系统如 Apache Storm、Apache Spark 等都能够较好地集成，用于实时流式数据分析。

消息系统负责将数据从一个应用程序传输到另一个应用程序，这样应用程序可以专注于数据，而不用担心如何共享它。分布式消息传递基于可靠消息队列的概念，消息在客户端应用程序和消息传递系统之间异步排队。Kafka 有两种类型的消息模型，一种是点对点消息模型，另一种是发布/订阅消息模型。

在点对点消息模型中，消息被保留在 Queue 中。消息生产者生产消息并将其发送到 Queue 中，消息消费者从 Queue 中取出并消费消息。Queue 支持存在多个消费者，但是对一个消息而言，只有一个消费者可以消费。一旦消费者读取队列中的消息，它就从该队列中消失，不会产生重复消费现象。该系统的典型示例是订单处理系统，其中每个订单将由一个订单处理器处理，但多个订单处理器也可以同时工作。点对点消息模型的结构如图 10-2 所示。

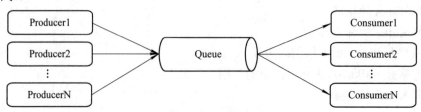

图 10-2　点对点消息模型的结构

在发布/订阅消息模型中，消息被保留在 Topic 中。消息生产者(发布者)将消息发布到 Topic 中，同时有多个消息消费者(订阅者)消费该消息。和点对点方式不同，发布者发送到

Topic 的消息，只有订阅了 Topic 的订阅者才会收到消息。发布/订阅消息模型的结构如图 10-3 所示。

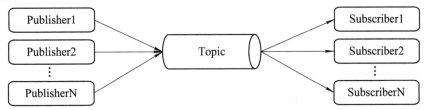

图 10-3　发布/订阅消息模型的结构

Kafka 专为分布式高吞吐量系统而设计，非常适合处理大规模消息。它与传统消息系统相比，具有以下几点不同：

(1) Kafka 是一个分布式系统，易于向外扩展。

(2) Kafka 同时为发布和订阅提供高吞吐量。

(3) Kafka 支持多订阅者，当订阅失败时能自动平衡消费者。

(4) Kafka 支持消息持久化，消费端为拉模型；消费状态和订阅关系由客户端负责维护，消息消费完后不会立即删除，会保留历史消息。

10.2.2　Kafka 的体系架构

Kafka 的整体架构比较新颖，更适合异构集群，其体系架构如图 10-4 所示。Kafka 中主要有 Producer、Broker 和 Consumer 三种角色，一个典型的 Kafka 集群包含多个 Producer、多个 Broker、多个 Consumer Group 和一个 ZooKeeper 集群。每个 Producer 可以对应多个 Topic，每个 Consumer 只能对应一个 Consumer Group。整个 Kafka 集群对应一个 ZooKeeper 集群，通过 ZooKeeper 管理集群配置、选举 Leader 以及在 Consumer Group 发生变化时进行自动平衡。

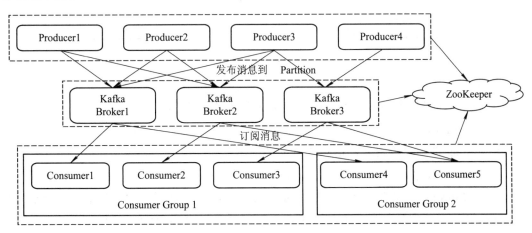

图 10-4　Kafka 的体系架构

在消息保存时，Kafka 根据 Topic 进行分类，发送消息者称为 Producer，接收消息者称为 Consumer，不同 Topic 的消息在物理上是分开存储的，但在逻辑上用户只需指定消息的 Topic 即可生产或消费数据而不必关心数据存于何处。

1. 相关名词解释

1) Message

Message 即消息，是通信的基本单位，每个 Producer 可以向一个 Topic 发布一些消息。Kafka 中的消息是以 Topic 为基本单位组织的，是无状态的，消息消费的先后顺序是没有关系的。

每条 Message 包含三个属性：① offset，消息的唯一标识，类型为 long；② MessageSize，消息的大小，类型为 int；③ data，消息的具体内容，可以看作一个字节数组。

2) Topic

发布到 Kafka 集群的消息都有一个类别，这个类别被称为 Topic(主题)。Kafka 根据 Topic 对消息进行归类，发布到 Kafka 集群的每条消息都需要指定一个 Topic。

3) Partition

Partition 即分区，是物理上的概念。一个 Topic 可以分为多个 Partition，每个 Partition 内部都是有序的。每个 Partition 只能由一个 Consumer 来进行消费，但是一个 Consumer 可以消费多个 Partition。

4) Broker

Broker 即消息中间件处理节点。一个 Kafka 集群由多个 Kafka 实例组成，每个实例被称为 Broker。一个 Broker 上可以创建一个或多个 Topic，同一个 Topic 可以在同一 Kafka 集群下的多个 Broker 上分布。Broker 与 Topic 的关系图如图 10-5 所示。

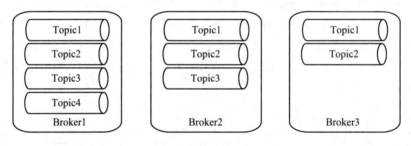

图 10-5　Broker 与 Topic 的关系图

5) Producer

Producer 即消息生产者，是向 Broker 发送消息的客户端。

6) Consumer

Consumer 即消息消费者，是从 Broker 读取消息的客户端。

7) Consumer Group

每个 Consumer 属于一个特定的 Consumer Group。一条消息可以发送到多个不同的 Consumer Group，但是一个 Consumer Group 中只能有一个 Consumer 能够消费该消息。

2. Kafka 体系架构中涉及的重要构件

1) Producer

Producer 用于将流数据发送到 Kafka 的消息队列上，它的任务是向 Broker 发送数据，通过 ZooKeeper 获取可用的 Broker 列表。Producer 作为消息的生产者，在生产消息后需要将消息投送到指定的目的地，即某个 Topic 的某个 Partition。Producer 可以选择随机的方式来发布消息到 Partition，也支持选择特定的算法发布消息到相应的 Partition。

以日志采集为例，生产过程分为三部分：一是对日志采集的本地文件或目录进行监控。若有内容变化，则将变化的内容逐行读取到内存的消息队列中。二是连接 Kafka 集群，包括一些配置信息，诸如压缩与超时设置等。三是将已经获取的数据通过上述连接推送(push)到 Kafka 集群。

2）Broker

Kafka 集群中的一台或多台服务器统称为 Broker，可以理解为是 Kafka 服务器缓存代理。Kafka 支持消息持久化。生产者生产消息后，Kafka 不会直接把消息传递给消费者，而是先在 Broker 中存储，持久化保存在 Kafka 的日志文件中。

可以采用在 Broker 日志中追加消息的方式进行持久化存储，并进行分区(Partition)。为了减少磁盘写入的次数，Broker 会将消息暂时缓存起来。当消息的个数达到一定阈值时，再清空到磁盘，这样就减少了 I/O 调用的次数。

Kafka 的 Broker 采用的是无状态机制，即 Broker 没有副本。一旦 Broker 宕机，该 Broker 的消息将都不可用。但是消息本身是持久化的，Broker 在宕机重启后读取消息的日志就可以恢复消息。消息保存一定时间(通常为 7 天)后会被删除。Broker 不保存订阅者状态，由订阅者自己保存。消息订阅者可以回退到任意位置重新进行消费。当订阅者出现故障时，可以选择最小的 offset 进行重新读取并消费消息。

3）Consumer

Consumer 负责订阅 Topic 并处理消息。每个 Consumer 可以订阅多个 Topic，每个 Consumer 会保留它读取到的某个 Partition 的消息唯一标识号(offset)。Consumer 是通过 ZooKeeper 来保留 offset 的。

Consumer Group 在逻辑上将 Consumer 分组，每个 Kafka Consumer 是一个进程，所以一个 Consumer Group 中的 Consumer 可能由分布在不同机器上的不同进程组成。Topic 中的每一条消息可以被多个不同的 Consumer Group 消费，但是一个 Consumer Group 中只能有一个 Consumer 来消费该消息。所以，若想要一个消息被多个 Consumer 消费，那么这些 Consumer 就必须在不同的 Consumer Group 中。因此，也可以理解为 Consumer Group 才是 Topic 在逻辑上的订阅者。

10.2.3　安装 Kafka

1. 运行环境

部署与运行 Kafka 所需要的系统环境包括操作系统、Java 环境、ZooKeeper 集群三部分。

1）操作系统

Kafka 支持不同操作系统，例如 GNU/Linux、Windows、Mac OS X 等。需要注意的是，在 Linux 上部署 Kafka 要比在 Windows 上部署能够得到更高效的 I/O 处理性能。本书采用的操作系统为 Linux 发行版 CentOS 7。

2）Java 环境

Kafka 使用 Java 语言编写，因此它的运行环境需要 Java 环境的支持。本书采用的 Java

为 Oracle JDK 1.8。

3) ZooKeeper 集群

Kafka 依赖 ZooKeeper 集群，因此运行 Kafka 之前需要首先启动 ZooKeeper 集群。Zookeeper 集群可以自己搭建，也可以使用 Kafka 安装包中内置的 shell 脚本启动 Zookeeper。本书采用自行搭建 ZooKeeper 集群，版本为 3.4.13。

2. 运行模式

Kafka 有单机模式和集群模式两种运行模式。单机模式是只在一台机器上安装 Kafka，主要用于开发测试；而集群模式则是在多台机器上安装 ZooKeeper。也可以在一台机器上模拟集群模式，实际的生产环境中均采用多台服务器的集群模式。无论哪种部署方式，修改 Kafka 的配置文件 server.properties 都是至关重要的。单机模式和集群模式部署的步骤基本一致，只是在 server.properties 文件的配置上有些差异。

3. 配置文件

安装 Kafka 后，在 $KAFKA_HOME/config 中有多个配置文件，如图 10-6 所示。

```
[root@master kafka_2.12-2.1.1]# ls config
connect-console-sink.properties     consumer.properties
connect-console-source.properties   log4j.properties
connect-distributed.properties      producer.properties
connect-file-sink.properties        server.properties
connect-file-source.properties      tools-log4j.properties
connect-log4j.properties            trogdor.conf
connect-standalone.properties       zookeeper.properties
[root@master kafka_2.12-2.1.1]#
```

图 10-6　Kafka 配置文件列表

其中，配置文件 server.properties 的部分配置参数及其含义如表 10-1 所示。

表 10-1　server.properties 配置参数(部分)

参 数 名	说　　明
broker.id	用于指定 Broker 服务器对应的 ID，各个服务器的值不同
listeners	表示监听端口，PLAINTEXT 表示纯文本。也就是说，不管发送什么数据类型都以纯文本的方式接收，包括图片、视频等
num.network.threads	网络线程数，默认是 3
num.io.threads	I/O 线程数，默认是 8
socket.send.buffer.bytes	套接字发送缓冲，默认是 100 KB
socket.receive.buffer.bytes	套接字接收缓冲，默认是 100 KB
socket.request.max.bytes	接收到的最大字节数，默认是 100 MB
log.dirs	用于指定 Kafka 的数据存放目录，地址可以是多个，多个地址需用逗号分割
num.partitions	分区数，默认是 1
num.recovery.threads.per.data.dir	每一个文件夹的恢复线程，默认是 1
log.retention.hours	数据保存时间，默认是 168 小时，即一个星期(7 天)

参　数　名	说　　　明
log.segment.bytes	指定每个数据日志保存最大数据，默认为 1GB。当超过这个值时，会自动进行日志滚动
log.retention.check.interval.ms	设置日志过期的时间，默认每隔 300 秒(即 5 分钟)
zookeeper.connect	用于指定 Kafka 所依赖的 ZooKeeper 集群的 IP 和端口号。地址可以是多个，多个地址需用逗号分割
zookeeper.connection.timeout.ms	设置 Zookeeper 的连接超时时间，默认为 6 秒。如果到达这个指定时间仍然连接不上，就默认该节点发生故障

10.2.4　Kafka Shell

Kafka 支持的所有命令在$KAFKA_HOME/bin 下存放，如图 10-7 所示。

```
[xuluhui@master ~]$ cd /usr/local/kafka_2.12-2.1.1
[xuluhui@master kafka_2.12-2.1.1]$ ls bin
connect-distributed.sh              kafka-reassign-partitions.sh
connect-standalone.sh               kafka-replica-verification.sh
kafka-acls.sh                       kafka-run-class.sh
kafka-broker-api-versions.sh        kafka-server-start.sh
kafka-configs.sh                    kafka-server-stop.sh
kafka-console-consumer.sh           kafka-streams-application-reset.sh
kafka-console-producer.sh           kafka-topics.sh
kafka-consumer-groups.sh            kafka-verifiable-consumer.sh
kafka-consumer-perf-test.sh         kafka-verifiable-producer.sh
kafka-delegation-tokens.sh          trogdor.sh
kafka-delete-records.sh             windows
kafka-dump-log.sh                   zookeeper-security-migration.sh
kafka-log-dirs.sh                   zookeeper-server-start.sh
kafka-mirror-maker.sh               zookeeper-server-stop.sh
kafka-preferred-replica-election.sh zookeeper-shell.sh
kafka-producer-perf-test.sh
[xuluhui@master kafka_2.12-2.1.1]$ 
```

图 10-7　Kafka Shell 命令

Kafka 的常用命令描述如表 10-2 所示。

表 10-2　Kafka 常用命令

命　　令	功　能　描　述
kafka-server-start.sh	启动 Kafka Broker
kafka-server-stop.sh	关闭 Kafka Broker
kafka-topics.sh	创建、删除、查看、修改 Topic
kafka-console-producer.sh	启动 Producer，生产消息，从标准输入读取数据并发布到 Kafka
kafka-console-consumer.sh	启动 Consumer，消费消息，从 Kafka 读取数据并输出到标准输出

输入命令"kafka-topics.sh --help"，即可查看该命令的使用帮助，如图 10-8 所示，展示了命令"kafka-topics.sh"的帮助信息。使用该命令时，必须指定以下 5 个选项之一：--list、--describe、--create、--alter、--delete。由于帮助信息过长，此处仅展示部分内容。

```
[xuluhui@master kafka_2.12-2.1.1]$ kafka-topics.sh --help
Command must include exactly one action: --list, --describe, --create, --alter o
r --delete
Option                                Description
------                                -----------
--alter                               Alter the number of partitions,
                                      replica assignment, and/or
                                      configuration for the topic.
--config <String: name=value>         A topic configuration override for the
                                      topic being created or altered.The
                                      following is a list of valid
                                      configurations:
                                        cleanup.policy

                                        compression.type

                                        delete.retention.ms

                                        file.delete.delay.ms

                                        flush.messages
```

图 10-8　命令 kafka-topics.sh 的帮助信息

10.2.5　Kafka API

Kafka 支持 5 个核心的 API，包括 Producer API、Consumer API、Streams API、Connect API、AdminClient API。

关于 Kafka API 的更多介绍，读者请参考官网 http://kafka.apache.org/documentation/#api。

10.3　实 验 步 骤

10.3.1　规划 Kafka 集群

1. Kafka 集群规划

Kafka 有单机模式和集群模式两种运行模式。本书拟配置三个 Broker 的 Kafka 集群，将 Kafka 集群运行在 Linux 上；将使用三台安装有 Linux 操作系统的机器，主机名分别为 master、slave1、slave2。Kafka 集群的规划如表 10-3 所示。

表 10-3　Kafka 集群部署的规划表

主机名	IP 地址	运行服务	软硬件配置
master	192.168.18.130	QuorumPeerMain Kafka	内存：4 GB　　　　CPU：1 个 2 核 硬盘：40 GB　　　操作系统：CentOS 7.6.1810 Java：Oracle JDK 8u191 ZooKeeper：ZooKeeper 3.4.13 Kafka：Kafka 2.1.1
slave1	192.168.18.131	QuorumPeerMain Kafka	内存：1 GB　　　　CPU：1 个 1 核 硬盘：20 GB　　　操作系统：CentOS 7.6.1810 Java：Oracle JDK 8u191 ZooKeeper：ZooKeeper 3.4.13 Kafka：Kafka 2.1.1
slave2	192.168.18.132	QuorumPeerMain Kafka	内存：1 GB　　　　CPU：1 个 1 核 硬盘：20 GB　　　操作系统：CentOS 7.6.1810 Java：Oracle JDK 8u191 ZooKeeper：ZooKeeper 3.4.13 Kafka：Kafka 2.1.1

2. 软件选择

本实验中所使用的各种软件的名称、版本、发布日期及下载地址如表 10-4 所示。

表 10-4 本书使用的软件的名称、版本、发布日期及下载地址

软件名称	软件版本	发布日期	下载地址
VMware Workstation Pro	VMware Workstation 14.5.7 Pro for Windows	2017 年 6 月 22 日	https://www.vmware.com/products/workstation-pro.html
CentOS	CentOS 7.6.1810	2018 年 11 月 26 日	https://www.centos.org/download/
Java	Oracle JDK 8u191	2018 年 10 月 16 日	http://www.oracle.com/technetwork/java/javase/downloads/index.html
ZooKeeper	ZooKeeper 3.4.13	2018 年 7 月 15 日	http://zookeeper.apache.org/releases.html
Kafka	Kafka 2.1.1	2019 年 2 月 15 日	http://kafka.apache.org/downloads
Eclipse	Eclipse IDE 2018-09 for Java Developers	2018 年 9 月	https://www.eclipse.org/downloads/packages

注意：本实验 3 个节点的机器名分别为 master、slave1、slave2，IP 地址依次为 192.168.18.130、192.168.18.131、192.168.18.132，后续内容均在表 10-3 的规划基础上完成，请读者务必确认自己的机器名、IP 等信息。

由于本章之前已完成 VMware Workstation Pro、CentOS、Java 的安装，故本实验直接从安装 Kafka 开始讲述。

10.3.2 部署 Kafka 集群

1. 初始软硬件环境准备

(1) 准备 3 台机器，安装操作系统，本书使用 CentOS Linux 7。

(2) 对集群内每一台机器配置静态 IP、修改机器名、添加集群级别域名映射、关闭防火墙。

(3) 对集群内每一台机器安装和配置 Java，要求 Java 8 或更高版本，本书使用 Oracle JDK 8u191。

(4) 安装和配置 Linux 集群中各节点间的 SSH 免密登录。

(5) 在 Linux 集群上部署 ZooKeeper 集群。

以上步骤已在本书实验 1、实验 4 中详细介绍，具体操作过程请参见相关实验，此处不再赘述。

2. 获取 Kafka

Kafka 官方下载地址为 http://kafka.apache.org/downloads，本书选用的 Kafka 版本是 2019 年 2 月 15 日发布的 Kafka 2.1.1，其安装包文件 kafka_2.12-2.1.1.tgz 可存放在 master 机器的/home/xuluhui/Downloads 中。读者应该注意到了，Kafka 安装包和一般安装包的命名方式不一样，例如 kafka_2.12-2.1.1.tgz，其中 2.12 是 Scala 版本，2.1.1 才是 Kafka 版本。官方强烈建议 Scala 版本和服务器上的 Scala 版本保持一致，避免引发一些不可预知的问题，故本书选用的是 kafka_2.12-2.1.1.tgz，而非 kafka_2.11-2.1.1.tgz。

3. 安装 Kafka

以下所有操作需要在三台机器上完成。

首先切换到 root，解压 kafka_2.12-2.1.1.tgz 到安装目录/usr/local 下，使用命令如下所示：

```
su root
cd /usr/local
tar -zxvf /home/xuluhui/Downloads/kafka_2.12-2.1.1.tgz
```

4. 配置 Kafka

修改 Kafka 配置文件 server.properties，master 机器上的配置文件$KAFKA_HOME/config/server.properties 修改后的几个参数如下所示：

```
broker.id=0
log.dirs=/usr/local/kafka_2.12-2.1.1/kafka-logs
zookeeper.connect=master:2181,slave1:2181,slave2:2181
```

slave1 和 slave2 机器上的配置文件$KAFKA_HOME/config/server.properties 中参数 broker.id 依次设置为 1、2，其余参数值与 master 机器相同。

5. 创建所需目录

以上第 4 步骤使用了系统不存在的目录：Kafka 数据存放目录/usr/local/kafka_2.12-2.1.1/kafka-logs，因此需要创建它，使用的命令如下所示：

```
mkdir /usr/local/kafka_2.12-2.1.1/kafka-logs
```

6. 设置$KAFKA_HOME 目录属主

为了在普通用户下使用 Kafka，将$KAFKA_HOME 目录属主设置为 Linux 普通用户 xuluhui，使用以下命令完成：

```
chown -R xuluhui /usr/local/kafka_2.12-2.1.1
```

7. 在系统配置文件目录/etc/profile.d 下新建 kafka.sh

使用"vim /etc/profile.d/kafka.sh"命令在/etc/profile.d 文件夹下新建文件 kafka.sh，添加如下内容：

```
export KAFKA_HOME=/usr/local/kafka_2.12-2.1.1
export PATH=$KAFKA_HOME/bin:$PATH
```

其次，重启机器，使之生效。

此步骤可省略，之所以将$KAFKA_HOME/bin 加入到系统环境变量 PATH 中，是因为当输入 Kafka 命令时，无需再切换到$KAFKA_HOME/bin，这样使用起来会更加方便，否则会出现错误信息"bash: ****: command not found..."。

至此，Kafka 在三台机器上安装和配置完毕。

当然，为了提高效率，读者也可以首先仅在 master 一台机器上完成 Kafka 的安装和配置；然后使用"scp"命令在 Kafka 集群内将 master 机器上的$KAFKA_HOME 目录和系统配置文件/etc/profile.d/kafka.sh 远程拷贝至其他 Kafka Broker 如 slave1、slave2 上；接着修改 slave1、slave2 上$KAFKA_HOME/config/server.properties 中参数 broker.id；最后设置其他 Kafka Broker 上$KAFKA_HOME 目录属主。其中，同步 Kafka 目录和系统配置文件 kafka.sh 到 Kafka 集群其他机器依次使用的命令如下所示：

```
scp -r /usr/local/kafka_2.12-2.1.1 root@slave1:/usr/local/kafka_2.12-2.1.1
```

scp -r /etc/profile.d/kafka.sh root@slave1:/etc/profile.d/kafka.sh

scp -r /usr/local/kafka_2.12-2.1.1 root@slave2:/usr/local/kafka_2.12-2.1.1

scp -r /etc/profile.d/kafka.sh root@slave2:/etc/profile.d/kafka.sh

效果如图 10-9 所示。

```
[root@master kafka_2.12-2.1.1]# scp -r /usr/local/kafka_2.12-2.1.1 root@slave1:/
usr/local/kafka_2.12-2.1.1
root@slave1's password:
LICENSE                              100%   31KB   9.3MB/s   00:00
NOTICE                               100%  336   249.6KB/s   00:00
kafka-consumer-perf-test.sh          100%  948   637.8KB/s   00:00
kafka-server-stop.sh                 100%  997   844.1KB/s   00:00
kafka-verifiable-producer.sh         100%  958   476.6KB/s   00:00
kafka-console-consumer.sh            100%  945   576.8KB/s   00:00
kafka-dump-log.sh                    100%  866   600.7KB/s   00:00
trogdor.sh                           100% 1722    1.1MB/s   00:00
zookeeper-shell.sh                   100%  968   519.7KB/s   00:00
zookeeper-server-stop.sh             100% 1001   648.1KB/s   00:00
kafka-log-dirs.sh                    100%  863   513.9KB/s   00:00
zookeeper-server-start.sh            100% 1393   236.2KB/s   00:00
kafka-console-producer.sh            100%  944   434.3KB/s   00:00

[root@master kafka_2.12-2.1.1]# scp -r /etc/profile.d/kafka.sh root@slave1:/etc/
profile.d/kafka.sh
root@slave1's password:
kafka.sh                             100%   80    98.2KB/s   00:00
```

图 10-9　使用 scp 命令同步 Kafka 目录和系统配置文件 kafka.sh 到 Kafka 集群其他机器(如 slave1)

10.3.3　启动 Kafka 集群

首先,使用如下命令"zkServer.sh start"启动 ZooKeeper 集群,确保其正常运行,效果如图 10-10 所示。因为在 Linux 集群各机器节点间已配置好 SSH 免密登录,所以可以仅在 master 一台机器上输入一系列命令以启动整个 ZooKeeper 集群。

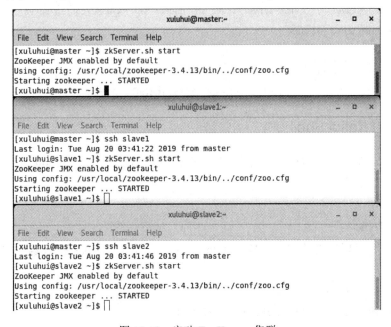

图 10-10　启动 ZooKeeper 集群

其次，在 3 台机器上使用以下命令启动 Kafka。若 Linux 集群各机器节点间已配置好 SSH 免密登录，也可以仅在 master 一台机器上输入一系列命令以关闭整个 Kafka 集群。

```
kafka-server-start.sh -daemon $KAFKA_HOME/config/server.properties
```

这里需要注意的是，启动脚本若不加-daemon 参数，则执行 Ctrl + Z 后会退出，且启动的进程也会退出，所以建议加-daemon 参数，以守护进程方式启动。

10.3.4　验证 Kafka 集群

检查 Kafka 是否启动，可以使用命令"jps"查看 Java 进程来验证，效果如图 10-11 所示。可以看到，3 台机器上均有 Kafka 进程，说明 Kafka 集群部署成功。

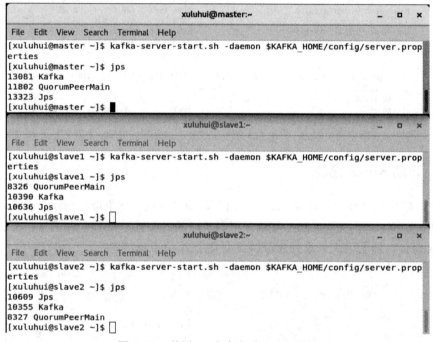

图 10-11　使用 jps 命令查看 Kafka 进程

10.3.5　使用 Kafka Shell

【案例 10-1】　使用 Kafka 命令创建 Topic，查看 Topic，启动 Producer 生产消息，启动 Consumer 消费消息。

分析如下：

1）创建 Topic

在任意一台机器上创建 Topic "kafkacluster-test"，例如在 master 机器上完成，使用命令如下所示：

```
kafka-topics.sh --create \
--zookeeper master:2181,slave1:2181,slave2:2181 \
--replication-factor 3 \
```

```
       --partitions 3 \
       --topic kafkacluster-test
```

运行效果如图 10-12 所示。

```
[xuluhui@master ~]$ kafka-topics.sh --create \
> --zookeeper master:2181,slave1:2181,slave2:2181 \
> --replication-factor 3 \
> --partitions 3 \
> --topic kafkacluster-test
Created topic "kafkacluster-test".
[xuluhui@master ~]$
```

图 10-12　创建 Topic 运行效果

由于总共部署了三个 Broker，所以创建 Topic 时能指定--replication-factor 3。

其中，选项 --zookeeper 用于指定 ZooKeeper 集群列表，可以指定所有节点，也可以指定为部分节点；选项 --replication-factor 为复制数目，数据会自动同步到其他 Broker 上，防止某个 Broker 宕机数据丢失；选项--partitions 用于指定一个 Topic 可以切分成几个 partition，一个消费者可以消费多个 Partition，但一个 Partition 只能被一个消费者消费。

2) 查看 Topic 详情

在任意一台机器上查看 Topic "kafkacluster-test" 的详情，例如在 slave1 机器上完成，使用命令如下所示：

```
kafka-topics.sh --describe \
    --zookeeper master:2181,slave1:2181,slave2:2181 \
    --topic kafkacluster-test
```

运行效果如图 10-13 所示。

```
[xuluhui@slave1 ~]$ kafka-topics.sh --describe \
> --zookeeper master:2181,slave1:2181,slave2:2181 \
> --topic kafkacluster-test
Topic:kafkacluster-test PartitionCount:3        ReplicationFactor:3    Configs:
        Topic: kafkacluster-test    Partition: 0    Leader: 1    Replicas: 1,2,0 Isr: 1,2,0
        Topic: kafkacluster-test    Partition: 1    Leader: 2    Replicas: 2,0,1 Isr: 2,0,1
        Topic: kafkacluster-test    Partition: 2    Leader: 0    Replicas: 0,1,2 Isr: 0,1,2
[xuluhui@slave1 ~]$
```

图 10-13　查看 Topic 详情的运行效果

命令 "kafka-topics.sh --describe" 的输出解释：第一行是所有分区的摘要，从第二行开始，每一行提供一个分区信息。

- Leader：该节点负责该分区的所有的读和写，每个节点的 Leader 都是随机选择的。
- Replicas：副本的节点列表。不管该节点是否是 Leader 或者目前是否还活着，只是显示。
- Isr："同步副本"的节点列表，也就是活着的节点并且正在同步 Leader。

从图 10-13 中可以看出，Topic "kafkacluster-test" 总计有 3 个分区(PartitionCount)，副本数为 3(ReplicationFactor)，且每个分区上有 3 个副本(通过 Replicas 的值可以得出)。最后一列 Isr(In-Sync Replicas)表示处理同步状态的副本集合，这些副本与 Leader 副本保持同步，没有任何同步延迟。另外，Leader、Replicas、Isr 中的数字就是 Broker ID，对应配置文件 config/server.properties 中的 broker.id 参数值。

3) 生产消息

在 master 机器上使用 kafka-console-producer.sh 启动生产者，使用命令如下所示：

```
kafka-console-producer.sh \
--broker-list master:9092,slave1:9092,slave2:9092 \
--topic kafkacluster-test
```

4) 消费消息

在 slave1 和 slave2 机器上分别使用 kafka-console-consumer.sh 启动消费者，使用命令如下所示：

```
kafka-console-consumer.sh \
--bootstrap-server master:9092,slave1:9092,slave2:9092 \
--topic kafkacluster-test \
--from-beginning
```

上述命令中，如果加上--from-beginning，则表示从第一条数据开始消费。

第 3) 和 4) 步骤的执行效果如图 10-14 所示。从图 10-14 中可以看出，master 机器上的 Producer 通过控制台生产 4 个消息，每一行为一条消息，每输完一条消息就会分别在 slave1 和 slave2 机器上的两个 Consumer 控制台上显示出来并被消费掉。

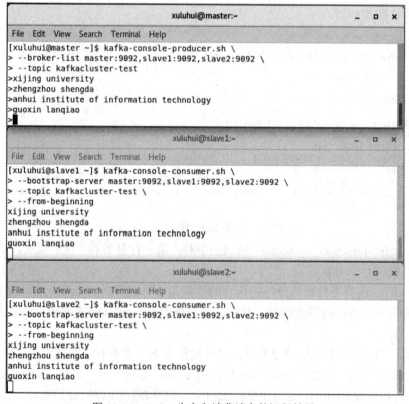

图 10-14　Kafka 生产和消费消息的运行效果

按 Ctrl + C 可以退出 master、slave1、slave2 的 kafka-console-producer.sh、kafka-console-consumer.sh 命令，退出后的效果如图 10-15 所示。

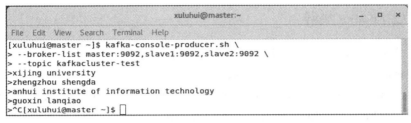

图 10-15　退出 Kafka 生产和消费消息的效果

以上所有命令执行完毕后，三台机器上 Kafka 的数据存放目录$KAFKA_HOME/kafka-logs 由原来的空目录到当前的变化如图 10-16 所示。

```
[xuluhui@master ~]$ ls /usr/local/kafka_2.12-2.1.1/kafka-logs
cleaner-offset-checkpoint    __consumer_offsets-29    __consumer_offsets-8
__consumer_offsets-11        __consumer_offsets-32    kafkacluster-test-0
__consumer_offsets-14        __consumer_offsets-35    kafkacluster-test-1
__consumer_offsets-17        __consumer_offsets-38    kafkacluster-test-2
__consumer_offsets-2         __consumer_offsets-41    log-start-offset-checkpoint
__consumer_offsets-20        __consumer_offsets-44    meta.properties
__consumer_offsets-23        __consumer_offsets-47    recovery-point-offset-checkpoint
__consumer_offsets-26        __consumer_offsets-5     replication-offset-checkpoint
[xuluhui@master ~]$ ssh slave1
Last login: Tue Aug 20 06:50:15 2019 from master
[xuluhui@slave1 ~]$ ls /usr/local/kafka_2.12-2.1.1/kafka-logs
cleaner-offset-checkpoint    __consumer_offsets-30    kafkacluster-test-0
__consumer_offsets-0         __consumer_offsets-33    kafkacluster-test-1
__consumer_offsets-12        __consumer_offsets-36    kafkacluster-test-2
__consumer_offsets-15        __consumer_offsets-39    log-start-offset-checkpoint
__consumer_offsets-18        __consumer_offsets-42    meta.properties
__consumer_offsets-21        __consumer_offsets-45    recovery-point-offset-checkpoint
__consumer_offsets-24        __consumer_offsets-48    replication-offset-checkpoint
__consumer_offsets-27        __consumer_offsets-6
__consumer_offsets-3         __consumer_offsets-9
[xuluhui@slave1 ~]$ exit
logout
Connection to slave1 closed.
[xuluhui@master ~]$ ssh slave2
Last login: Tue Aug 20 04:21:32 2019 from master
[xuluhui@slave2 ~]$ ls /usr/local/kafka_2.12-2.1.1/kafka-logs
cleaner-offset-checkpoint    __consumer_offsets-31    kafkacluster-test-0
__consumer_offsets-1         __consumer_offsets-34    kafkacluster-test-1
__consumer_offsets-10        __consumer_offsets-37    kafkacluster-test-2
__consumer_offsets-13        __consumer_offsets-4     log-start-offset-checkpoint
__consumer_offsets-16        __consumer_offsets-40    meta.properties
__consumer_offsets-19        __consumer_offsets-43    recovery-point-offset-checkpoint
__consumer_offsets-22        __consumer_offsets-46    replication-offset-checkpoint
__consumer_offsets-25        __consumer_offsets-49
__consumer_offsets-28        __consumer_offsets-7
[xuluhui@slave2 ~]$ exit
logout
Connection to slave2 closed.
[xuluhui@master ~]$
```

图 10-16　所有命令执行完毕后查看 Kafka 数据存放目录的效果

10.3.6　关闭 Kafka 集群

首先，关闭 Kafka 服务。在 Kafka 集群的每个节点上，在普通用户 xuluhui 下使用命令"kafka-server-stop.sh"来关闭 Kafka 服务。

其次，关闭 ZooKeeper 集群。在 ZooKeeper 集群的每个节点上，在普通用户 xuluhui 下使用命令"zkServer.sh stop"来关闭 ZooKeeper 服务。

思考与练习题

尝试使用 Kafka API 编写生产者、消费者代码，运行程序并观察生产者生产消息和消费者消费消息的效果。

参 考 文 献

[1]　Apache Kafka[EB/OL]. [2019-12-15]. https://kafka.apache.org/.

[2]　GitHub-Apache Kafka[EB/OL]. [2018-5-24]. https://github.com/apache/kafka.

[3]　Apache Software Foundation. Apache Kafka 官方参考指南[EB/OL]. [2019-2-15].https://kafka.apache.org/documentation.